Aufgabensammlung Technische Mechanik

Alfred Böge · Gert Böge · Wolfgang Böge ·
Walter Schlemmer

Aufgabensammlung Technische Mechanik

Abgestimmt auf die 31. Auflage des Lehrbuchs

22., überarbeitete und erweiterte Auflage

Unter Mitarbeit von Wolfgang Weißbach

Springer Vieweg

Alfred Böge
Braunschweig, Deutschland

Wolfgang Böge
Wolfenbüttel, Deutschland

Gert Böge
Hannover, Deutschland

Walter Schlemmer
Sickte, Deutschland

ISBN 978-3-658-09176-7
ISBN 978-3-658-09177-4 (eBook)
DOI 10.1007/978-3-658-09177-4

Die Deutsche Nationalbibliothek verzeichnet diese Publikation in der Deutschen Nationalbibliografie; detaillierte bibliografische Daten sind im Internet über http://dnb.d-nb.de abrufbar.

Springer Vieweg

Lektorat: Thomas Zipsner
Abbildungen: Graphik & Text Studio Dr. Wolfgang Zettlmeier, Barbing
Satz: Klementz Publishing Services, Freiburg

Gedruckt auf säurefreiem und chlorfrei gebleichtem Papier.

Springer Fachmedien Wiesbaden ist Teil der Fachverlagsgruppe Springer Science+Business Media
(www.springer.com)

Vorwort zur 22. Auflage

Die Aufgabensammlung Technische Mechanik enthält über 900 Aufgaben aus den Arbeitsbereichen der Ingenieure und Techniker des Maschinen- und Stahlbaus (Entwicklung, Konstruktion, Fertigung). Sie ist Teil des vierbändigen Lehr- und Lernsystems TECHNISCHE MECHANIK von *Alfred Böge* für Studierende an Fach- und Fachhochschulen.

Dieses Lehr- und Lernsystem hat sich auch an Fachgymnasien Technik, Fachoberschulen Technik, Beruflichen Oberschulen, Bundeswehrfachschulen und in Bachelor-Studiengängen bewährt. In Österreich wird damit an den Höheren Technischen Lehranstalten gearbeitet.

In der 21. Auflage sollten die Aufgaben 130 und 133 besonders beachtet werden. Ihre Lösungen erläutern ausführlich ein häufig auftretendes Problem beim Freimachen von Bauteilen zur Anfertigung der Lageskizze.

Zum Impulserhaltungssatz im Kapitel Fluidmechanik sind drei Aufgaben neu aufgenommen worden.

In der jetzt vorliegenden 22. Auflage wurden in vielen Aufgaben die Fragestellungen mit dem Ziel überarbeitet, die Klarheit der Aussagen zu verbessern. Neu sind zwei Aufgaben zu einer Schrägseilbrücke für Fußgänger und Radfahrer. Die Aufgaben zur Knickung im Stahlbau wurden an die seit Juli 2012 geltende Norm DIN EN 1993-1-1 angepasst. Neu ist eine Übersicht mit Erläuterungen der wichtigsten in den Aufgaben verwendeten Symbole. Zudem wurden die zahlreichen Anregungen, Verbesserungsvorschläge und kritischen Hinweise von Lehrern und Studierenden berücksichtigt und verarbeitet.

Alle vier Bücher des Lehr- und Lernsystems TECHNISCHE MECHANIK sind inhaltlich aufeinander abgestimmt. Im Lehrbuch stehen nach jedem größeren Bearbeitungsschritt die Nummern der entsprechenden Aufgaben.

Die aktuellen Auflagen sind:

- Lehrbuch 31. Auflage
- Aufgabensammlung 22. Auflage
- Lösungsbuch 17. Auflage
- Formelsammlung 24. Auflage.

Bedanken möchte ich mich beim Lektorat Maschinenbau des Verlags Springer Vieweg, insbesondere bei Frau Imke Zander und Herrn Dipl.-Ing. Thomas Zipsner für ihre engagierte und immer förderliche Zusammenarbeit bei der Realisierung der vorliegenden 22. Auflage der Aufgabensammlung Technische Mechanik.

Für Zuschriften steht die E-Mail-Adresse *w_boege@t-online.de* zur Verfügung.

Wolfenbüttel, Mai 2015 *Wolfgang Böge*

Inhaltsverzeichnis

Das griechische Alphabet

Alpha	Α	α	Ny	Ν	ν
Beta	Β	β	Xi	Ξ	ξ
Gamma	Γ	γ	Omikron	Ο	ο
Delta	Δ	δ	Pi	Π	π
Epsilon	Ε	ε	Rho	Ρ	ϱ
Zeta	Ζ	ζ	Sigma	Σ	σ
Eta	Η	η	Tau	Τ	τ
Theta	Θ	ϑ	Ypsilon	Υ	υ
Jota	Ι	ι	Phi	Φ	ϕ
Kappa	Κ	κ	Chi	Χ	χ
Lambda	Λ	λ	Psi	Ψ	ψ
My	Μ	μ	Omega	Ω	ω

Die wichtigsten Formelzeichen

Statik in der Ebene, Schwerpunktslehre, Reibung

A	m^2; mm^2	Fläche, Flächeninhalt
d, D	m; mm	Durchmesser
e	mm	Schwerpunktsabstände e_1, e_2
e		Euler'sche Zahl
F	N	Kraft
F_A, F_B, F_C ...	N	Stützkraft
F_N	N	Normalkraft
F_R	N	Reibungskraft
F_r, F_{res}	N	resultierende Kraft; Resultierende
F_x	N	Kraftkomponente in x-Richtung
F_y	N	Kraftkomponente in y-Richtung
F_u	N	Umfangskraft, tangential angreifend
f	mm	Hebelarm der Rollreibung
F'	N/m	Längenbezogene Belastung, Streckenlast, gleichmäßig verteilte Last
F_G	N	Gewichtskraft
h	m; mm	Höhe
k		Anzahl der Knoten eines Fachwerks
l	m; mm	Länge
M	Nm	Kraftmoment, Drehmoment
M_A	Nm	Anzugsmoment
M_k	Nm	Kippmoment
M_R	Nm	Reibungsmoment
M_s	Nm	Standmoment
n	min^{-1}	Drehzahl
P	W; kW	Leistung
p	N/mm^2	Flächenpressung, Pressung
F_S	N	Stabkraft in Fachwerken
S		Standsicherheit
V	m^3; mm^3	Volumen
x, y	mm	Schwerpunktsabstände der Teilflächen und Teillinien
x_0, y_0	mm	Schwerpunktsabstände des Gesamtgebildes
η		Wirkungsgrad
μ		Gleitreibungszahl, Zapfenreibungszahl
μ_0		Haftreibungszahl
μ'		Keilreibungszahl, Gewindereibungszahl
ϱ, ϱ_0		Reibungswinkel = Öffnungswinkel des halben Reibungskegels
ϱ'		Reibungswinkel im Gewinde

Dynamik

a	m/s^2	Beschleunigung
c	m/s	Geschwindigkeit nach dem Stoß
d	mm	Teilkreisdurchmesser am Zahnrad
F	N	Kraft
F_R	N	Reibungskraft
F_u	N	Umfangskraft, tangential angreifend
F_z	N	Fliehkraft (Zentrifugalkraft)
F_G	N	Gewichtskraft
g	m/s^2	Fallbeschleunigung
h	m	Steighöhe, Fallhöhe, Hubhöhe
i	m; mm	Trägheitsradius
i		Übersetzung
J	kgm^2	Trägheitsmoment
k		Stoßzahl
l	m; mm	Länge
M	Nm	Kraftmoment, Drehmoment
m	kg	Masse
m	mm	Modul
n	min^{-1}	Drehzahl
P	W; kW	Leistung
R	N/m; N/mm	Federrate
r	m; mm	Radius, Abstand von der Drehachse
s	m	Weg
t	s; min; h	Zeit
v	m/s; km/h	Geschwindigkeit
W	J	Arbeit
E_{kin}	J	kinetische Energie, Bewegungsenergie
E_{pot}	J	potenzielle Energie, Höhenenergie
E_{rot}	J	Rotationsenergie, Drehenergie
α	$rad/s^2 = 1/s^2$	Winkelbeschleunigung
η		Wirkungsgrad
ϱ	kg/m^3	Dichte
φ	rad	Drehwinkel
ω	rad/s = 1/s	Winkelgeschwindigkeit

Festigkeitslehre

A	mm^2	Fläche, Flächeninhalt
A_0	mm^2	Ursprungsfläche (vor der Belastung)
b	mm	Stabbreite
d	mm	Stabdurchmesser, Wellen- oder Achsendurchmesser
d_0	mm	ursprünglicher Stabdurchmesser (vor der Belastung)
E	N/mm^2	Elastizitätsmodul
e_1, e_2	mm	Abstände der Randfasern von der neutralen Faser
F	N	Kraft, Belastung
F_K	N	Knickkraft
F_N	N	Normalkraft
F_q	N	Querkraft
F'	N/m	Längenbezogene Belastung
F_G	N; kN	Gewichtskraft
G	N/mm^2	Schubmodul
I	mm^4	axiales Flächenmoment 2. Grades, auch I_x, I_y (bezogen auf die x- oder y-Achse)
I_p	mm^4	polares Flächenmoment 2. Grades
i	mm	Trägheitsradius
l	mm	Stablänge
l_0	mm	Ursprungslänge (vor der Belastung)
M	Nm; Nmm	Kraftmoment, Drehmoment
M_b	Nm; Nmm	Biegemoment
M_v	Nm; Nmm	Vergleichsmoment
n	min^{-1}	Drehzahl
P	W; kW	Leistung
p	N/mm^2	Flächenpressung, Pressung
A	mm^2	Querschnitt, Querschnittsfläche
M_T	Nm; Nmm	Torsionsmoment
ν		Sicherheit gegen Knicken; Knicksicherheit
V	m^3; mm^3	Volumen
W	mm^3	axiales Widerstandsmoment, auch W_x, W_y (bezogen auf die x- bzw. y-Achse)
W_p	mm^3	polares Widerstandsmoment
β_k		Kerbwirkungszahl
γ		Schiebung, Gleitung
δ	%	Bruchdehnung
ε		Dehnung
λ		Schlankheitsgrad
λ_0		Grenzschlankheitsgrad
σ	N/mm^2	Normalspannung
$R_m(\sigma_B)$	N/mm^2	Zugfestigkeit
σ_b	N/mm^2	Biegespannung

σ_D	N/mm^2	Dauerfestigkeit des Werkstoffs
σ_d	N/mm^2	Druckspannung
σ_K	N/mm^2	Knickspannung
σ_l	N/mm^2	Lochleibungsdruck (Flächenpressung bei Nieten)
σ_n	N/mm^2	rechnerische Nennspannung
σ_P	N/mm^2	Proportionalitätsgrenze
$R_e(\sigma_S)$	N/mm^2	Streckgrenze
$R_{p\,0,2}(\sigma_{0,2})$	N/mm^2	0,2-Dehngrenze
σ_{Sch}	N/mm^2	Schwellfestigkeit des Werkstoffs
σ_W	N/mm^2	Wechselfestigkeit des Werkstoffs
σ_z	N/mm^2	Zugspannung
σ_{zul}	N/mm^2	zulässige Normalspannung ($\sigma_{z\,zul}$, $\sigma_{d\,zul}$, $\sigma_{b\,zul}$)
τ	N/mm^2	Schubspannung
τ_a	N/mm^2	Abscherspannung
τ_t	N/mm^2	Torsionsspannung
τ_{zul}	N/mm^2	zulässige Schubspannung
φ		Verdrehwinkel

Fluidmechanik (Hydraulik)

A	m^2; mm^2	Kolbenfläche, Rohrquerschnitt
d	m; mm	Kolbendurchmesser, Rohrdurchmesser
e	m	Abstand des Druckmittelpunkts vom Flächenschwerpunkt
F	N	Kraft
F_a	N	Auftrieb
F_b	N	Bodenkraft
F_s	N	Seitenkraft
g	m/s^2	Fallbeschleunigung
I	m^4	axiales Flächenmoment 2. Grades
l	m	Rohrlänge
m	kg	Masse
p	$Pa = N/m^2$	hydrostatischer Druck, statischer Druck
$\dot{m}$	kg/s	Massenstrom
$\dot{V}$	m^3/s	Volumenstrom
V	m^3	Volumen
v	m/s	Strömungsgeschwindigkeit, Ausflussgeschwindigkeit
η	1	Wirkungsgrad
ϱ	kg/m^3, kg/dm^3	Dichte
μ	1	Reibungszahl
μ	1	Ausflusszahl
φ	1	Geschwindigkeitszahl

Wichtige Symbole

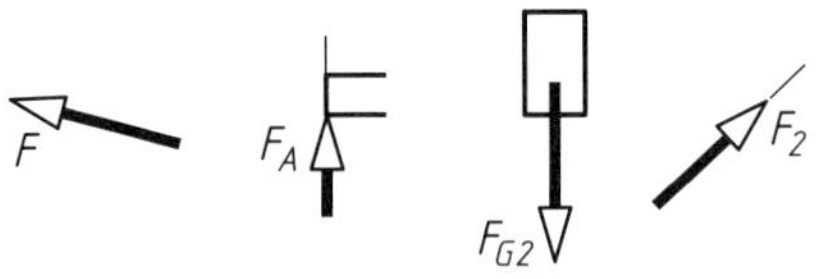

Kraft F, festgelegt durch Betrag, Wirklinie und Richtungssinn in N, kN, MN, z. B. F_A, F_2, F_{G2} (Gewichtskraft)

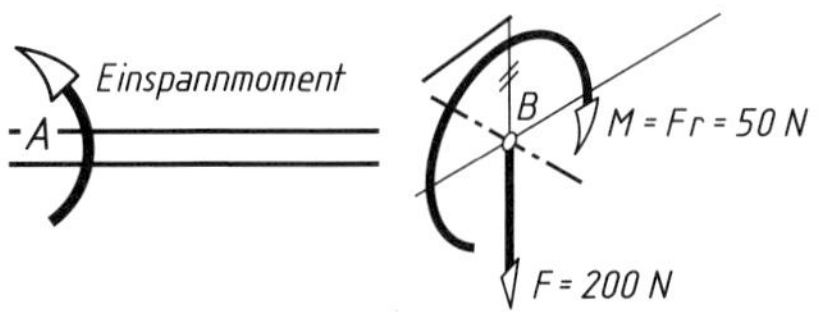

Drehmoment M in Nm, kNm. Grundsätzlich werden linksdrehende Drehmomente positiv, rechtsdrehende Momente negativ in z. B. Gleichgewichtsbedingungen aufgenommen.

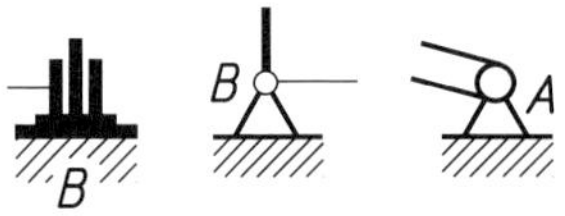

Zweiwertiges Lager (Festlager) nimmt eine beliebig gerichtete Kraft auf. Die Wirklinie und der Betrag der Kraft sind unbekannt.

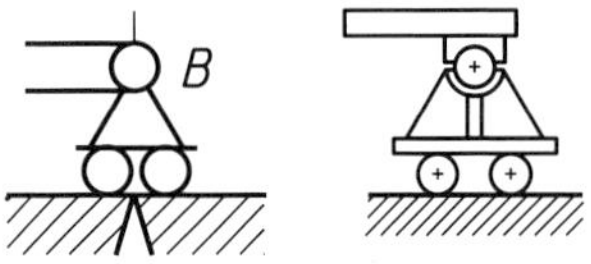

Einwertiges Lager (Loslager) nimmt nur eine rechtwinklig zur Stützfläche gerichtete Kraft auf. Die Wirklinie der Kraft ist bekannt, der Betrag ist unbekannt.

Feste Unterlage oder Stützfläche (Ebene) zur Aufnahme zum Beispiel von Los- und Festlagern oder Körpern – nicht verschieb- oder verdrehbar.

$A, B, C, \ldots$ Bezeichnung von Lagern (Fest- und Loslagern) und Körpern

S Schwerpunkt von Linien, Flächen und Körpern

$m_1, m_2, \ldots$ Masse von Körpern in kg, t

Drehrichtung, zum Beispiel einer Welle

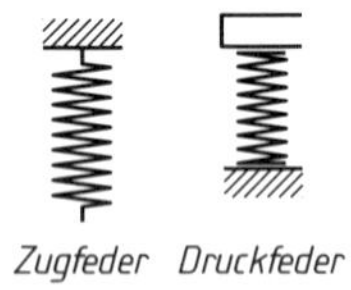

Zug- bzw. Druckfeder

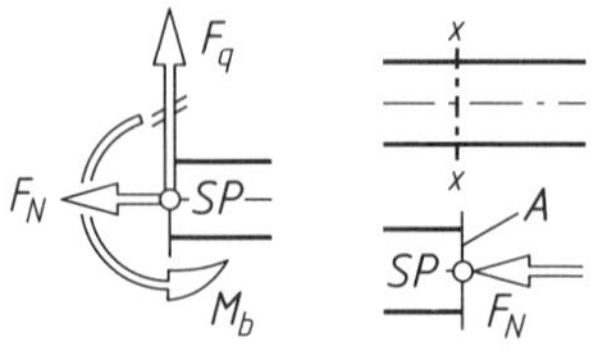

Gedachte Schnittstellen in einem Körper – zeigt innere Kräfte- und Momentensysteme

SP Schnittflächenschwerpunkt

1 Statik in der Ebene

Kraftmoment (Drehmoment)

1 Seiltrommel und Handkurbel eines Handhebezeugs sind fest miteinander verbunden.

Die Kurbellänge beträgt l = 360 mm, der Trommeldurchmesser d = 120 mm.

a) Welches Drehmoment M wird an der Handkurbel erzeugt, wenn die Handkraft F = 200 N beträgt?

b) Wie groß ist die Seilkraft F_1, die dadurch im Seil hervorgerufen wird?

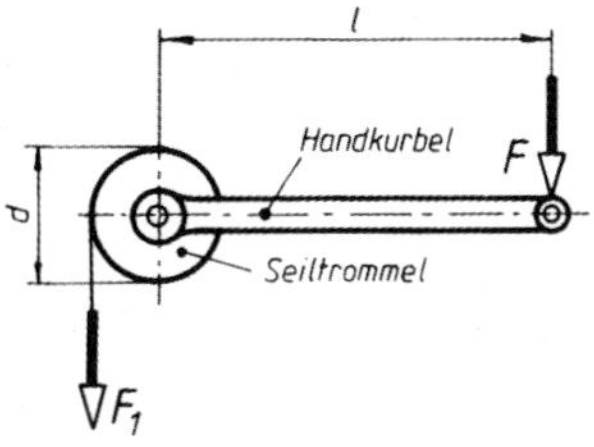

2 Eine Spillanlage (Hand- oder motorbetriebene Winde) mit d=200 mm Trommeldurchmesser entwickelt im Seil eine Zugkraft F =7 kN. Welches Drehmoment M ist an der Trommelwelle erforderlich?

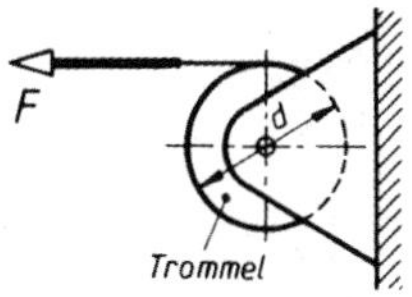

3 Eine Schraube soll mit einem Drehmoment von 62 Nm angezogen werden.

Welche Handkraft muss am Schraubenschlüssel in l = 280 mm Abstand von der Schraubenmitte mindestens aufgebracht werden?

4 Ein Kräftepaar mit den Kräften F = 120 N erzeugt ein Drehmoment M = 396 Nm.

Welchen Wirkabstand l hat das Kräftepaar?

5 An der Bremsscheibe mit dem Durchmesser d = 500 mm wirkt das Drehmoment M = 860 Nm. Welche tangential am Scheibenumfang wirkende Bremskraft F ist zur Erzeugung eines gleich großen Bremsmoments erforderlich?

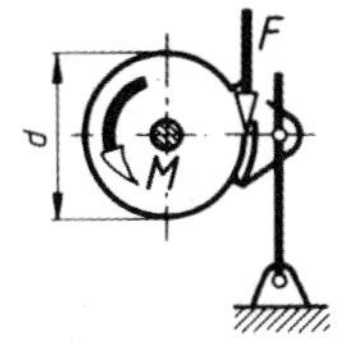

6 Die Antriebswelle eines einstufigen Stirnradgetriebes wird mit dem Antriebsdrehmoment M_1 = 10 Nm belastet. Das Drehmoment M_1 erzeugt zwischen den Stirnrädern 1 und 2 die Umfangskraft F_u. Die Teilkreisdurchmesser betragen d_1 = 100 mm und d_2 = 180 mm.

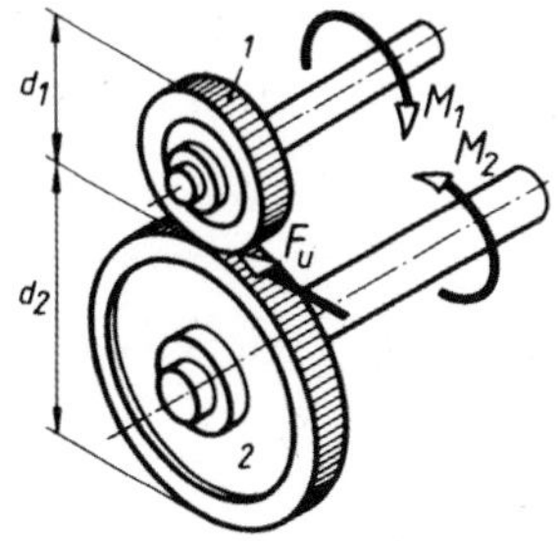

Gesucht:

a) die Umfangskraft F_u,

b) das Abtriebsdrehmoment M_2.

7 Die Antriebswelle eines zweistufigen geradverzahnten Stirnradgetriebes wird mit dem Antriebsdrehmoment $M_1 = 120$ Nm belastet.
Die Zähnezahlen der Stirnräder betragen
$z_1 = 15, z_2 = 30, z_{2'} = 15, z_3 = 25$,
die Module $m_{1/2} = 4$ mm, $m_{2'/3} = 6$ mm.

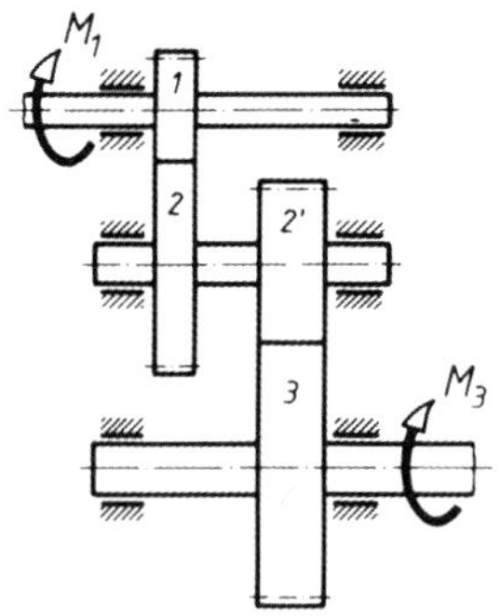

Gesucht:

a) die Teilkreisdurchmesser $d_1, d_2, d_{2'}, d_3$,
b) die Umfangskraft $F_{u1/2}$ zwischen den Stirnrädern 1 und 2,
c) das Drehmoment M_2 an der Zwischenwelle,
d) die Umfangskraft $F_{u2'/3}$ zwischen den Stirnrädern 2' und 3,
e) das Abtriebsdrehmoment M_3.

8 Auf das Pedal einer waagerecht stehenden Fahrrad-Tretkurbel wirkt die rechtwinklige Kraft $F = 220$ N im Wirkabstand $l_1 = 210$ mm. Die Kettenraddurchmesser betragen $d_1 = 182$ mm, $d_2 = 65$ mm und der Radius des Hinterrades $l_2 = 345$ mm.

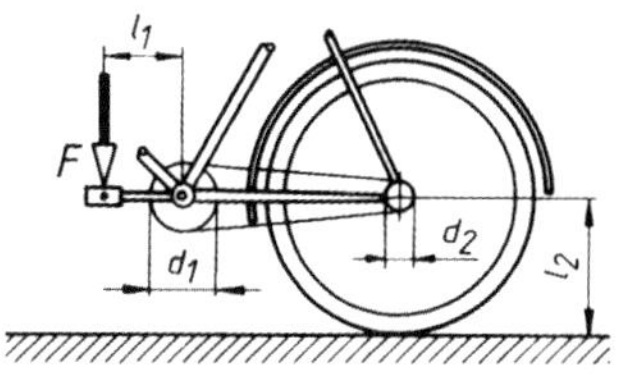

Gesucht:

a) das Drehmoment an der Tretkurbelwelle,
b) die Zugkraft in der Kette,
c) das Drehmoment am hinteren Kettenrad,
d) die Kraft, mit der sich das Hinterrad am Boden in waagerechter Richtung abstützt (Vortriebskraft).

Freimachen von Bauteilen

9 - 28 Die in den folgenden 20 Bildern dargestellten Körper sollen freigemacht werden. Die Gewichtskräfte greifen jeweils im bezeichneten Schwerpunkt S der Körper an.

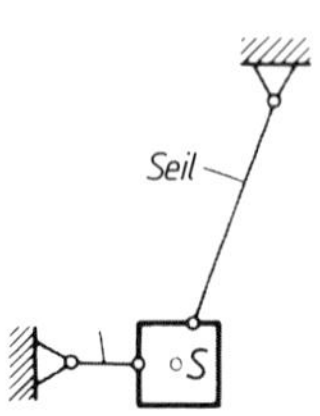

9

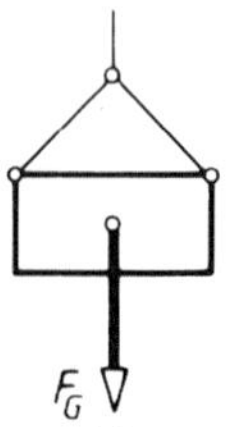

10

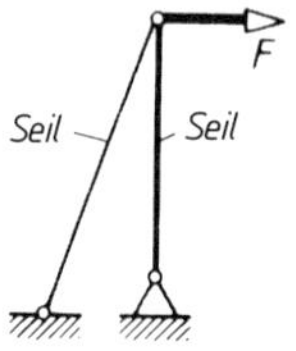

11

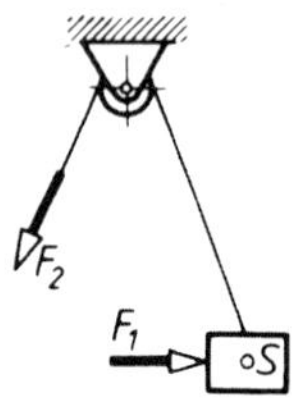

12

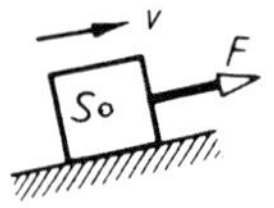

13

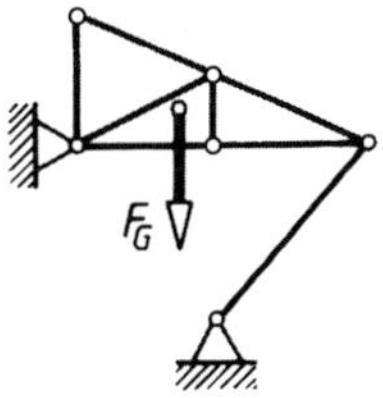
14

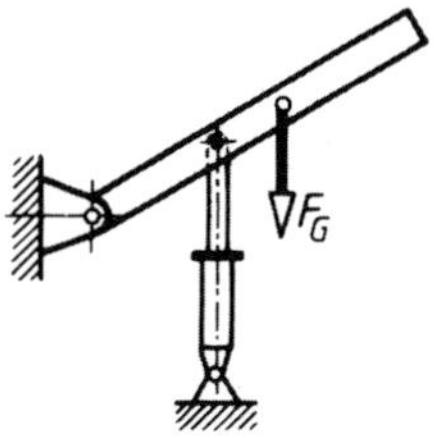
15

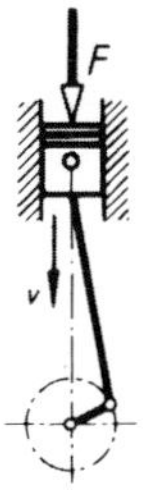
16

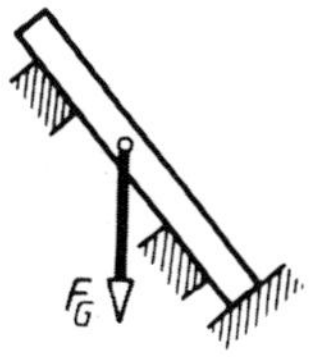
17

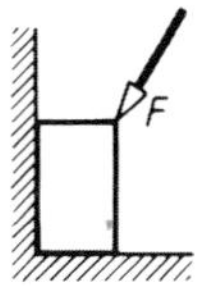
18

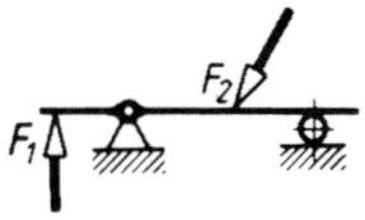
19

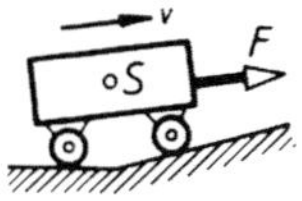
20

21

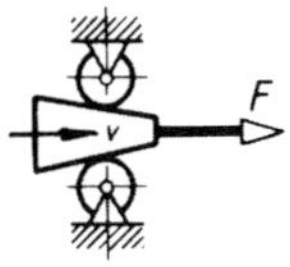
22

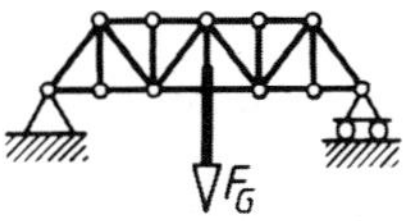
23

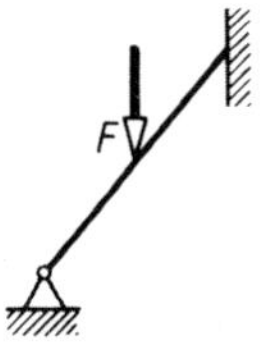
24

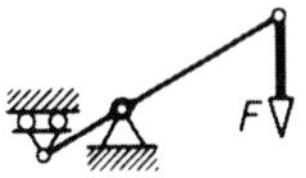
25

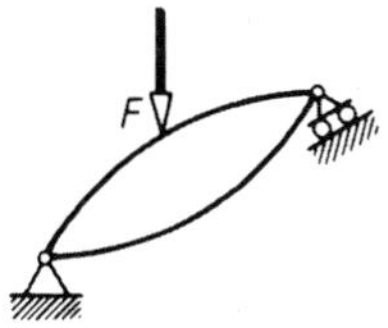
26

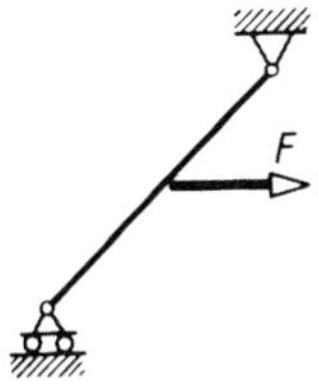
27

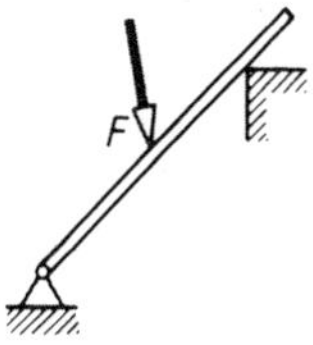
28

Rechnerische und zeichnerische Ermittlung der Resultierenden im zentralen Kräftesystem – Rechnerische und zeichnerische Zerlegung von Kräften im zentralen Kräftesystem (1. und 2. Grundaufgabe)

29 Zwei Kräfte $F_1 = 120$ N und $F_2 = 90$ N wirken am gleichen Angriffspunkt im rechten Winkel zueinander.

Wie groß ist
a) der Betrag ihrer Resultierenden,
b) der Winkel, den ihre Wirklinie mit der Kraft F_1 einschließt?

30 Unter einem Winkel von 135° wirken zwei Kräfte $F_1 = 70$ N und $F_2 = 105$ N am gleichen Angriffspunkt. Der Richtungswinkel α_1 beträgt 0°.[1]

Gesucht:

a) der Betrag der Resultierenden,
b) der Richtungswinkel α_r der Resultierenden.

31 Zwei Kräfte wirken unter einem Winkel von 76° 30' zueinander. Ihre Beträge sind $F_1 = 15$ N und $F_2 = 25$ N. Die Kraft F_1 liegt auf der positiven x-Achse.

Gesucht:
a) der Betrag der Resultierenden,
b) der Richtungswinkel α_r der Resultierenden.

---

[1] Richtungswinkel α ist immer der Winkel zwischen der positiven x-Achse eines rechtwinkligen Achsenkreuzes und der Kraftwirklinie.

32 Das Zugseil einer Fördereinrichtung läuft unter $\gamma = 40°$ zur Senkrechten von der Seilscheibe ab. Senkrechtes Seiltrum und Förderkorb ergeben zusammen eine Gewichtskraft $F = 50$ kN.

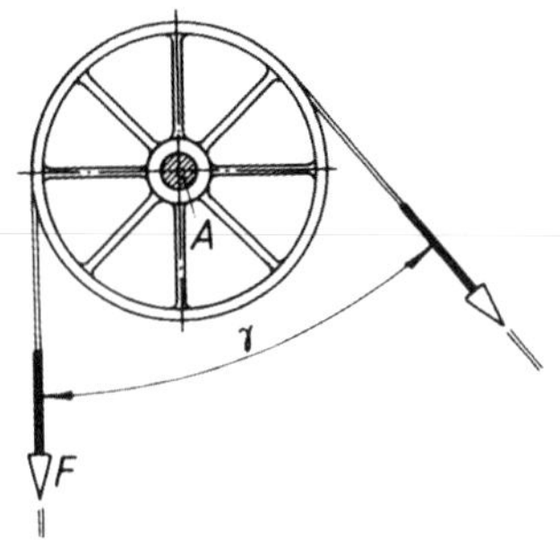

a) Welchen Betrag hat die Resultierende aus den beiden Seilzugkräften, die als Lagerbelastung in den Seilscheibenlagern A auftritt?
b) Unter welchem Richtungswinkel α_r[1] wirkt die Resultierende?

33 Zwei Spanndrähte ziehen mit den Kräften $F_1 = 500$ N und $F_2 = 300$ N an einem Pfosten A unter dem Winkel $\gamma = 80°$ zueinander.

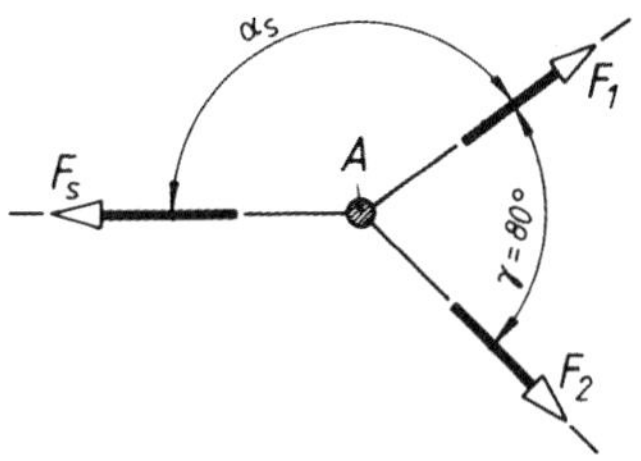

Gesucht:

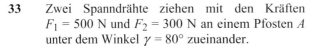

a) der Betrag der Spannkraft F_s, die den Kräften F_1 und F_2 das Gleichgewicht hält,
b) der Winkel α_s.

Lösungshinweis: Die Spannkraft F_s ist die Gegenkraft der Resultierenden aus F_1 und F_2, d.h. sie hat den gleichen Betrag und die gleiche Wirklinie, ist aber entgegengesetzt gerichtet.

34 Vier Männer ziehen einen Wagen an Seilen, die nach Skizze in die Zugöse der Deichsel eingehängt sind. Die Zugkräfte betragen $F_1 = 400$ N, $F_2 = 350$ N, $F_3 = 300$ N und $F_4 = 500$ N.

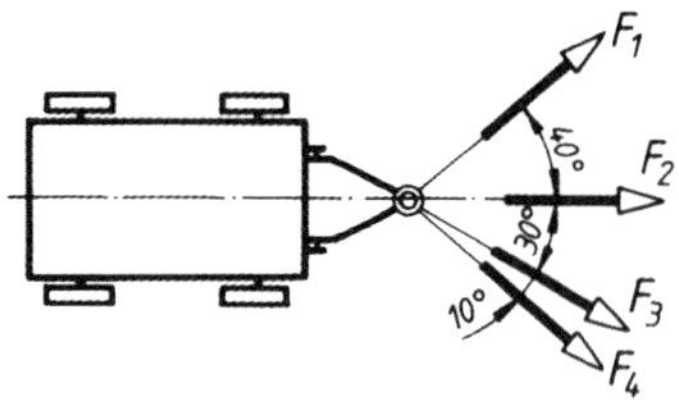

Gesucht:

a) der Betrag der Resultierenden F_r,
b) der Richtungswinkel α_r[1].

35 Ein Kettenkarussell ist mit vier Personen unsymmetrisch nach Skizze besetzt. Die im Betrieb auftretenden Fliehkräfte $F_1 = 1{,}2$ kN, $F_2 = 1{,}5$ kN, $F_3 = 1{,}0$ kN und $F_4 = 0{,}8$ kN wirken dabei als Biegekräfte auf den Zentralmast.

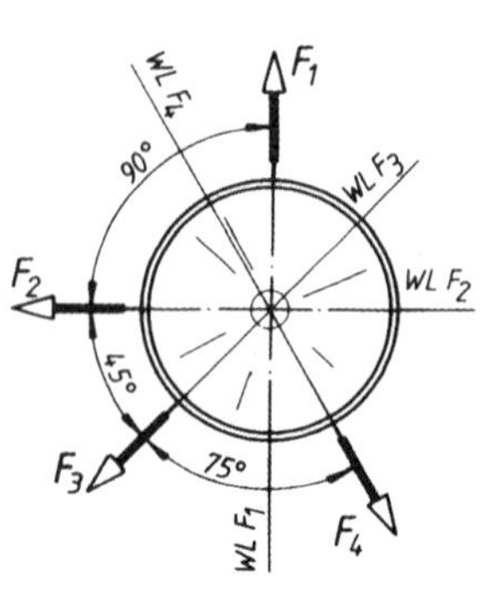

a) Wie groß ist der Betrag der resultierenden Biegekraft?
b) Unter welchem Richtungswinkel α_r[1] wirkt sie?

---

[1] siehe Fußnote Seite 3

36 Ein Telefonmast wird durch die waagerechten Spannkräfte von vier Drähten belastet. Die Spannkräfte sind $F_1 = 400$ N, $F_2 = 500$ N, $F_3 = 350$ N und $F_4 = 450$ N.

Gesucht:

a) der Betrag der Resultierenden,
b) der Richtungswinkel α_r [1)]

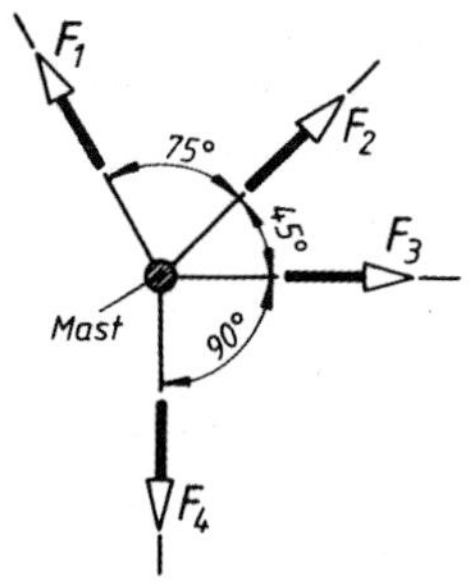

37 Ein zentrales Kräftesystem besteht aus den Kräften $F_1 = 22$ N, $F_2 = 15$ N, $F_3 = 30$ N und $F_4 = 25$ N. Die Richtungswinkel der vier Kräfte betragen $\alpha_1 = 15°$, $\alpha_2 = 60°$, $\alpha_3 = 145°$, $\alpha_4 = 210°$

Gesucht:

a) der Betrag der Resultierenden F_r,
b) ihr Richtungswinkel α_r[1)].

38 In einem zentralen Kräftesystem wirken die Kräfte $F_1 = 120$ N, $F_2 = 200$ N, $F_3 = 220$ N, $F_4 = 90$ N und $F_5 = 150$ N. Die Richtungswinkel betragen $\alpha_1 = 80°$, $\alpha_2 = 123°$, $\alpha_3 = 165°$, $\alpha_4 = 290°$, $\alpha_5 = 317°$.

Gesucht:

a) der Betrag der Resultierenden F_r,
b) ihr Richtungswinkel α_r[1)].

39 Die Kräfte $F_1 = 75$ N, $F_2 = 125$ N, $F_3 = 95$ N, $F_4 = 150$ N, $F_5 = 170$ N und $F_6 = 115$ N wirken an einem gemeinsamen Angriffspunkt unter den Richtungswinkeln $\alpha_1 = 27°$, $\alpha_2 = 72°$, $\alpha_3 = 127°$, $\alpha_4 = 214°$, $\alpha_5 = 270°$, $\alpha_6 = 331°$.

Gesucht:

a) der Betrag der Resultierenden F_r,
b) der Richtungswinkel α_r [1)].

40 Eine Kraft $F = 25$ N soll in zwei rechtwinklig aufeinander stehende Komponenten F_1 und F_2 zerlegt werden. Die Wirklinien von F und F_1 sollen den Winkel $\alpha = 35°$ einschließen.

Die Beträge von F_1 und F_2 sind zu ermitteln.

41 Eine Kraft $F = 3600$ N soll in zwei Komponenten F_1 und F_2 zerlegt werden, deren Wirklinien unter den Winkeln $\alpha_1 = 90°$ und $\alpha_2 = 45°$ zur Wirklinie von F liegen.

Wie groß sind die Beträge der Kräfte F_1 und F_2?

[1)] siehe Fußnote Seite 3

42 Eine Stützmauer erhält aus ihrer Gewichtskraft und dem auf einer Seite gelagerten Schüttgut eine Gesamtbelastung $F_r = 68$ kN, die unter $\alpha = 52°$ zur Senkrechten wirkt.

a) Wie groß ist die rechtwinklig auf die Mauersohle wirkende Kraft F_{ry}?

b) Wie groß ist die waagerecht wirkende Kraft F_{rx}, die kippend auf die Mauer wirkt?

43 Ein Lager nimmt nach Skizze eine Gesamtbelastung $F_A = 26$ kN auf.

Welche Radialkraft F_{Ax} und welche Axialkraft F_{Ay} wirkt auf das Lager?

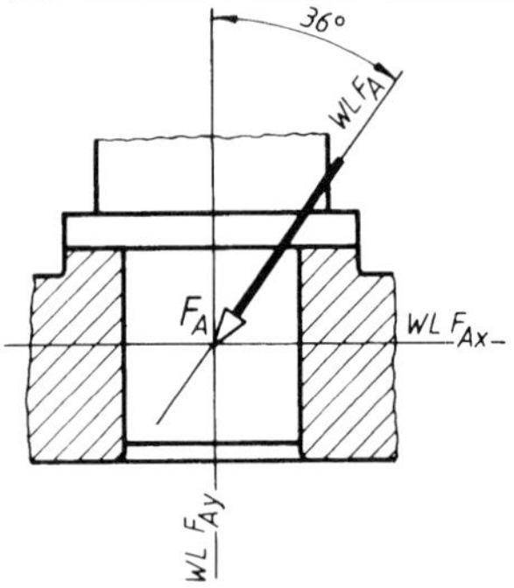

44 Der Sparren (Strebe) eines hölzernen Dachstuhls ist durch einen einfachen Versatz mit dem Streckbalken (Schwelle) verbunden. Die Kraft $F = 5{,}5$ kN in der Strebe wirkt unter dem Winkel $\alpha = 40°$ auf den Streckbalken. Dort zerlegt sich F in die Komponenten F_1 und F_2, die rechtwinklig auf ihren Stützflächen stehen.

Wie groß sind die Komponenten F_1 und F_2 ?

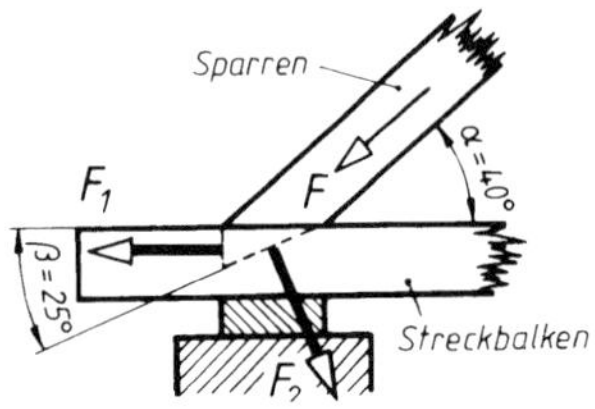

45 Zwei Kräfte F_1 und F_2 wirken unter dem Winkel $\alpha = 145°$ zueinander. Ihre Resultierende beträgt $F_r = 75$ N. Sie schließt mit der Kraft F_2 den Winkel $\beta = 60°$ ein.

Wie groß sind die Beträge von F_1 und F_2?

46 Zwei gleich große Kräfte F schließen einen Winkel $\alpha = 70°$ ein. Ihre Resultierende beträgt $F_r = 73$ kN.

Wie groß sind die Beträge der beiden Kräfte F ?

47 Die zum Ziehen eines Waggons erforderliche Zugkraft $F = 1{,}1$ kN wird durch zwei Seile nach Skizze aufgebracht.

Wie groß sind die erforderlichen Seilkräfte F_1 und F_2?

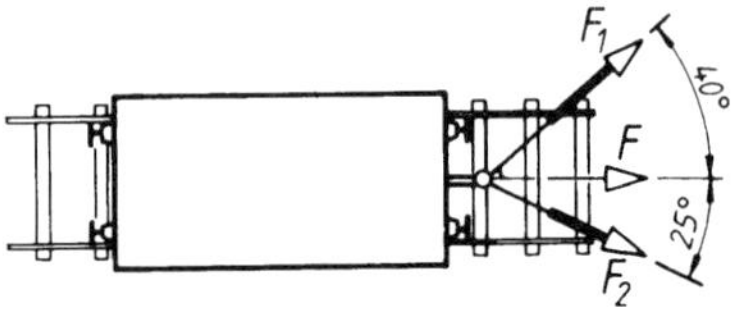

48 Der Lasthaken eines Krans erhält durch die beiden Seilkräfte F_1 und F_2 eine senkrechte Gesamtbelastung $F = 30$ kN.

Welche Kräfte wirken in den beiden Seilen?

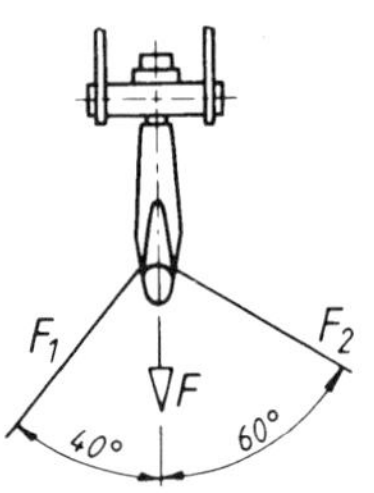

Rechnerische und zeichnerische Ermittlung unbekannter Kräfte im zentralen Kräftesystem (3. und 4. Grundaufgabe)

49 Einer senkrecht wirkenden Kraft F = 17 kN soll das Gleichgewicht durch zwei Kräfte F_1 und F_2 gehalten werden, die unter den Winkeln β_1 = 30° und β_2 = 60° zur Waagerechten wirken.
Die Beträge der beiden Gleichgewichtskräfte sind zu ermitteln.

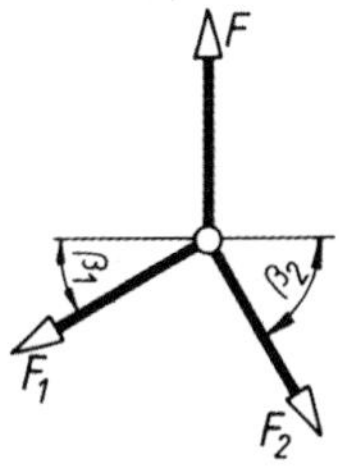

50 Am Knotenpunkt K sind drei Körper mit Seilen befestigt. Das System ist im Gleichgewicht (Ruhezustand), wenn α_3 = 80° und α_2 = 155° ist. Die Gewichtskraft des Körpers 1 beträgt 30 N.
Analytisch und trigonometrisch sind die Gleichungen zur Berechnung der Gewichtskräfte der Körper 2 und 3 zu entwickeln. Wie groß sind diese Gewichtskräfte?

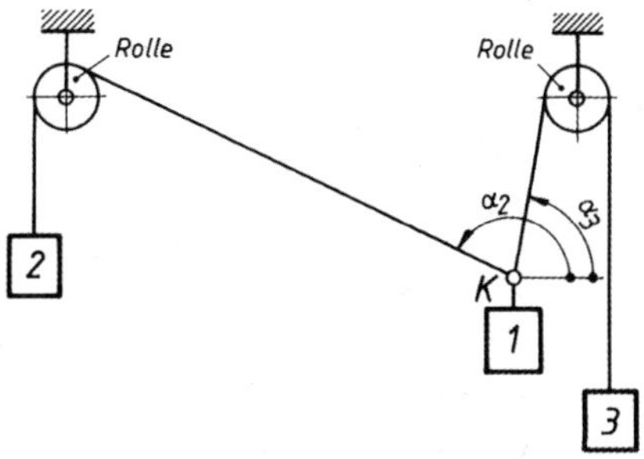

51 Ein zentrales Kräftesystem besteht aus den Kräften F_1 = 320 N, F_2 = 180 N, F_3 = 250 N, die unter den Winkeln α_1 = 35°, α_2 = 55°, α_3 = 160° zur positiven x-Achse wirken. Es soll durch zwei Kräfte F_A und F_B im Gleichgewicht gehalten werden, die mit der positiven x-Achse die Winkel α_A = 225° und α_B = 270° einschließen.

a) Wie groß sind F_A und F_B?
b) Welchen Richtungssinn haben sie?

52 Bei der schematisch skizzierten Kniehebelpresse wird durch die Kraft F_1 die Koppel nach rechts bewegt und damit das Kniegelenk gestreckt. Der Winkel φ wird dabei auf null verkleinert. Die untere Schwinge bewegt dabei den Schlitten mit dem Werkzeug nach unten und übt auf das Werkstück die veränderliche Presskraft F_p aus.

Es soll eine Gleichung für die Presskraft $F_p = f(F_1, \varphi)$ entwickelt werden, mit der es möglich ist, die Presskraft F_p für die beiden Winkel φ = 5° und φ = 1° als Vielfaches der Koppelkraft F_1 (Reibung vernachlässigen) zu berechnen.

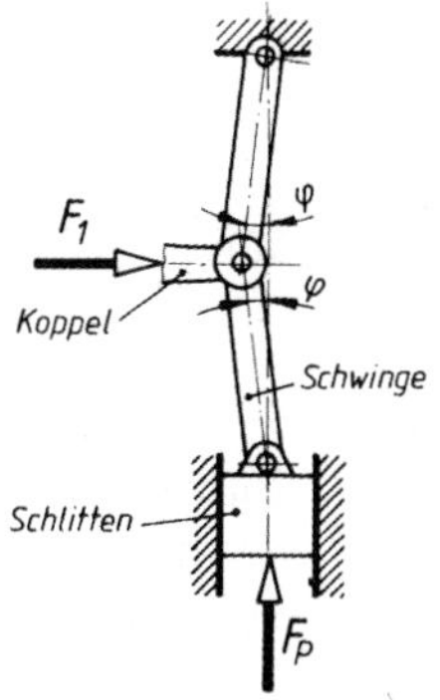

53 Ein zentrales Kräftesystem besteht aus den Kräften F_1 = 5 N, F_2 = 8 N, F_3 = 10,5 N und F_4 mit den zugehörigen Angriffswinkeln α_1 = 110°, α_2 = 150°, α_3 = 215° und α_4 = 270°. Sie werden im Gleichgewicht gehalten durch eine Kraft F_g, deren Wirklinie mit der x-Achse zusammenfällt.

a) Wie groß muss die Kraft F_4 sein?
b) Wie groß ist die Gleichgewichtskraft F_g?

54 Eine Ziehwerk-Schleppzange wird mit der Seilkraft $F_s = 120$ kN gezogen.

Es soll eine Gleichung für die Kraft in einer Zugstange $F_1 = f(F_s, \beta)$ entwickelt werden, mit der man die Zugkräfte in den Zugstangen 1 und 2, die unter dem Winkel $\beta = 90°$ zueinander stehen, berechnen kann.

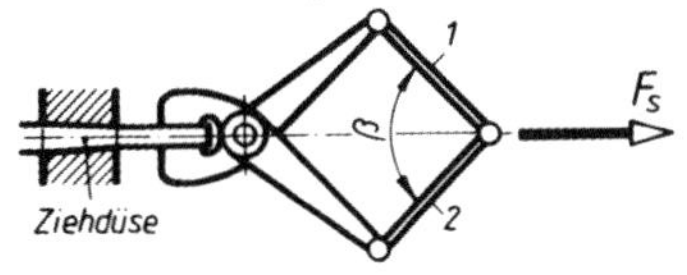

55 Der skizzierte Drehkran mit den Abmessungen $l_1 = 3$ m, $l_2 = 1{,}5$ m, $l_3 = 4$ m wird durch die Kraft $F = 20$ kN belastet.

a) Wie groß sind die Kräfte im Zugstab Z und im Druckstab D?
b) Die Stabkraft F_Z soll in eine waagerechte und eine senkrechte Komponente F_{Zx} und F_{Zy} zerlegt werden.
c) In gleicher Weise soll die Stabkraft F_D zerlegt werden.

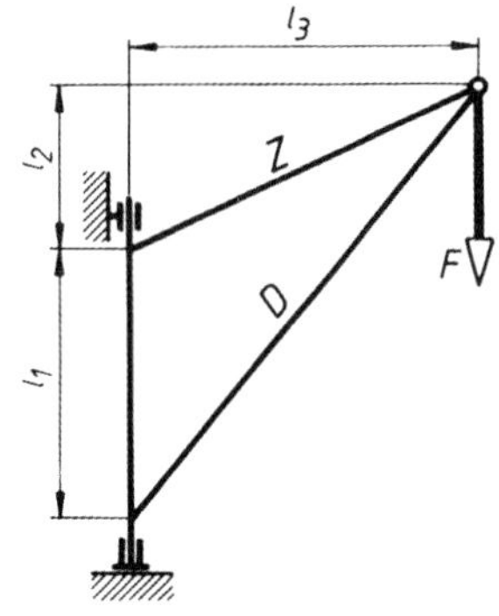

56 Eine Rundstahlstange mit einer Gewichtskraft $F_G = 1{,}2$ kN liegt auf der skizzierten Zentriereinrichtung mit dem Öffnungswinkel $\beta = 100°$.

Wie groß sind die Stützkräfte an den Auflagestellen?

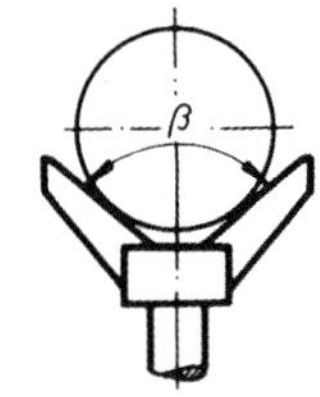

57 Ein Maschinenteil mit der Gewichtskraft $F_G = 50$ kN hängt mit einem Seil am Kranhaken. Die Maße betragen $l_1 = 1{,}2$ m, $l_2 = 2$m, $l_3 = 0{,}95$ m.

Wie groß sind die Kräfte in den beiden Seilspreizen? (Die Zugkraft im Kranhaken ist gleich der Gewichtskraft des Werkstücks.)

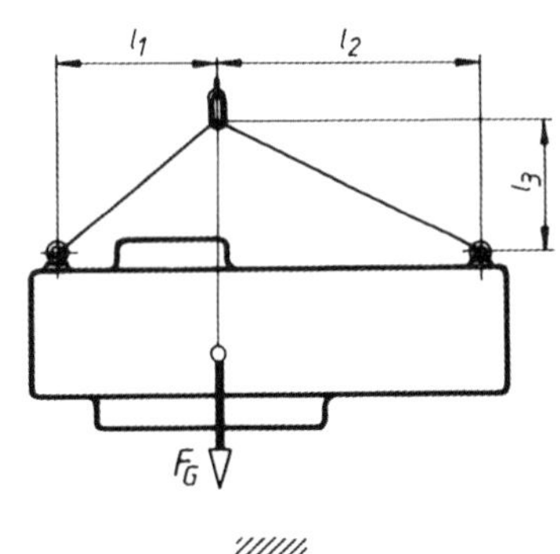

58 Die skizzierte Lampe mit der Gewichtskraft $F_G = 220$ N wird vom Wind so bewegt, dass das Seil um $\beta = 20°$ aus der Senkrechten ausgelenkt wird.

Wie groß ist der Luftwiderstand F_w der Lampe und welche Zugkraft F nimmt das Seil auf?

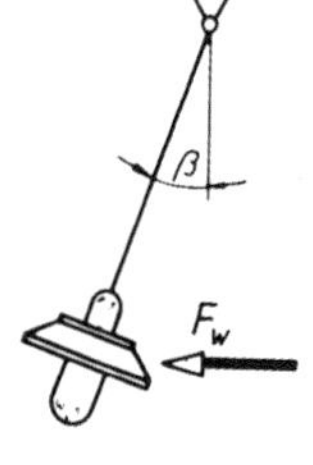

59 Der Laufbahnträger für eine Einschienen-Laufkatze ist an Hängestangen nach Skizze befestigt. Jedes Stangenpaar muss im ungünstigsten Fall durch die Belastung von Träger, Laufkatze und Nutzlast die maximale Kraft F = 12 kN aufnehmen. Der Winkel β beträgt 40°.

Welche maximale Zugkraft tritt in den Hängestangen auf?

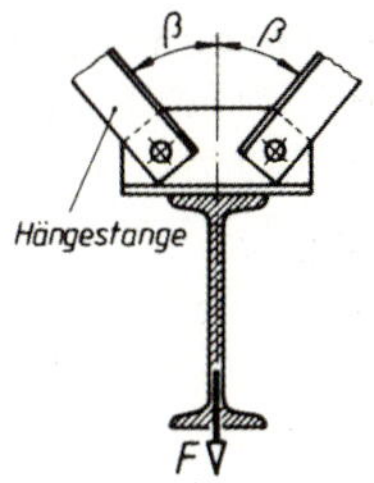

60 Ein prismatischer Körper mit einer Gewichtskraft von 750 N liegt auf zwei unter den Winkeln γ = 35° und β = 55° zur Waagerechten geneigten ebenen Flächen auf.

Wie groß sind die Stützkräfte an den Flächen A und B?

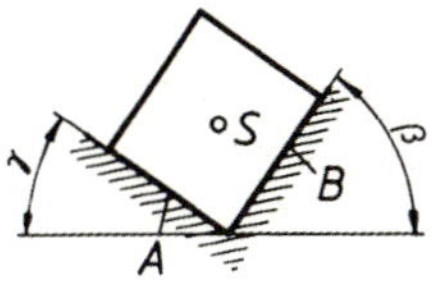

61 Eine Walze mit einer Gewichtskraft von 3,8 kN hängt an einer Pendelstange unter γ = 40° und drückt auf die darunter angeordnete zweite Walze. Die Abstände betragen l_1 = 280 mm und l_2 = 320 mm.

Gesucht wird die Zugkraft F_s in der Pendelstange und die Anpresskraft F_r zwischen den Walzen.

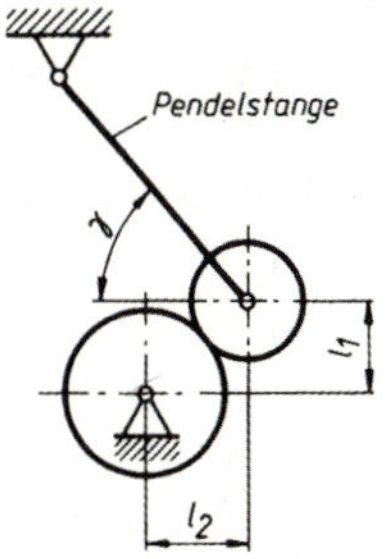

62 Eine Kolbendampfmaschine hat den Kolbendurchmesser d = 200 mm, im Zylinder wirkt der Überdruck p = 10^6 Pa. Die Schubstange hat die Länge l = 1000 mm, der Kurbelradius beträgt r = 200 mm.

Gesucht wird für die gezeichnete Stellung der Schubstange

a) die Kolbenkraft F_k,
b) die Schubstangenkraft F_s und die Normalkraft F_N, mit der der Kreuzkopf auf seine Gleitbahn drückt (Reibung vernachlässigen),
c) das Drehmoment, das an der Kurbelwelle erzeugt wird.

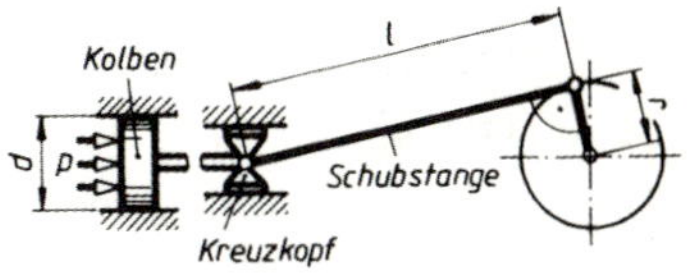

63 Auf den Kolben eines Dieselmotors wirkt die Kraft F = 110 kN. Die Pleuelstange hat die skizzierte Stellung mit γ = 12°.

a) Mit welcher Kraft drückt der Kolben seitlich gegen die Zylinderlaufbahn?
b) Wie groß ist die Kraft, mit der die Pleuelstange auf den Kurbelzapfen drückt? (Die Reibung soll vernachlässigt werden.)

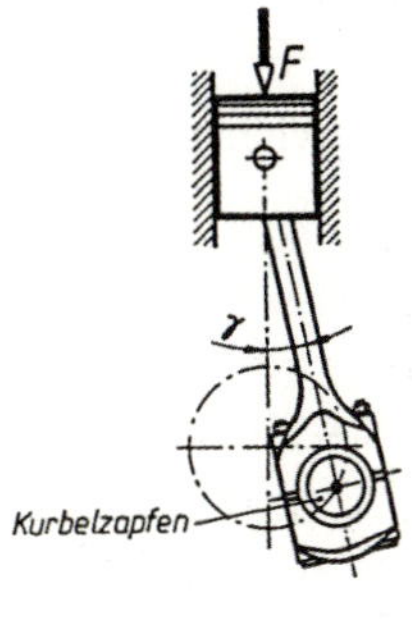

64 Eine am Kranhaken hängende Last mit einer Gewichtskraft von 2 kN soll zum Absetzen seitlich um $l_2 = 1$ m verschoben werden. Die Höhe beträgt $l_1 = 4$ m.

a) Welche waagerechte Verschiebekraft muss aufgewendet werden?
b) Wie groß sind die Zugkräfte in beiden Seilen?

Lösungshinweis: Die beiden Seilkräfte sind gleich groß. Die Wirklinie ihrer Resultierenden geht durch den Mittelpunkt der unteren Seilrolle, der damit also als Angriffspunkt von drei Kräften angesehen werden kann.

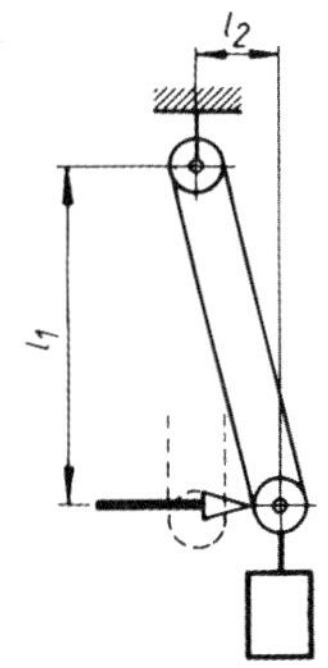

65 Die pendelnd aufgehängte Riemenspannrolle S wird durch die Gewichtskraft des Spannkörpers K belastet, die im stillstehenden Riemen eine Spannkraft $F = 150$ kN erzeugen soll. Die Winkel betragen $\beta = 60°$ und $\gamma = 50°$.

a) Gesucht wird die erforderliche Gewichtskraft für den Spannkörper.
b) Welche Belastung wirkt auf das Lager der Pendelstange?

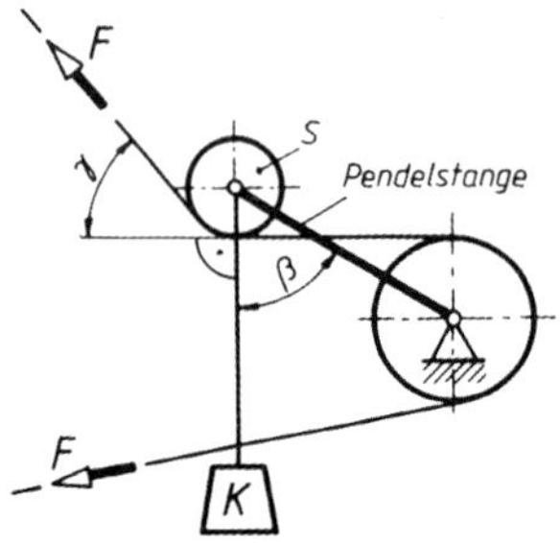

66 Ein Werkstück belastet das Krangeschirr mit der Gewichtskraft $F_G = 25$ kN. Die Abmessungen betragen $l_1 = 1{,}7$ m, $l_2 = 0{,}7$ m, $l_3 = 0{,}75$ m.

Gesucht:

a) die Zugkräfte in den beiden Seilen S_1 und S_2,
b) die Kettenzugkraft F_{k1} und die Balkendruckkraft F_{d1} im Punkt B,
c) die Kettenzugkraft F_{k2} und die Balkendruckkraft F_{d2} im Punkt C.

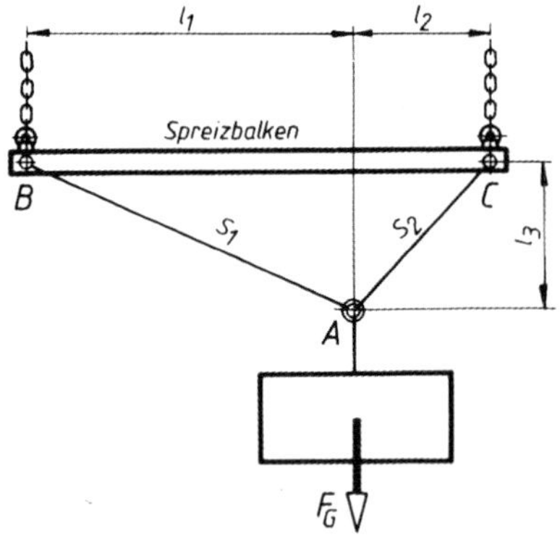

67 Drei zylindrische Körper mit den Gewichtskräften $F_{G1} = 3$ N, $F_{G2} = 5$ N, $F_{G3} = 2$ N und den Durchmessern $d_1 = 50$ mm, $d_2 = 70$ mm und $d_3 = 40$ mm liegen nach Skizze in einem Kasten mit $l = 85$ mm Breite.

a) Die Körper sollen einzeln frei gemacht werden.
b) Zu ermitteln sind die Kräfte, mit denen die Körper in den Punkten A bis F aufeinander oder auf Kastenwand und -boden drücken.

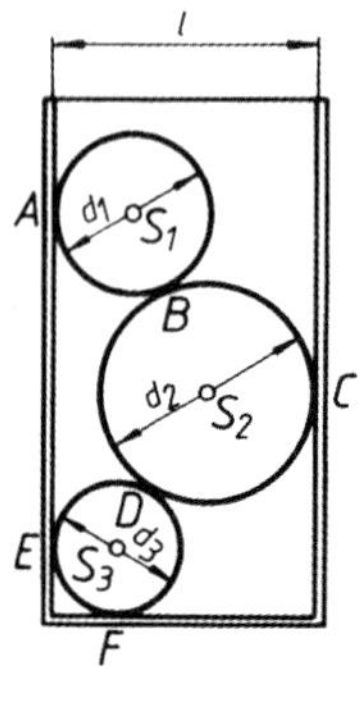

68 Drei Körper sind an Seilen befestigt, von denen zwei über zwei Rollen geführt sind. Die Gewichtskräfte $F_{G1} = 20$ N und $F_{G2} = 25$ N sind mit F_{G3} im Gleichgewicht, wenn das rechte Seil unter dem Winkel $\gamma = 30°$ zur Waagerechten steht.

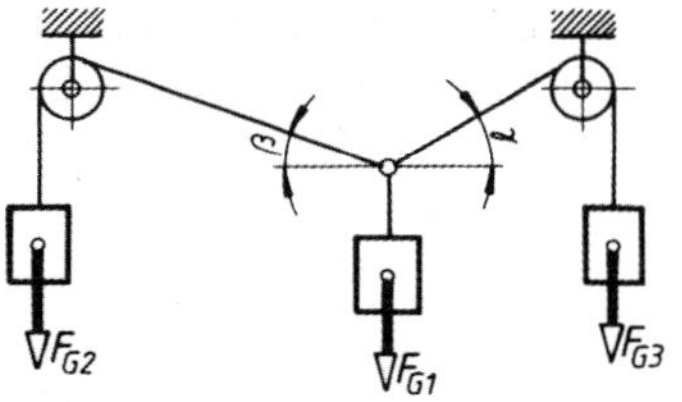

a) Es sollen aus dem Ansatz der Gleichgewichtsbedingungen die Gleichungen zur Berechnung von F_{G3} und β entwickelt werden.

b) Unter welchem Winkel β stellt sich das linke Seil zur Waagerechten ein und wie groß ist die Gewichtskraft F_{G3}?

69 Eine asymmetrische Schrägseil-Flussbrücke für Fußgänger und Radfahrer wird nur von zwei Seilen gehalten, die an einem im Flussbett verankerten Pylon befestigt sind. Die Brücke ist genau in der Mitte des Pylons geteilt. Die Zugseile sind im Schwerpunkt der beiden Brückenteile A und B und mittig am Pylon im Punkt C befestigt.

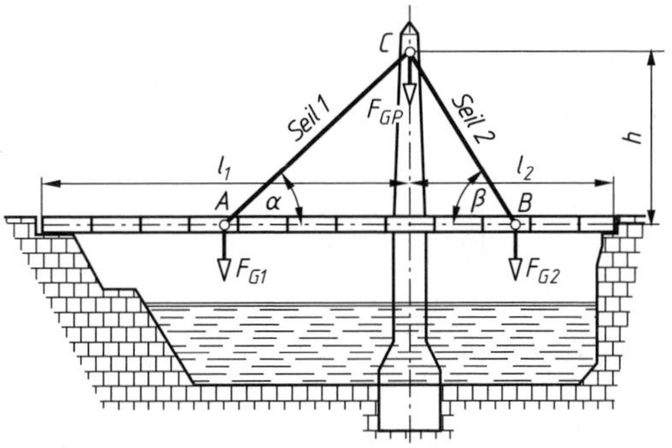

Die Gewichtskräfte der Brückenteile betragen $F_{G1} = 60$ kN und $F_{G2} = 40$ kN. Der Pylon hat eine Gewichtskraft von $F_{GP} = 20$ kN. Die Verkehrslasten (Fußgänger, Radfahrer) werden vernachlässigt. Die Längen betragen $l_1 = 60$ m, $l_2 = 40$ m, $h = 40$ m.

Gesucht werden die Größen der Zugkräfte in den Seilen 1 und 2 sowie die Gesamtbelastung des Pylons in Größe und Richtung.

70 In einem Fachwerk bilden die an einem Knotenpunkt angreifenden Kräfte immer ein zentrales Kräftesystem, das im Gleichgewicht ist. Das skizzierte Fachwerk wird belastet durch die Kräfte $F_1 = 15$ kN, $F_2 = 24$ kN; in den Auflagern A und B wirken die Stützkräfte $F_A = 18$ kN und $F_B = 21$ kN senkrecht nach oben.

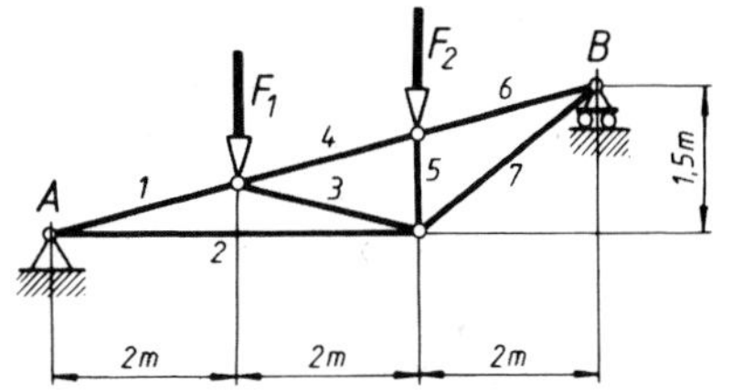

Beginnend beim Punkt A sollen die Kräfte in den Stäben 1 bis 4 des Fachwerks ermittelt werden. (Zugkräfte mit Pluszeichen, Druckkräfte mit Minuszeichen bezeichnen.)

71 Die Knotenpunktlasten des Dachbinders betragen $F = 10$ kN und $F/2 = 5$ kN. In den Lagern wirken senkrecht nach oben gerichtete Stützkräfte $F_A = F_B = 30$ kN.

Gesucht sind die Stabkräfte für die Stäbe 1, 2, 3 und 6 des Fachwerkes.
(Zug: +, Druck: –)

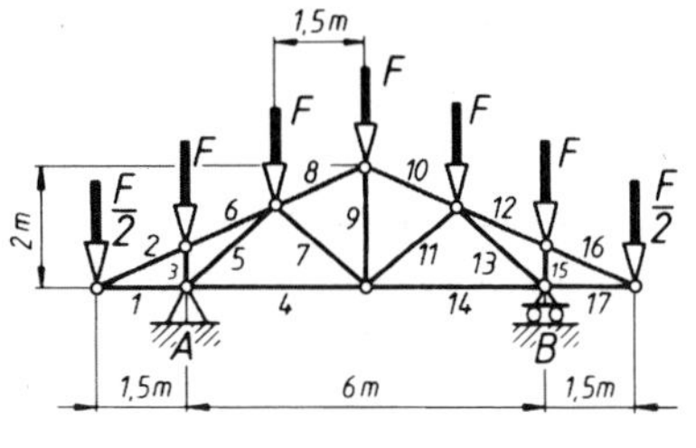

72 Der Tragarm eines Freileitungsmastes nimmt drei Kabellasten von je $F = 10$ kN auf.

Gesucht werden die Stabkräfte 1 bis 6. Dabei ist besonders auf Stab 3 zu achten.
(Zug: +, Druck: –)

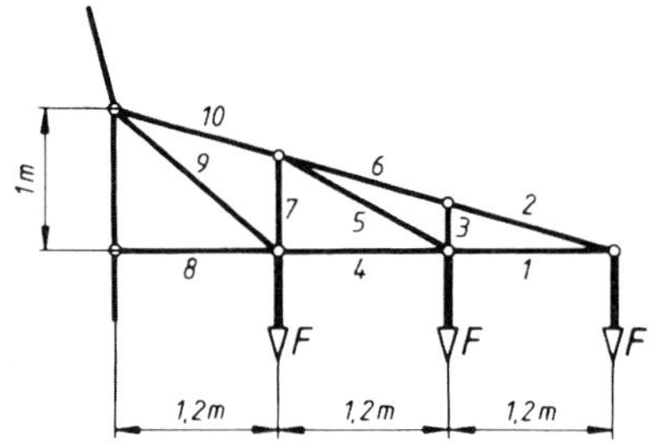

Rechnerische und zeichnerische Ermittlung der Resultierenden im allgemeinen Kräftesystem – Seileckverfahren und Momentensatz (5. und 6. Grundaufgabe)

73 Zwei parallele, gleichsinnig gerichtete Kräfte $F_1 = 5$ N und $F_2 = 11{,}5$ N wirken in einem Abstand $l = 18$ cm voneinander.

Gesucht:

a) der Betrag der Resultierenden F_r,
b) ihr Abstand l_0 von der Wirklinie der Kraft F_2.

74 Zwei parallele Kräfte $F_1 = 180$ N und $F_2 = 240$ N haben einen Abstand $l = 780$ mm voneinander. F_1 wirkt senkrecht nach oben, F_2 senkrecht nach unten.

Wie groß sind

a) der Betrag der Resultierenden F_r,
b) ihr Abstand von der Wirklinie der Kraft F_1?
c) Welchen Richtungssinn hat die Resultierende?

75 Die Achslasten eines Lastkraftwagens betragen $F_1 = 50$ kN und $F_2 = F_3 = 24{,}5$ kN, die Achsabstände $l_1 = 4{,}5$ m und $l_2 = 1{,}4$ m.

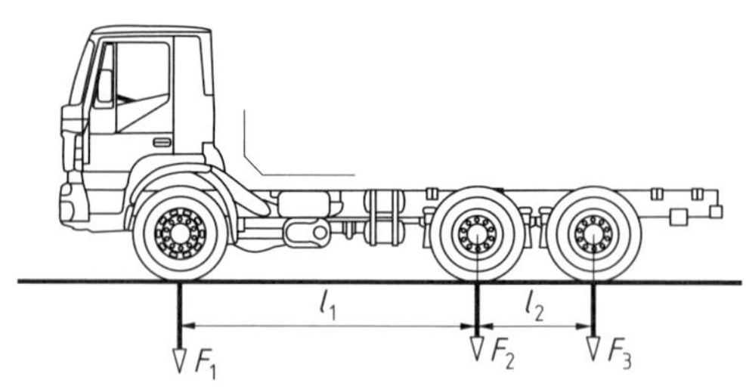

Gesucht:

a) der Betrag der Resultierenden F_r (= Gesamtgewichtskraft),
b) der Abstand ihrer Wirklinie von der Vorderachsmitte (= Schwerpunktsabstand).

76 Eine Laufplanke ist nach Skizze durch drei parallele Kräfte $F_1 = 0{,}8$ kN, $F_2 = 1{,}1$ kN und $F_3 = 1{,}2$ kN belastet. Die Abstände betragen $l_1 = 1$ m, $l_2 = 1{,}5$ m und $l_3 = 2$ m.

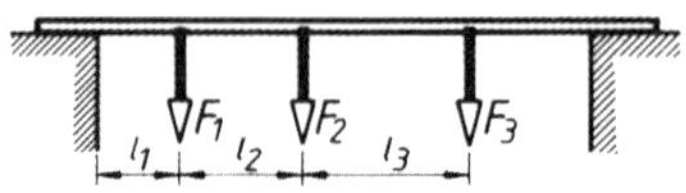

Wie groß sind

a) der Betrag der Resultierenden F_r,
b) ihr Abstand l_0 vom linken Unterstützungspunkt der Planke?

77 Eine Welle wird durch drei parallele Zahn- und Riemenkräfte $F_1 = 500$ N, $F_2 = 800$ N und $F_3 = 2100$ N belastet. Die Abstände betragen $l_1 = 150$ mm, $l_2 = 300$ mm und $l_3 = 150$ mm.

Gesucht:

a) der Betrag der Resultierenden,
b) ihr Richtungssinn,
c) der Abstand ihrer Wirklinie von der linken Lagermitte. (*Hinweis:* Die Kräfte sind nicht gleichgerichtet.)

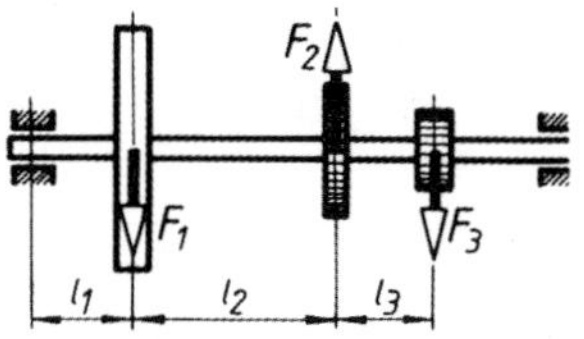

78 Der skizzierte Drehkran wird mit folgenden Kräften belastet: Höchstlast $F = 10$ kN, Eigengewichtskraft $F_{G1} = 9$ kN, Gegengewichtskraft $F_{G2} = 16$ kN. Die Abstände betragen $l_1 = 3{,}6$ m, $l_2 = 0{,}9$ m und $l_3 = 1{,}2$ m.

Wie groß sind

a) der Betrag der Resultierenden der drei Kräfte,
b) ihr Abstand l_0 von der Drehachse,
c) der Betrag der Resultierenden aus Eigengewichtskraft und Gegengewichtskraft bei unbelastetem Kran,
d) ihr Abstand l_0 von der Drehachse?

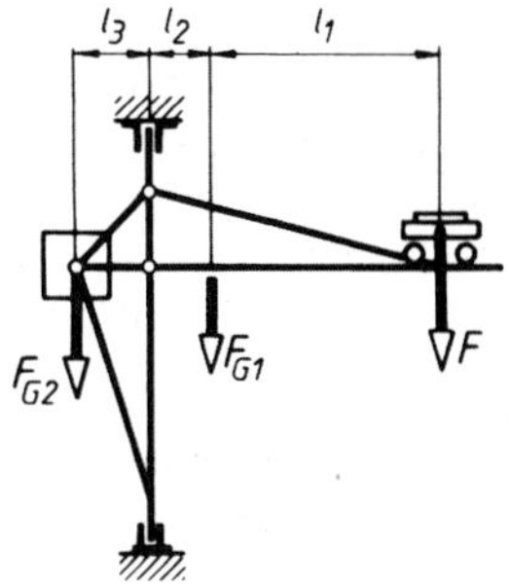

79 Über eine Riemenscheibe mit 480 mm Durchmesser läuft ein Treibriemen. Im oberen, ziehenden Trum wirkt die Kraft $F_1 = 1{,}2$ kN. Das untere, gezogene Trum ist belastet mit $F_2 = 350$ N und läuft unter einem Winkel von 10° zum oberen Trum zurück.

Gesucht:

a) der Betrag der Resultierenden F_r der beiden Riemenkräfte,
b) ihr Winkel α_r zum oberen Riementrum,
c) ihr Abstand l_0 vom Scheibenmittelpunkt,
d) das Drehmoment, das sie an der Riemenscheibe erzeugt.
e) Was ergibt der Vergleich des Drehmoments mit der Drehmomentensumme aus den beiden Riemenkräften, bezogen auf den Scheibenmittelpunkt?

80 Ein Träger ist mit zwei parallelen Kräften $F_1 = 30$ kN und $F_2 = 20$ kN belastet und dazwischen durch ein Seil mit der Zugkraft $F_s = 25$ kN unter einem Winkel $\alpha = 60°$ schräg nach oben abgefangen. Die Abstände betragen $l_1 = 2$ m, $l_2 = 1{,}5$ m und $l_3 = 0{,}7$ m.

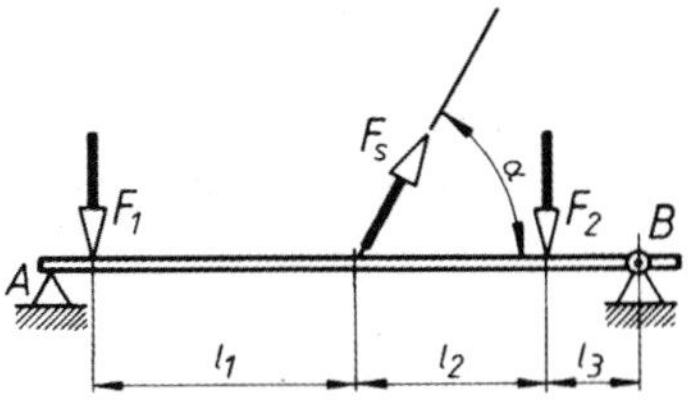

Wie groß sind

a) der Betrag der Resultierenden aus den drei Kräften,
b) der Winkel, den ihre Wirklinie mit der Senkrechten einschließt,
c) ihr Abstand vom Lager B?

Lösungshinweis: Der Abstand wird *rechtwinklig* vom Punkt B auf die Wirklinie von F_r gemessen.

81 An einer Bodenklappe wirken ihre Gewichtskraft $F_G = 2$ kN, die Kraft $F_1 = 1{,}5$ kN und über eine Kette die Kraft $F_2 = 0{,}5$ kN. Die Abstände betragen $l_1 = 0{,}2$ m, $l_2 = 0{,}8$ m, $l_3 = 0{,}9$ m und der Winkel $\alpha = 45°$.

Gesucht:

a) der Betrag der Resultierenden,

b) ihr Winkel zur Waagerechten,

c) ihr Wirkabstand vom Klappendrehpunkt O.

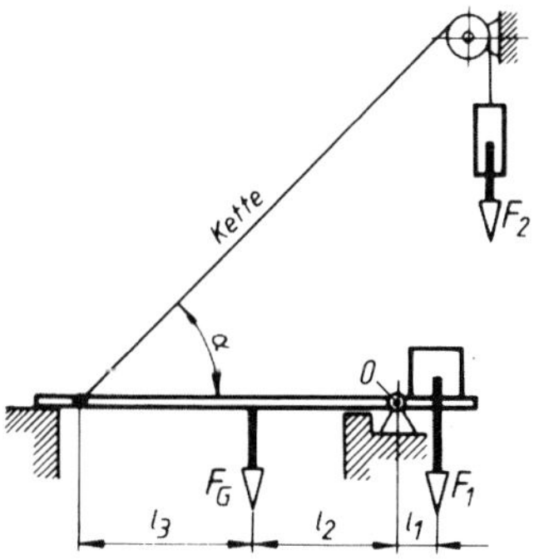

82 Der skizzierte zweiarmige Hebel wird mit den Kräften $F_1 = 300$ N, $F_2 = 200$ N, $F_3 = 500$ N und $F_4 = 100$ N belastet. Die Abstände betragen $l_1 = 2$ m, $l_2 = 4$ m, $l_3 = 3{,}5$ m, der Winkel $\alpha = 50°$.

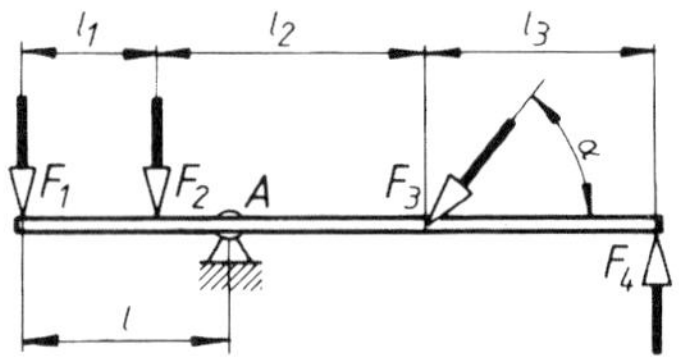

a) Wie groß ist der Betrag der Stützkraft im Lager A?

b) Unter welchem Winkel zum Hebel wirkt die Stützkraft?

c) Wie groß muss der Abstand l des Hebellagers A vom Angriffspunkt von F_1 sein, wenn der Hebel im Gleichgewicht sein soll?

Lösungshinweis: Die Stützkraft ist die Gegenkraft der Resultierenden aus F_1, F_2, F_3, F_4.

83 Eine Sicherheitsklappe mit der Eigengewichtskraft $F_G = 11$ N verschließt durch die Druckkraft $F = 50$ N einer Feder eine Öffnung mit $d = 20$ mm lichtem Durchmesser in einer Druckrohrleitung. Der Hebeldrehpunkt ist so zu legen, dass sich die Klappe bei $p = 6 \cdot 10^5$ Pa Überdruck in der Rohrleitung öffnet. Die Abstände betragen $l_1 = 90$ mm und $l_2 = 225$ mm.

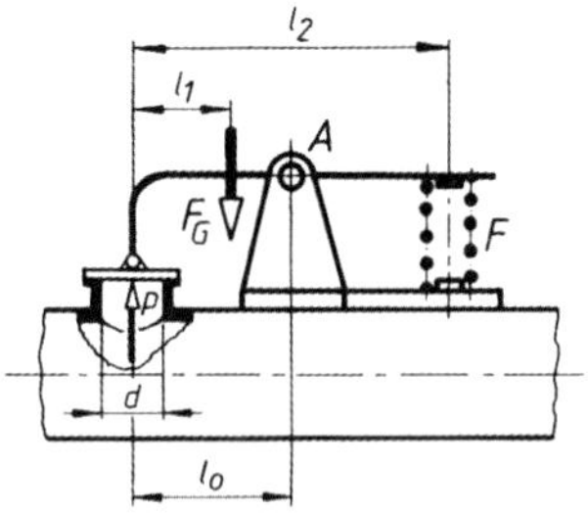

a) Mit welcher Kraft wird der Hebeldrehpunkt A belastet?

b) Wie groß muss der Abstand l_0 für den Hebeldrehpunkt A gewählt werden?

Rechnerische und zeichnerische Ermittlung unbekannter Kräfte im allgemeinen Kräftesystem (7. und 8. Grundaufgabe)

Die Aufgaben 84 bis 117 sind zeichnerisch mit dem 3-Kräfte-Verfahren, die Aufgaben 118 bis 137 mit dem 4-Kräfte-Verfahren lösbar.

84 Die gleich langen Arme eines Winkelhebels schließen den Winkel $\beta = 120°$ ein. Der waagerechte Arm trägt die senkrecht nach unten wirkende Last $F_1 = 500$ N.

Gesucht:

a) die für Gleichgewicht erforderliche waagerechte Zugkraft F,

b) der Betrag der Stützkraft F_A im Hebeldrehpunkt,

c) ihr Winkel α zur Waagerechten.

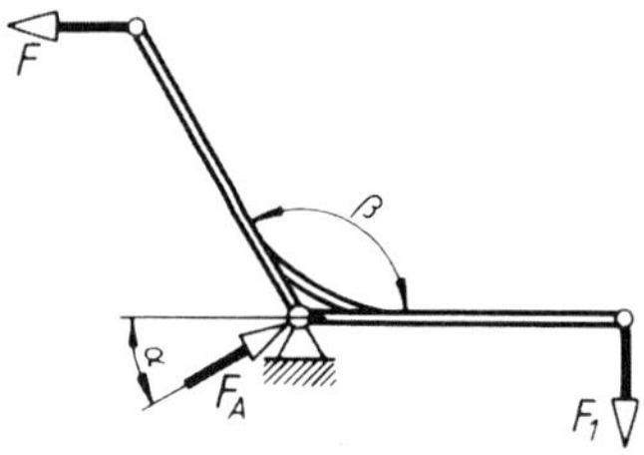

85 Die beiden Stangen AC mit $l_1 = 3$ m und BC mit $l_2 = 1$ m Länge sind an den Stellen A und B drehbar gelagert und im Punkt C gelenkig miteinander verbunden. In der Mitte der Stange AC greift die Kraft $F = 1$ kN unter dem Winkel $\alpha = 45°$ an.

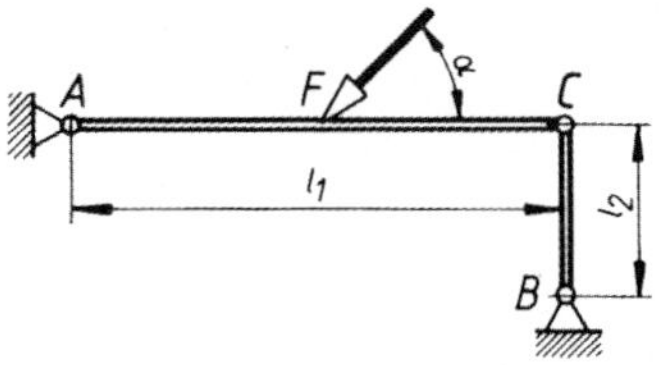

Gesucht:

a) der Betrag der Stützkraft in der Stange BC,
b) der Betrag der Stützkraft im Punkt A,
c) der Winkel, den diese Stützkraft F_A mit der Stange AC einschließt.

86 Eine Tür mit der Gewichtskraft $F_G = 800$ N hängt so in den Stützhaken A und B, dass nur der untere Stützhaken rechtwinklige Kräfte aufnimmt. Die Abstände betragen $l_1 = 1$ m und $l_2 = 0{,}6$ m.

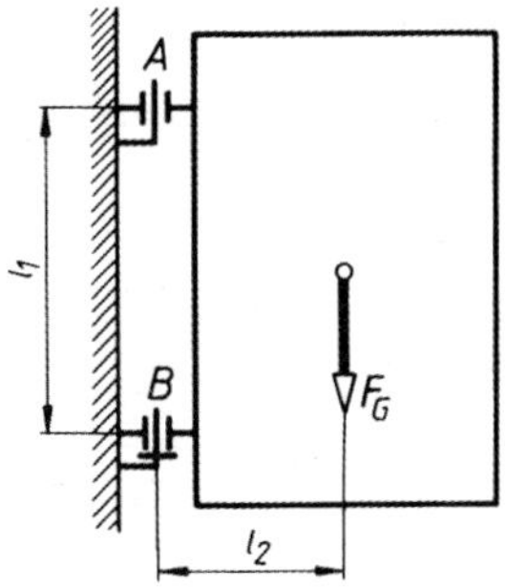

a) Welche Lage hat die Wirklinie der Stützkraft F_A?

Wie groß sind

b) der Betrag der Stützkraft F_A,
c) der Betrag der Stützkraft F_B,
d) die waagerechte Komponente F_{Bx} und die senkrechte Komponente F_{By} der Stützkraft F_B?

87 Die Umlenksäule einer Fördereinrichtung wird im Punkt A durch die Kraft $F = 2{,}2$ kN nach Skizze unter dem Winkel $\alpha = 60°$ belastet. Die Säule ist um ihren Fußpunkt C schwenkbar und wird durch ein Seil gehalten. Die Abstände betragen $l_1 = 0{,}9$ m, $l_2 = 1{,}1$ m und $l_3 = 0{,}9$m.

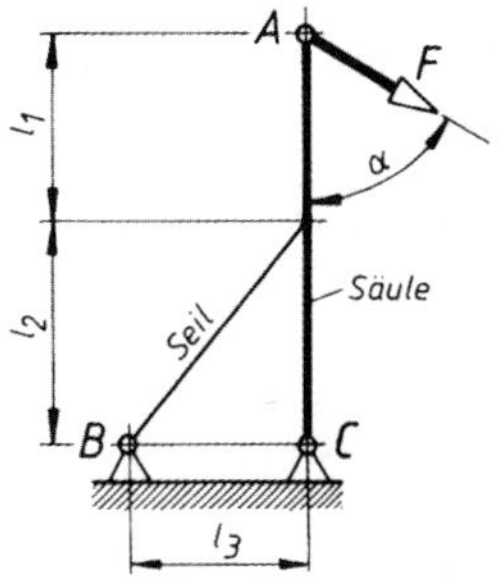

Gesucht:

a) der Betrag der Seilkraft F_B,
b) der Betrag der Stützkraft F_C,
c) der Winkel zwischen der Wirklinie von F_C und der Waagerechten.

88 Ein Ausleger trägt im Abstand $l_1 = 1$ m von seinem Kopfende die Last $F = 8$ kN. Die anderen Abstände betragen $l_2 = 3$ m und $l_3 = 2$ m.

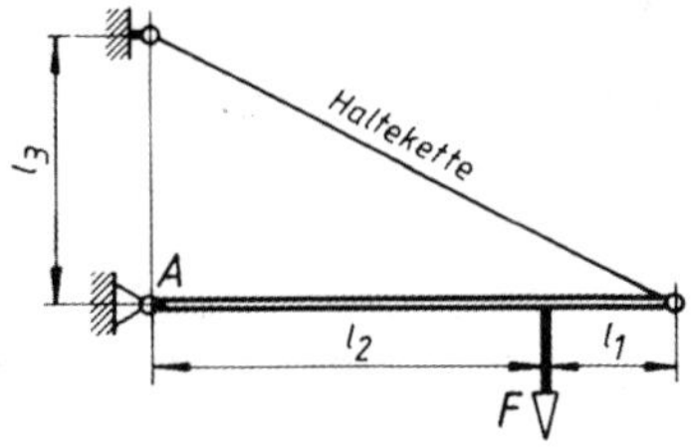

Gesucht:

a) der Betrag der Zugkraft F_k in der Haltekette,
b) der Betrag der Stützkraft F_A im Auslegerlager,
c) die waagerechte Komponente F_{Ax} und die senkrechte Komponente F_{Ay} der Stützkraft F_A.

89 Auf einer Drehmaschine ist ein Drehkran zum Einheben schwerer Werkstücke aufgebaut, der die Last $F = 7{,}5$ kN trägt. Die Abstände betragen $l_1 = 1{,}6$ m und $l_2 = 0{,}65$ m.

Gesucht:

a) die Lagerkraft F_A,
b) die Lagerkraft F_B,
c) die waagerechte Komponente F_{Bx} und die dazu rechtwinklige Komponente F_{By} der Kraft F_B.

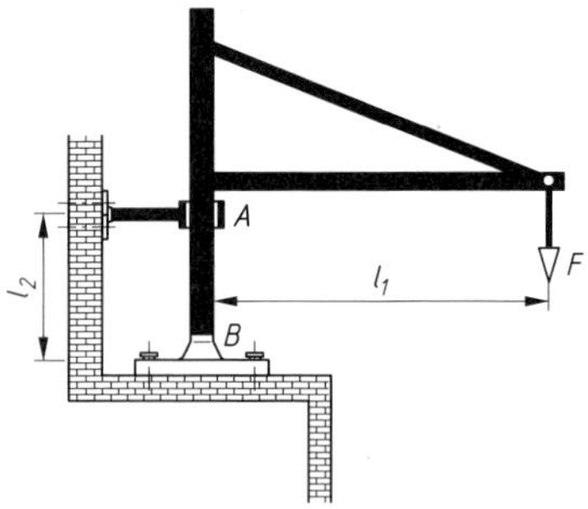

90 Eine am Fuß schwenkbar gelagerte Säule wird im Punkt A zwischen zwei Winkeln geführt. Sie trägt eine Konsole, die mit $F = 6{,}3$ kN belastet ist. Die Abstände betragen $l_1 = 0{,}58$ m, $l_2 = 2{,}75$ m und $l_3 = 2{,}1$ m.

Gesucht:

a) der Betrag der Stützkraft F_A,
b) der Betrag der Stützkraft F_B,
c) der Winkel, unter dem die Kraft F_B zur Waagerechten wirkt.

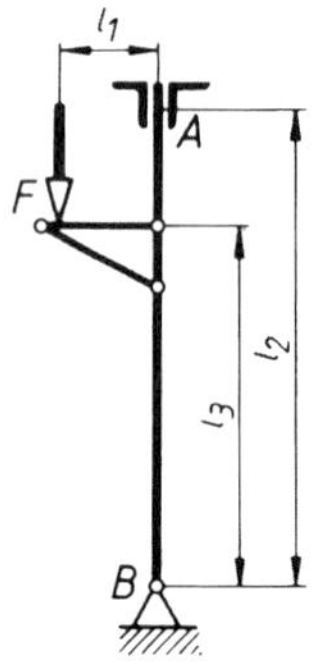

91 Der waagerecht liegende Gittermast hat die Höhe $l_1 = 20$ m und die Gewichtskraft $F_G = 29$ kN, die im Abstand $l_2 = 6{,}1$ m vom Lager A wirkt. Zum Aufrichten werden zwei Seile am Kopf einer Pendelstütze befestigt. Das eine davon wird an der Mastspitze, das andere am Zughaken einer Zugmaschine eingehängt, die den Mast dann aufrichtet. Der Abstand l_3 beträgt 1,3 m, der Winkel $\beta = 55°$.

Gesucht werden für die gezeichnete waagerechte Stellung der Mastachse:

a) die Zugkraft im Seil 1,
b) die Belastung F_A des linken Mastlagers A,
c) die waagerechte Komponente F_{Ax} und die dazu rechtwinklige Komponente F_{Ay} der Kraft F_A,
d) den Winkel α zwischen Seil 2 und Pendelstütze, wenn im Seil 2 die Zugkraft $F_2 = 13$ kN betragen soll,
e) die dann in der rechtwinklige zur Mastachse stehenden Pendelstütze auftretende Druckkraft F_3.

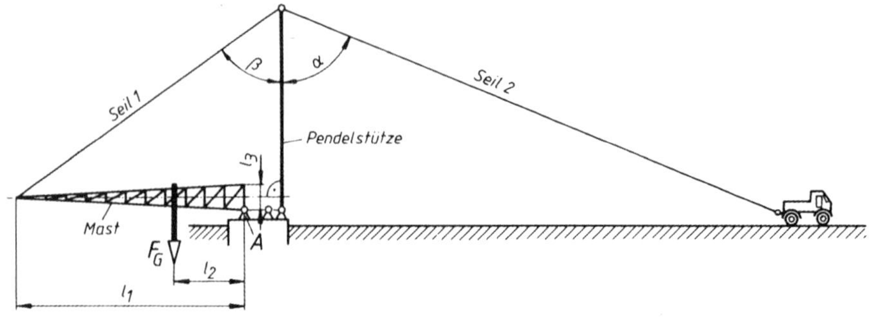

92 Der Klapptisch einer Blechbiegepresse ist mit der Kraft F = 12 kN belastet und wird durch einen Hydraulikkolben gehoben.

Gesucht wird für die waagerechte Stellung des Tisches:

a) die erforderliche Kolbenkraft F_k,
b) der Betrag der Lagerkraft F_s in den Schwenklagern,
c) der Winkel, den diese Lagerkraft mit der Waagerechten einschließt.

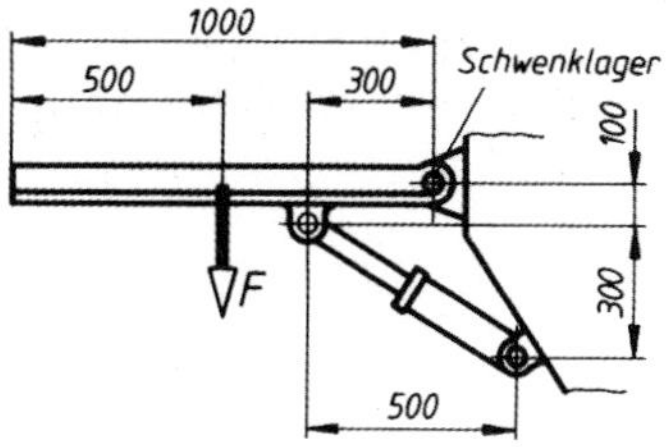

93 Eine Bogenleuchte mit der Gewichtskraft F_G = 600 N ist nach Skizze im Punkt A drehbar montiert und wird bei B durch ein Seil abgefangen. Die Abstände betragen l_1 = 3 m, l_2 = 2,7 m, l_3 = 1 m und l_4 = 1,2 m.

Gesucht:

a) die Zugkraft F_B im Seil,
b) die Stützkraft im Lager A,
c) der Winkel, unter dem die Kraft F_A zur Waagerechten wirkt.

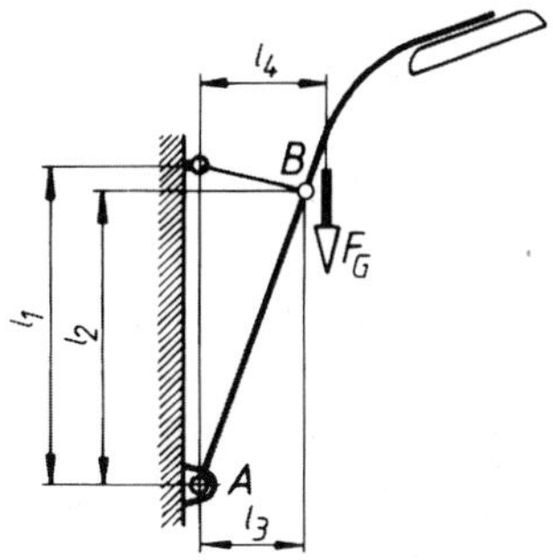

94 Das skizzierte Vorderrad eines Fahrrads ist mit F = 250 N belastet. Die Abmessungen betragen l_1 = 200 mm, l_2 = 750 mm und α = 15°.

Gesucht:

a) der Betrag der Stützkraft im Halslager B,
b) der Betrag der Stützkraft im Spurlager A,
c) der Winkel zwischen Kraft F_B und Lenksäule,
d) der Winkel zwischen Kraft F_A und Lenksäule.

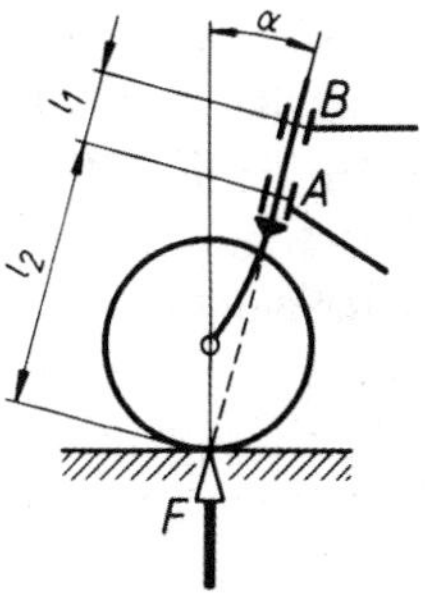

95 Ein Bremspedal mit den Abmessungen l_1 = 290 mm, l_2 = 45 mm und α = 75° wird mit der Kraft F = 110 N betätigt.

a) Welche Kraft wirkt im Gestänge B?
b) Wie groß ist die Lagerkraft F_A?

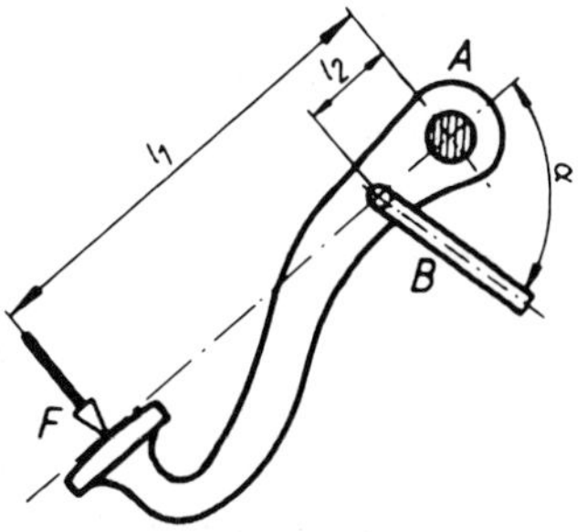

96 Mit einem Hubkarren soll eine Transportkiste mit einer Gewichtskraft von 1,25 kN gehoben werden. Ihr Schwerpunkt liegt senkrecht unter dem Tragzapfen T, die Abmessungen betragen: $l_1 = 1{,}6$ m, $l_2 = 0{,}2$ m, $l_3 = 0{,}21$ m und $d = 0{,}6$ m.

Gesucht:

a) die erforderliche waagerechte Handkraft F_h,
b) die Belastung der Karrenachse A sowie ihre Komponenten in waagerechter und senkrechter Richtung F_{Ax} und F_{Ay},
c) die Normalkraft F_N, mit der jedes Rad gegen den Boden drückt,
d) die Kraft F, mit der in der Höhe l_2 gegen jedes der beiden Laufräder gedrückt werden muss, damit der Karren nicht wegrollt,
e) die Komponenten F_x und F_y der Kraft F.

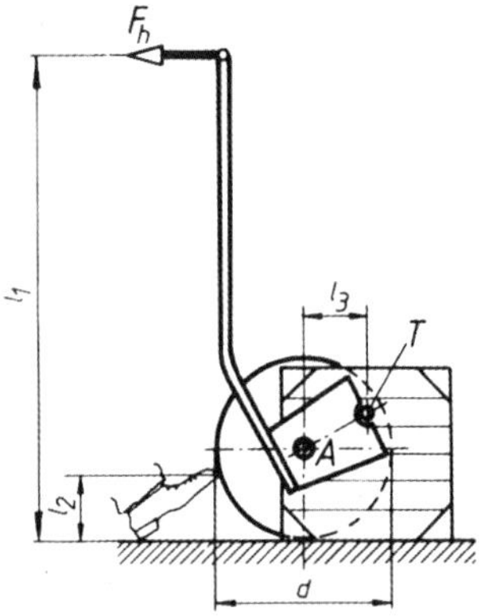

97 Ein Spannhebel-Kistenverschluss wird in der gezeichneten Stellung mit der Kraft $F = 60$ N geschlossen. Die Abmessungen des Verschlusses betragen $l_1 = 10$ mm, $l_2 = 80$ mm, $l_3 = 65$ mm, $\alpha = 120°$.
Welche Kräfte treten auf
a) in der Zugöse Z, b) im Lager A?

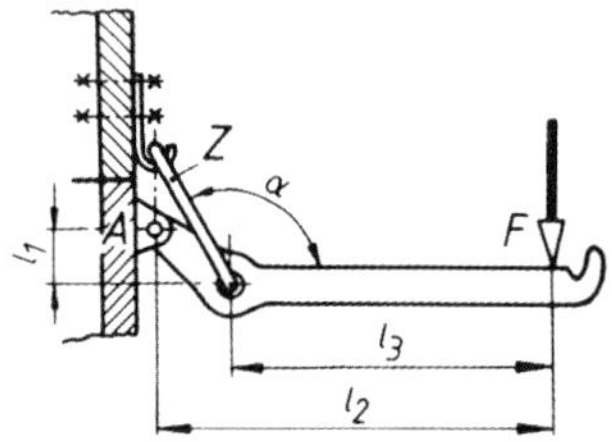

98 Zur Herstellung von schrägen Schweißkantenschnitten ist der Tisch einer Blechtafelschere hydraulisch neigbar. Für die skizzierte Tischstellung mit den Winkeln $\alpha = 30°$, $\beta = 70°$, der Länge $l = 0{,}3$ m und der Belastung $F = 5{,}5$ kN sind zu ermitteln:

a) die Kolbenkraft F_k des Hydraulikkolbens,
b) der Betrag der Stützkraft im Gelenk A,
c) der Winkel zwischen Tischoberfläche und der Wirklinie von F_A.

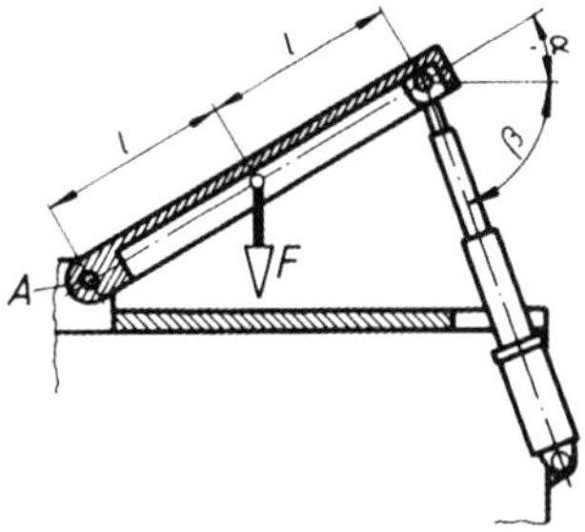

99 Die Klemmvorrichtung für einen Werkzeugschlitten besteht aus Zugspindel, Spannkeil und Klemmhebel. Die Zugspindel wird mit der Zugkraft $F = 200$ N betätigt. Die Abmessungen des Klemmhebels betragen $l_1 = 10$ mm, $l_2 = 35$ mm, $l_3 = 20$ mm, der Winkel $\alpha = 15°$.

Gesucht wird für den reibungsfreien Betrieb:

a) die Normalkraft F_N zwischen Keil und Gleitbahn,
b) die auf die Fläche A des Klemmhebels wirkende Kraft,
c) die Kraft, mit welcher der Schlitten durch die Fläche B festgeklemmt wird,
d) die im Klemmhebellager C auftretende Kraft,
e) die waagerechte und die senkrechte Komponente F_{Cx} und F_{Cy} der Kraft F_C.

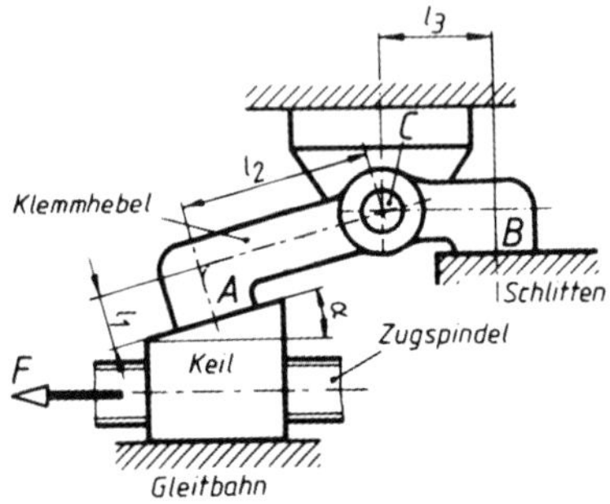

100 Der Schwinghebel mit dem Krümmungsradius r = 250 mm ist im Gelenk A drehbar gelagert. In der waagerechten Zugstange, die in l = 100 mm Abstand angelenkt ist, wirkt die Zugkraft F_z = 1 kN. Die Schleppstange ist um den Winkel $\alpha = 15°$ gegen die Waagerechte geneigt.

Gesucht:

a) die Zugkraft F_s in der Schleppstange,
b) der Betrag der Stützkraft im Schwinggelenk A,
c) der Winkel zwischen dieser Stützkraft und der Waagerechten.

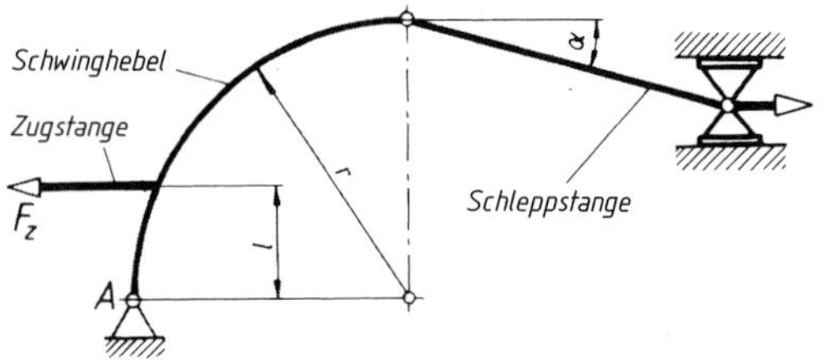

101 Das Schaltgestänge soll durch die Zugfeder so festgehalten werden, dass die Stützrolle C mit einer Kraft von 20 N auf ihre rechtwinklige Anlagefläche drückt. Die Abmessungen des Gestänges betragen l_1 = 50 mm, l_2 = 40 mm, die Winkel $\alpha = 60°$, $\beta = 30°$.

a) Welche Kraft tritt in der Zugstange auf und welche Belastung erhält das Lager D?
b) Wie groß ist die erforderliche Federkraft F und welche Belastung erhält das Lager A?

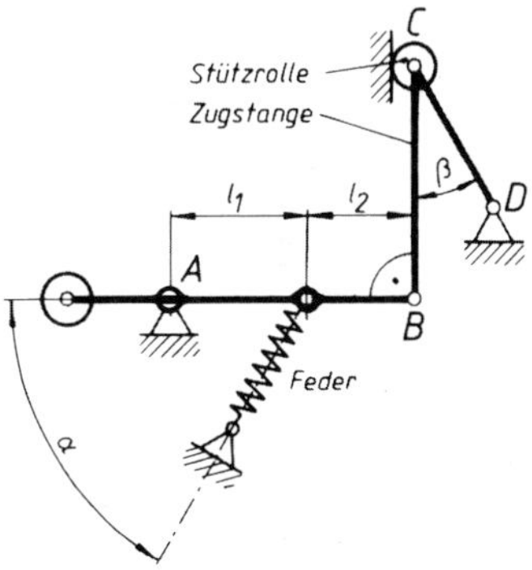

102 Die Skizze zeigt schematisch die Hubeinrichtung eines Hubtransportkarrens. Zum Heben des Tischs, auf dem die Last F = 2 kN liegt, muss die senkrecht stehende Deichsel durch die waagerecht wirkende Handkraft F_h nach unten geschwenkt werden. Die Abmessungen betragen

l_1 = 1,1 m, l_2 = 180 mm, l_3 = 400 mm,
l_4 = 90 mm, l_5 = 40 mm

und die Winkel $\alpha = 50°$, $\beta = 30°$.

Gesucht:

a) die Belastung der Hebelendpunkte A und F,
b) die Kraft in der Stange CD,
c) die Lagerkraft F_B und ihre Komponenten F_{Bx} (waagerecht) und F_{By} (senkrecht),
d) die Zugkraft in der Stange DG,
e) die Lagerkraft F_E und ihre Komponenten F_{Ex} und F_{Ey},
f) die zum Anheben erforderliche Handkraft F_h,
g) der Betrag der Lagerkraft F_K, ihr Winkel α_K zur Waagerechten und ihre Komponenten F_{Kx} und F_{Ky}.

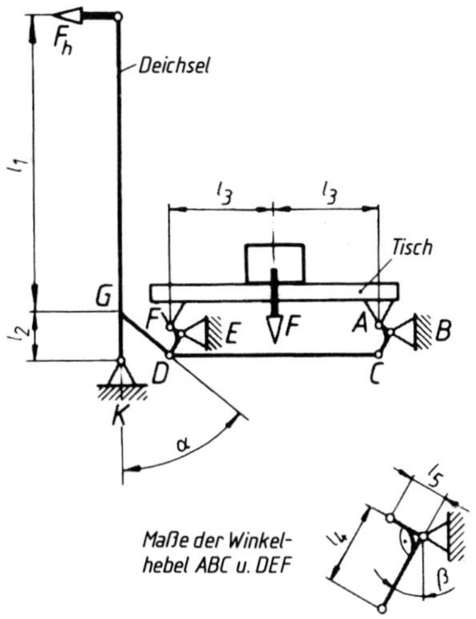

103 Eine Leiter liegt bei A auf einer Mauerkante und ist bei B in einer Vertiefung abgestützt. Die Berührung bei A und B ist reibungsfrei. Auf halber Höhe zwischen A und B steht ein Mann mit $F_G = 800$ N Gewichtskraft. Die Gewichtskraft der Leiter bleibt unberücksichtigt. Die Abstände betragen $l_1 = 4$ m und $l_2 = 1{,}5$ m.

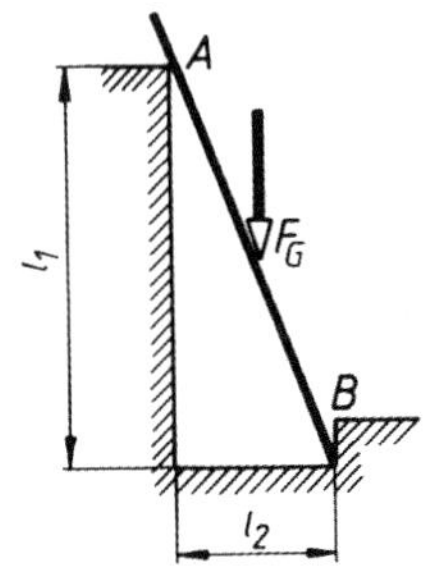

Gesucht:

a) die Stützkraft F_A und ihre Komponenten F_{Ax} und F_{Ay} (waagerecht und senkrecht),
b) die Stützkraft F_B und ihre Komponenten F_{Bx} und F_{By}.

104 Ein unbelasteter Stab liegt in den Punkten A und B reibungsfrei auf. Im Abstand $l_1 = 2$ m vom Punkt B wirkt seine Gewichtskraft $F_G = 100$ N. Die anderen Abstände betragen $l_2 = 3$ m und $l_3 = 1$ m.

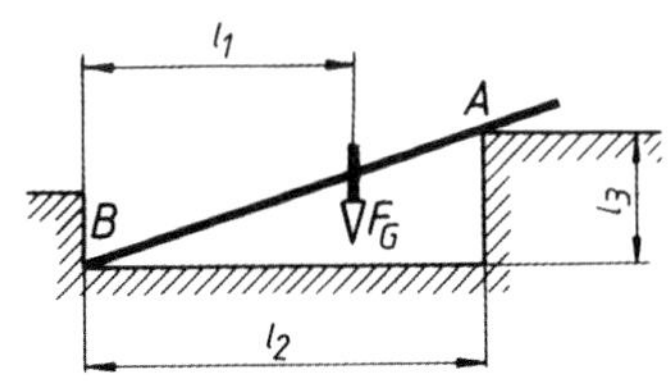

Gesucht:

a) die Stützkraft F_A und ihre Komponenten F_{Ax} und F_{Ay},
b) die Stützkraft F_B und ihre Komponenten F_{Bx} und F_{By}.

105 Eine Platte mit $l_1 = 2$ m Länge und 2,5 kN Gewichtskraft ist bei A schwenkbar gelagert und liegt unter $\alpha = 45°$ geneigt im Punkt B auf einer Rolle frei auf. Der Abstand l_2 beträgt 0,5 m.

Es sollen für die Rollenanordnungen a und b die Kräfte in den Punkten A und B und die Winkel α_A und α_B zwischen den Wirklinien von F_A bzw. F_B und der Waagerechten ermittelt werden.

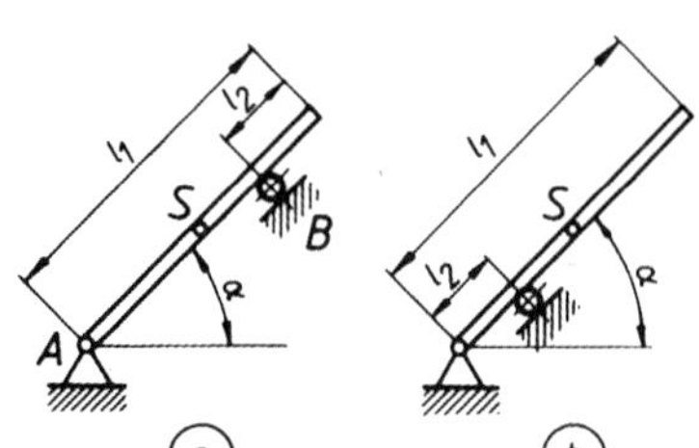

106 Der skizzierte Winkelrollhebel trägt an seinem freien Arm die Last $F = 350$ N. Seine Abmessungen betragen $l_1 = 0{,}3$ m, $l_2 = 0{,}5$ m, $l_3 = 0{,}4$ m, der Winkel $\alpha = 30°$.

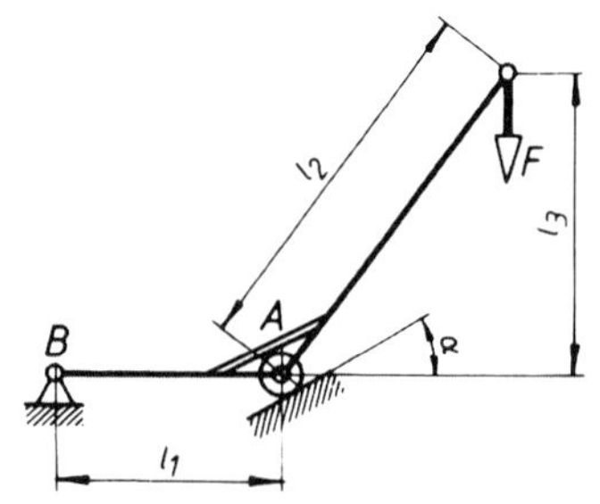

Wie groß sind

a) die Stützkraft F_A an der Rolle und ihre Komponenten F_{Ax} (waagerecht) und F_{Ay} (senkrecht),
b) die Stützkraft F_B im Hebelschwenkpunkt und ihre Komponenten F_{Bx} und F_{By}?

107 Eine Auffahrrampe ist am Fußende schwenkbar, am Kopfende frei verschiebbar gelagert. Sie wird nach Skizze mit der Kraft F = 5 kN in den Abständen l_1 = 2 m und l_2 = 1,5 m belastet, die Winkel betragen α = 20° und β = 60°.

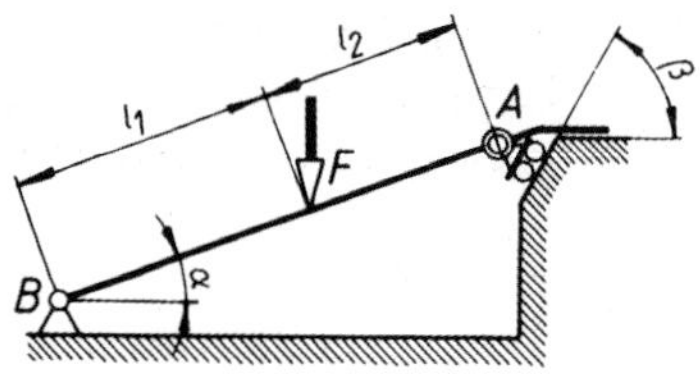

Gesucht:

a) die Stützkraft im Kopflager A,
b) der Betrag der Stützkraft im Fußlager B,
c) der Winkel zwischen der Kraft F_B und der Waagerechten.

108 Der skizzierte Wanddrehkran trägt die Last F = 20 kN im Abstand l_1 = 2,2 m. Die Eigengewichtskraft F_G = 8 kN wirkt in l_2 = 0,55 m Abstand von der Drehachse. Die Lager haben den Abstand l_3 = 1,2 m.

Es sollen ermittelt werden:

a) die Halslagerkraft F_A,
b) die Spurlagerkraft F_B und ihre Komponenten F_{Bx} (waagerecht) und F_{By} (senkrecht dazu),
c) der Winkel, unter dem die Kraft F_B zur Waagerechten wirkt.

Hinweis: Für die zeichnerische Lösung müssen zuerst die bekannten Kräfte (hier F und F_G) zu einer Resultierenden zusammengefasst werden.

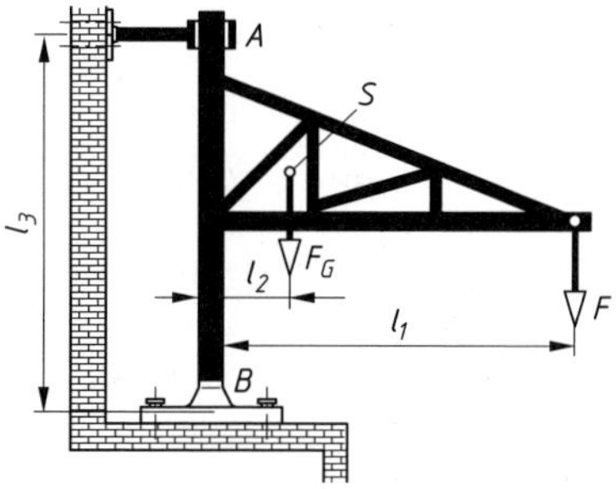

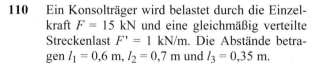

109 Die Skizze zeigt die Spannrolle einer Bandschleifeinrichtung. Die Spannrollenachse ist um das Lager A schwenkbar und wird über einen Winkelhebel durch die Stützrolle in l_1 = 135 mm Entfernung an der senkrechten Fläche bei B abgestützt. Im Schleifband wirkt die Spannkraft F = 35 N im Abstand l_2 = 110 mm vom Lager A.

Wie groß ist

a) die Stützkraft F_B an der Rolle,
b) der Betrag der Kraft F_A, die das Schwenklager A aufnimmt,
c) der Winkel zwischen der Kraft F_A und der waagerechten Spannrollenachse?

Lösungshinweis:
Zunächst die Spannrolle freimachen.

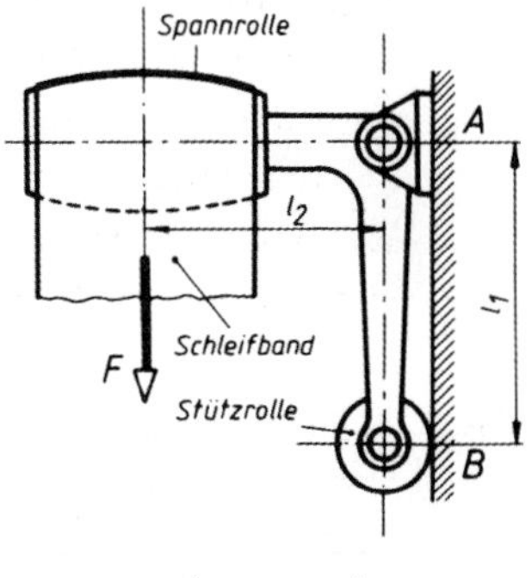

110 Ein Konsolträger wird belastet durch die Einzelkraft F = 15 kN und eine gleichmäßig verteilte Streckenlast F' = 1 kN/m. Die Abstände betragen l_1 = 0,6 m, l_2 = 0,7 m und l_3 = 0,35 m.

Gesucht:

a) die Stützkraft F_B in der Strebe,
b) der Betrag der Stützkraft F_A,
c) ihr Winkel zur Waagerechten.

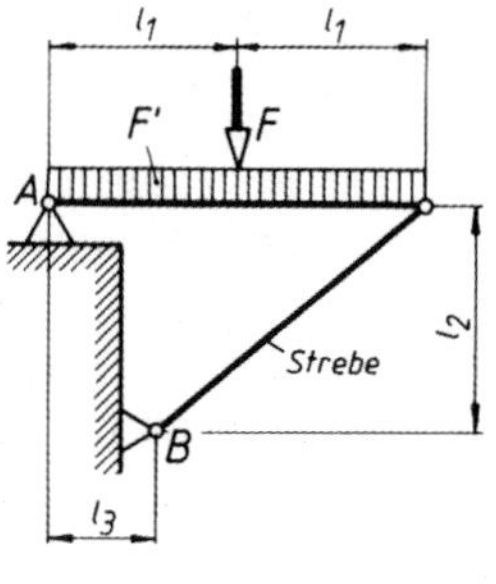

111 An einem Bogenträger greifen die Kräfte $F_1 = 21$ kN und $F_2 = 18$ kN nach Skizze an. Die Abmessungen betragen $l_1 = 1{,}4$ m, $l_2 = 2{,}55$ m, $r = 3{,}6$ m, der Winkel $\alpha = 45°$.

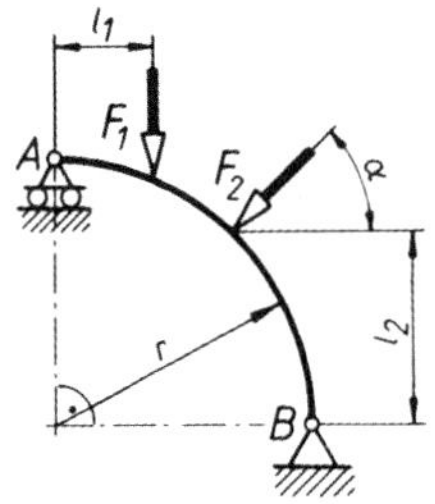

Wie groß sind

a) die Stützkraft F_A,
b) die Stützkraft F_B,
c) die Komponenten F_{Bx} und F_{By} der Kraft F_B in waagerechter und senkrechter Richtung?

Lösungshinweis: siehe Aufgabe 108.

112 Das Lastseil eines Kranauslegers läuft unter dem Winkel $\alpha = 25°$ von der Seilrolle ab und trägt die Last $F_1 = 30$ kN am Kranhaken. Die eingezeichneten Abmessungen betragen $l_1 = 5$ m, $l_2 = 3{,}5$ m, $l_3 = 1$ m, $l_4 = 3$ m und $l_5 = 7$ m. Die Gewichtskraft des Auslegers $F_G = 9$ kN hat den Wirkabstand $l_6 = 2{,}4$ m vom Lager B.

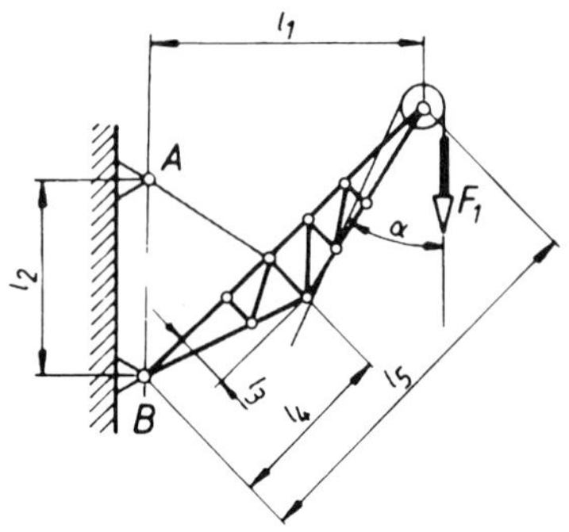

Gesucht:

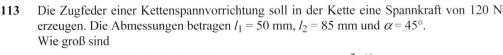

a) die Zugkraft im Halteseil bei A,
b) der Betrag der Stützkraft im Lager B,
c) der Winkel, den die Wirklinie von F_B mit der Waagerechten einschließt.

113 Die Zugfeder einer Kettenspannvorrichtung soll in der Kette eine Spannkraft von 120 N erzeugen. Die Abmessungen betragen $l_1 = 50$ mm, $l_2 = 85$ mm und $\alpha = 45°$.
Wie groß sind

a) die erforderliche Federkraft F_2,
b) die Belastung des Lagers A,
c) die Komponenten F_{Ax} (waagerecht) und F_{Ay} (senkrecht) der Kraft F_A?

Lösungshinweis: Bei der zeichnerischen Lösung müssen zuerst die beiden Kettenspannkräfte durch ihre Resultierende ersetzt werden.

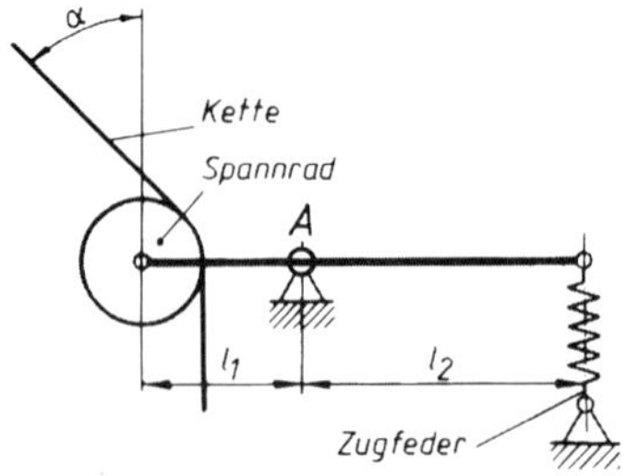

114 Die skizzierte Tragkonstruktion für ein Rampendach ist oben an waagerechten Zugstangen A, unten in Schwenklagern B aufgehängt. Die Dachlast ist so verteilt, dass die Kräfte je Dachträger $F_1 = 5$ kN und $F_2 = 2{,}5$ kN betragen. Zusätzlich wirkt die Eigengewichtskraft $F_G = 1{,}3$ kN im Abstand $l_3 = 0{,}9$ m vom Lager B. Die anderen Abmessungen sind $l_1 = 1{,}5$ m und $l_2 = 1{,}1$ m.

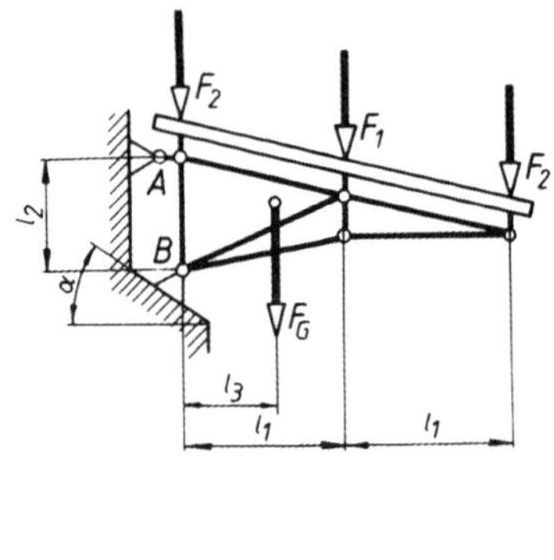

Gesucht:

a) die Zugkraft in der oberen Zugstange A,
b) die Stützkraft im Schwenklager B,
c) der erforderliche Winkel α für den Mauerabsatz, wenn die Kraft F_B rechtwinklig auf ihm abgestützt werden soll.

115 Ein Laufbühnenträger ist einseitig gelagert und steht auf einer senkrechten Pendelstütze B. Er trägt eine gleichmäßig verteilte Streckenlast $F' = 800$ N/m, die Einzelkraft $F_1 = 2{,}5$ kN und wird an einem Geländerpfosten zusätzlich durch den Seilzug $F_2 = 500$ N belastet, der unter dem Winkel $\alpha = 52°$ angreift. Die Abstände betragen $l_1 = 0{,}6$ m, $l_2 = 2$ m, $l_3 = 0{,}8$ m und $l_4 = 1{,}5$ m.

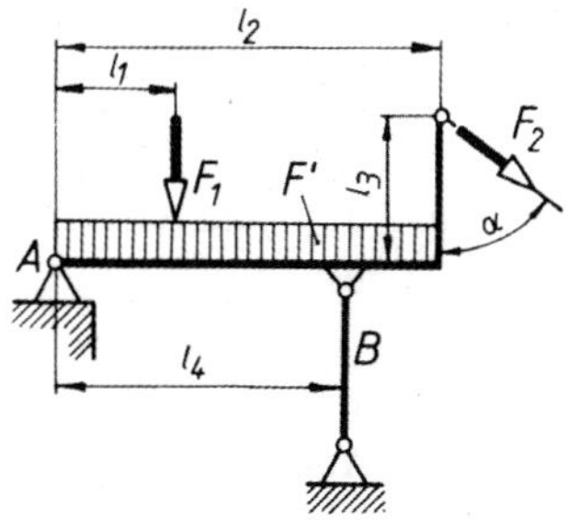

Gesucht:

a) die Druckkraft in der Pendelstütze B,
b) die Stützkraft im Lager A,
c) ihre Komponenten F_{Ax} (waagerecht) und F_{Ay} (senkrecht).

Lösungshinweis: siehe Aufgabe 108.

116 Ein Elektromotor mit der Gewichtskraft $F_G = 300$ N ist auf einer Schwinge befestigt. Die Druckfeder soll bei waagerechter Schwingenstellung im stillstehenden Riemen die Spannkräfte $F_s = 200$ N erzeugen. Die Abmessungen betragen $l_1 = 0{,}35$ m, $l_2 = 0{,}3$ m, $l_3 = 0{,}17$ m, der Winkel $\alpha = 30°$.

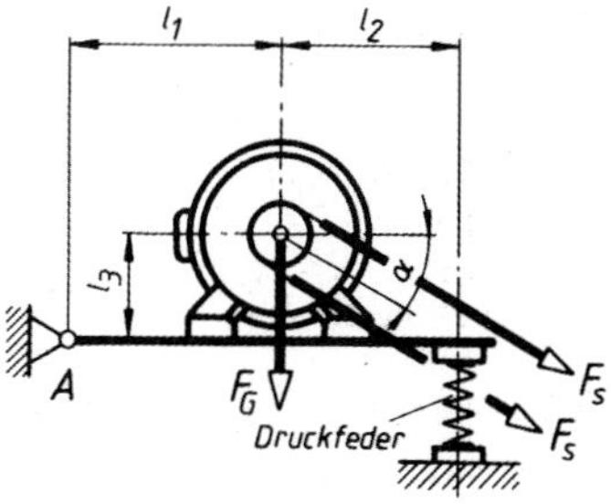

a) Welche Druckkraft F_d muss die Feder aufbringen?
b) Wie groß ist der Betrag der Lagerkraft F_A?
c) Unter welchem Winkel zur Waagerechten wirkt die Kraft F_A?

Lösungshinweis: siehe Aufgabe 108.

117 Durch die Spannvorrichtung soll die Rollenkette für einen Verstellantrieb gleichmäßig mit einer Spannkraft $F_1 = 100$ N gespannt werden. Die Abmessungen betragen
$l_1 = 35$ mm, $l_2 = 110$ mm, der Winkel $\alpha = 45°$.

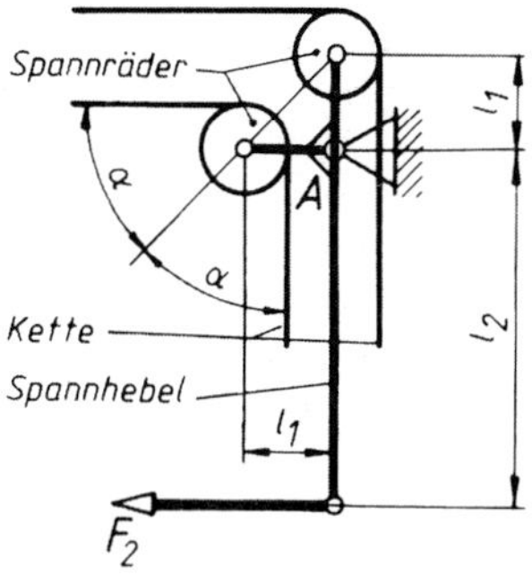

Gesucht:

a) die zum Spannen erforderliche Kraft F_2 am Spannhebel,
b) die auf das Lager A wirkende Belastung,
c) die waagerechte und die senkrechte Komponente F_{Ax} und F_{Ay} der Lagerkraft F_A?

Lösungshinweis: siehe Aufgabe 108.

118 Der Ausleger der skizzierten Radialbohrmaschine dreht sich mitsamt dem Mantelrohr in zwei Radiallagern R_1 und R_2 und einem Axiallager A um die feste Innensäule. Mantelrohr, Ausleger und Bohrspindelschlitten haben eine Gesamtgewichtskraft F_G = 24 kN. Die Abmessungen betragen l_1 = 1,6 m, l_2 = 1,2 m, l_3 = 2,4 m und l_4 = 0,15 m. Welche Kräfte haben die Lager A, R_1 und R_2 aufzunehmen, wenn sich der Ausleger in

a) seiner obersten (gezeichneten) Stellung,
b) seiner untersten Stellung befindet?

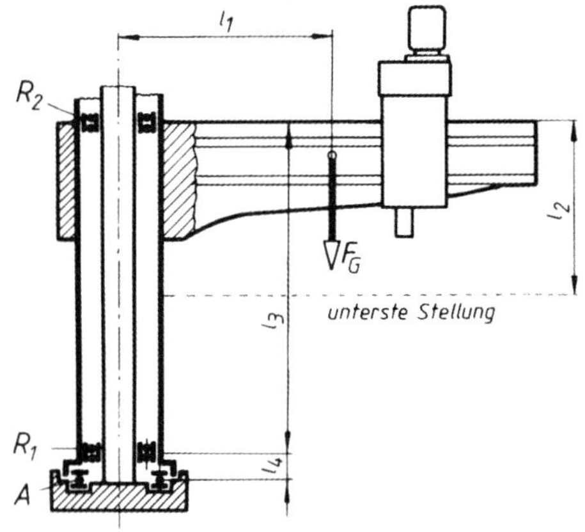

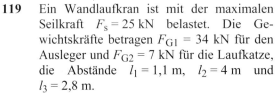

119 Ein Wandlaufkran ist mit der maximalen Seilkraft F_s = 25 kN belastet. Die Gewichtskräfte betragen F_{G1} = 34 kN für den Ausleger und F_{G2} = 7 kN für die Laufkatze, die Abstände l_1 = 1,1 m, l_2 = 4 m und l_3 = 2,8 m.
Wie groß sind die Stützkräfte an den Fahrbahnträgern A, B und C bei voller Belastung?

Lösungshinweis: siehe Aufgabe 108.

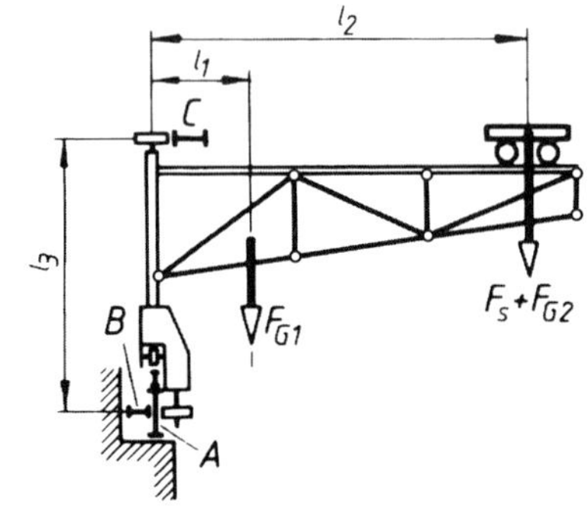

120 Ein Lastzug fährt auf einer Straße mit 20 % Gefälle bergab. Der Anhänger hat die Gewichtskraft F_G = 100 kN. Die Abmessungen betragen
l_1 = 2 m, l_2 = 0,9 m, l_3 = 1,4 m.

a) Wie groß ist der Neigungswinkel der Fahrbahn zur Waagerechten?
b) Mit welcher Schiebekraft F_s drückt der ungebremste Anhänger auf den Motorwagen? (Rollwiderstand vernachlässigen)
c) Wie groß sind die beiden Achslasten F_A und F_B?

Lösungshinweis: Für die rechnerische Lösung ist es zweckmäßig, die x-Achse parallel zur geneigten Fahrbahn zu legen.

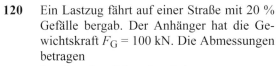

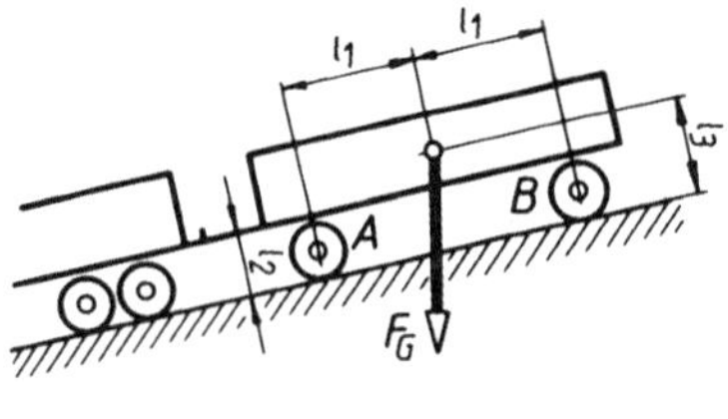

121 Ein Wagen mit F = 38 kN Gesamtlast steht auf einer unter α = 10° zur Waagerechten geneigten Ebene und ist mit der Zugstange unter dem Winkel β = 30° gegen den Boden abgestützt.

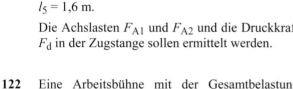

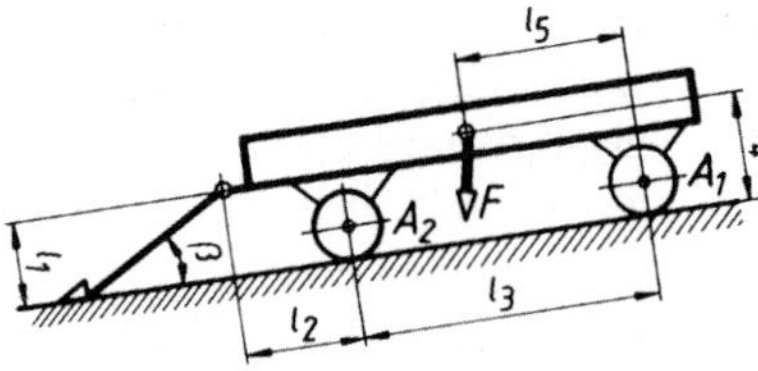

Die Abmessungen betragen:

l_1 = 0,8 m, l_2 = 1,1 m
l_3 = 3,2 m, l_4 = 1 m
l_5 = 1,6 m.

Die Achslasten F_{A1} und F_{A2} und die Druckkraft F_d in der Zugstange sollen ermittelt werden.

122 Eine Arbeitsbühne mit der Gesamtbelastung F = 4,2 kN wird durch die Hubstange A gehoben und mit den Rollen B und C an einer senkrechten Stütze geführt. Die Abmessungen betragen l_1 = 1,2 m und l_2 = 0,75 m.

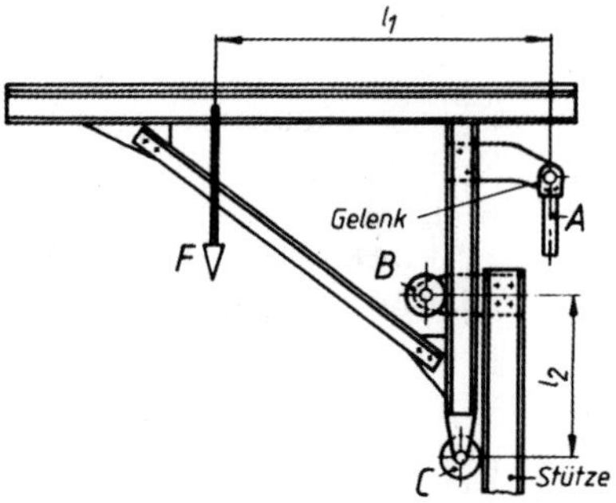

Gesucht:

a) die erforderliche Hubkraft F_A,
b) die Rollenstützkräfte F_B und F_C.

123 Auf dem unter α = 30° zur Waagerechten geneigten Schrägaufzug wird eine Laufkatze gleichförmig aufwärts gezogen. Die Laufkatze ist durch die Gewichtskraft F_G = 18 kN und die Seilkraft F unter dem Winkel β = 15° belastet. Die Abmessungen betragen l_1 = 0,3 m und l_2 = 0,5 m, der Rollwiderstand wird vernachlässigt.

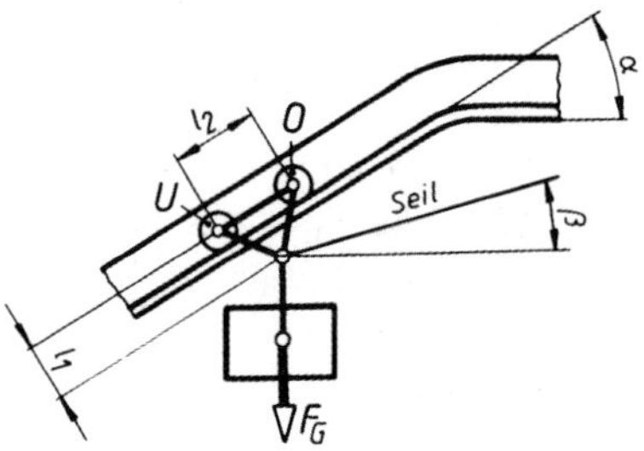

Gesucht:

a) die erforderliche Zugkraft F im Seil,
b) die Stützkräfte an der unteren Laufrolle U und der oberen Laufrolle O?

124 In einem Lagergestell stehen Stabstahlstangen mit l_1 = 3,6 m Länge und 750 N Gewichtskraft unter dem Winkel α = 12° nach hinten gelehnt. Sie stützen sich an zwei waagerechten Rohren A und B mit den Abständen l_2 = 1,7 m und l_3 = 0,5 m und auf der ebenfalls unter dem Winkel α geneigten Fußplatte ab.
Welche Stützkräfte verursacht eine Stange in den Punkten A, B und C?

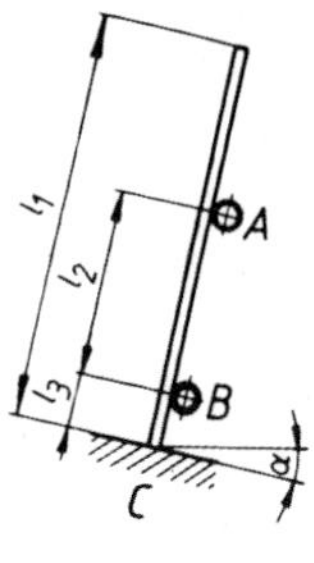

125 Eine Leiter liegt an ihren Endpunkten A und B reibungsfrei auf und wird durch ein Seil am Rutschen gehindert. In der Mitte ist sie mit $F_1 = 800$ N belastet. Die Abmessungen betragen $l_1 = 6$ m, $l_2 = 3$ m, $l_3 = 2$ m.

Wie groß sind die Stützkräfte in den Auflagepunkten A und B und die Zugkraft F_2 im Seil?

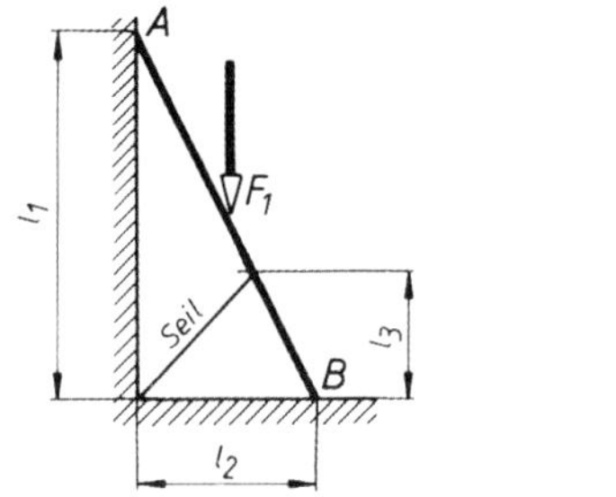

126 Der Aufspanntisch einer Flachschleifmaschine mit $F = 450$ N Gesamtlast ist auf Wälzkörpern geführt. Die Laufflächen B und C stehen im rechten Winkel zueinander. Die Abmessungen betragen $l_1 = 50$ mm, $d_1 = 8$ mm, $d_2 = 4$ mm.

Wie groß sind die Stützkräfte in den Führungsflächen A, B und C?

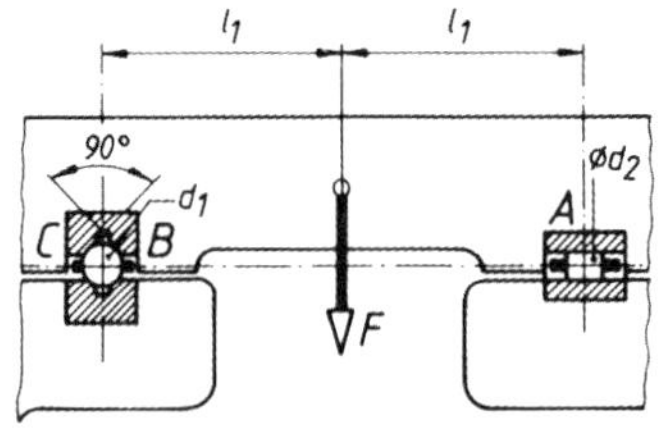

127 Der Werkzeugschlitten einer Drehmaschine läuft in einer oberen Flachführung F und in einer zum Schutz gegen Späne herabgezogenen unteren V-Führung mit einem Öffnungswinkel $\alpha = 90°$. Seine Gewichtskraft beträgt $F_G = 1{,}5$ kN, die Abmessungen $l_1 = 380$ mm, $l_2 = 200$ mm, $l_3 = 60$ mm, $l_4 = 450$ mm.

Wie groß sind die Stützkräfte an den Führungsflächen F, V_1 und V_2?

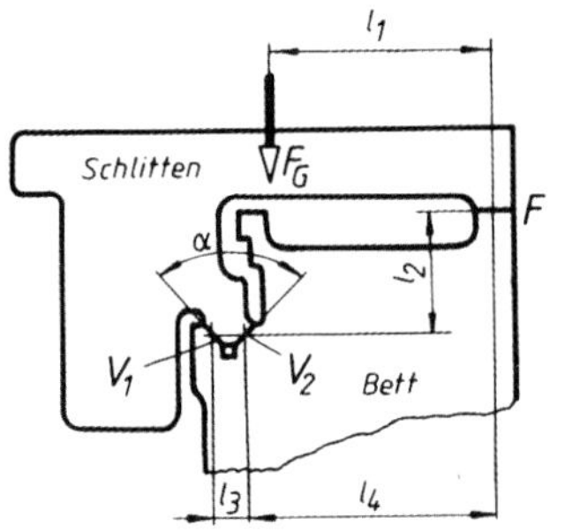

128 Der Bettschlitten einer schweren Hochleistungs-Drehmaschine mit der Belastung $F = 18$ kN läuft in der skizzierten Führung. Die Abmessungen betragen $l_1 = 600$ mm, $l_2 = 140$ mm, $l_3 = 780$ mm und die Winkel $\alpha = 60°$ und $\beta = 20°$.

Mit welchen Kräften F_A, F_B und F_C werden die drei Führungsflächen belastet?

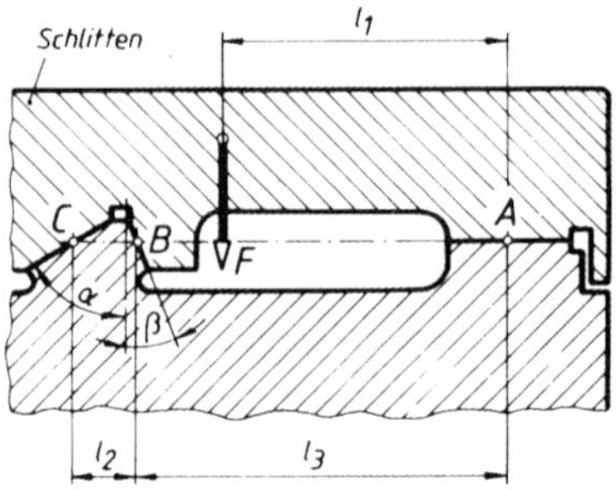

129 Der senkrecht aufgehängte Bettschlitten einer Kopierdrehmaschine hat eine Gewichtskraft F_G = 1,8 kN. Die oberen Führungsflächen *A* und *B* stehen unter dem Winkel α = 40° zueinander. Die Abmessungen betragen
l_1 = 280 mm, l_2 = 30 mm, l_3 = 50 mm und
l_4 = 90 mm.

Mit welchen Kräften werden die drei Führungsflächen *A*, *B* und *C* im Stillstand belastet?

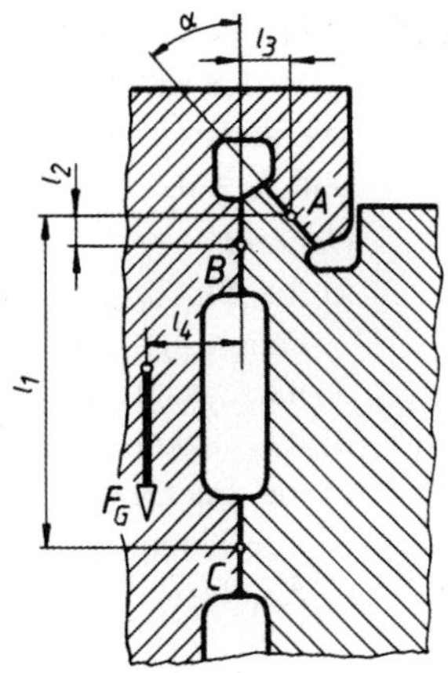

130 Der Reitstock einer Gewindeschälmaschine wird auf einer Dachführung D_1, D_2 und einer Flachführung *F* geführt. Im Schwerpunkt *S* greift seine Gewichtskraft mit 3,2 kN an. Die Abmessungen betragen l_1 = 275 mm, l_2 = 200 mm, l_3 = 120 mm, l_4 = 500 mm, der Winkel α = 35°.

Welche Stützkräfte wirken an den Führungsflächen D_1, D_2 und *F*?

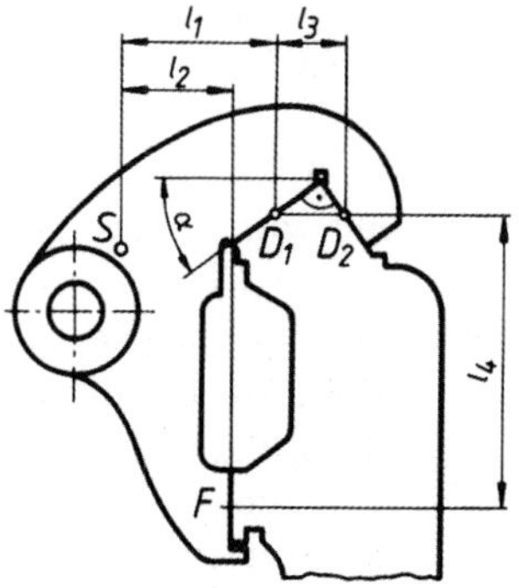

131 Die skizzierte Hubschleifvorrichtung wird durch einen Nocken gehoben und gesenkt. Motor und Gestänge belasten die Rolle mit *F* = 350 N. Die zylindrische Hubstange ist bei A und B geführt. Die Abmessungen betragen l_1 = 110 mm, l_2 = 320 mm, der Winkel α = 60°.

Gesucht werden für einen reibungsfreien Betrieb die Kraft F_N, mit welcher der Nocken gegen die Rolle drückt, und die Kräfte in den Führungen A und B, und zwar:

a) wenn die Nockenlauffläche beim Aufwärtshub um α = 60° gegen die Senkrechte geneigt ist (l_3 = 160 mm),
b) wenn sie beim Abwärtshub um α = 60° gegen die Senkrechte geneigt ist (l_3 = 160 mm),
c) in der höchsten Hublage (l_3 = 140 mm).

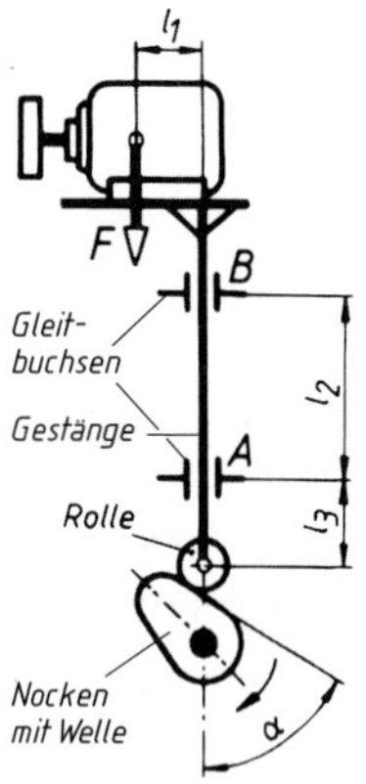

132 Eine Stehleiter, $l_1 = 2{,}5$ m hoch, wird in $l_2 = 1{,}8$ m Höhe mit $F = 850$ N belastet. Die anderen Abstände betragen $l_3 = 1{,}4$ m und $l_4 = 0{,}8$ m.

Gesucht:

a) die Stützkräfte F_A und F_B an den Fußenden der Leiter (die Reibung wird vernachlässigt),
b) die Zugkraft F_k in der Kette,
c) die im Gelenk C auftretende Kraft und ihre Komponenten F_{Cx} (waagerecht) und F_{Cy} (senkrecht).

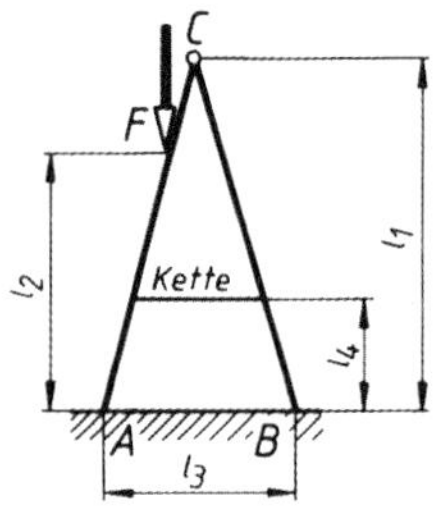

133 Wie ändern sich die in der vorhergehenden Aufgabe ermittelten Kräfte, wenn die Kraft F in der Höhe $l_2 = 0{,}8$ m angreift?

134 Der durch die Kraft $F = 2500$ N belastete Tisch wird durch Betätigung der Zugstange mit der Zugstangenkraft F_Z über die skizzierte Hebelanordnung angehoben. Dabei treten die Lagerkräfte F_D und F_F und die Kräfte F_C und F_E an den Rollen auf. Die Reibungskräfte werden vernachlässigt.

Die Abmessungen betragen $l_1 = 500$ mm, $l_2 = 700$ mm, $l_3 = 400$ mm, $l_4 = 200$ mm, $l_5 = 350$ mm, der Winkel $\alpha = 30°$.

Gesucht werden Größe und Richtung aller oben aufgeführten Kräfte.

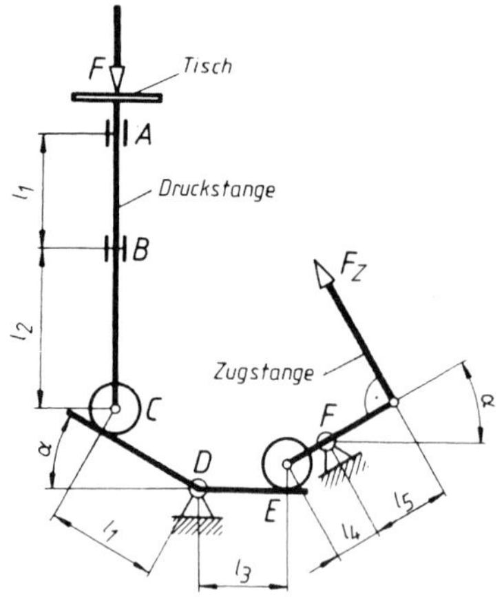

135 Der Tisch einer Nietmaschine mit der Gewichtskraft $F_G = 0{,}8$ kN ist in Flachführungen A und B geführt und wird durch eine senkrechte Hubspindel bewegt. Die aufzunehmende Nietkraft beträgt $F_n = 3{,}2$ kN.

Die Abmessungen betragen $l_1 = 400$ mm, $l_2 = 30$ mm, $l_3 = 220$ mm, $l_4 = 120$ mm und $l_5 = 210$ mm.

Wie groß sind die Stützkraft F_s in der Spindel und die beiden Führungskräfte F_A und F_B, wenn der Tisch beim Nieten nicht festgeklemmt wird?

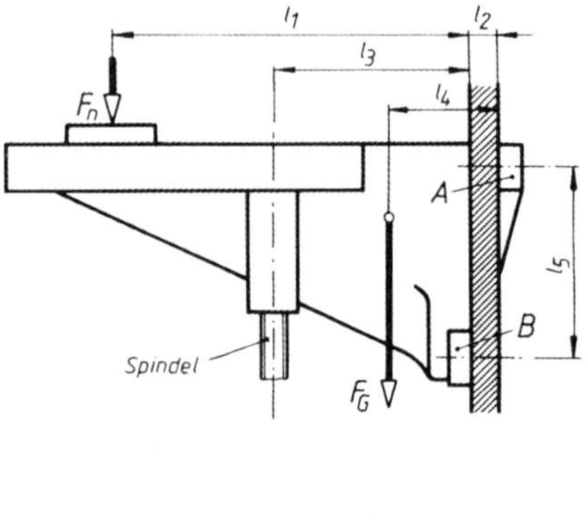

136 Bei der skizzierten Schleifband-Spanneinrichtung wird die Bandspannkraft F = 50 N durch eine Druckfeder erzeugt, die das Gestänge mit der Spannrolle nach oben drückt. Dabei stützt sich der im Gelenk A drehbar gelagerte Spannrollenhebel mit dem Stützrad B gegen eine senkrechte Fläche ab. Die Abstände betragen l_1 = 120 mm, l_2 = 100 mm, l_3 = 180 mm und l_4 = 220 mm.

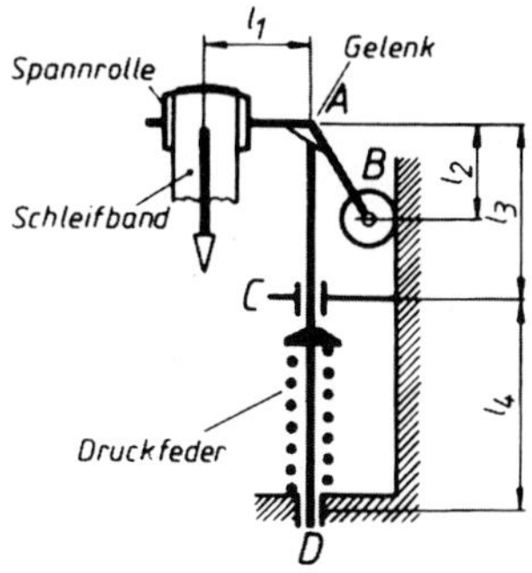

Gesucht (ohne Berücksichtigung der Reibung):

a) die im Gelenk A wirkende Kraft,
b) die erforderliche Federkraft F,
c) die Kräfte in den Führungen C und D.

137 Ein Motor steht auf einer Fußplatte, die mit Hilfe einer Verschiebespindel in den Führungsbahnen A und B nach links und rechts verschoben werden kann. Dabei öffnet oder schließt sich eine Keilriemen-Spreizscheibe und ändert dadurch die Drehzahl der Gegenscheibe stufenlos. Die Gewichtskraft von Motor und Grundplatte beträgt F_G = 80 N, die Riemenspannkräfte F_1 = 100 N im auflaufenden und F_2 = 30 N im ablaufenden Trum. Die Abstände betragen l_1 = 90 mm, l_2 = 70 mm, l_3 = 120 mm, l_4 = 100 mm und der Durchmesser d = 100 mm.

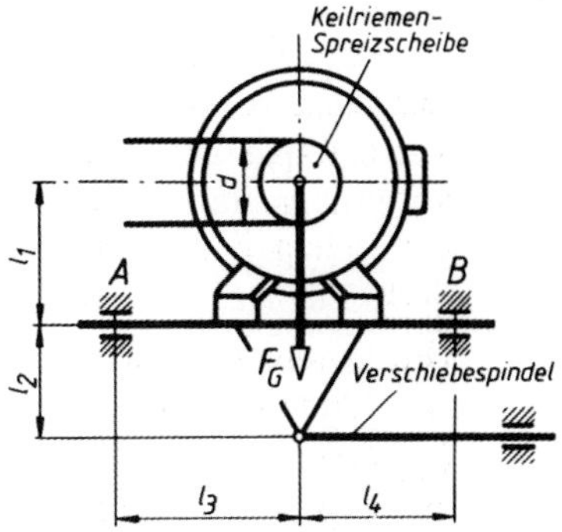

Gesucht werden für einen reibungsfreien Betrieb die Kraft F in der Verschiebespindel und die Kräfte F_A und F_B in den Führungen, und zwar

a) wenn der Motor rechtsherum läuft,
b) bei Linkslauf des Motors.

138 Eine Kraft F = 1250 N soll durch zwei Kräfte F_A und F_B im Gleichgewicht gehalten werden. Die Wirklinien der drei Kräfte sind parallel. Die Wirklinie der Kraft F_A ist 1,3 m nach links, die Wirklinie der Kraft F_B ist 3,15 m nach rechts von der Wirklinie F entfernt.

Wie groß sind die Kräfte F_A und F_B?

139 Eine Kraft F = 690 N ist mit zwei Kräften F_A und F_B im Gleichgewicht, die parallel zu F wirken. Die Wirklinien der Kräfte F_A und F_B liegen beide rechts von F, und zwar 0,9 m bzw. 1,35 m von der Wirklinie F entfernt.

a) Wie groß sind die Kräfte F_A und F_B?
b) Wie ist ihr Richtungssinn, verglichen mit F?

140 Ein Fräserdorn wird durch den Fräser mit der Kraft F = 5 kN belastet. Die Abstände betragen l_1 =130 mm und l_2 = 170 mm.

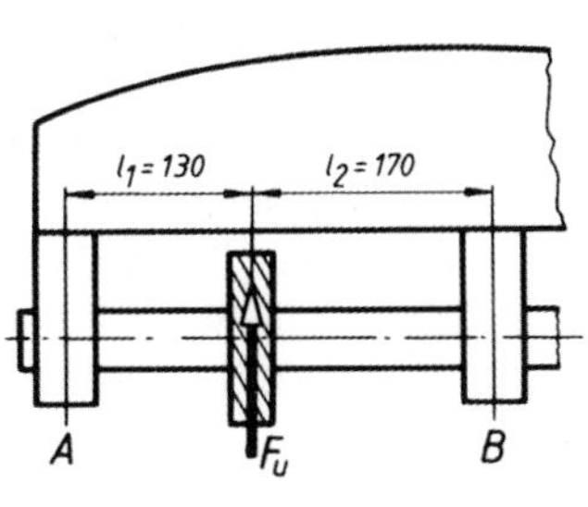

Wie groß sind die Stützkräfte in den Lagern A und B?

141 Der Werkzeugschlitten (Support) einer Drehmaschine mit der Gewichtskraft F_G = 2,2 kN stützt sich auf zwei waagerechten Führungsbahnen ab. Die Abstände betragen l_1 = 520 mm und l_2 = 180 mm.

Wie groß sind die Stützkräfte F_A und F_B?

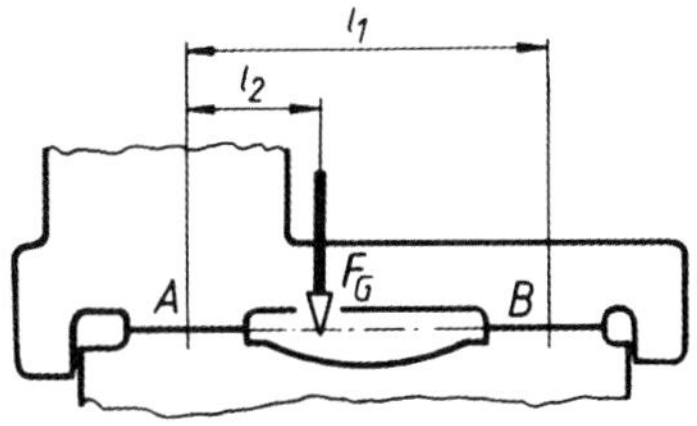

142 In der Zugstange A des Schaltgestänges soll eine Kraft F = 1,8 kN erzeugt werden. Die Abstände betragen l_1 = 1,12 m und l_2 = 0,095 m.

a) Mit welcher waagerechten Handkraft F_h muss der Hebel betätigt werden?

b) Welche Kraft hat das Lager B aufzunehmen?

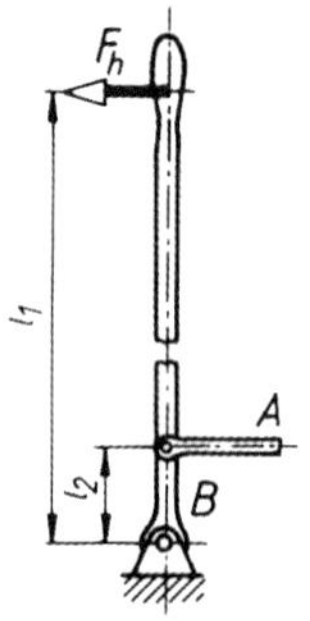

143 Die Laufschiene einer Hängebahn ist nach Skizze an Hängeschuhen befestigt, von denen jeder die senkrechte Höchstlast F = 14 kN aufzunehmen hat. Die Abstände betragen l_1 = 310 mm, l_2 = 30 mm, l_3 = 250 mm und l_4 = 70 mm.

Gesucht werden unter der Annahme, dass die linke Befestigungsschraube infolge zu losen Anziehens überhaupt nicht mitträgt,

a) die Zugkraft F_A, welche die rechte Befestigungsschraube aufzunehmen hat,

b) die Kraft F_B, mit der die linke Fußkante des Hängeschuhes gegen die Stützfläche drückt.

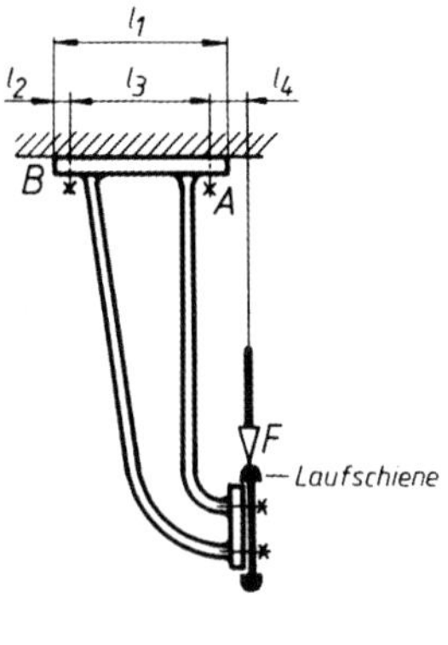

144 Eine zweifach gelagerte Getriebewelle trägt zwei Zahnräder, welche die Welle mit parallelen Kräften F_1 = 6,5 kN und F_2 = 2 kN belasten. Die Abstände betragen l_1 = 1,2 m, l_2 = 0,22 m, l_3 = 0,69 m.

Wie groß sind die Lagerkräfte F_A und F_B?

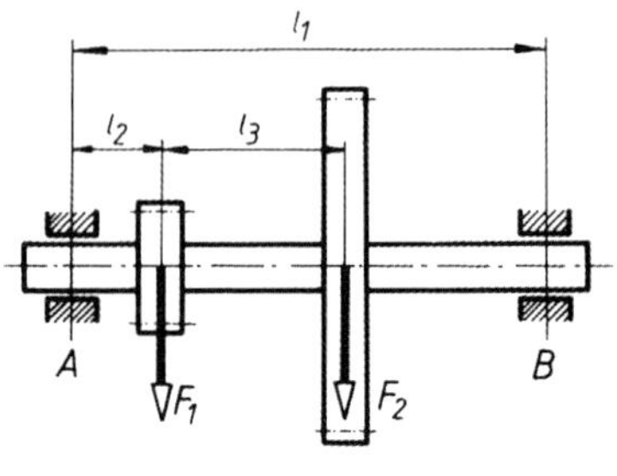

145 Ein Kragträger ist mit den Kräften F_1 = 30 kN und F_2 = 20 kN in den Abständen l_1 = 2 m, l_2 = 3 m und l_3 = 1 m belastet. Wie groß sind die Stützkräfte F_A und F_B?

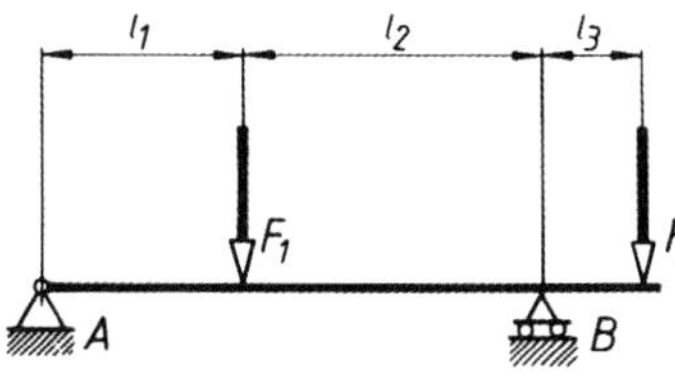

146 Der skizzierte Laufdrehkran trägt an seinem Drehausleger die Nutzkraft F_1 = 60 kN und die Ausgleichslast F_2 = 96 kN. Die Gewichtskraft der Kranbrücke beträgt F_{G1} = 97 kN, die Gewichtskraft der Drehlaufkatze mit Ausleger beträgt F_{G2} = 40 kN.

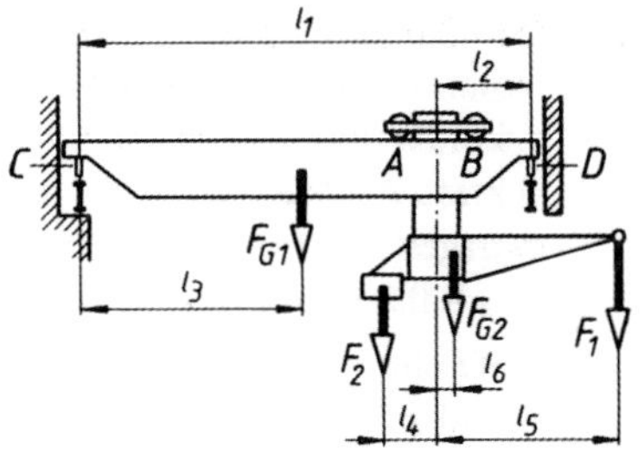

Die Abmessungen betragen l_1 = 11,2 m, l_2 = 2,2 m, l_3 = 5,6 m, l_4 = 1,3 m, l_5 = 4,2 m und l_6 = 0,4 m.

Gesucht:

a) die Achskräfte F_A und F_B der Drehlaufkatze bei 2,2 m Radstand,
b) die Stützkräfte F_C und F_D an den Laufrädern der Kranbrücke,
c) die Stützkräfte F_A, F_B, F_C, F_D, wenn der Drehausleger unbelastet und um 180° gedreht ist.

147 Der Kragträger nimmt die Kräfte F_1 = 15 kN, F_2 = 20 kN und F_3 = 12 kN auf. Die Abstände betragen l_1 = 2,3 m, l_2 = 2 m und l_3 = 3,2 m. Wie groß sind die Stützkräfte F_A und F_B?

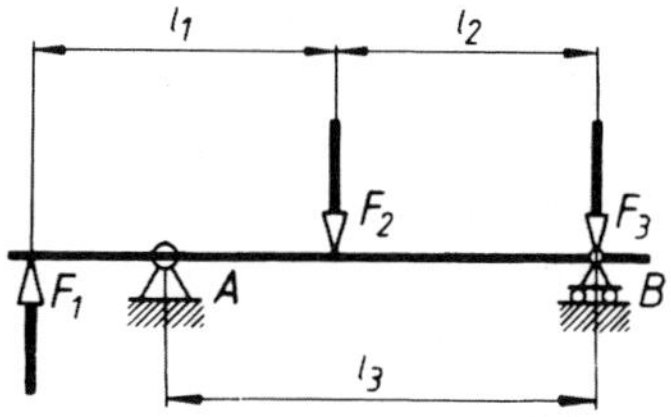

Lösungshinweis: Besondere Aufmerksamkeit bei der zeichnerischen Lösung im Kräfteplan. F_A ist nach unten gerichtet.

148 Eine Getriebewelle ist mit den Zahnkräften F_1 = 2 kN, F_2 = 5 kN und F_3 = 1,5 kN belastet. Die Abstände betragen l_1 = 250 mm, l_2 = 150 mm, l_3 = 200 mm.

Gesucht werden die Lagerkräfte F_A und F_B.

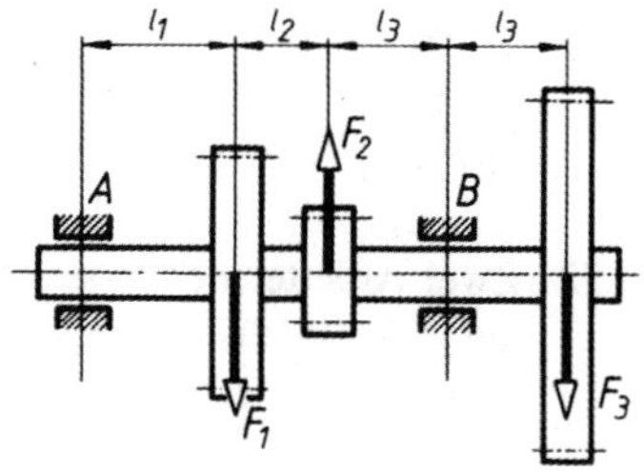

149 Der skizzierte Balken ist unter dem Winkel α = 10° zur Waagerechten geneigt. Das Loslager B stützt sich auf einer zum Balken parallelen Fläche ab. Rechtwinklig zum Balken wirken drei gleich große Kräfte F = 10 kN. Die Abmessungen betragen l_1 = 5 m, l_2 = 1 m.

Wie groß sind die Stützkräfte F_A und F_B?

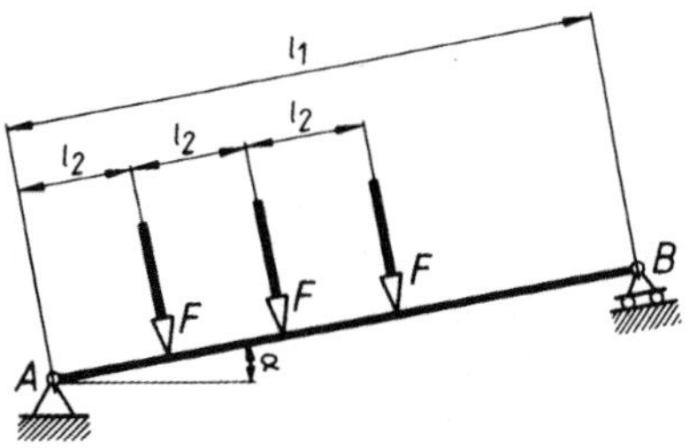

150 Ein fahrbarer Werkstattkran wird durch die Nutzlast am Seil mit F_1 = 7,5 kN, durch den Ausgleichskörper mit F_2 = 7 kN und durch seine Gewichtskraft F_G = 3,6 kN belastet.
Die Abmessungen betragen
l_1 = 0,9 m, l_2 = 0,3 m, l_3 = 0,7 m, l_4 = 0,2 m und l_5 = 1,7 m.

Welche Stützkräfte wirken an den Rädern A und B?

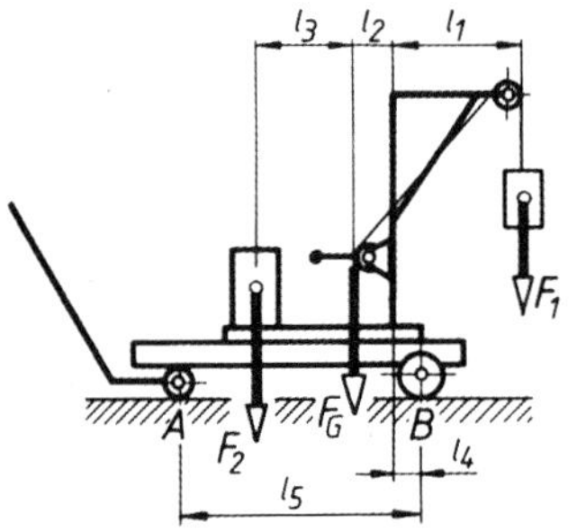

151 Die skizzierte Rollleiter mit F_G = 150 N Gewichtskraft wird mit der Kraft F = 750 N belastet.
Die Abstände betragen
l_1 = 0,8 m, l_2 = 0,3 m, l_3 = 0,5 m und l_4 = 3 m.

Wie groß sind die Stützkräfte F_A an der Einhängestange und F_B an der Stützrolle?

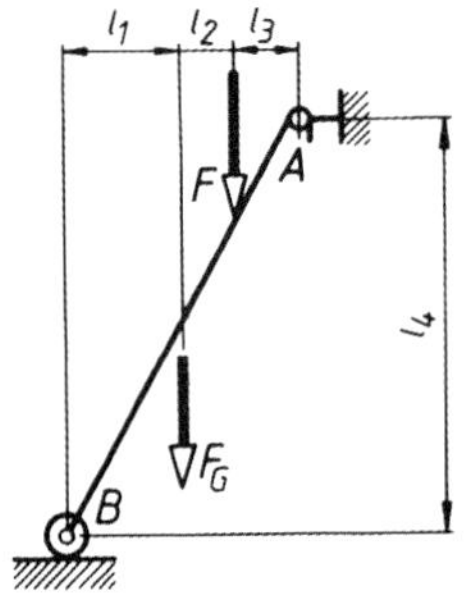

152 Bei einem Personenkraftwagen mit dem Achsabstand l_1 = 2,8 m greift die Gewichtskraft F_G = 13,9 kN im Abstand l_2 = 1,31 m von der Vorderachse an. Bei Höchstgeschwindigkeit wirkt auf ihn der Luftwiderstand F_w = 1,2 kN in einer Höhe l_3 = 0,75 m. Bei Vernachlässigung des Rollwiderstandes muss dann an den Antriebsrädern eine Vortriebskraft $F = F_w$ wirken.

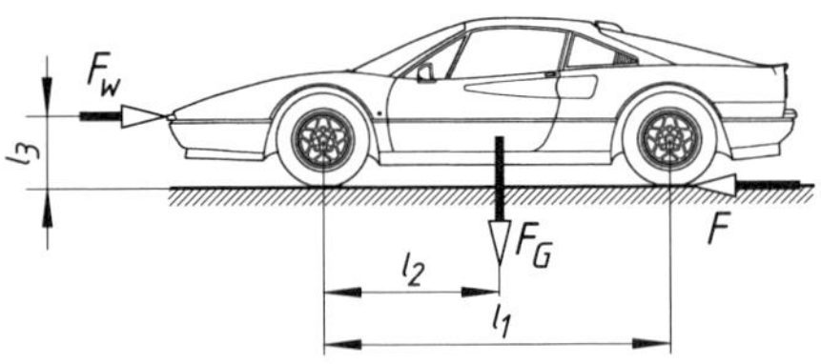

Gesucht:

a) die vordere und die hintere Achslast F_v und F_h, wenn der Wagen auf waagerechter Ebene steht,
b) die Achslasten F_v und F_h, wenn der Wagen mit Höchstgeschwindigkeit fährt.

153 Zwei Arbeiter heben mit Brechstangen die skizzierte Welle auf einen Absatz hinauf. Die Brechstangen werden auf einem untergelegten Holzbalken abgestützt. Die Angriffspunkte für die Stangen sind so gewählt, dass beide Stangen gleich belastet werden. Die Gewichtskraft der Welle beträgt 3,6 kN, die Abstände l_1 = 110 mm, l_2 = 1340 mm, l_3 = 30 mm, d = 120 mm und der Winkel α = 30°.

Für die gezeichnete Stellung werden gesucht:

a) die Kraft F_A, mit der sich die Welle an der Absatzkante abstützt,
b) die Kraft F_B, mit der die Welle auf jede Brechstange drückt,
c) die Kraft F, die jeder Arbeiter am Ende der Brechstange aufbringen muss,
d) die Stützkraft F_C an der Auflagestelle einer Stange auf der Kante des untergelegten Balkens,
e) die Komponenten F_{Cx} (waagerecht) und F_{Cy} (senkrecht) der Kraft F_C.

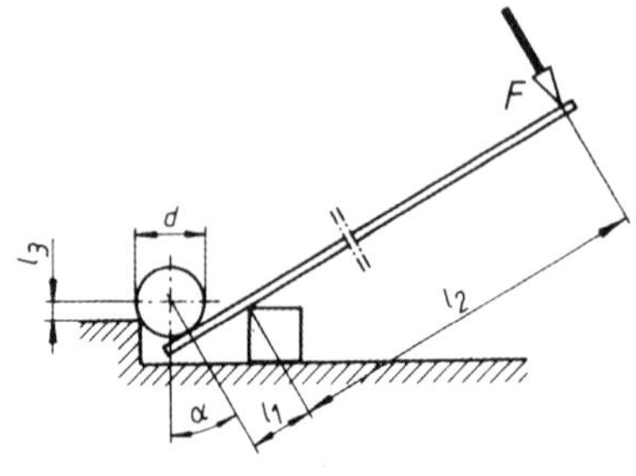

154 Für die skizzierte Transportkarre ergibt sich aus Nutzlast und Eigengewichtskraft die Belastung $F = 5$ kN. Die Abmessungen betragen $l_1 = 0{,}25$ m, $l_2 = 1$ m, $l_3 = 0{,}4$ m, $l_4 = 0{,}4$ m, $l_5 = 0{,}5$ m und $d = 0{,}3$ m.

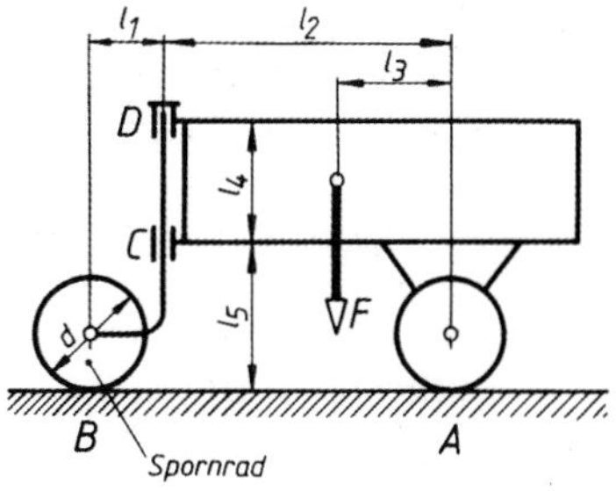

Für die gezeichnete Stellung werden gesucht:

a) die Stützkräfte an den Rädern A und B,
b) die Stützkräfte in den Lagern C und D des Schwenkarmes,
c) die waagerechte und die senkrechte Komponente F_{Dx} und F_{Dy} der Kraft F_D.

155 Der Schwenkarm der Transportkarre aus Aufgabe 154 ist um 360° schwenkbar.

Es sollen hier ebenfalls die Kräfte F_A ... F_D und die Komponenten F_{Dx} und F_{Dy} ermittelt werden, wenn das Spornrad bei gleicher Belastung um 180° ganz unter die Karre geschwenkt ist.

156 Ein Sicherheitsventil besteht aus dem Ventilkörper mit der Gewichtskraft $F_{G1} = 8$ N, dem im Punkt D drehbar gelagerten Hebel mit der Gewichtskraft $F_{G2} = 15$ N und dem zylindrischen Einstellkörper, der den Hebel zusätzlich mit seiner Gewichtskraft $F_{G3} = 120$ N belastet. Ventilkörper- und Hebelschwerpunkt sind $l_1 = 75$ mm und $l_2 = 320$ mm vom Lager D entfernt. Das Ventil mit $d = 60$ mm Öffnungsdurchmesser soll sich bei einem Überdruck $p = 3 \cdot 10^5$ Pa öffnen.

Gesucht:

a) der erforderliche Abstand x für den Einstellkörper,
b) die im Hebellager D beim Abblasen auftretende Stützkraft,
c) die Stützkraft im Hebellager D, wenn kein Überdruck auf den Ventilteller wirkt.

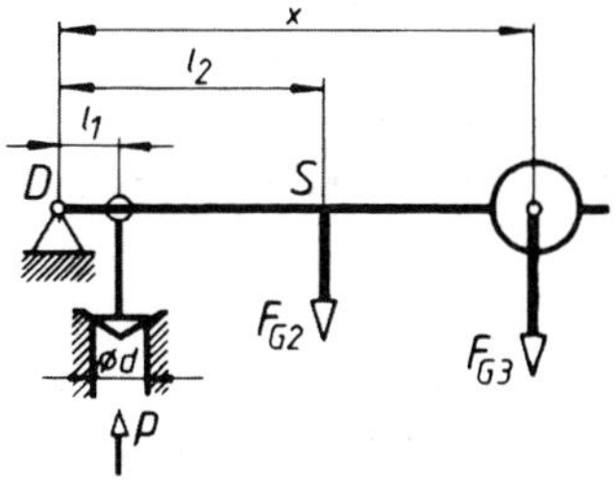

157 Auf einen unter $\alpha = 30°$ zur Waagerechten geneigten Balken wirken rechtwinklig fünf parallele Kräfte $F_1 = 4$ kN, $F_2 = 2$ kN, $F_3 = 1$ kN, $F_4 = 3$ kN und $F_5 = 1$ kN. Der Abstand l beträgt 1 m.

Wie groß sind die Stützkräfte F_A und F_B sowie ihre Komponenten F_{Ax} und F_{Bx} parallel zum Balken und ihre Komponenten F_{Ay} und F_{By} rechtwinklig dazu?

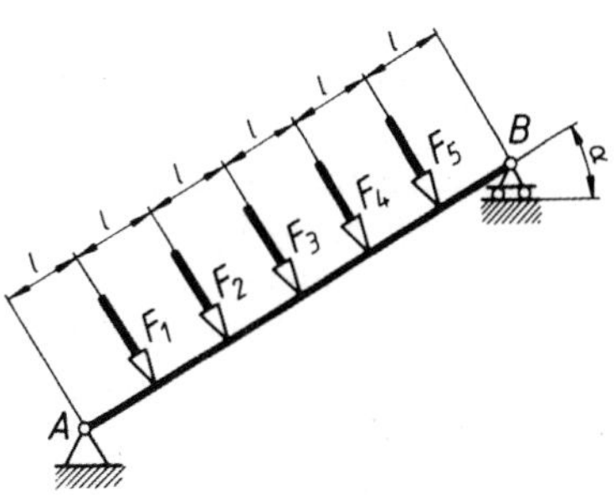

158 Ein Sprungbrett wird durch seine Gewichtskraft $F_G = 300$ N und beim Absprung durch die unter $\alpha = 60°$ wirkende Kraft $F = 900$ N belastet. Die Abstände betragen $l_1 = 2{,}6$ m, $l_2 = 2{,}4$ m und $l_3 = 2{,}1$ m.

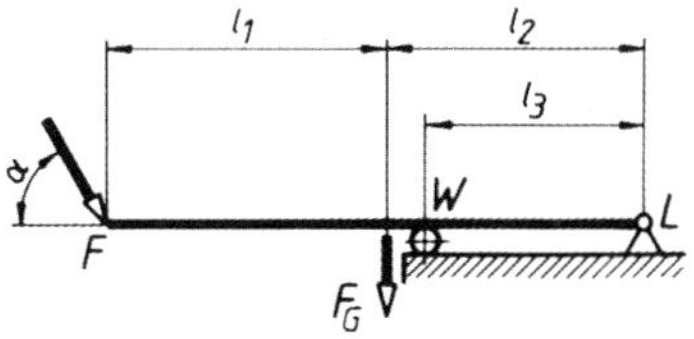

Wie groß sind

a) die Stützkräfte an der Walze W,
b) der Betrag der Stützkraft F_L im Lager L,
c) der Winkel, den die Wirklinie von F_L mit der Waagerechten einschließt?

159 Die Querträger einer Lauf- und Arbeitsbühne sind auf einer Seite gelenkig gelagert und ruhen auf der anderen Seite auf schrägen Pendelstützen mit dem Neigungswinkel $\alpha = 75°$. Jeder Träger nimmt die Einzellasten $F_1 = 9$ kN, $F_2 = 6{,}5$ kN und die Streckenlast $F' = 6$ kN/m auf. Die Abstände betragen $l_1 = 0{,}4$ m, $l_2 = 0{,}3$ m, $l_3 = 0{,}6$ m und $l_4 = 1{,}8$ m.

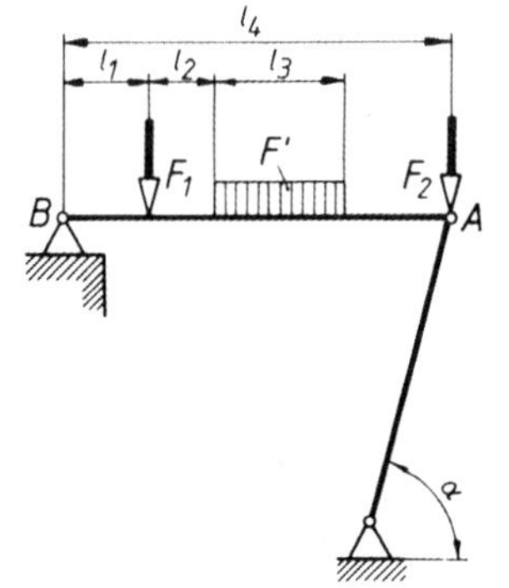

Gesucht:

a) die Druckkraft F_A in der Pendelstütze,
b) der Betrag der Stützkraft F_B,
c) der Winkel, unter dem die Kraft F_B auf den waagerechten Träger wirkt.

160 Ein Stützträger nimmt zwei senkrechte Kräfte $F_1 = 3{,}8$ kN und $F_2 = 3$ kN auf. Er trägt außerdem eine Pendelstütze A, welche die waagerechte Seilkraft $F_s = 2{,}1$ kN aufnimmt und durch eine Kette K stabilisiert wird. Die Abstände betragen $l_1 = 0{,}8$ m, $l_2 = 0{,}7$ m, $l_3 = 0{,}4$ m, $l_4 = 0{,}6$ m, $l_5 = 3{,}2$ m und $l_6 = 1{,}5$ m.

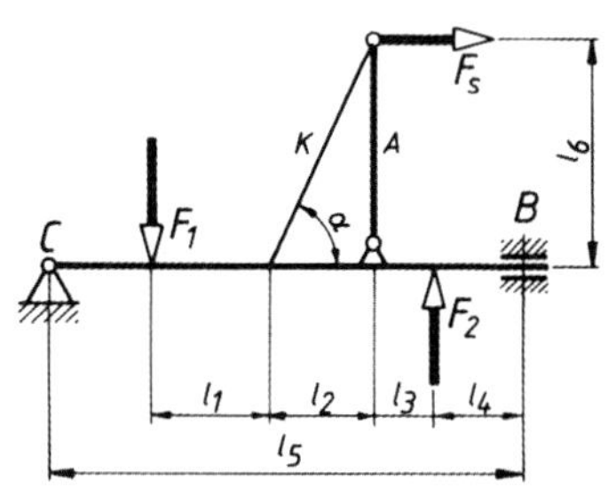

Es sind zu ermitteln:

a) der Winkel α zwischen Kette und Stützträger,
b) die Druckkraft in der Stütze A,
c) die Kettenkraft F_k,
d) die Stützkraft F_B,
e) die Stützkraft F_C,
f) die waagerechte und die senkrechte Komponente F_{Cx} und F_{Cy} der Stützkraft F_C.

Statik der ebenen Fachwerke – Knotenschnittverfahren, Ritter'sches Schnittverfahren

161 Der skizzierte Dachbinder hat die Kräfte $F_1 = F_3 = 4$ kN und $F_2 = 8$ kN aufzunehmen.

Gesucht:

a) die Stabkräfte 1 bis 5. (Kennzeichnung der Zugkräfte mit Plus- und der Druckkräfte mit Minuszeichen.)
b) Überprüfung der Stäbe 2, 3 und 5 nach Ritter.

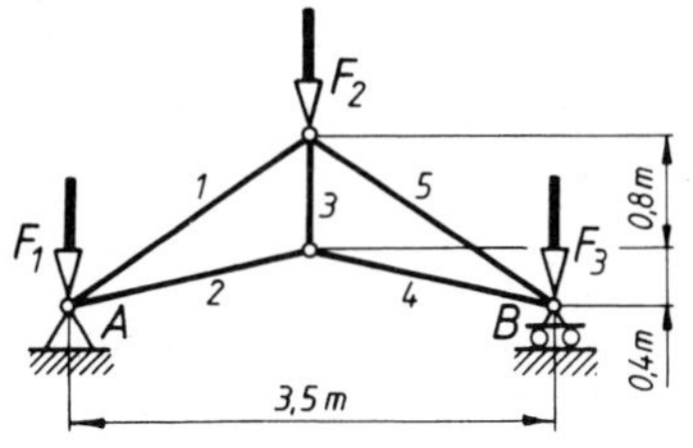

162 Die oberen Knotenpunkte dieses Dachbinders werden mit je $F = 6$ kN belastet, die Endknoten A und B mit $F/2 = 3$ kN. Die Stäbe 1, 4, 8, 11 sind gleich lang.

a) Wie groß sind die Stabkräfte in allen Stäben?
b) Überprüfung der Stäbe 6, 7 und 8 nach Ritter.

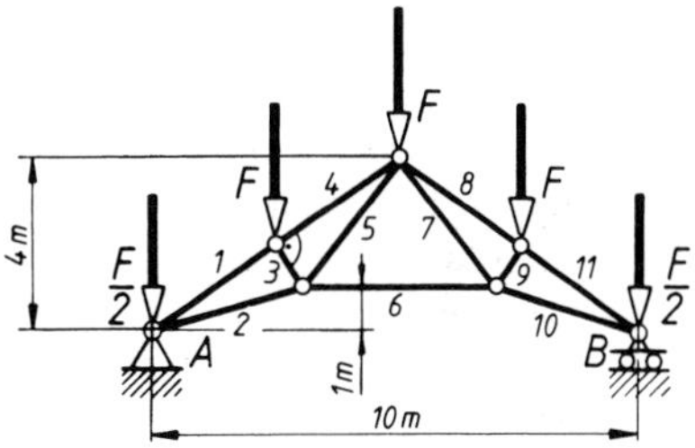

163 Die Knotenpunktlasten im Obergurt des Satteldachbinders betragen $F = 20$ kN.

Gesucht:

a) die Stabkräfte in den Knoten I bis V.
b) Überprüfung der Stäbe 10, 11 und 14 nach Ritter.

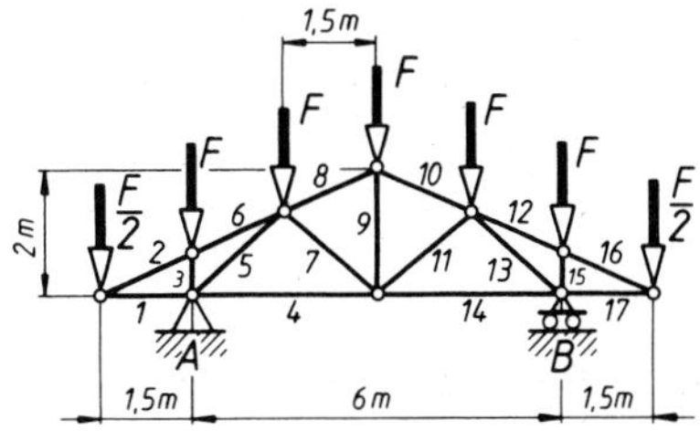

164 Ein Brückenträger wird an seinen unteren Knotenpunkten mit je $F = 28$ kN belastet.

Gesucht:

a) die Stabkräfte in den Knoten I bis V.

b) Überprüfung beliebiger Stäbe des rechten Fachwerkteils nach Ritter. Vergleich der Ergebnisse mit den symmetrischen Stäben des linken Teils.

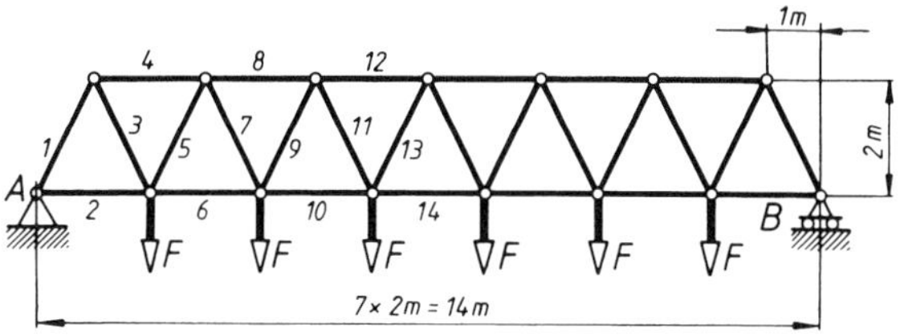

165 Ein Brückenträger in der skizzierten Form erhält die gleichen Lasten wie der Träger in Aufgabe 164, diesmal aber in den oberen Knoten.

Wie groß sind

a) die Stabkräfte 1 bis 10?

b) Überprüfung beliebiger Stäbe nach Ritter.

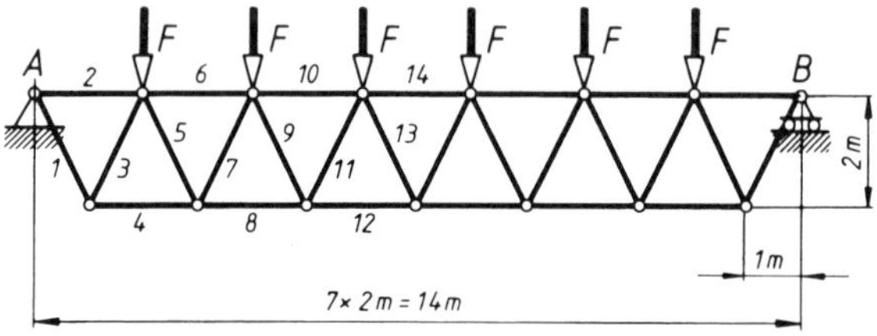

166 Der skizzierte Träger ist mit sieben gleich großen Kräften $F = 4$ kN belastet.

Gesucht:

a) die Stabkräfte in den Knoten I bis V.

b) Berechnung der Stäbe 10, 11 und 12 nach Ritter.

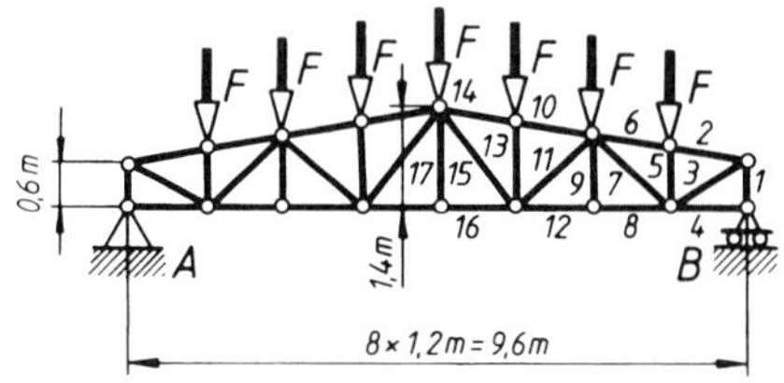

167 Die Tragkonstruktion einer Schrägauffahrt wird mit $F_1 = F_2 = 20$ kN belastet.

Gesucht:

a) alle Stabkräfte.

b) Überprüfung der Stäbe 2, 3, 4 und 4, 5, 7 nach Ritter.

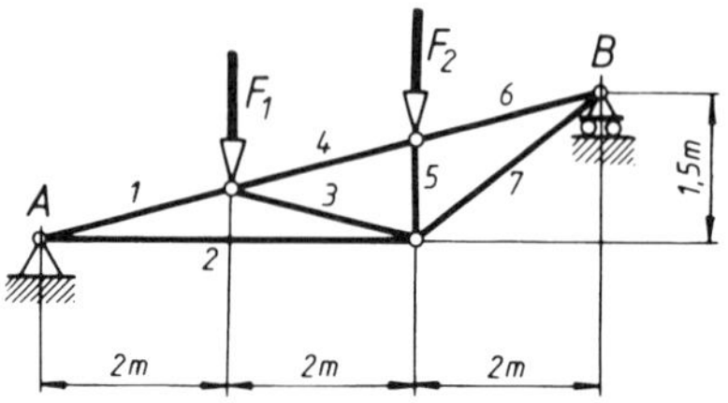

168 Das skizzierte Fachwerk trägt in den oberen Knotenpunkten die Lasten $F_1 = 30$ kN und $F_2 = 10$ kN.

Gesucht:

a) die Stabkräfte 1 bis 9.
b) Überprüfung der Stäbe 4, 5, 6 nach Ritter.

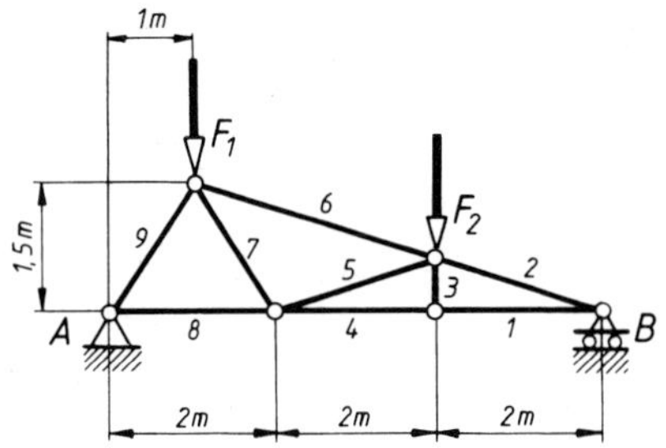

169 Das gleiche Fachwerk wie in Aufgabe 168, diesmal als Kragträger ausgebildet, ist mit den gleichen Kräften $F_1 = 30$ kN und $F_2 = 10$ kN, aber an den unteren Knotenpunkten belastet. Wie groß sind jetzt die Stabkräfte 1 bis 9?

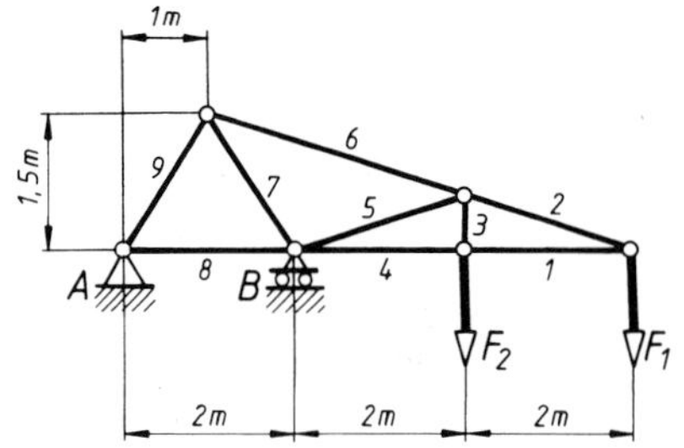

170 Ein Wandkran trägt eine Last $F = 30$ kN.

Es sollen ermittelt werden:

a) die Stabkräfte 1 bis 5.
b) Überprüfung der Stäbe 1, 3 und 4 nach Ritter.

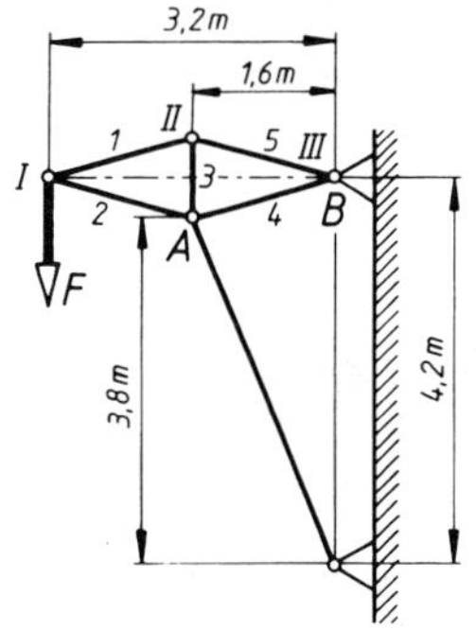

171 Für den Wandauslegerkran, der mit $F = 15$ kN belastet ist, sollen ermittelt werden:

a) die Stabkräfte 1 bis 5 und die Resultierende aus Last F und Seilzugkraft.
b) Überprüfung der Stäbe 2, 3 und 5 nach Ritter.

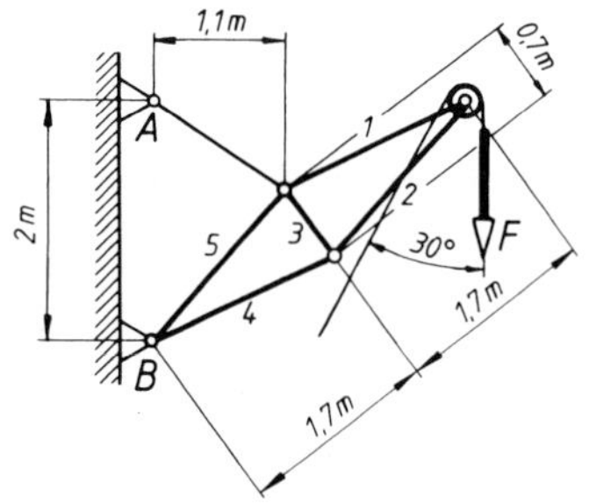

172 Der Konsolträger für eine Bedienungsbühne trägt die Lasten $F_1 = F_3 = 5$ kN und $F_2 = 10$ kN.

Gesucht:

a) alle Stabkräfte.
b) Überprüfung der Stäbe 2, 3, 4 nach Ritter.

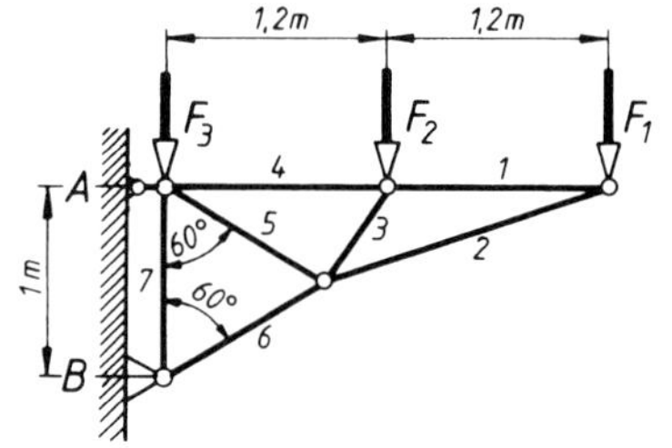

173 Ein Rampendach wird von Trägern der skizzierten Abmessungen getragen. Die Knotenpunktlasten entstehen aus Dachlast und zwei Lauf-katzen und betragen $F_1 = 6$ kN, $F_2 = 12$ kN,
$F_3 = 17$ kN und $F_4 = 5$ kN.

Gesucht:

a) alle Stabkräfte und den Winkel der Stützkraft F_A zur Waagerechten.
b) Überprüfung der Stäbe 4, 5, 6 nach Ritter.

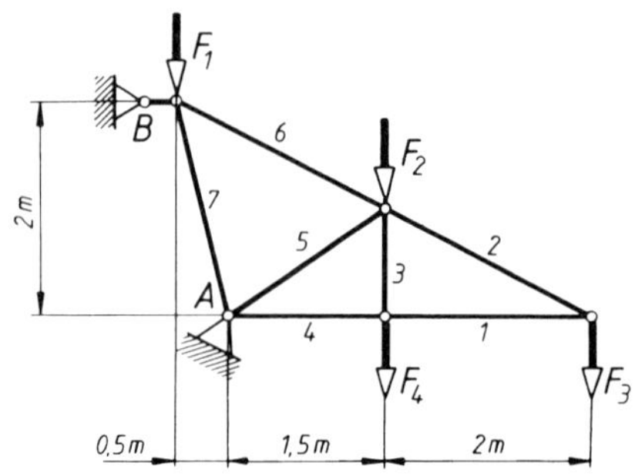

174 Eine Konsole ist an einer Zugstange aufgehängt und bei B schwenkbar gelagert. Auf die oberen Knoten wirken die Kräfte $F_1 = 6$ kN, $F_2 = 10$ kN, $F_3 = 9$ kN und $F_4 = 15$ kN.

Wie groß sind

a) die Zugkraft F_A in der Zugstange,
b) der Betrag der Stützkraft im Lager B,
c) der Winkel zwischen der Wirklinie F_B und der Waagerechten,
d) die Stabkräfte 1 bis 11.
e) Überprüfung der Stäbe 4, 5 und 6 nach Ritter.

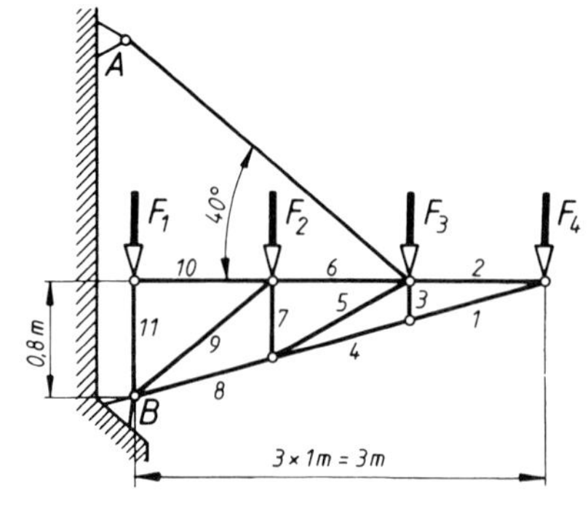

175 Die Tragarme eines Freileitungsmastes haben die skizzierten Abmessungen. Die drei Isolatoren nehmen die Gewichtskräfte der Kabel von je $F = 5{,}6$ kN auf.

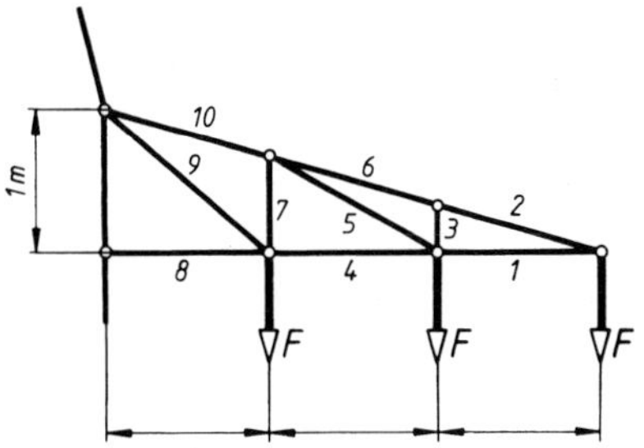

Gesucht:

a) die Stabkräfte 1 bis 10.
b) Überprüfung der Stäbe 4, 7, 10 nach Ritter.

176 Ein Vordach wird von Bindern der skizzierten Abmessungen getragen. Die Belastung der oberen Knoten ist $F = 12$ kN bzw. $F/2 = 6$ kN. Der Untergurt wird durch eine Laufkatze mit $F_1 = 20$ kN belastet.

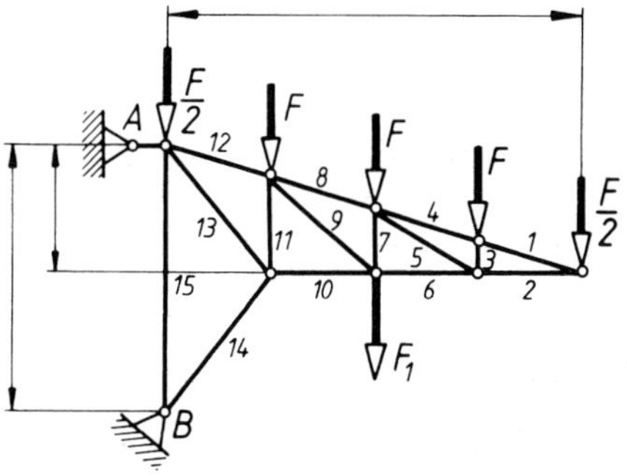

Gesucht:

a) die Stabkräfte in den Knoten I bis V.
b) Überprüfung der Stäbe 6, 7 und 8 nach Ritter.

2 Schwerpunktslehre

Flächenschwerpunkt

201 Gesucht wird der Schwerpunktsabstand y_0 von der oberen Kante des T-Profils.

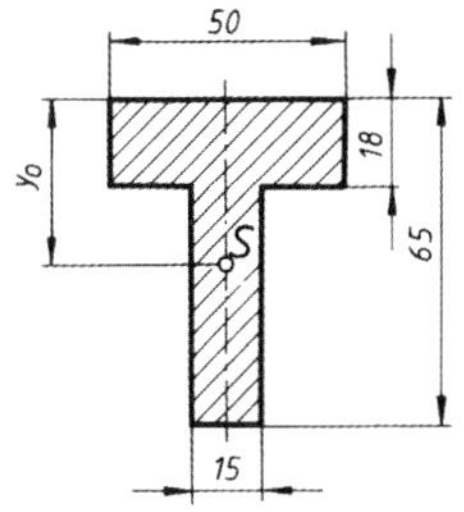

202 Wie weit ist der Schwerpunkt des einfach symmetrischen I-Profils von der Profilunterkante entfernt?

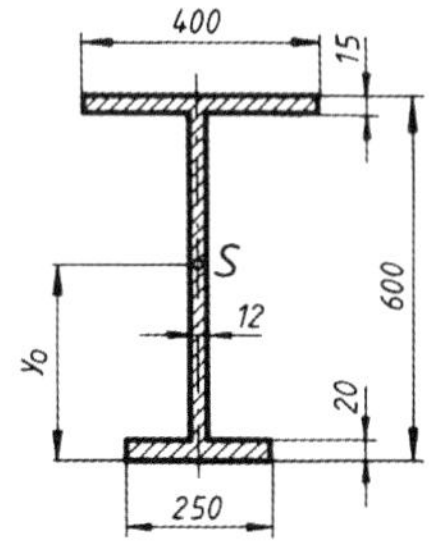

203 Gesucht wird die Lage des Schwerpunkts für das Abkantprofil aus 1,5 mm dickem Blech. (Abstände von linker Außenkante und Unterkante)

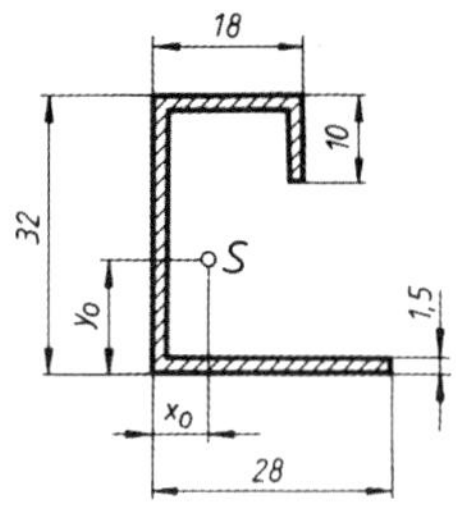

204 Ein biegebeanspruchter Maschinenständer hat den nebenstehenden Querschnitt. Zur Berechnung seines Flächenmoments 2. Grades muss man die Lage seines Schwerpunktes kennen.

Es soll der Schwerpunktsabstand y_0 von der Querschnittsunterkante ermittelt werden.

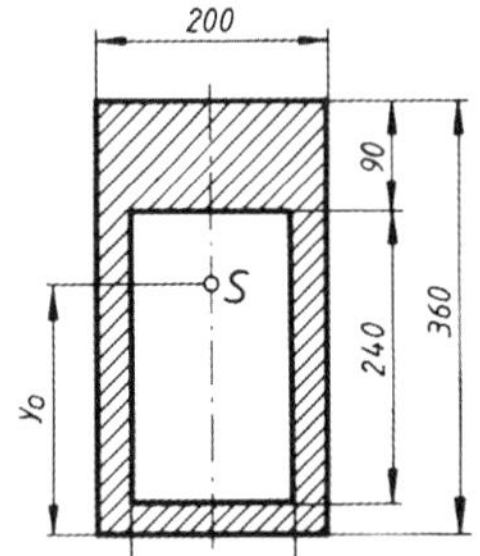

205 Eine zylindrische Stange hat eine Bohrung, deren Umfang den Stangenmittelpunkt gerade berührt.

In welchem Abstand x_0 vom Stangenmittelpunkt liegt der Schwerpunkt der Querschnittsfläche?

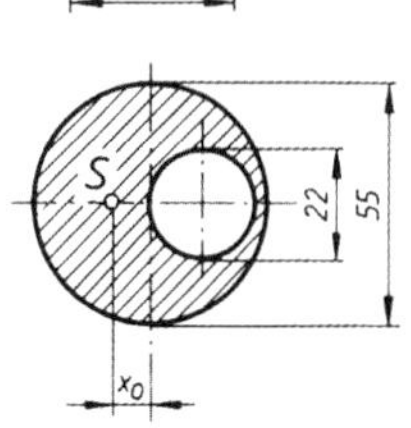

206 Der Fuß einer Tischbohrmaschine hat den skizzierten U-Querschnitt.

Gesucht wird der Schwerpunktsabstand y_0.

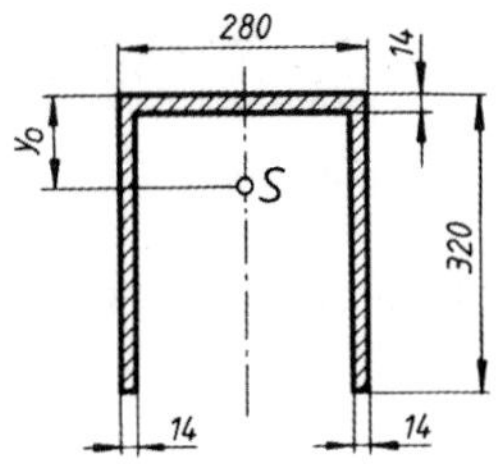

207 Es soll der Schwerpunktsabstand y_0 der gezeichneten Querschnittsfläche einer Tischkonsole ermittelt werden.

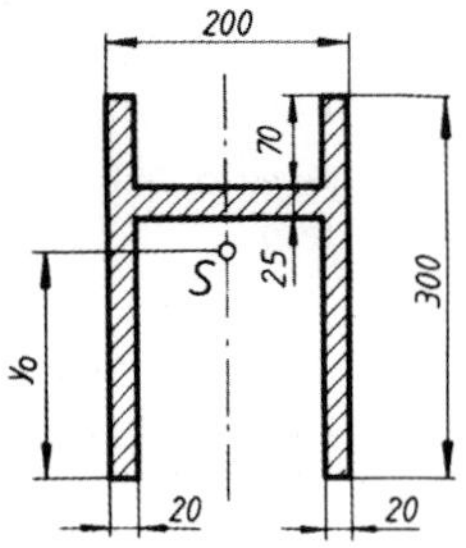

208 Der Tisch einer Reibspindelpresse hat den skizzierten Querschnitt.

In welchem Abstand y_0 von der Tischoberkante liegt der Flächenschwerpunkt?

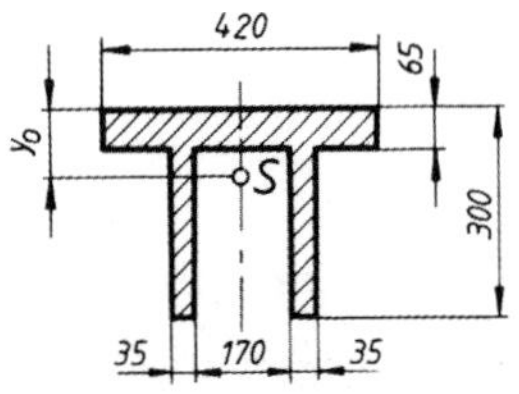

209 Es soll der Schwerpunktsabstand y_0 für den skizzierten Querschnitt eines Fräsmaschinenständers ermittelt werden.

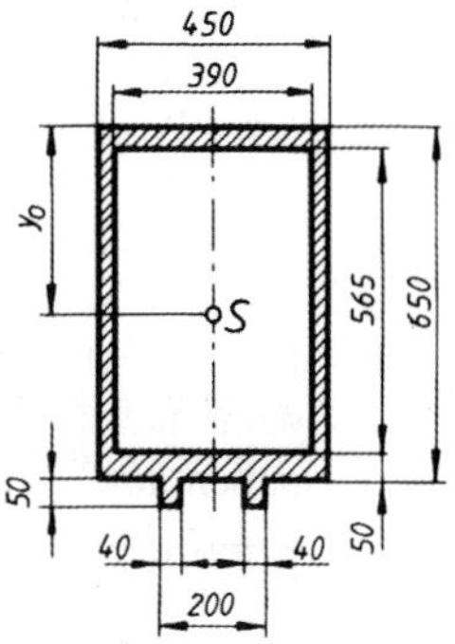

210 Eine Stumpfschweißmaschine hat einen geschweißten Ständer mit dem skizzierten Hohlquerschnitt.

Es soll der Schwerpunktsabstand y_0 von der Vorderkante des Ständers ermittelt werden.

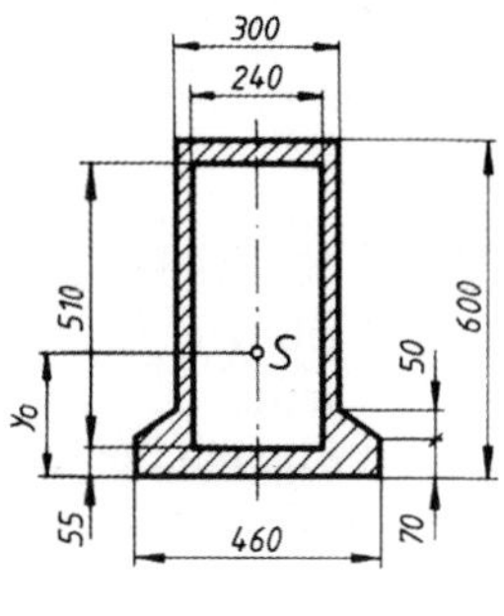

211 Die Skizze zeigt den Querschnitt eines Bohrmaschinenständers.

Gesucht wird der Schwerpunktsabstand y_0.

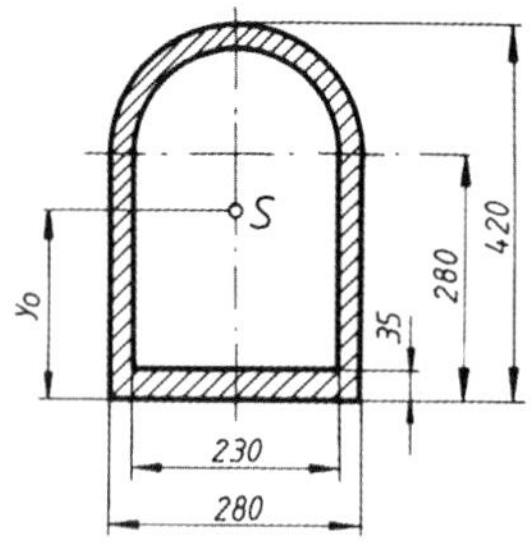

212 Für den gezeichneten Hohlquerschnitt ist der Abstand y_0 des Schwerpunktes von der Unterkante zu ermitteln.

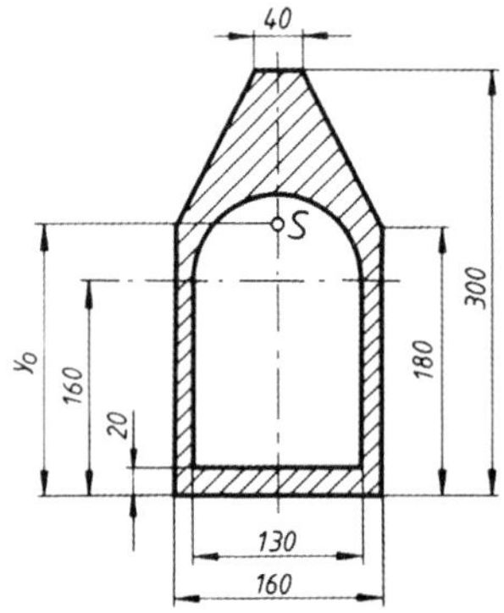

213 Es soll der Schwerpunktsabstand y_0 von der Unterkante des Stößelquerschnitts einer Waagerechtstoßmaschine ermittelt werden.

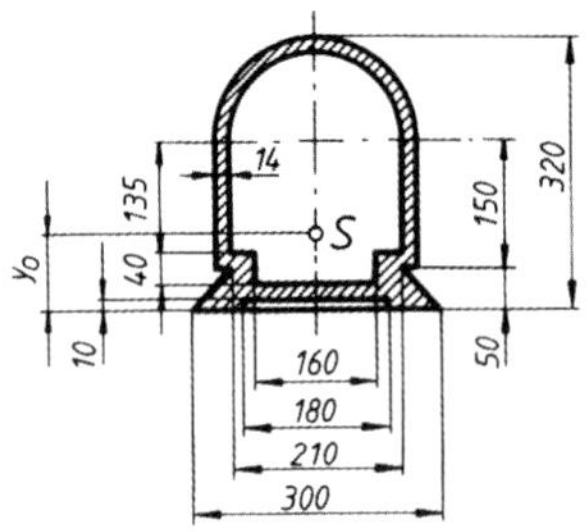

214 Eine Vertikal-Fräsmaschine hat einen Ständer mit dem skizzierten Querschnitt. Die vier Ecken sind außen mit 22 mm Radius abgerundet.

Gesucht wird der Schwerpunktsabstand y_0.

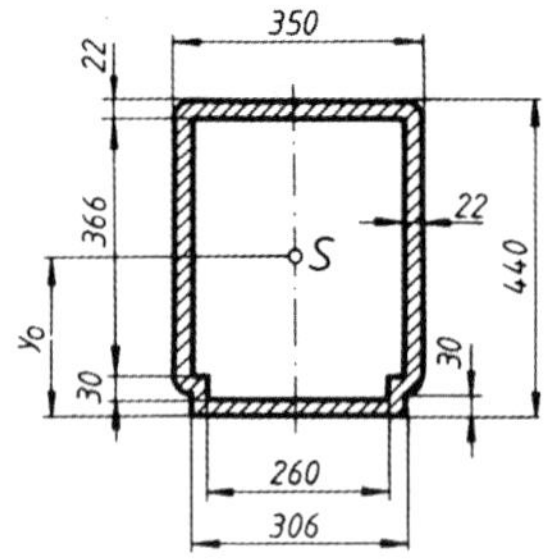

215 Der Werkzeugträger eines Bohrwerkes hat die angegebenen Querschnittsabmessungen. Die Wanddicke beträgt 22 mm.

Gesucht wird der Schwerpunktsabstand y_0.

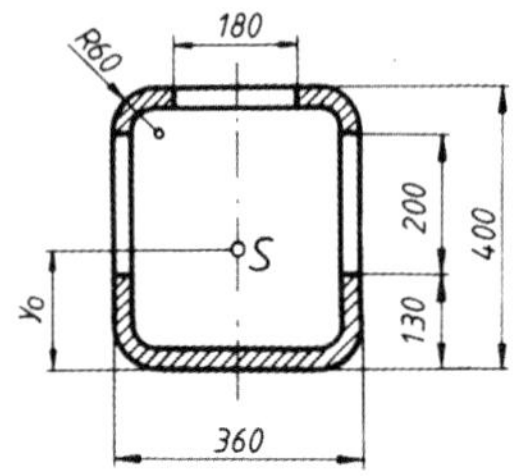

216 Wie groß ist der Schwerpunktsabstand y_0 des abgebildeten Querschnitts eines Horizontal-Fräsmaschinen-Ständers?

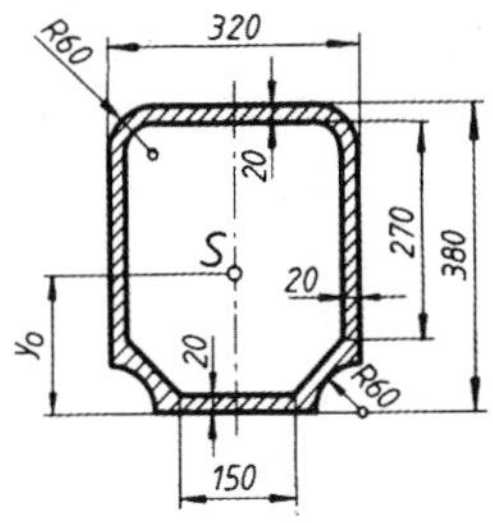

217 Ein Träger ist aus zwei Winkelprofilen L 50×6 und einem U 120-Profil zusammengesetzt.

a) Welchen Abstand hat der Gesamtschwerpunkt von der Stegaußenkante des U 120-Profils?
b) Liegt der Schwerpunkt im U-Profil oder darüber?

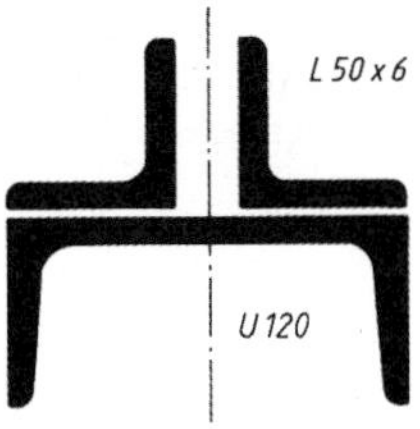

218 Für den zusammengesetzten Träger soll die Lage des Gesamtschwerpunkts ermittelt werden.

a) Wie weit ist der Schwerpunkt von der Stegaußenkante des U 240-Profils entfernt?
b) Liegt er oberhalb oder unterhalb der Stegaußenkante?

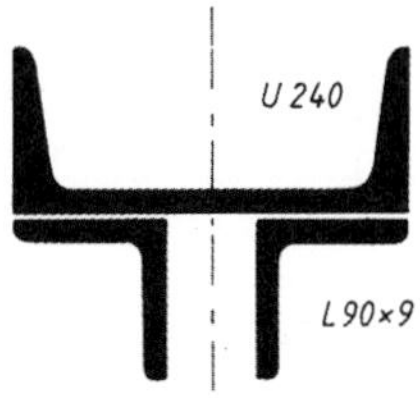

219 Ein Stegblech mit 200 mm Höhe und 12 mm Dicke ist mit zwei Winkelprofilen L 90×9 zu einem Biegeträger vernietet.

Wie groß ist der Abstand des Gesamtschwerpunkts von der Oberkante des Trägers?

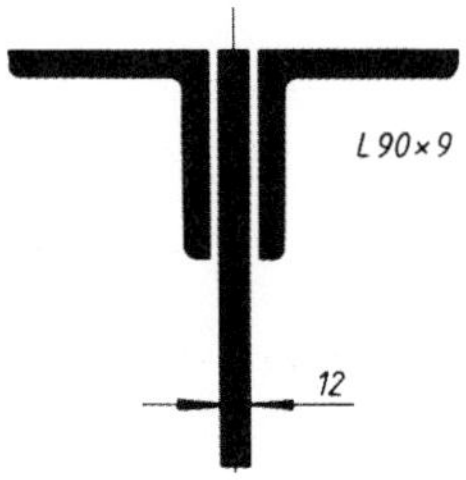

Linienschwerpunkt

220 bis **234** Nachfolgend ist eine Anzahl von Blechteilen skizziert, die aus Tafeln oder Bändern ausgestanzt werden sollen. Beim Stanzen werden die Teile längs ihrer Außenkante aus der Tafel abgeschert. Die Abscherkraft verteilt sich dabei gleichmäßig auf den gesamten Umfang des Stanzteils. Die resultierende Schnittkraft wirkt also im Schwerpunkt des *Umfangs* (Linienschwerpunkt). Sollen Biegekräfte auf den Stempel des Stanzwerkzeugs vermieden werden, muss die Stempelachse durch den Linienschwerpunkt des Schnittkantenumfangs gehen.

Gesucht wird die Lage des Umfangsschwerpunkts für jedes der skizzierten Blechteile.

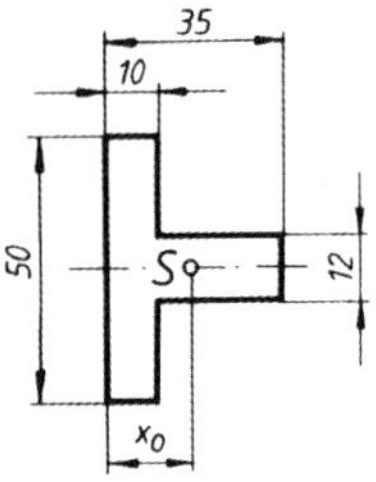

220

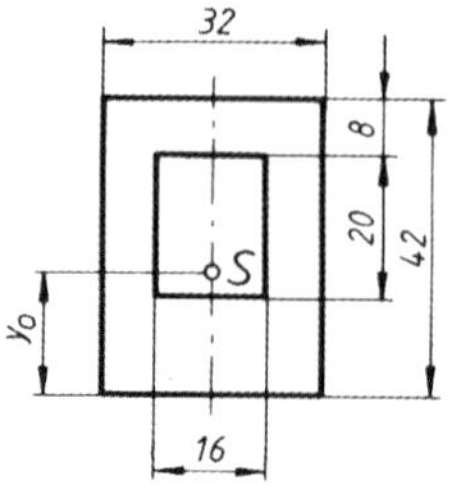

221

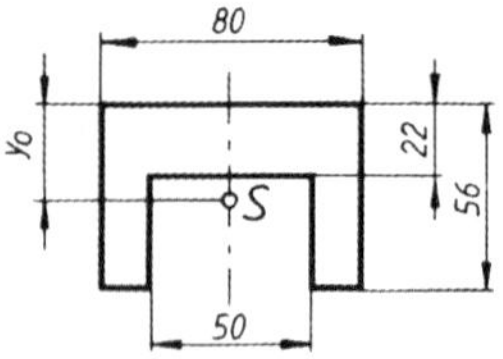

222

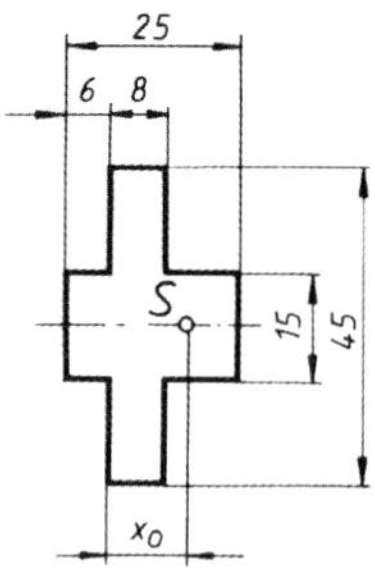

223

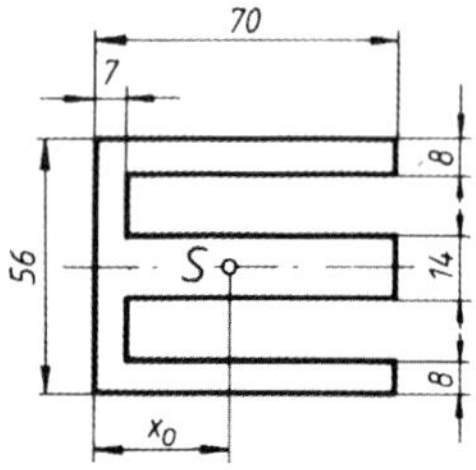

224

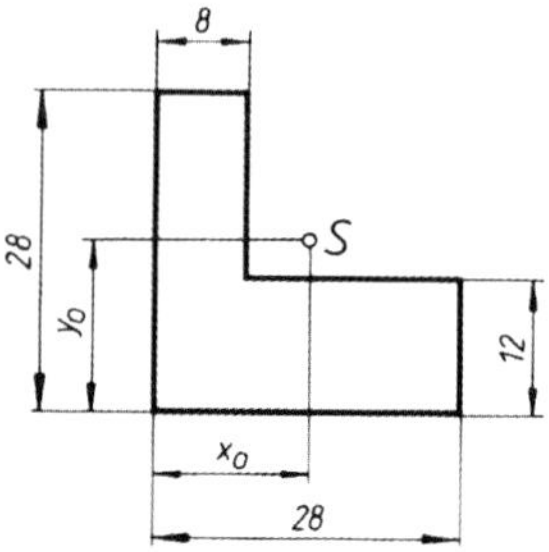

225

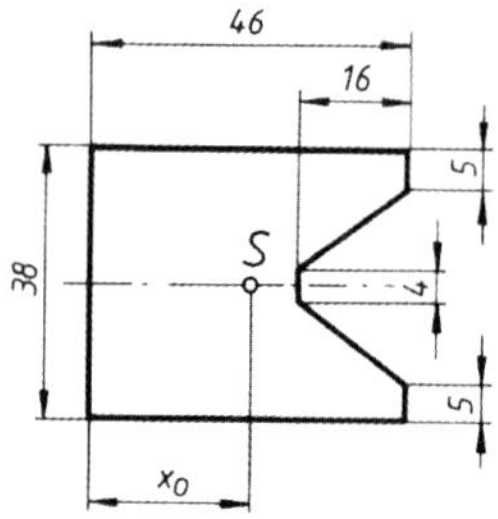

226

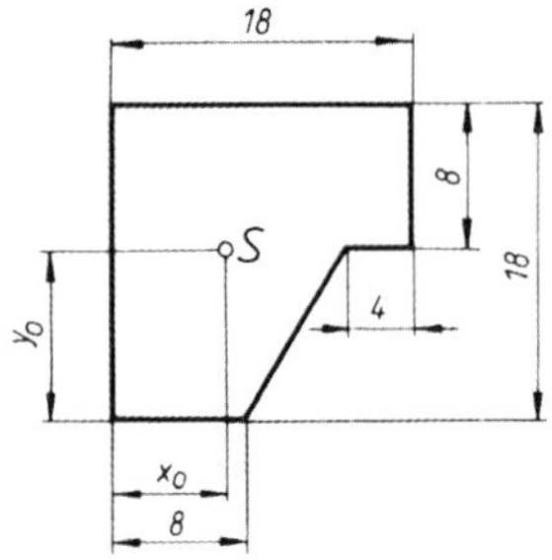

227

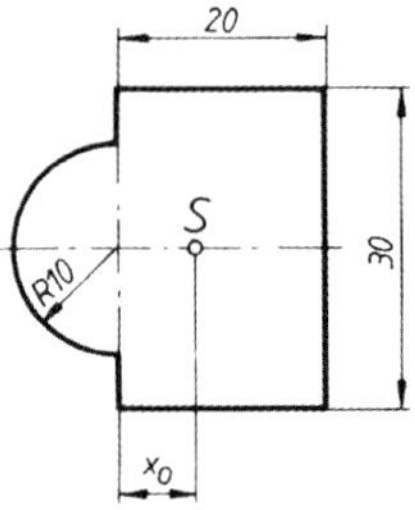

228

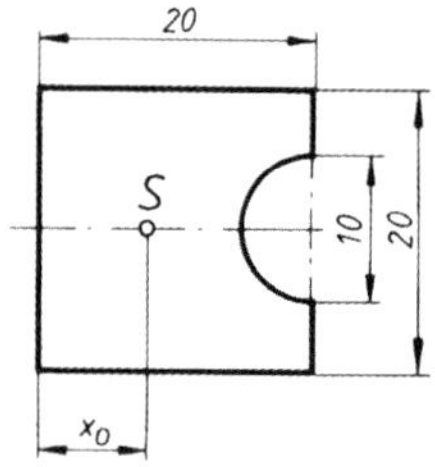

229

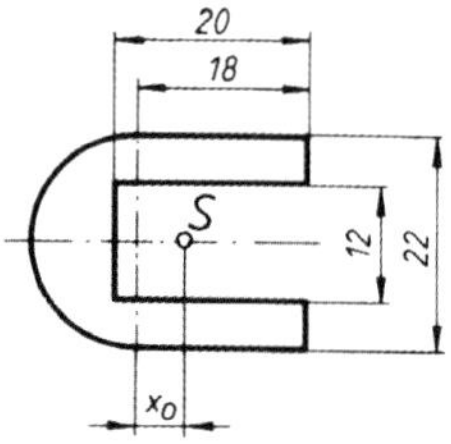

230

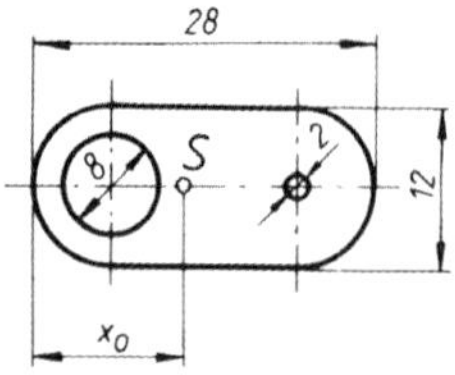

231

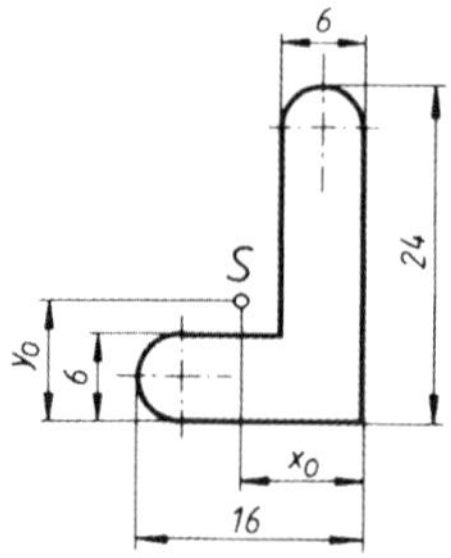

232

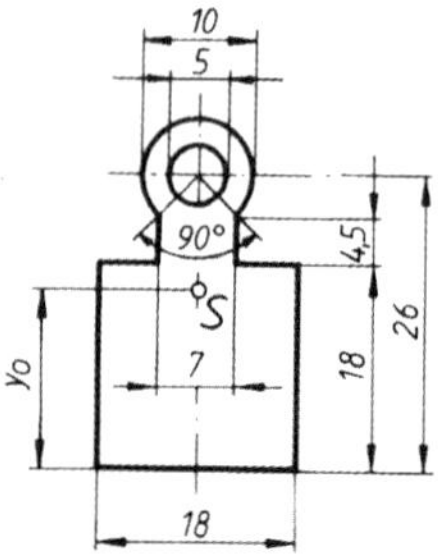

233

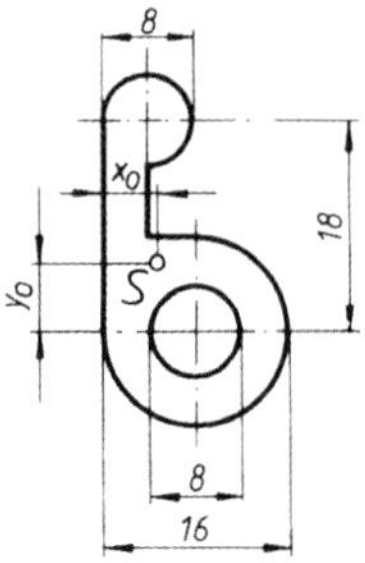

234

235 Die Stäbe des nebenstehenden Fachwerks bestehen aus gleichen Winkelprofilen.

Gesucht wird die Lage des Angriffspunkts S für die Gewichtskraft des gesamten Fachwerks.

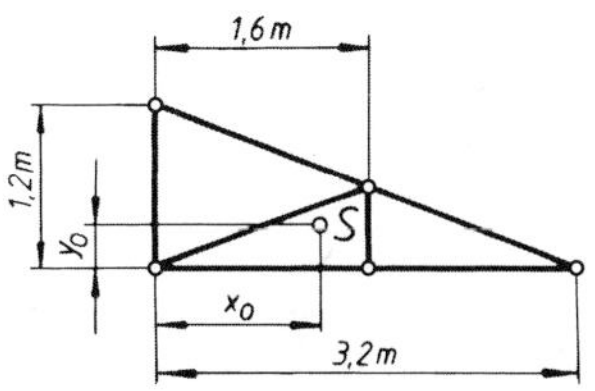

236 In welcher Entfernung x_0 von der senkrechten Drehachse $O-O$ wirkt die resultierende Gewichtskraft der Stäbe 1 bis 4 des Wanddrehkrans, wenn alle Stäbe das gleiche Profil haben?

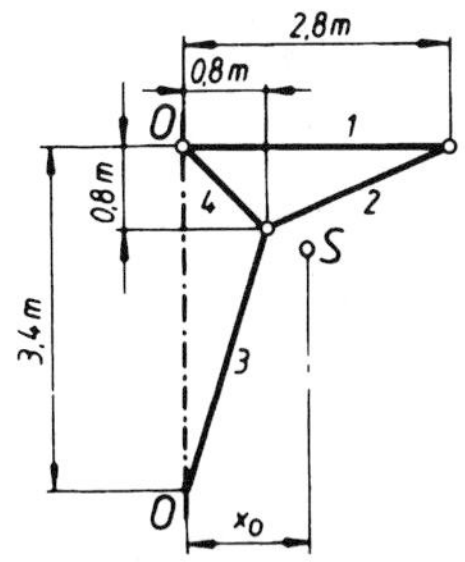

237 Gesucht wird der Schwerpunktsabstand x_0 für das Fachwerk des Konsolkrans (Stäbe 1 bis 9). Alle Stäbe haben gleiches Profil.

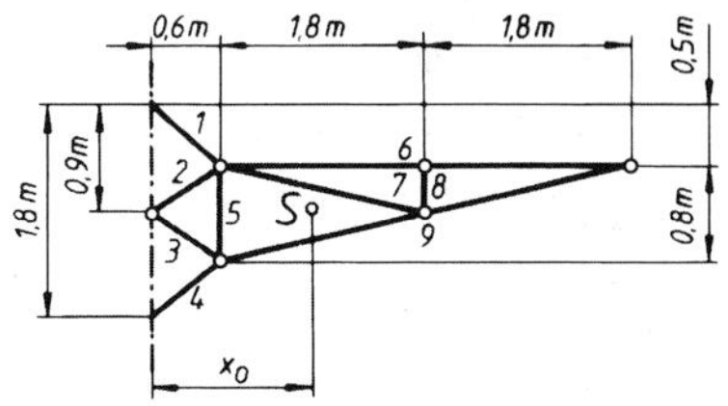

238 Die Trag- und Stützkonstruktion eines freistehenden Schutzdachs besteht aus Rohren gleichen Querschnitts.

In welchem Abstand x_0 von der mittleren Stütze liegt der Schwerpunkt?

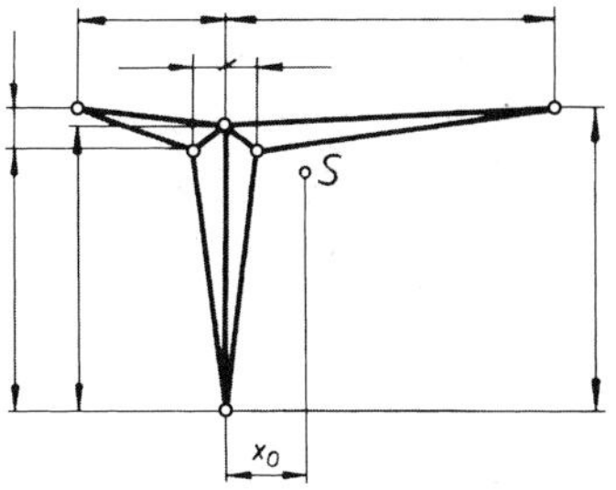

Guldin'sche Oberflächenregel

239 Ein zylindrisches Gefäß hat 420 mm Durchmesser und 865 mm Höhe.

Wie groß ist die Oberfläche (Mantel und Boden, ohne Deckel)? Berechnung nach der Guldin'schen Regel und Überprüfung des Ergebnisses mit Hilfe der geometrischen Formeln.

240 Gesucht wird nach der Guldin'schen Regel die Oberfläche einer Kugel mit 125 mm Durchmesser.

Das Ergebnis soll mit Hilfe der geometrischen Formeln überprüft werden.

241 Gesucht wird nach der Guldin'schen Regel die Oberfläche eines Kegelstumpfs mit 500 mm oberem und 800 mm unterem Durchmesser und 400 mm Höhe. Boden- und Deckelfläche mit einbeziehen!
Das Ergebnis soll mit Hilfe der geometrischen Formeln überprüft werden.

242 Nebenstehend ist ein Schüttbehälter aus Stahlblech abgebildet. Die Durchmesser beziehen sich auf die neutrale Blechfaser.

a) Wie viele Quadratmeter Blech enthält die Mantelfläche?

b) Wie groß ist die Masse m des Mantels, wenn die Blechdicke 3 mm beträgt? (Dichte $\varrho = 7850\ \text{kg/m}^3$)

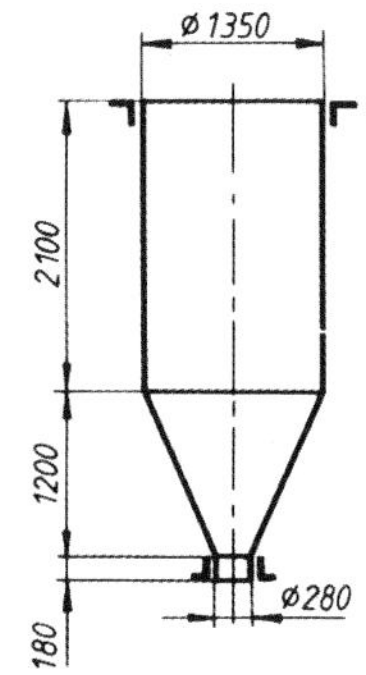

243 Für den skizzierten Topf sollen berechnet werden

a) die Oberfläche,

b) die Masse, wenn 1 m^2 des Bleches, aus dem er hergestellt ist, 2,6 kg wiegt.

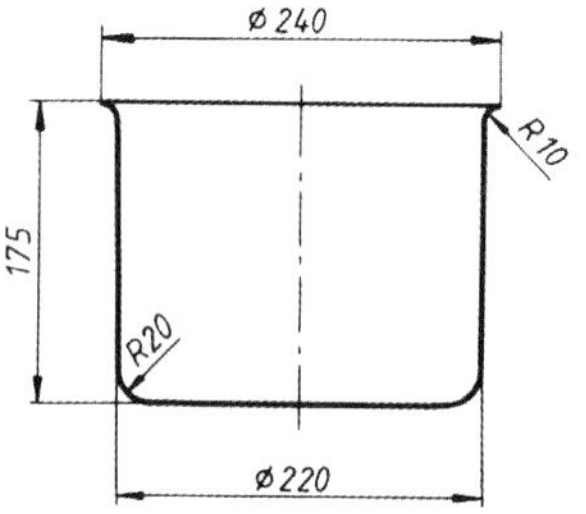

244 Der Zylinder einer Kolbenluftpumpe hat fünf Kühlrippen.

Wie groß ist die Kühlfläche?

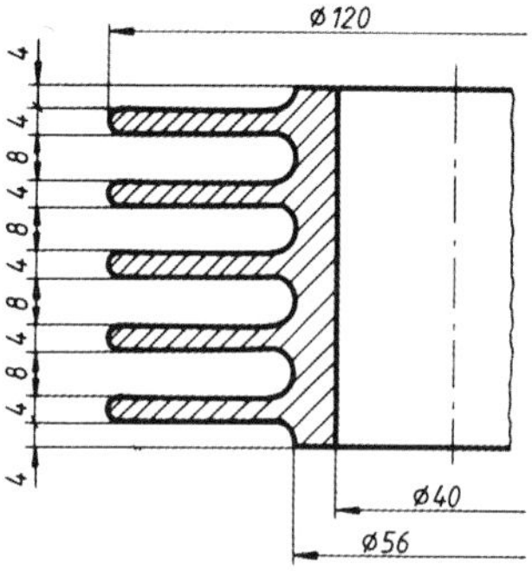

245 Wie groß ist die Oberfläche des Kugelbehälters einschließlich Boden, ohne Deckel?

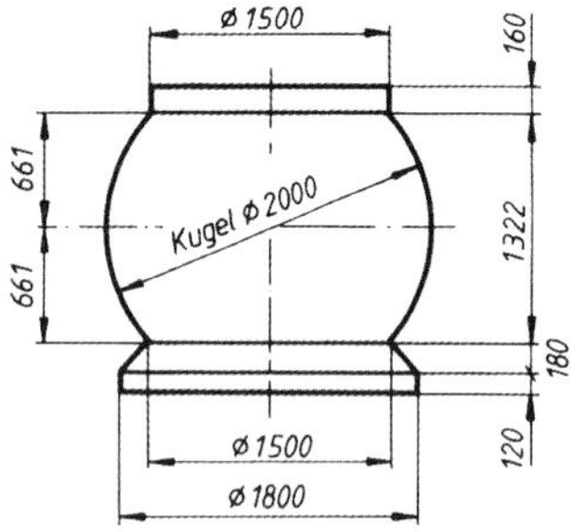

Guldin'sche Volumenregel

246 Gesucht wird nach der Guldin'schen Regel das Volumen eines Zylinders mit 360 mm Durchmesser und 680 mm Höhe.

247 Wie groß ist das Volumen einer Kugel mit 450 mm Durchmesser?

Berechnung nach der Guldin'schen Regel.

248 Das Volumen eines Kegelstumpfs mit 180 mm unterem und 100 mm oberem Durchmesser und 160 mm Höhe soll nach der Guldin'schen Regel berechnet werden.

249 Die Skizze zeigt einen runden Flansch aus Stahl (ϱ = 7850 kg/m^3).

Gesucht:

a) sein Werkstoffvolumen,
b) seine Masse.

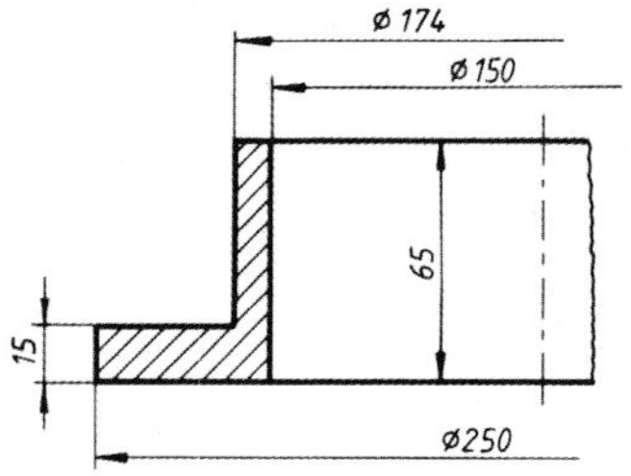

250 Wie groß ist

a) das Volumen,
b) die Masse (ϱ = 1200 kg/m^3) der Topfmanschette?

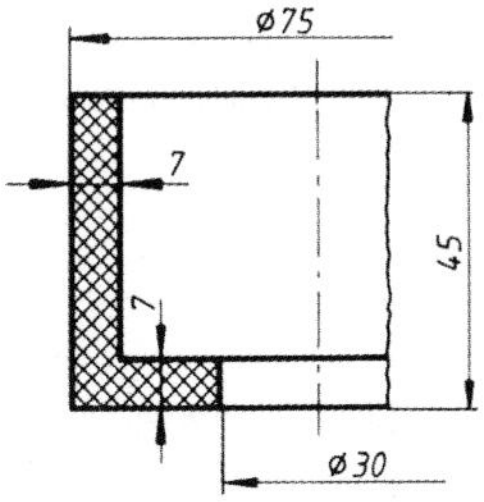

251 Die skizzierte Dichtung ist aus Gummi mit der Dichte ϱ = 1150 kg/m^3.

a) Wie groß ist ihr Volumen?
b) Wie viel wiegen 100 Dichtungen?

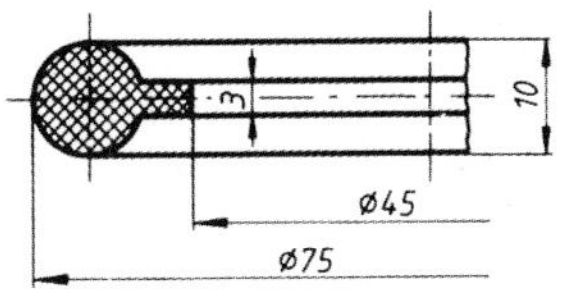

252 Gesucht wird das Volumen der nebenstehenden Kunststoffmembran.

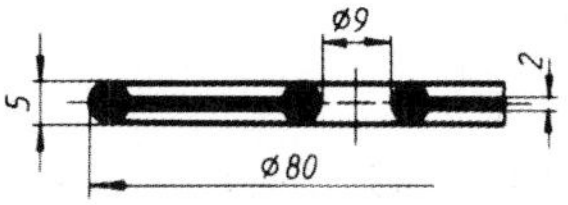

253 Für die Gummidichtung (ϱ = 1350 kg/m^3) sind zu berechnen

a) das Volumen,
b) die Masse.

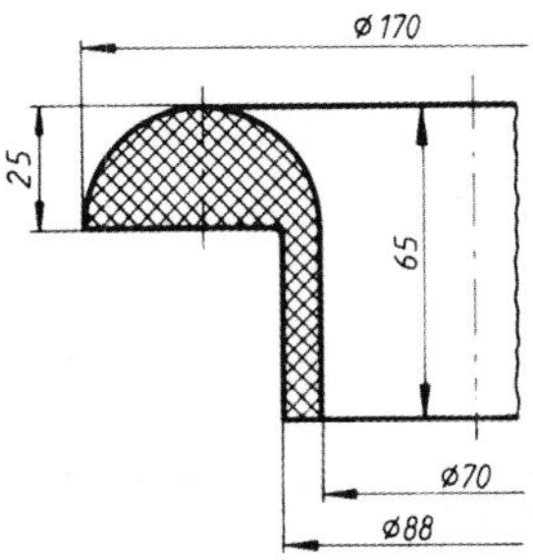

254 Wie groß ist das Volumen der skizzierten ringförmigen Dichtung?

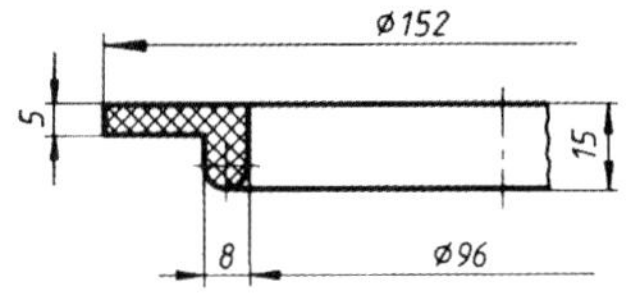

255 Die nebenstehende Manschette ist aus 2 mm dickem Messingblech gefertigt ($\varrho = 8400\ \text{kg/m}^3$).

Gesucht:

a) das Volumen,
b) die Masse.

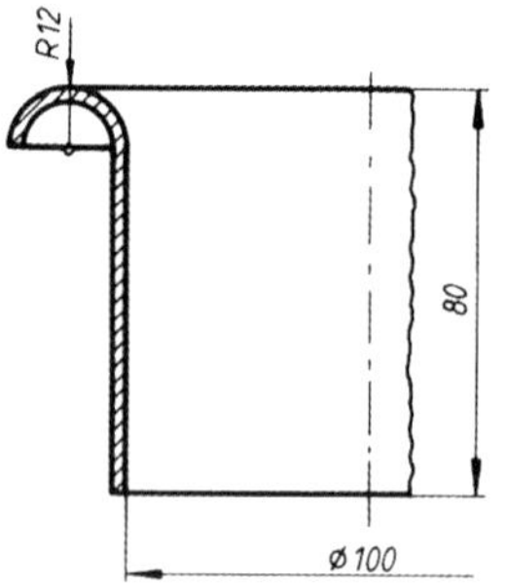

256 *Gesucht:*

a) das Volumen,
b) die Masse des Halteringes aus Gusseisen mit der Dichte $\varrho = 7300\ \text{kg/m}^3$.

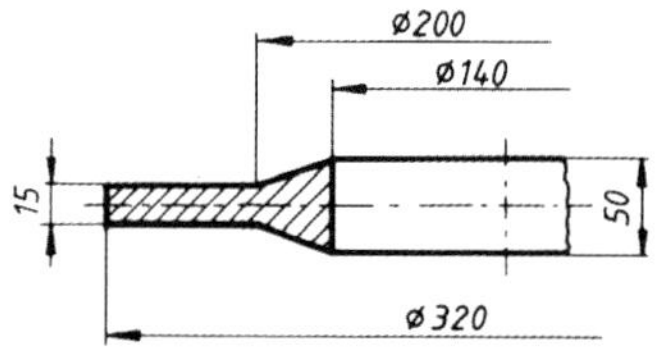

257 Welches Volumen hat der Dichtring?

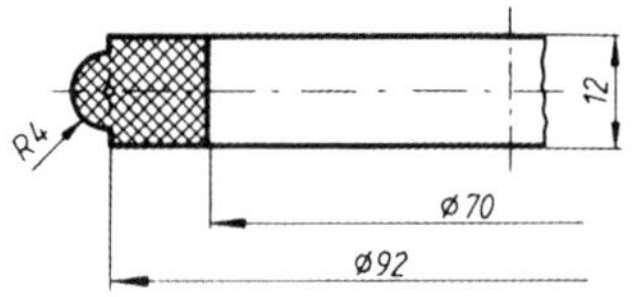

258 Für den abgebildeten Ring aus Schamotte ($\varrho = 2500\ \text{kg/m}^3$) soll berechnet werden:

a) das Volumen,
b) die Masse.

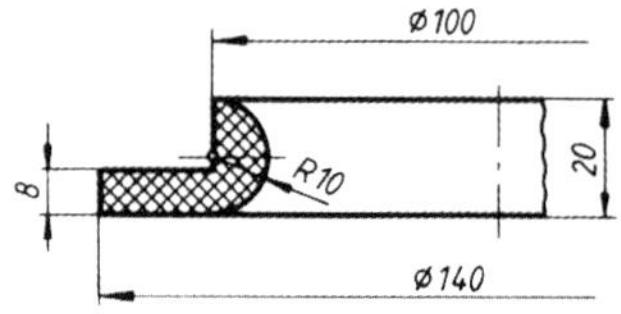

259 In der nebenstehenden Skizze sind die inneren Maße eines Behälters angegeben. Wie viel Liter Flüssigkeit fasst er, wenn er

a) randvoll,
b) bis in 235 mm Höhe gefüllt ist?

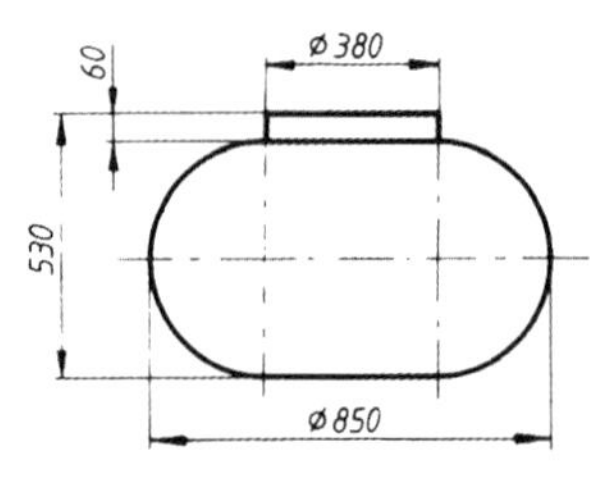

260 Für den Profilring aus Stahl (ϱ = 7850 kg/m^3) sollen berechnet werden:

a) das Volumen,
b) die Masse.

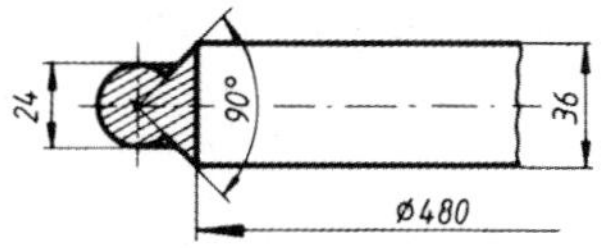

261 Der keglige Rohrstutzen ist aus Gusseisen mit der Dichte ϱ = 7200 kg/m^3.

Zu berechnen ist:

a) sein Werkstoffvolumen,
b) seine Masse,
c) das Kernvolumen (Volumen des inneren Hohlraums).

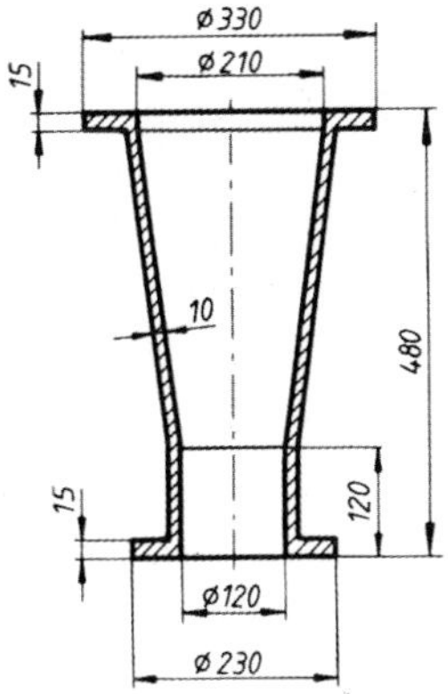

262 Für den nebenstehend abgebildeten Zementsilo sind die inneren Maße angegeben. Wie viele Kubikmeter Zement fasst der Silo?

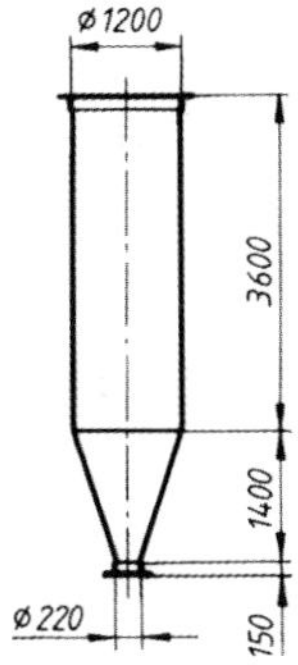

263 Gesucht wird das Volumen des skizzierten Behälters. Die Maße in der Zeichnung sind Innenmaße.

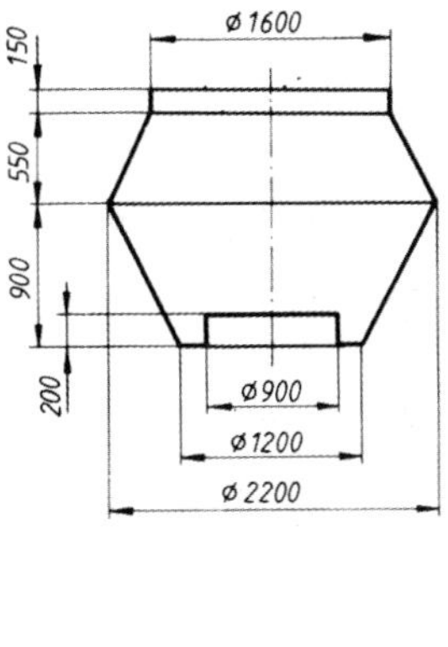

264 Wie viel Liter Flüssigkeit enthält der Behälter nach Aufgabe 263, wenn der Flüssigkeitsspiegel 45 cm unter der Behälter-Oberkante steht?

Standsicherheit

265 An einem Gabelstapler greift im Schwerpunkt S die Eigengewichtskraft $F_G = 7{,}5$ kN an. Bei voller Ausnutzung der Tragfähigkeit wirkt am Hubmast in der skizzierten Stellung die Last $F_1 = 10$ kN. Die Abstände betragen $l_1 = 1{,}6$ m, $l_2 = 1{,}02$ m und $l_3 = 0{,}6$ m.

Wie groß ist die Standsicherheit?

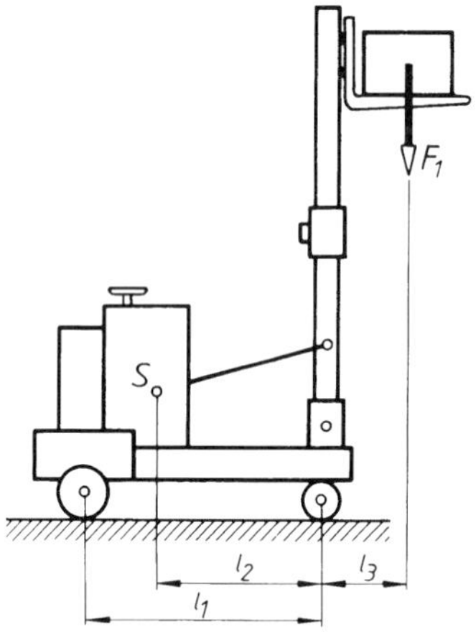

266 Ein 40 m hoher Schornstein hat eine Standfläche mit 4 m Durchmesser. Seine Gewichtskraft beträgt 2 MN = $2 \cdot 10^6$ N. Der Angriffspunkt der waagerechten Windlast $F_W = 160$ kN wird 18 m über der Standfläche angenommen.

Gesucht wird die Standsicherheit des Schornsteins.

267 Ein Schlepper mit angebautem Frontlader hat die Gewichtskraft $F_G = 12$ kN. Er soll zum Roden von Baumstümpfen eingesetzt werden. Die Abstände betragen $l_1 = 0{,}94$ m, $l_2 = 1{,}95$ m und $l_3 = 1{,}8$ m.

Welche maximale Zugkraft kann am Seil aufgebracht werden, ohne dass der Schlepper ankippt?

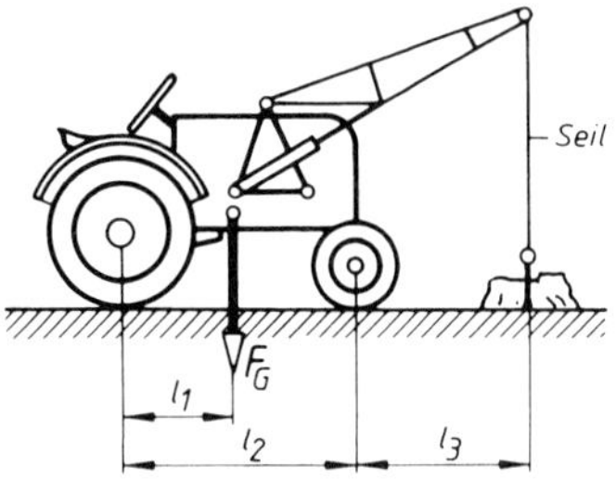

268 Ein Mauerstück mit 16 kN Gewichtskraft soll mit Hilfe eines Seils umgekippt werden, das unter $\alpha = 30°$ an der Mauerkrone zieht. Die Abmessungen betragen $h = 2$ m und $l = 0{,}5$ m.

Gesucht:

a) die zum Ankippen erforderliche Seilkraft F,

b) die erforderliche Kipparbeit bis zum Selbstkippen.

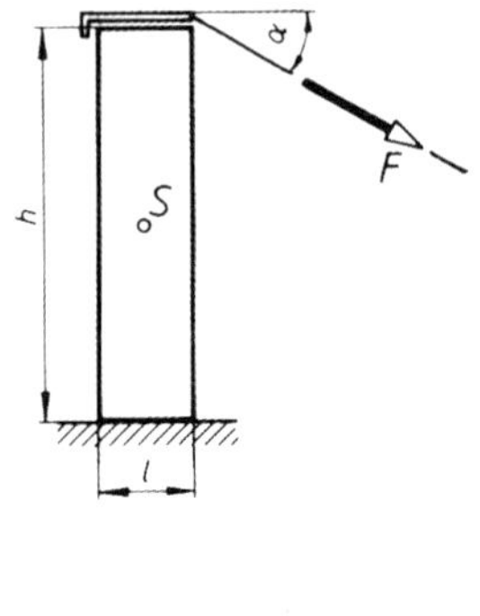

269 Ein Personenkraftwagen fährt auf ebener Straße in eine Kurve, rutscht dabei mit beiden äußeren Rädern seitlich gegen ein Hindernis und kippt um. Der Schwerpunkt des Wagens liegt 540 mm über der Fahrbahn in Spurmitte bei einer Spurweite von 1350 mm. Dort greifen die Gewichtskraft $F_G = 12{,}8$ kN und die waagerecht wirkende Kraft F an.

Wie groß war die zum Ankippen erforderliche Kraft F?

270 Eine Kiste hat die Abmessungen 500 mm × 800 mm × 1100 mm. Ihr Schwerpunkt, in dem die Gewichtskraft $F_G = 2$ kN angreift, liegt in der Kistenmitte.

Welche waagerecht wirkende Kraft F ist zum Ankippen der Kiste erforderlich, wenn sie an der oberen Kante der Kiste angreift und die Kiste

a) auf der kleinsten (500 mm × 800 mm),
b) auf der mittleren (500 mm × 1100 mm),
c) auf der größten Fläche (800 mm × 1100 mm) aufliegt?

Lösungshinweis: Kippen ist jeweils um zwei Kanten möglich. Also sind auch zwei verschiedene Kräfte erforderlich.

271 Eine Schwungscheibe aus Gusseisen ($\varrho = 7200$ kg/m^3) soll mit Hilfe einer in die Bohrung gesteckten Stange von 1,5 m Länge hochgekippt werden.

Gesucht:

a) das Volumen der Scheibe nach der Guldin'schen Regel,
b) ihre Masse,
c) der Wirkabstand l der waagerechten Kraft F zum Ankippen, wenn die Dicke der Stange vernachlässigt wird,
d) die zum Ankippen erforderliche Kippkraft F,
e) die Kipparbeit bis zum Selbstkippen.
f) In Wirklichkeit hat die Stange eine Dicke. Wird die erforderliche Kippkraft bei Berücksichtigung der Stangendicke kleiner oder größer? Begründung erforderlich.

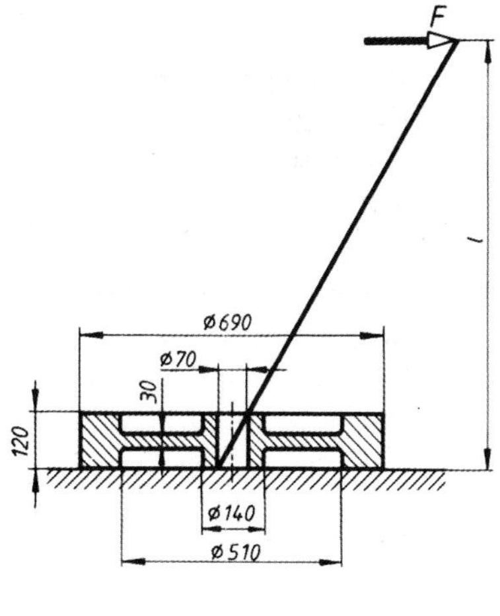

272 Auf den skizzierten Drehkran zum Beladen von Lastkähnen wirken folgende Kräfte: die Nutzlast F_{max} = 30 kN, die Gewichtskraft des Auslegers F_{G1} = 22 kN, die Gewichtskraft der Grundplatte mit Säule F_{G2} = 9 kN. Die Abmessungen betragen l_1 = 6 m, l_2 = 1,3 m und l_3 = 2,8 m.

a) Welche Gewichtskraft F_{G3} muss der quadratische Fundamentklotz haben, wenn die Standsicherheit S = 2 betragen soll?

b) Welche Höhe h muss der Klotz erhalten, wenn er aus Beton mit der Dichte ϱ = 2200 kg/m^3 hergestellt wird?

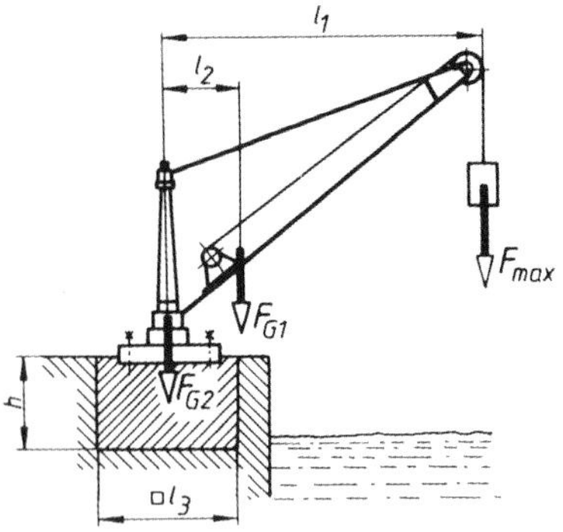

273 Die Gewichtskräfte für den skizzierten Schlepper mit Hecklader betragen F_{G1} = 18 kN und F_{G2} = 4,2 kN.
Die Schwerpunktsabstände l_1 = 1,26 m und l_2 = 1,39 m, die Ausladung l_3 = 2,3 m und der Radstand l_4 = 2,10 m.

Welche Nutzlast F darf höchstens gehoben werden, wenn die Standsicherheit S = 1,3 nicht unterschritten werden darf?

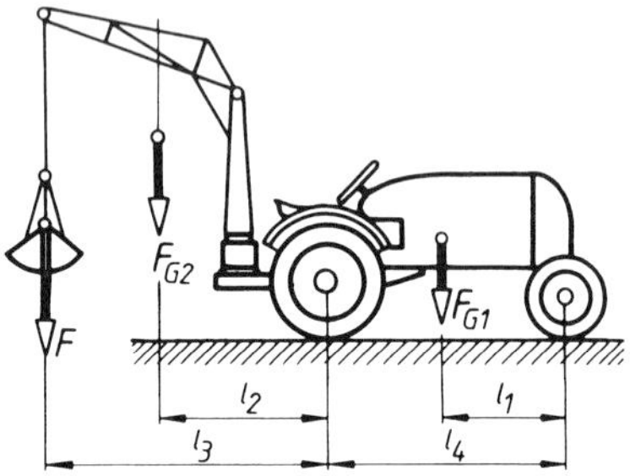

274 Ein fahrbarer Versuchsstand hat die Gewichtskraft F_G = 7,5 kN, die im Abstand l_2 = 0,9 m vor der Hinterachse wirkt. Der Schüttgutbehälter belastet den Versuchsstand mit F_1 = 16 kN im Abstand l_1 = 2,5 m vor der Hinterachse. Der Ausgleichskörper belastet die Hinterachse mit F_2 = 5 kN.

Wie groß muss der Radstand l_3 sein, wenn die Standsicherheit bei gefülltem Behälter 1,3 betragen soll?

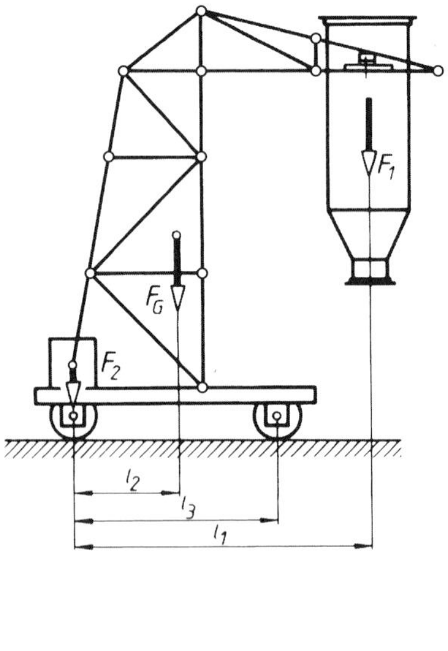

275 Der fahrbare Drehkran wird belastet mit den Gewichtskräften F_{G1} = 95 kN, F_{G2} = 50 kN und F_{G3} = 85 kN. Die Abstände betragen l_1 = 0,35 m, l_2 = 6 m, l_3 = 2,2 m.

a) Wie groß muss der Achsabstand $2 \cdot l_4$ mindestens sein, wenn die Standsicherheit S = 1,5 nach rechts nicht unterschritten werden darf?
b) Wie groß ist dann die Standsicherheit S nach links, wenn der Kran unbelastet ist?

Welche Belastungen erhält in den Fällen a) und b)

c) die Vorderachse, d) die Hinterachse?

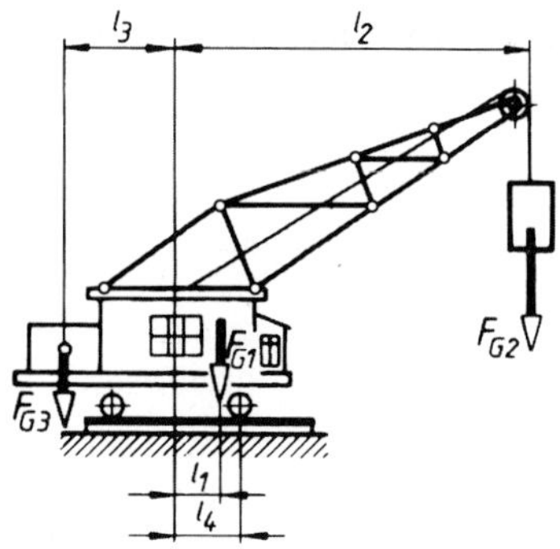

276 Der fahrbare Bandförderer hat die Gewichtskraft F_G = 3,5 kN, die im Abstand l_1 = 1,2 m neben den Rädern angreift. Bei einem Neigungswinkel α = 30° ragt das freie Bandende l_2 = 5,6 m über den Unterstützungspunkt am Laufrad hinaus. Die vom Fördergut belastete Bandlänge beträgt l_3 = 9,2 m.

Welche Streckenlast F' in N/m darf höchstens vom Fördergut aufgebracht werden, wenn die Standsicherheit im Betrieb S = 1,8 betragen soll?

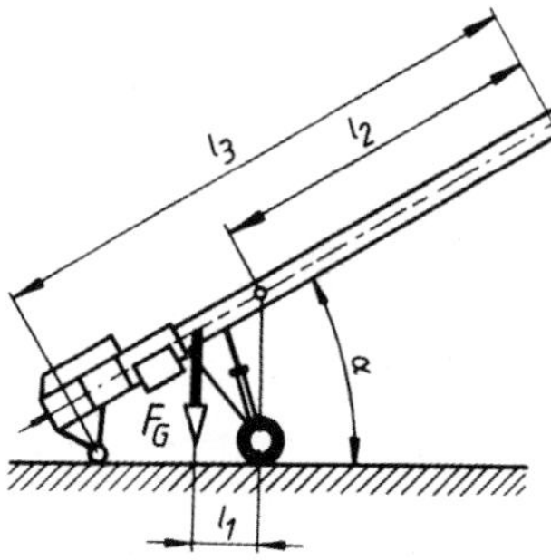

277 Ein Schlepper mit einer Gewichtskraft von 14 kN fährt gleichförmig eine steile Böschung hinauf. Die Abstände betragen l_1 = 0,4 m, l_2 = 1,8 m, l_3 = 1,04 m und l_4 = 0,71 m.

a) Bei welchem Böschungswinkel α kippt der Schlepper hintenüber?
b) Wie groß darf der Winkel α höchstens sein, wenn die Standsicherheit noch S = 2 sein soll?
c) Welchen Einfluss hat die Gewichtskraft des Schleppers auf den Winkel α?

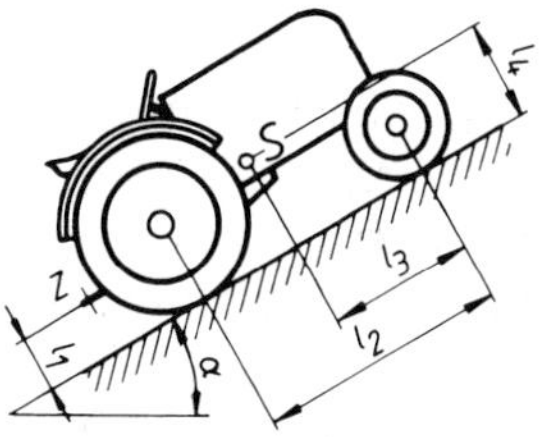

278 Der gleiche Schlepper wie in Aufgabe 277 hat eine Spurweite von 1,25 m. Sein Schwerpunkt liegt in Spurmitte. Er fährt quer zu einem Hang mit α = 18° Neigungswinkel.

a) Wie groß ist seine Standsicherheit?
b) Bei welchem Neigungswinkel würde er kippen?

279 Der Schlepper nach Aufgabe 277 wird beim Aufwärtsfahren zusätzlich am Zughaken Z durch einen Anhänger mit einer zum Boden parallelen Zugkraft von 8 kN belastet.

a) Bei welchem Böschungswinkel kippt er jetzt?
b) Hat die Gewichtskraft des Schleppers jetzt einen Einfluss auf den Kippwinkel? Welchen?

3 Reibung

Reibungswinkel und Reibungszahl

301 Ein prismatischer Stahlklotz mit einer Gewichtskraft von 180 N liegt auf einer gusseisernen Anreißplatte. Er wird mit Hilfe einer an ihm befestigten Federwaage über die Platte gezogen. Die Waage zeigt eine waagerechte Zugkraft von 34 N in dem Augenblick an, als sich der Klotz in Bewegung setzt. Bei gleichförmiger Weiterbewegung sinkt die Anzeige der Waage auf 32 N.

Wie groß sind Haftreibungszahl μ_0 und Gleitreibungszahl μ für Stahl auf Gusseisen?

302 Zwei glatte Holzbalken liegen in waagerechter Stellung aufeinander. Der obere drückt mit einer Gewichtskraft von 500 N auf den unteren. Um ihn aus der Ruhelage anzuschieben, ist eine parallel zur Auflagefläche wirkende Kraft von 250 N erforderlich. Beim gleichförmigen Weiterschieben sinkt die Kraft auf 150 N.

Wie groß sind die Haftreibungszahl μ_0 und die Gleitreibungszahl μ für Holz auf Holz?

303 Auf einer schiefen Ebene mit verstellbarem Neigungswinkel beginnt ein ruhender Körper bei einem Neigungswinkel $\alpha = 19°$ zu rutschen. Damit er sich nicht weiter beschleunigt, sondern mit gleich bleibender Geschwindigkeit weitergleitet, muss der Neigungswinkel auf 13° verringert werden.

Wie groß sind die Haftreibungszahl μ_0 und die Gleitreibungszahl μ?

304 Auf einer Rutsche aus Stahlblech gleiten Holzkisten bei einer Neigung von $\alpha = 25°$ gleichförmig abwärts.

a) Wie groß ist die Reibungszahl für Holz auf Stahl?
b) Ist die zu ermittelnde Größe μ_0 oder μ?

305 Eine Sackrutsche soll so angelegt werden, dass die Säcke gleichförmig abwärts gleiten. Die Reibungszahlen betragen $\mu = 0{,}4$ und $\mu_0 = 0{,}49$.

Welchen Neigungswinkel muss die Rutsche erhalten?

306 Auf einem schräg nach oben laufenden Förderband mit Gummibelag sollen Werkstücke aus Stahl gefördert werden. Die Reibungszahl beträgt 0,51.

Welchen Neigungswinkel darf das Förderband höchstens haben, wenn die Werkstücke nicht rutschen sollen?

307 Wie groß sind die Reibungszahlen μ_0, wenn Rutschen eintritt bei einem Neigungswinkel von

a) 32° b) 28,5° c) 17° d) 10° e) 4,2° f) 3° g) 1,5°?

308 Bei welchem Neigungswinkel gleiten zwei Körper gleichförmig aufeinander, wenn die Gleitreibungszahl

a) 0,05 b) 0,085 c) 0,12 d) 0,17 e) 0,22 f) 0,35 g) 0,63 beträgt?

Reibung bei geradliniger Bewegung und bei Drehbewegung – der Reibungskegel

309 Ein Stahlquader mit der Gewichtskraft F_G soll durch die Zugkraft F unter dem Zugwinkel α mit konstanter Geschwindigkeit v nach rechts gezogen werden. Die Zugkraft F greift im Körperschwerpunkt S an.

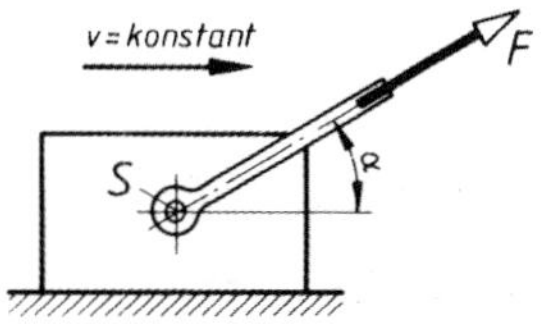

Gesucht:

a) eine Gleichung für die Zugkraft F in Abhängigkeit von der Gewichtskraft F_G, dem Zugwinkel α und der Gleitreibungszahl μ: $F = f(F_G, \alpha, \mu)$.

b) der Betrag der Zugkraft F für $F_G = 1000$ N, $\alpha = 30°$ und $\mu = 0{,}15$.

310 Ein Schrank mit $l = 1$ m Breite soll durch eine Kraft F seitlich verschoben werden. Die Reibungszahlen betragen $\mu_0 = 0{,}3$ und $\mu = 0{,}26$. Der Schwerpunkt S liegt in der Schrankmitte. Die Gewichtskraft beträgt $F_G = 1$ kN.

Wie groß sind

a) die erforderliche Verschiebekraft F zum Anschieben,

b) die erforderliche Verschiebekraft F_1 zum Weiterschieben,

c) die maximale Höhe h, in der die Verschiebekraft angreifen darf, wenn der Schrank beim Anschieben rutschen und nicht kippen soll,

d) die entsprechende Höhe h_1 beim Weiterschieben,

e) die Verschiebearbeit bei $s = 4{,}2$ m Verschiebeweg?

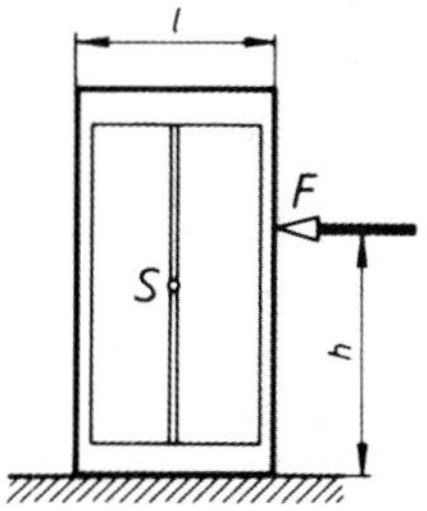

311 Ein Maschinenschlitten wirkt mit seiner Gewichtskraft $F_G = 1{,}65$ kN auf die beiden Führungsbahnen A und B. Die Abstände betragen $l_1 = 520$ mm, $l_2 = 180$ mm und die Reibungszahl $\mu = 0{,}11$.

Welche waagerecht wirkende Kraft ist erforderlich, um den Schlitten in Längsrichtung zu verschieben?

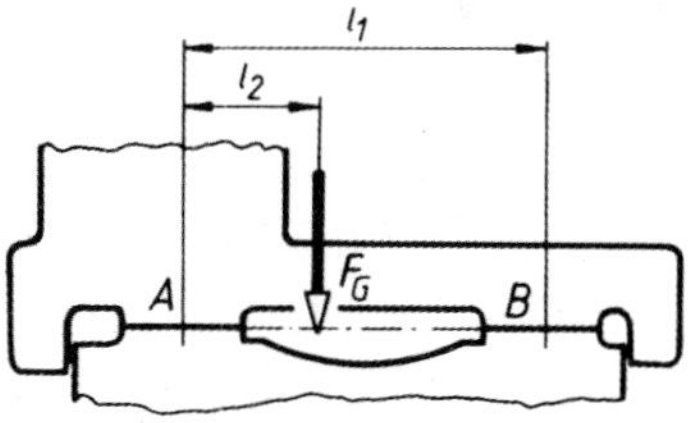

312 Die Gewichtskraft eines Lastkraftwagens beträgt 80 kN. Die Vorderachslast beträgt 32 kN, die Hinterachslast 48 kN. Haft- und Gleitreibungszahlen zwischen Reifen und Straßenoberfläche sind $\mu_0 = 0{,}5$ und $\mu = 0{,}41$.

Welche maximale Bremskraft kann am Boden abgestützt werden,

a) wenn alle vier Räder mit der Fußbremse gebremst werden und die Räder nicht rutschen,

b) wenn die Räder rutschen,

c) wenn nur die Hinterräder mit der Handbremse gebremst werden und die Räder nicht rutschen,

d) wenn die Räder rutschen?

313 Eine Lokomotive hat drei Treibachsen mit einem Raddurchmesser von 1500 mm, die mit je 160 kN belastet werden. Die Reibungszahlen zwischen Rad und Schiene betragen $\mu_0 = 0{,}15$ und $\mu = 0{,}12$.

Welche Zugkraft kann die Lokomotive höchstens aufbringen, wenn

a) die Räder nicht rutschen,
b) die Räder rutschen?
c) Wie groß ist das Drehmoment M_a bzw. M_b je Treibachse in den Fällen a und b?

314 Die Richtführung einer Werkzeugmaschine wird durch die schräg unter dem Winkel $\alpha = 12°$ angreifende Kraft $F = 4{,}1$ kN belastet. Es soll festgestellt werden, welche der beiden Ausführungen (I oder II) den Vorzug der größeren Leichtgängigkeit beim Längsverschieben hat. Die Reibungszahl ist $\mu = 0{,}12$ und die Winkel betragen $\beta = 35°$, $\gamma = 55°$.

Gesucht:

a) die Normalkräfte F_{NA} und F_{NB} bei der Ausführung I,
b) die Normalkräfte bei der Ausführung II,
c) die Reibungskräfte F_{RA} und F_{RB} beim Längsverschieben für die Ausführung I,
d) die Reibungskräfte für die Ausführung II,
e) die erforderlichen Verschiebekräfte F_{vI} und F_{vII} für beide Ausführungen.

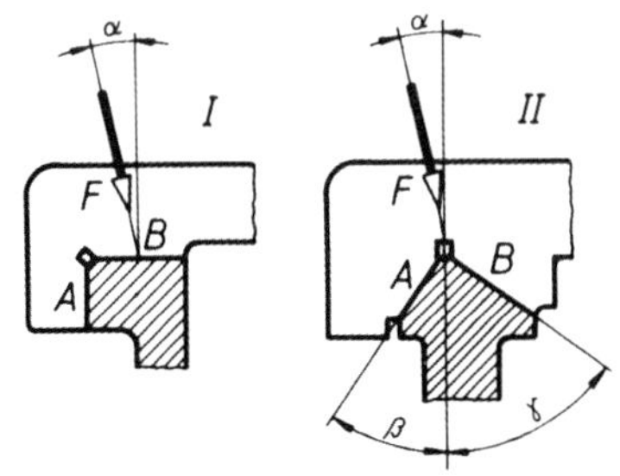

315 Ein Stempel wird durch acht Federbacken nach Skizze in seiner Ruhelage gehalten. Jede der Backen wird mit einer Kraft von 100 N angedrückt. Die Reibungszahl beträgt $\mu = 0{,}06$.

Welche Kraft F ist zum gleichförmigen Abwärtsbewegen des Stempels erforderlich? (Die Gewichtskraft bleibt unberücksichtigt.)

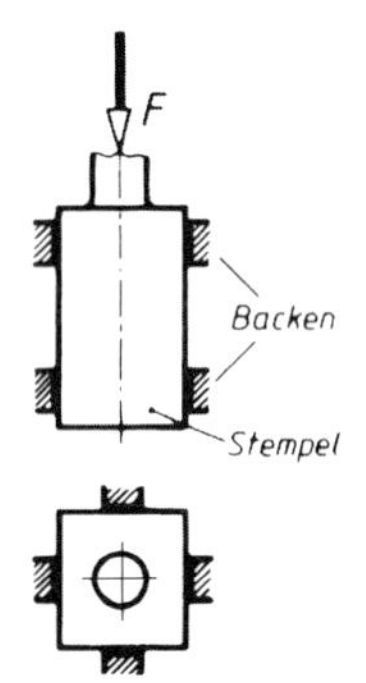

316 Auf den Kolben eines Dieselmotors wirkt in der gezeichneten Stellung der Pleuelstange ein Druck von 10^6 Pa. Der Kolbendurchmesser beträgt 400 mm, der Winkel $\alpha = 12°$, die Reibungszahl zwischen Kolben und Zylinderwand $\mu = 0{,}1$.

Gesucht:

a) die Kraft F, die auf den Kolbenboden wirkt,
b) die Normalkraft zwischen Kolben und Zylinderwand,
c) die Reibungskraft an der Zylinderwand,
d) die Druckkraft in der Pleuelstange.

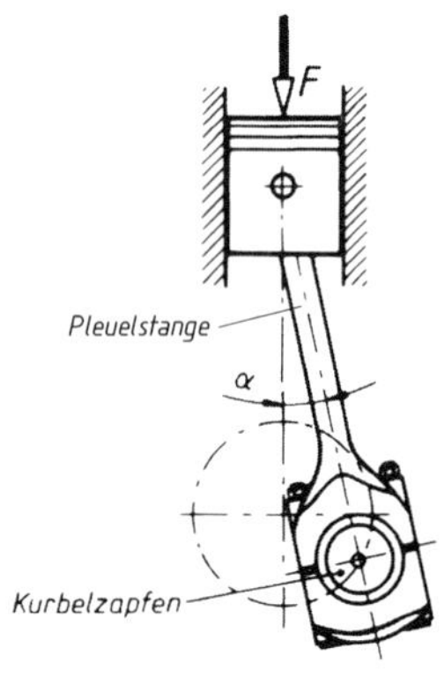

317 Ein Körper liegt auf einer waagerechten Ebene und soll durch eine schräg von oben angreifende Kraft F aus der Ruhelage angeschoben werden. Die Wirklinie von F geht durch den Körperschwerpunkt und liegt unter einem Winkel $\alpha = 30°$ zur Waagerechten. Die Gewichtskraft des Körpers beträgt 80 N, die Haftreibungszahl zwischen Körper und Ebene 0,35.

a) Wie groß ist die zum Anschieben erforderliche Kraft F?
b) Wie groß wird die Kraft F, wenn sie – mit der gleichen Neigung wie bei a) schräg nach oben gerichtet – den Körper nicht schiebt, sondern zieht?

318 Der Tisch einer Langhobelmaschine hat eine Gewichtskraft $F_{G1} = 15$ kN. Beim Arbeitshub erfährt er von dem aufgespannten Werkstück und der Passivkraft eine weitere senkrechte Belastung $F = 22$ kN; die Schnittkraft $F_s = 18$ kN wirkt waagerecht der Bewegung entgegen. Die Vorschubkraft wird vernachlässigt. Der Tisch läuft in zwei waagerechten Flachführungen mit der Schnittgeschwindigkeit $v_a = 50$ m/min. Die Reibungszahl beträgt $\mu = 0{,}1$.

Gesucht:

a) die Reibungskraft in den Führungen,
b) die gesamte Verschiebekraft beim Arbeitshub,
c) der prozentuale Anteil der Reibung an der Verschiebekraft,
d) die Antriebsleistung des Motors beim Arbeitshub unter Berücksichtigung des Getriebewirkungsgrades von 80 %,
e) die Antriebsleistung für den Rückhub, wenn die Gewichtskraft des Werkstücks $F_{G2} = 16$ kN und die Rücklaufgeschwindigkeit $v_r = 61$ m/min betragen.

319 Eine Stabstahlstange steht auf einer waagerechten Fläche und lehnt mit ihrem oberen Ende gegen eine senkrechte Fläche. Die Haftreibungszahl an beiden Auflagestellen beträgt 0,19.

Wie groß ist der Grenzwinkel α zwischen Stange und Boden, bei dem die Stange zu rutschen beginnt?

320 Eine Leiter steht mit ihrem Fußende auf einer waagerechten Fläche. Der Winkel zwischen Bodenfläche und Leiter beträgt $\alpha = 65°$. Das Kopfende der Leiter lehnt in 4 m Höhe gegen eine senkrechte Fläche. Die Reibungszahl an beiden Auflageflächen beträgt $\mu_0 = 0{,}28$. Ein Mann mit einer Gewichtskraft von 750 N besteigt die Leiter.

a) Welche Höhe hat er erreicht, wenn die Leiter rutscht?

b) Welchen Einfluss hat die Gewichtskraft des Mannes auf die Höhe?

c) Wie groß muss der Winkel α mindestens sein, wenn er die Leiter ohne Rutschgefahr ganz besteigen will?

321 Eine Schleifscheibe mit d = 300 mm Durchmesser läuft mit der Drehzahl $n = 1400\ \text{min}^{-1}$ um. Ein flaches Werkstück wird nach Skizze mit der Kraft F = 200 N, die unter einem Winkel α = 15° zur Waagerechten wirkt, gegen die Schleifscheibe gedrückt. Die Reibungszahlen betragen μ_1 = 0,2 zwischen Werkstück und Tisch und μ_2 = 0,6 zwischen Werkstück und Schleifscheibe.

Gesucht:

a) Normalkraft F_{N1} und Reibungskraft F_{R1} zwischen Werkstück und Tisch,
b) Normalkraft F_{N2} und Reibungskraft F_{R2} zwischen Werkstück und Schleifscheibe,
c) die Schnittleistung an der Schleifscheibe.

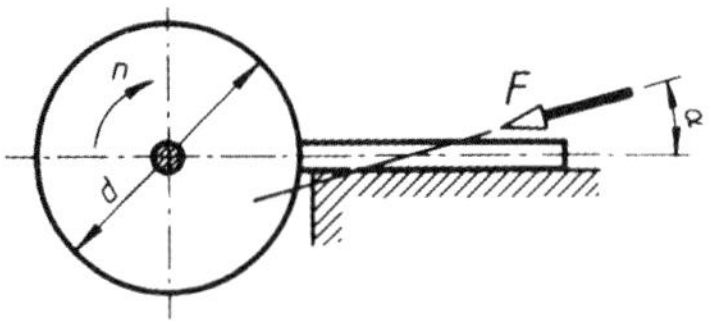

322 Die Klemmvorrichtung für einen Werkzeugschlitten besteht aus Zugspindel, Spannkeil und Klemmhebel. Die Zugspindel wird mit der Kraft F = 200 N betätigt. Die Abmessungen betragen l_1 = 10 mm, l_2 = 35 mm, l_3 = 20 mm, der Winkel α = 15° und die Reibungszahl μ = 0,11.

Gesucht:

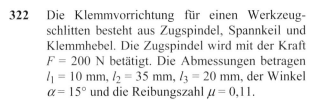

a) Normalkraft F_N und Reibungskraft F_R zwischen Keil und Gleitbahn,
b) Normalkraft F_{NA} und Reibungskraft F_{RA} zwischen Keil und Klemmhebel,
c) die senkrechte Klemmkraft auf der Fläche B,
d) die Stützkraft im Klemmhebellager C. (Vergleich der Ergebnisse mit denen der Aufgabe 99).

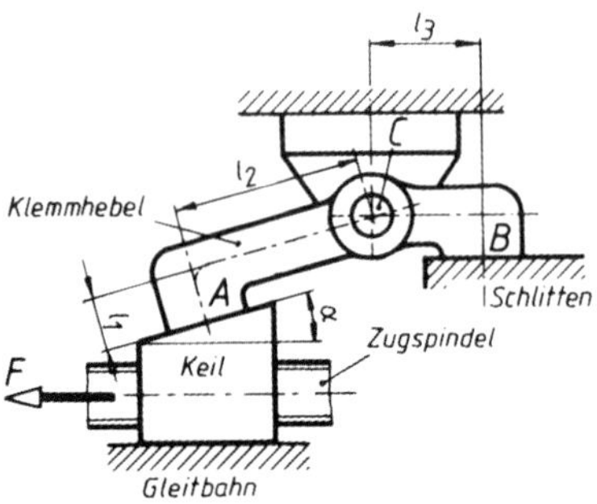

323 Eine Rohrhülse soll durch eine Federklemme so fest gehalten werden, dass die Hülse herausgezogen wird, wenn die Zugkraft den Betrag F_z = 17,5 N erreicht. Die Abmessungen betragen l_1 = 21 mm, l_2 = 28 mm, l_3 = 12 mm, d = 12 mm und die Reibungszahl μ_0 = 0,22.

Wie groß sind
a) die Reibungskraft an der Klemmbacke A beim Herausziehen,
b) die Normalkraft zwischen Klemmbacke A und Hülsenwand,
c) die erforderliche Federkraft F (Zug- oder Druckfeder?),
d) die Lagerkraft im Hebeldrehpunkt B?

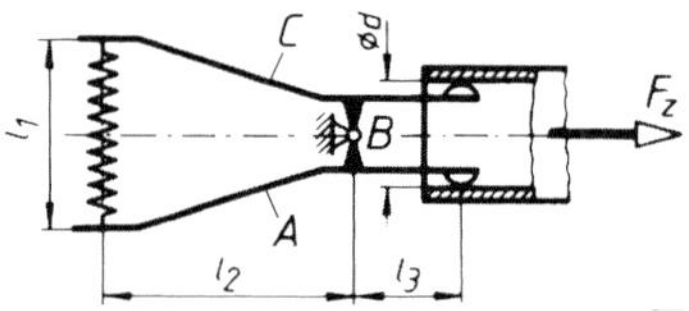

324 Mit der skizzierten Blockzange werden Stahlblöcke transportiert. Dabei wird der Gewichtskraft des Blockes F_G = 12 kN nur durch die Reibungskräfte an den Klemmflächen das Gleichgewicht gehalten. Die Reibungszahl schwankt während der Haltezeit infolge der Verzunderung der Oberfläche zwischen 0,25 und 0,35. Die Abmessungen betragen l_1 = 1 m, l_2 = 0,3 m, l_3 = 0,3 m, der Winkel α = 15°.

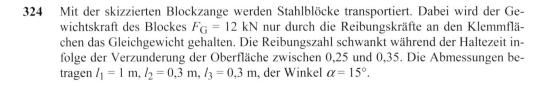

Unter Vernachlässigung der Gewichtskraft der Zange soll bestimmt werden:

a) die Reibungszahl, mit der aus Gründen der Sicherheit zu rechnen ist,
b) die Zugkräfte in den beiden Kettenspreizen K,
c) die Normalkräfte an den Klemmflächen A,
d) die größte Reibungskraft $F_{R0\,max}$, die an einer Klemmfläche übertragen werden kann,
e) die Tragsicherheit der Zange,
f) die Belastung des Zangenbolzens B.
g) Welchen Einfluss hat die Gewichtskraft des Blocks auf die Tragsicherheit?
h) Bis zu welchem Betrag dürfte μ_0 sinken, ohne dass der Block aus der Zange rutscht?

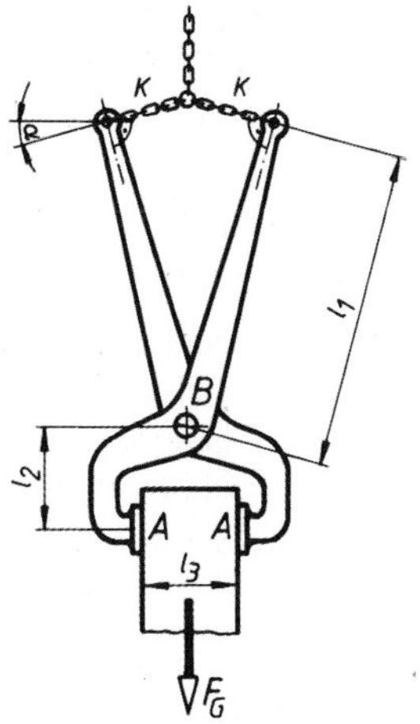

325 Eine Hubschleifvorrichtung wird durch einen Nocken gehoben und gesenkt. Die zu hebenden Teile haben die Gewichtskraft $F = 350$ N. Die zylindrische Hubstange ist bei A und B geführt. Die Reibungszahlen für die Stahlstange in Führungen aus Gusseisen, leicht gefettet, sind $\mu_0 = 0{,}16$ und $\mu = 0{,}14$. Die Abstände betragen $l_1 = 110$ mm und $l_2 = 320$ mm.

Gesucht wird die Kraft F_N, mit welcher der Nocken gegen die Rolle drückt, und die Normalkräfte F_{NA} und F_{NB} sowie die Reibungskräfte F_{RA} und F_{RB} in den Führungen A und B, und zwar

a) wenn die Nockenlauffläche beim Aufwärtshub um $\alpha = 60°$ gegen die Senkrechte geneigt ist ($l_3 = 160$ mm),
b) wenn sie beim Abwärtshub um $\alpha = 60°$ gegen die Senkrechte geneigt ist ($l_3 = 160$ mm),
c) in der höchsten Hublage ($l_3 = 140$ mm). (Vergleich mit den Ergebnissen der Aufgabe 131).

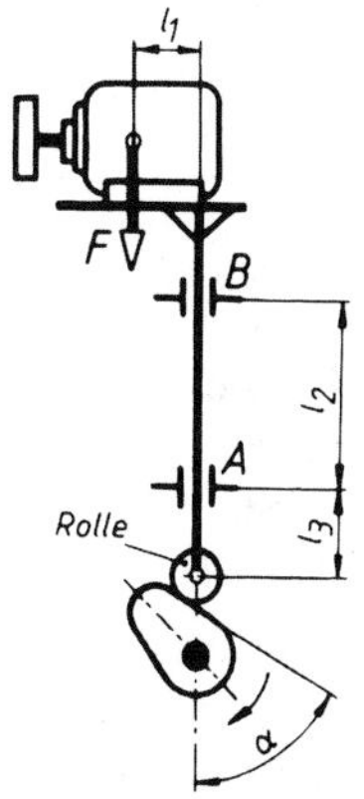

326 Der skizzierte Motor mit Grundplatte kann mit Hilfe der Verschiebespindel in den Führungen A und B nach beiden Seiten verschoben werden. Es wirken die Gewichtskraft des Motors mit Grundplatte $F_G = 150$ N sowie die Riemenzugkräfte $F_1 = 180$ N im oberen und $F_2 = 60$ N im unteren Trum. Gegebene Größen:
$l_1 = 90$ mm, $l_2 = 70$ mm, $l_3 = 120$ mm, $l_4 = 100$ mm, $d = 100$ mm, Reibungszahl in den Führungen $\mu = 0{,}22$.

Für den Fall, dass der Motor nach rechts verschoben wird, soll ermittelt werden:

a) Normalkraft F_{NA} und Reibungskraft F_{RA} in der Führung A,
b) Normalkraft F_{NB} und Reibungskraft F_{RB} in der Führung B,
c) die erforderliche Verschiebekraft F_v in der Spindel.

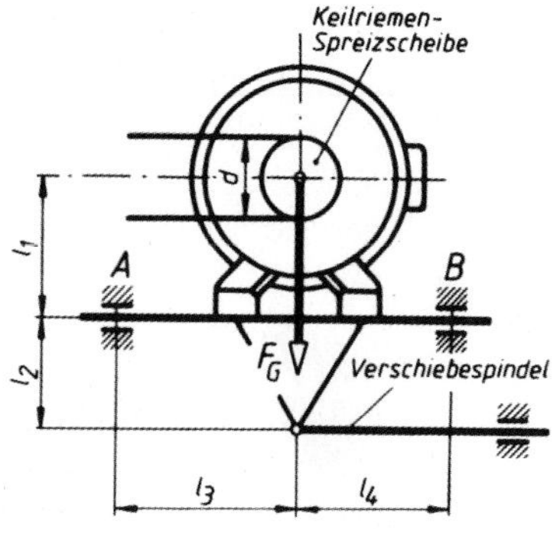

327 Die Spanneinrichtung soll in einem stillstehenden Schleifband durch die Druckfeder eine Spannkraft von $F_1 = 50$ N erzeugen. Der Spannrollenhebel ist in A drehbar gelagert und stützt sich mit dem Stützrad B an einer senkrechten Fläche ab. Die Reibungszahl in den Führungen C und D ist $\mu = 0{,}19$ und die Abstände betragen $l_1 = 120$ mm, $l_2 = 100$ mm, $l_3 = 180$ mm, $l_4 = 220$ mm.

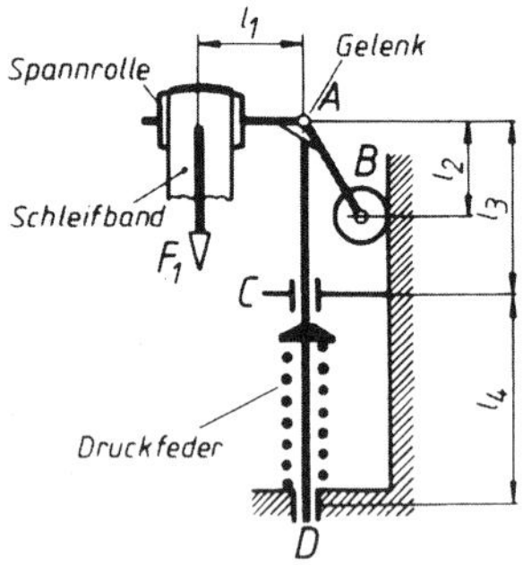

Gesucht:

a) die Kräfte im Gelenk A und am Stützrad B,
b) die Normalkraft F_{NC} und die Reibungskraft F_{RC} in der Führung C,
c) die Normalkraft F_{ND} und die Reibungskraft F_{RD} in der Führung D,
d) die erforderliche Federkraft F_2.

(Vergleich der Ergebnisse mit denen der Aufgabe 136.)

Lösungshinweis: Zuerst die Spannrolle freimachen.

328 Die Reibbacken der Sicherheitskupplung werden durch eine Feder nach außen gegen die Kupplungshülse mit dem Innendurchmesser $d = 110$ mm gedrückt. Die Reibungszahl für Stahl auf Stahl beträgt 0,15. Die Feder soll so bemessen werden, dass das übertragbare Drehmoment auf 10 Nm begrenzt wird. Die Reibungskräfte an den seitlichen Führungsflächen der Backen und die Fliehkräfte sollen vernachlässigt werden.

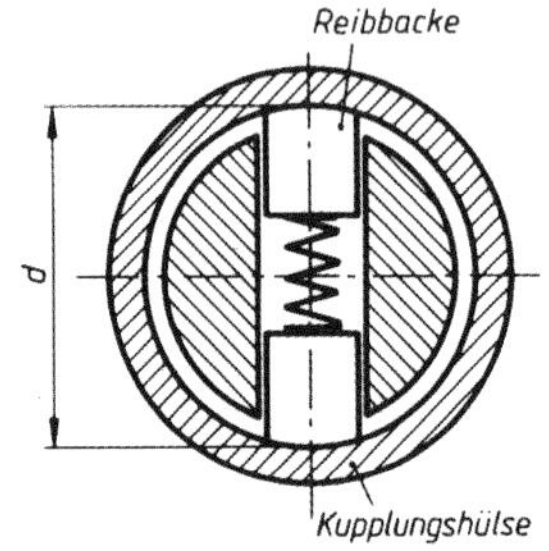

a) Welche Reibungskraft muss jede Backe übertragen?
b) Wie groß ist die erforderliche Federkraft?

329 Die Zentraldruckfeder F einer Mehrscheibenkupplung drückt die Anpressplatte A mit einer Kraft von 400 N auf die Kupplungsscheiben. Der mittlere Durchmesser der Reibungsflächen beträgt $d_m = 116$ mm. Die Reibungszahl für die in Öl laufenden Stahlkupplungsscheiben beträgt 0,09. Die Zwischenscheiben B werden an ihrem Umfang durch Nuten im umlaufenden Gehäuse mitgenommen. Die Mitnehmerscheiben C sind in gleicher Weise in Nuten auf der Kupplungswelle geführt. Beim Zusammenpressen werden sie durch die Reibungskräfte mitgenommen.

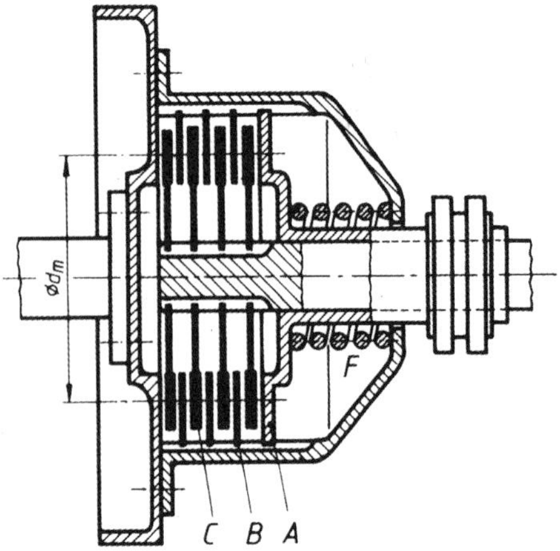

Gesucht:

a) die gesamte Reibungskraft am mittleren Radius aller Mitnehmerscheiben,
b) das übertragbare Drehmoment.

330 Der Reibungsbelag einer Einscheiben-Trockenkupplung hat einen mittleren Durchmesser von 240 mm und soll ein Drehmoment von 120 Nm übertragen. Die Mitnahme erfolgt auf beiden Seiten der Mitnehmerscheibe. Die Reibungszahl für trockenen Kupplungsbelag auf Gusseisen beträgt 0,42.

a) Wie groß ist die erforderliche Reibungskraft am mittleren Radius einer Reibungsfläche?
b) Welche Normalkraft müssen die Andrückfedern aufbringen?

331 Eine Welle mit 80 mm Durchmesser überträgt bei einer Drehzahl von 120 min^{-1} eine Leistung von 14,7 kW. Sie soll mit der Antriebswelle einer Maschine mit einer Schalenkupplung verbunden werden, die auf jeder Seite vier Schrauben hat. Die Reibungszahl zwischen Welle und Kupplung beträgt 0,2.

Gesucht:

a) das von der Kupplung zu übertragende Drehmoment,
b) die Längskraft, mit der jede Schraube gespannt sein muss, um eine sichere Mitnahme zu erreichen.

332 Die beiden Hälften einer Scheibenkupplung werden durch sechs Schrauben auf einem Lochkreisdurchmesser d = 140 mm zusammengepresst. Sie sollen eine Leistung von 18,4 kW bei einer Drehzahl von 220 min^{-1} so übertragen, dass die Mitnahme allein durch die Reibung bewirkt wird, die Schrauben also nicht auf Abscheren beansprucht werden. Die Reibungszahl beträgt 0,22.

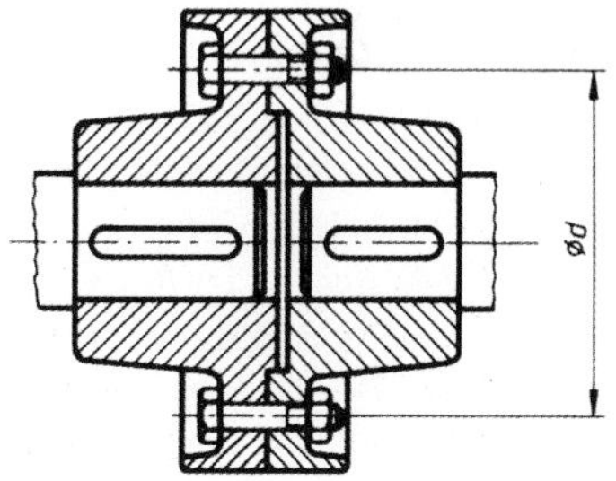

Wie groß sind

a) das zu übertragende Drehmoment,
b) die erforderliche Gesamtreibungskraft am Lochkreisradius,
c) die Längskraft, mit der jede Schraube gespannt sein muss?

333 Eine geteilte Riemenscheibe hat 630 mm Durchmesser. Sie soll bei einer Drehzahl von 250 min^{-1} eine Leistung von 11 kW auf ihre Welle mit 60 mm Durchmesser übertragen. Die Bohrungsflächen der beiden Scheibenhälften sollen durch Schrauben so fest auf die Welle gepresst werden, dass die Kraftübertragung nur durch die Reibung erfolgt. Die Reibungszahl beträgt 0,15.

Mit welcher Kraft müssen die Scheibenhälften auf die Welle gepresst werden?

334 Der Antriebskegel eines stufenlos verstellbaren Reibradgetriebes überträgt bei einem mittleren Laufdurchmesser d = 180 mm und der Drehzahl n = 630 min^{-1} die Leistung P = 1,5 kW auf den Abtriebsring. Die Reibungszahl beträgt μ = 0,33, der Winkel α = 55°.

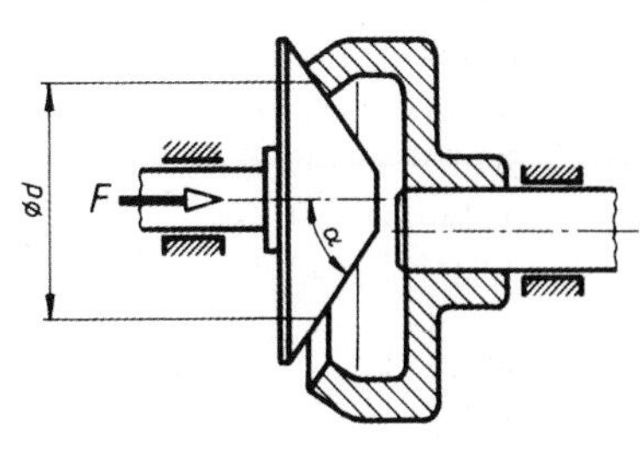

Gesucht:

a) das erforderliche Reibungsmoment,
b) die Normalkraft zwischen Kegel und Scheibe,
c) die erforderliche Anpresskraft F für den Kegel.

Schiefe Ebene

335 Eine Maschine mit einer Gewichtskraft von 8 kN soll beim Verladen durch eine Seilwinde auf einer unter 22° zur Waagerechten geneigten Ebene heraufgezogen werden. Das Seil zieht parallel zur Gleitebene. Die Reibungszahlen betragen $\mu_0 = 0{,}2$ und $\mu = 0{,}1$.

Zu ermitteln sind

a) die zum Anziehen aus der Ruhe erforderliche Seilzugkraft beim Hinaufziehen,
b) die erforderliche Zugkraft während des Hinaufgleitens,
c) die beim Abladen erforderliche Haltekraft, wenn die Maschine gleichförmig abwärts gleitet.

336 Ein Schiff mit der Masse $m = 7500$ t liegt auf der Ablaufbahn, die um den Winkel $\alpha = 4°$ zur Waagerechten geneigt ist. Beim Stapellauf wird das Schiff durch eine hydraulische Presse in Bewegung gesetzt, deren Druckkraft parallel zur Ablaufbahn wirkt. Nach dem Anschieben gleitet das Schiff gleichmäßig beschleunigt weiter. Die Reibungszahlen betragen $\mu_0 = 0{,}13$ und $\mu = 0{,}06$.

a) Welche Kraft muss die Presse zum Anschieben aufbringen?
b) Wie groß ist die Kraft, die das Schiff nach dem Anschieben gleichmäßig beschleunigt?
c) Wie groß ist die Beschleunigung, mit der das Schiff nach dem Anschieben weiter gleitet?

337 Ein Bajonettverschluss wird durch Drehen der oberen Stange geschlossen. Dabei gleiten die beiden einander gegenüberliegenden Stangenzapfen bis zum Einrasten in die Taschen die Anlaufschrägen hinauf, die als Schraubenlinien mit 15° Steigungswinkel ausgebildet sind. Die Stange wird durch eine Feder mit maximal $F = 180$ N belastet. Die Reibungszahl beträgt 0,12.

Welche maximale Umfangskraft F_u muss beim Schließen mit der Hand am Stangenumfang aufgebracht werden?

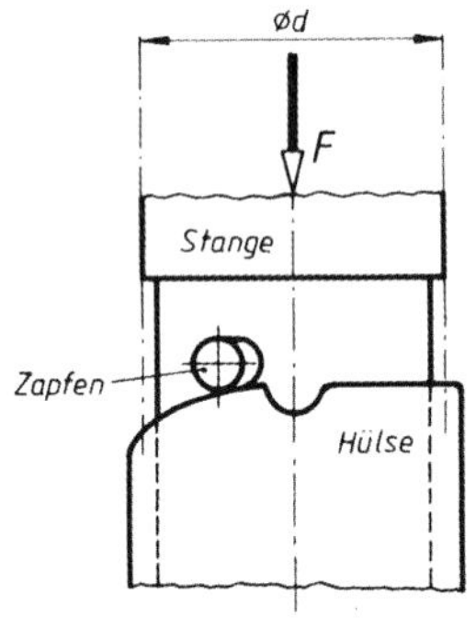

338 Ein Körper mit einer Gewichtskraft $F_G = 1$ kN liegt auf einer schiefen Ebene, die unter dem Winkel $\alpha = 7°$ zur Waagerechten geneigt ist. Der Körper soll durch eine waagerechte Kraft F

a) gleichförmig aufwärts gezogen,
b) gleichförmig abwärts geschoben,
c) in der Ruhestellung gehalten werden.

Wie groß muss in den drei Fällen die Kraft F sein, wenn $\mu_0 = 0{,}19$ und $\mu = 0{,}16$ betragen?

339 Auf einer unter dem Winkel $\alpha = 19°$ geneigten Ebene liegt der skizzierte Körper mit einer Gewichtskraft von 6,9 kN. Er wird durch ein Seil gehalten, das unter dem Winkel $\beta = 14°$ zur schiefen Ebene angreift. Die Reibungszahlen betragen $\mu_0 = 0{,}29$ und $\mu = 0{,}21$.

Gesucht:

a) die Seilkraft F_1 zum Halten der Last in der Ruhelage,

b) die Seilkraft F_2, wenn die Last nach oben in Bewegung gesetzt werden soll,

c) die Seilkraft F_3 zum gleichförmigen Aufwärtsziehen,

d) die Seilkraft F_4 beim gleichförmigen Abwärtsgleiten der Last.

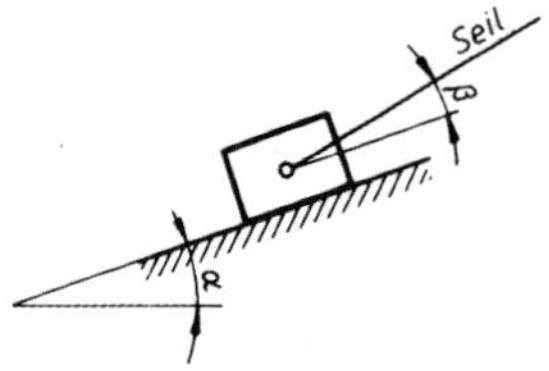

340 Ein Körper mit der Gewichtskraft F_G liegt auf einer schiefen Ebene, die unter dem Winkel $\alpha = 5°$ zur Waagerechten geneigt ist. Die Haftreibungszahl beträgt $\mu_0 = 0{,}23$. Auf den Körper wirkt von schräg oben eine Kraft F.

a) Wie groß sind die Grenzwinkel β und γ zur Waagerechten, unter denen die Kraft F gerade noch angreifen darf, wenn der Körper nicht rutschen soll?

b) Welchen Einfluss hat die Gewichtskraft auf den Betrag der Grenzwinkel β und γ?

c) Welchen Einfluss hat die Kraft F auf den Betrag der Grenzwinkel?

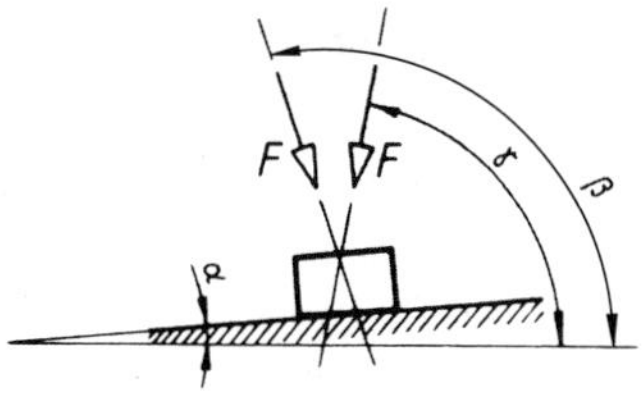

Symmetrische Prismenführung, Zylinderführung

345 Der Maschinenschlitten nach Aufgabe 311 hat anstelle der linken Flachführung A eine symmetrische V-Prismenführung mit 90° Öffnungswinkel. Sonst bleibt alles unverändert.

Gesucht:

a) die Keilreibungszahl,

b) die erforderliche waagerecht wirkende Verschiebekraft für den Schlitten.

346 Der Tisch einer Säulenbohrmaschine wird durch seine Gewichtskraft $F_G = 400$ N und von einem Werkstück mit der Kraft $F = 350$ N belastet. Die Abmessungen betragen $l_1 = 250$ mm, $l_2 = 400$ mm und $d = 120$ mm. Die Haftreibungszahl in den Führungen beträgt $\mu_0 = 0{,}15$.

a) Welche Länge l_3 darf die Führungsbuchse höchstens haben, wenn der Tisch allein durch die Reibung in der Ruhestellung gehalten werden soll?

b) Rutscht der Tisch, wenn das Werkstück vom Tisch genommen wird?

c) Wie beeinflusst die Führungslänge l_3 das Gleiten der Führungsbuchse auf der Säule?

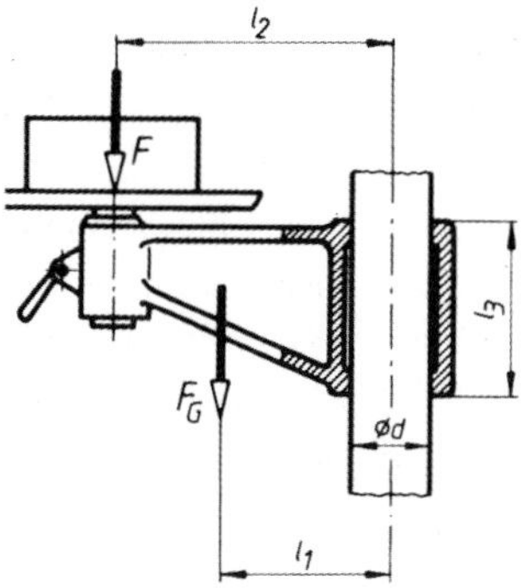

347 Der skizzierte Ausleger wird mit einer $l_3 = 50$ mm langen Führungsbuchse an einer Vierkantsäule mit $b = 30$ mm Kantenlänge geführt. Im Abstand l_1 wirkt die Kraft $F_1 = 500$ N. Die Haftreibungszahl beträgt 0,15.

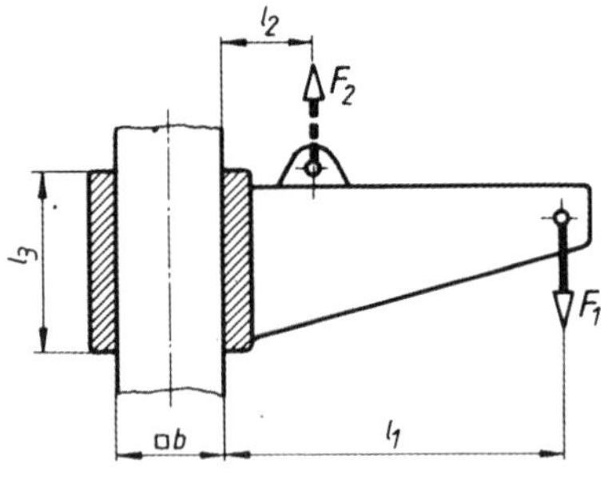

Gesucht:

a) der Abstand l_1 der Kraft F_1 wenn gerade Selbsthemmung auftreten soll, mit Hilfe der Gleichung $l_1 = f(\mu_0, b, l_3)$,
b) die Kraft F_2, die im Abstand $l_2 = 20$ mm wirken müsste, um den Ausleger aus der Ruhestellung anzuheben, mit Hilfe der Gleichung $F_2 = f(F_1, \mu_0, l_2, l_3, b)$.

Hinweis: Für l_1 wird die unter a) entwickelte Beziehung $l_1 = f(\mu_0, b, l_3)$ eingesetzt.

Tragzapfen (Querlager)

349 Die Kurbelwelle einer Brikettpresse hat die Gewichtskraft $F_G = 24$ kN. Sie wird im Stillstand durch die Schubstange und das Schwungrad mit den senkrecht wirkenden Kräften $F_1 = 7$ kN und $F_2 = 102$ kN belastet. Die beiden Lagerzapfen A und B haben einen Durchmesser $d = 410$ mm. Beim Anfahren beträgt die Zapfenreibungszahl $\mu = 0{,}08$.

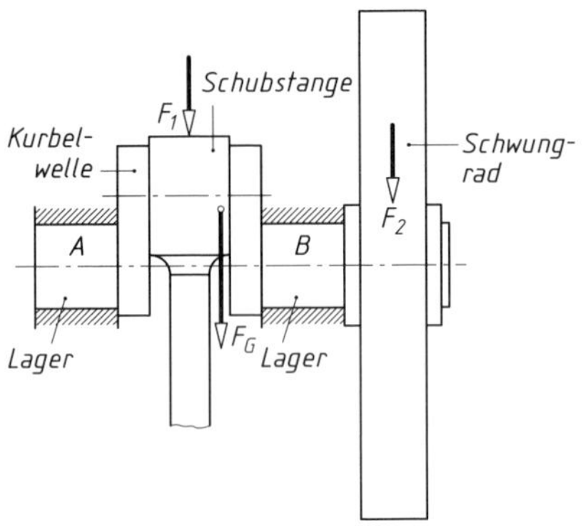

Gesucht:

a) Wie groß ist die gesamte Reibungskraft am Lagerzapfenumfang beim Anfahren?
b) Welches Drehmoment ist beim Anfahren zur Überwindung der Lagerreibung erforderlich?

350 Die vierfach gelagerte Kurbelwelle eines Verbrennungsmotors erhält eine mittlere Belastung von 1,5 kN je Lagerzapfen. Der Zapfendurchmesser beträgt 72 mm, die Drehzahl 3200 min^{-1} und die Zapfenreibungszahl 0,009.

Zu ermitteln sind

a) das Reibungsmoment der Kurbelwelle infolge der Lagerreibung,
b) die Reibungsleistung (Leistungsverlust),
c) die Reibungswärme in J, die in einer Minute in jedem der vier Lager entsteht, unter der Annahme, dass sich die Gesamtbelastung der Kurbelwelle gleichmäßig auf die vier Lager verteilt.

351 Eine Getriebewelle wird über eine Riemenscheibe mit einer Leistung P_{an} = 150 kW bei n = 355 min^{-1} angetrieben. Die Riemenscheibe belastet die Welle mit F_1 = 10,2 kN, das Zahnrad mit F_2 = 25 kN. Beide Kräfte wirken parallel in gleicher Richtung. Infolge der Lagerreibung tritt ein Leistungsverlust von 1,1 % auf.

Gesucht:

a) die Nutzleistung P_{ab}, die von der Welle über das Zahnrad abgegeben wird, und der Leistungsverlust P_R (Reibungsleistung),
b) das Gesamtreibungsmoment an der Welle,
c) die Lagerkräfte F_A und F_B,
d) die Zapfenreibungszahl μ,
e) die Reibungsmomente M_A und M_B in den Lagern,
f) die Reibungswärme Q_A und Q_B, die in beiden Lagern in einer Minute abzuführen ist.

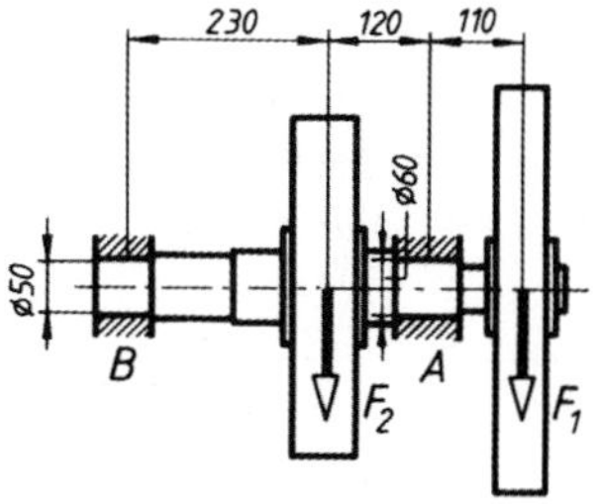

352 Der Antriebsmotor eines Reibradgetriebes ist federnd auf einer Wippe gelagert. Die Gewichtskraft von Motor und Wippe beträgt F_G = 430 N. Die Reibungsscheibe hat d_1 = 140 mm Durchmesser und soll eine Leistung von 3 kW bei n_1 = 2860 min^{-1} durch Reibung auf das Gegenrad mit d_2 = 450 mm Durchmesser übertragen. Die Reibungszahl beträgt μ = 0,175.

Gesucht:

a) das erforderliche Reibungsmoment M_R und die Reibungskraft F_R am Reibscheibenumfang,
b) die Normalkraft F_N an der Berührungsstelle von Reibungsscheibe und Gegenrad,
c) die zur Erzeugung der Normalkraft erforderliche Spannkraft F_f der Druckfeder,
d) der Betrag der Lagerkraft F_A und ihre Komponenten F_{Ax} und F_{Ay} in waagerechter und senkrechter Richtung,
e) die Drehzahl n_2 der Gegenradwelle,
f) das Zapfenreibungsmoment der Gegenradwelle, wenn die Zapfenreibungszahl μ = 0,06 beträgt,
g) die Reibungsleistung an der Gegenradwelle,
h) der Leistungsverlust in Prozent der Antriebsleistung.

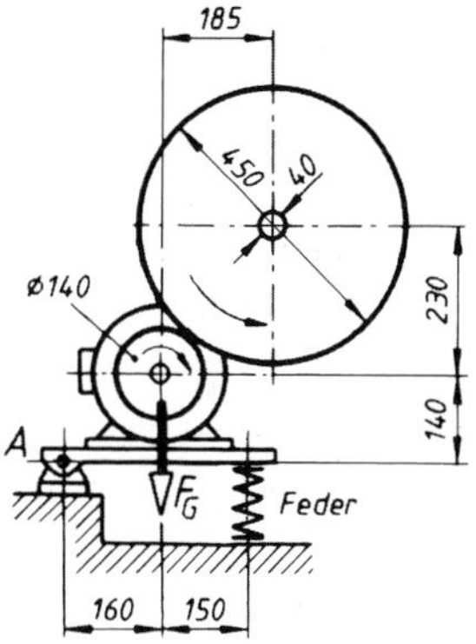

Spurzapfen (Längslager)

353 Eine Wasserturbine mit senkrecht stehender Welle erzeugt eine Leistung von 1320 kW bei 120 min^{-1}. Das Ringspurlager der Welle hat drei Lagerbunde mit 280 mm innerem und 380 mm äußerem Durchmesser. Es erhält eine rechtwinklige Belastung von 160 kN. Die Reibungszahl im Lager wird mit 0,06 angenommen.

a) Wie groß ist der Leistungsverlust im Ringspurlager?
b) Wie viel Prozent der Turbinenleistung sind das?

354 Die Spurplatte eines Spurlagers wird durch den Zapfen einer senkrechten Welle mit $F = 20$ kN belastet. Der Zapfendurchmesser beträgt $d = 160$ mm, die Drehzahl $n = 150$ min^{-1}. Die Reibungszahl beträgt $\mu = 0{,}08$.

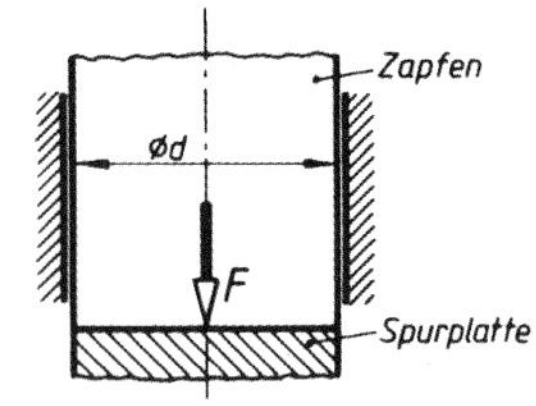

Gesucht:

a) das Reibungsmoment,
b) die Reibungsleistung,
c) die Wärmemenge, die je Minute abzuführen ist.

355 Ein Ringspurzapfen mit den Durchmessern $D = 80$ mm und $d = 20$ mm wird durch die axiale Kraft $F = 4{,}5$ kN belastet. Die Reibungskraft zwischen Zapfen und Spurplatte greift am mittleren Durchmesser der ringförmigen Gleitfläche an. Die Reibungszahl beträgt 0,07.

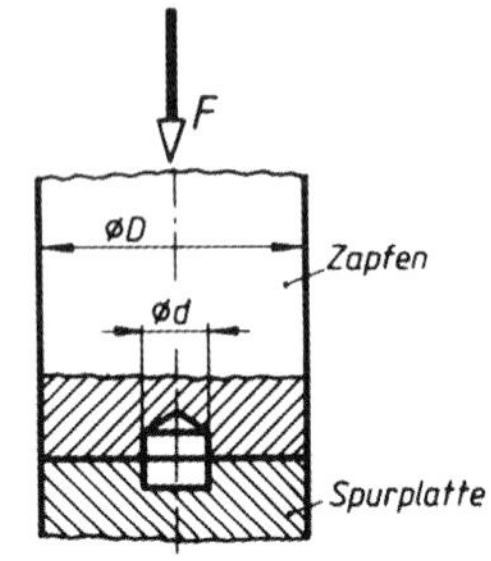

Für eine Drehzahl $n = 355$ min^{-1} soll berechnet werden:

a) das Reibungsmoment,
b) die Reibungsleistung,
c) die in einer Stunde infolge der Reibung entwickelte Wärmemenge.

356 Die Drehsäule eines Wanddrehkrans ist in einem oberen Querlager A und einem unteren Quer- und Längslager B gelagert. Die Reibungszahl in den Lagern beträgt $\mu = 0{,}12$. Der Kran trägt die Last von 20 kN in einer Ausladung von 2,7 m. Die Lagerzapfen haben $d = 80$ mm Durchmesser, der Lagerabstand beträgt $l = 1{,}4$ m.

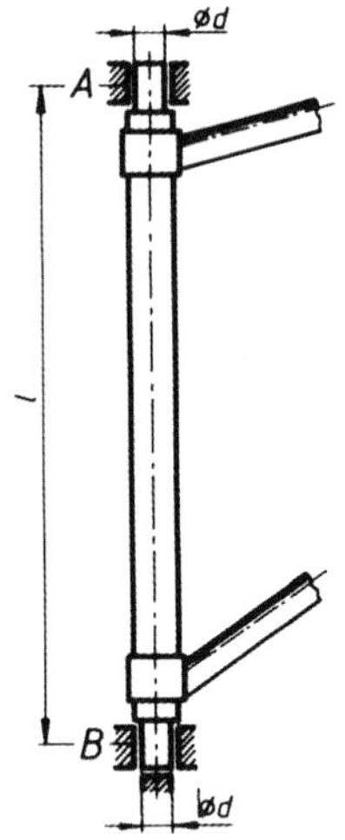

Gesucht:

a) die Stützkraft F_A im oberen Querlager,
b) die Stützkraft F_{Bx} im unteren Querlager,
c) die Stützkraft F_{By} im unteren Längslager,
d) die Reibungskräfte F_{RA}, F_{RBx} und F_{RBy} in den drei Lagern beim Schwenken des Krans,
e) die Reibungsmomente M_A, M_{Bx} und M_{By},
f) das zum Schwenken des belasteten Krans erforderliche Drehmoment.
g) Mit welcher Kraft muss man zum Schwenken an der Last tangential zum Schwenkkreis ziehen?

Bewegungsschraube

357 Eine Spindelpresse hat das Trapezgewinde Tr 80 × 10. Am Umfang der Treibscheibe mit 860 mm Durchmesser wirkt eine Tangentialkraft von 400 N. Die Reibungszahl der Stahlspindel in der Bronzemutter beträgt $\mu' = 0{,}08$.

Gesucht:

a) der Reibungswinkel ϱ' im Gewinde,
b) die Spindellängskraft.

358 Ein Dampfabsperrventil hat 80 mm lichten Durchmesser. Der Dampf wirkt mit 25 bar Überdruck auf die Unterseite des Ventiltellers. Die Ventilspindel hat das Trapezgewinde Tr 28 × 5. Der Kranzdurchmesser des Handrades beträgt 225 mm, die Reibungszahl $\mu = 0{,}12$.

Gesucht:

a) die Reibungszahl μ' im Gewinde und der Reibungswinkel ϱ',
b) die Längskraft in der Ventilspindel,
c) die am Handrad erforderliche Umfangskraft beim Schließen des Ventils,
d) die zum Öffnen erforderliche Handkraft.

359 Mit einer Schraubenwinde soll eine Last von 11 kN gehoben werden. Die Hubspindel hat das Trapezgewinde Tr 40 × 7. Das Heben erfolgt durch Drehen der Mutter, die mit einer Ratsche betätigt wird. Die Handkraft greift in einer Entfernung von 380 mm von der Hubspindelmitte am Ratschenhebel an. Die Reibungszahl beträgt für Stahl auf Stahl (leicht gefettet) $\mu = 0{,}12$.

Gesucht:

a) die Reibungszahl μ' im Gewinde und der Reibungswinkel ϱ',
b) das zum Heben erforderliche Anzugsmoment ohne Berücksichtigung der Reibung an der Mutterauflage,
c) das Auflagereibungsmoment, wenn die Reibungskraft an einem Reibungsradius von 30 mm angreift,
d) das Anzugsmoment am Ratschenhebel unter Berücksichtigung der Auflagereibung,
e) die erforderliche Handkraft.

360 Am Stößel einer Reibspindelpresse soll eine Presskraft $F_1 = 240$ kN erzeugt werden. Die Spindel hat ein dreigängiges Trapezgewinde Tr 110×36 P 12. Der Durchmesser der Reibungsscheibe ist d = 850 mm. Die Reibungszahlen betragen im Gewinde 0,08, am Umfang der Reibungsscheibe 0,28. Die Reibung des Spindelzapfens im Stößel soll vernachlässigt werden.

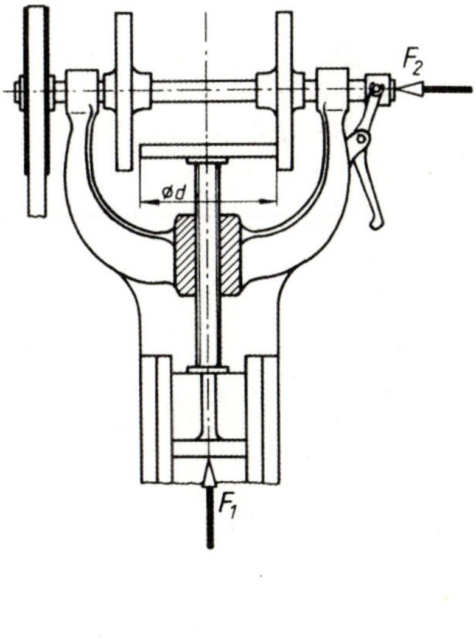

Gesucht:

a) die Reibungszahl μ' und der Reibungswinkel ϱ' im Gewinde,
b) das Gewindereibungsmoment,
c) die erforderliche Reibungskraft am Umfang der Reibungsscheibe,
d) die Kraft F_2, mit der das rechte Reibungsrad gegen die Reibungsscheibe gedrückt werden muss,
e) der Wirkungsgrad des Schraubgetriebes?
f) Ist die Schraube selbsthemmend?

361 Eine Hebebühne wird von vier senkrecht stehenden Schraubenspindeln getragen, welche die Bühne mit einer Hubgeschwindigkeit von 1 m/min heben. Die Gewichtskraft von Bühne und Höchstlast beträgt 100 kN. Die Spindeln haben ein zweigängiges Trapezgewinde Tr 75×20 P10 und nehmen je ein Viertel der Gesamtlast auf. Die Muttern liegen auf einer Kreisringfläche mit 140 mm mittlerem Durchmesser auf. Sie haben außen einen Schneckenrad-Zahnkranz und werden durch Schnecken angetrieben. Die Reibungszahl im Gewinde beträgt 0,12, an der Auflage 0,15. Der Wirkungsgrad des Getriebes zwischen Motor und Hubmuttern beträgt 0,65.

Gesucht:

a) die Reibungszahl μ' und der Reibungswinkel ϱ' im Gewinde,
b) das Gewindereibungsmoment M_{RG},
c) die Umfangskraft F_u am Flankenradius,
d) der Wirkungsgrad des Schraubgetriebes,
e) das erforderliche Anzugsmoment an der Hubmutter unter Berücksichtigung der Auflagereibung,
f) mit Hilfe des Anzugsmoments der Wirkungsgrad von Schraube mit Auflage,
g) der Gesamtwirkungsgrad der Anlage,
h) die Hubleistung,
i) die erforderliche Leistung des Antriebsmotors.

Befestigungsschraube

362 Zwei Flachstahlstäbe sind nach Skizze durch zwei Schrauben M12 verbunden. Die Schrauben sollen so fest angezogen werden, dass allein die Reibung zwischen den Stäben die Zugkraft $F = 4$ kN aufnimmt. Die Schrauben werden dadurch nur auf Zug und nicht auf Abscheren beansprucht. Die Reibungszahl beträgt im Gewinde
$\mu' = 0{,}25$, an der Mutterauflage und zwischen den Stäben $\mu_a = \mu = 0{,}15$.

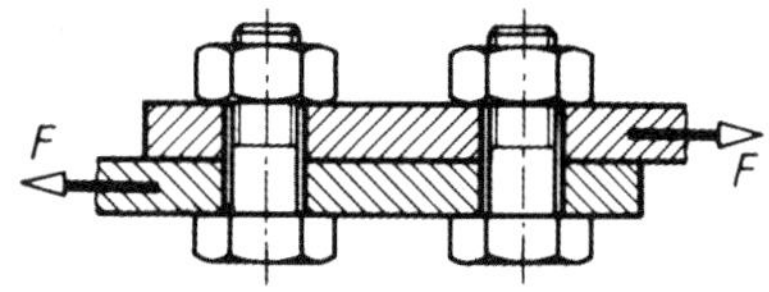

Gesucht:

a) die erforderliche Längskraft in jeder Schraube,
b) das erforderliche Anzugsmoment für die Mutter unter Berücksichtigung der Auflagereibung.

363 Die Zylinderkopfschrauben M10 eines Verbrennungsmotors sollen mit einem Drehmoment von 60 Nm angezogen werden. Die Reibungszahlen betragen an der Kopfauflage $\mu_a = 0{,}15$ und im Gewinde $\mu' = 0{,}25$.

Mit welcher Längskraft presst jede der Schrauben den Zylinderkopf auf den Zylinderblock?

Seilreibung

364 Über einem waagerechten, gegen Drehung gesicherten Holzbalken mit 180 mm Durchmesser liegt ein Seil. Es ist an einem Ende mit 600 N belastet. Die Haftreibungszahl für Hanfseil auf rauem Holz beträgt 0,55, der Umschlingungswinkel 180°.

a) Wie groß ist der Wert für $e^{\mu\alpha}$?
b) Zwischen welchen Grenzwerten darf die am anderen Seilende wirkende Kraft veränderlich sein, wenn das Seil nicht rutschen soll?
c) Wie groß ist die Reibungskraft am Balkenumfang in den beiden Grenzfällen?

365 Ein mit 18,8 m/s umlaufender Treibriemen hat auf der Motorriemenscheibe einen Umschlingungswinkel $\alpha = 160°$. Die Zugkraft im auflaufenden (oberen) Trum beträgt 890 N und die Reibungszahl für PU-Flachriemen mit Lederbelag auf Gusseisen-Scheibe $\mu = 0{,}3$.

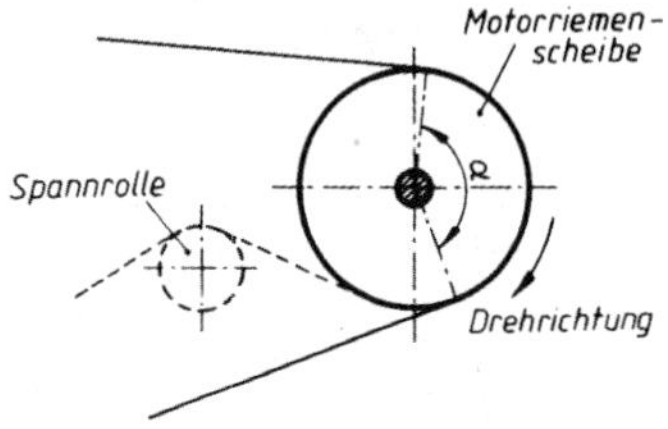

Gesucht:
a) der Wert $e^{\mu\alpha}$,
b) die Mindestzugkraft (= erforderliche Spannkraft) im ablaufenden (unteren) Riementrum,
c) die größte Reibungskraft am Scheibenumfang,
d) die maximale Leistung, die der Riemen übertragen kann.

366 Der Antriebsmotor des Riemengetriebes nach Aufgabe 365 soll durch einen Motor mit 11,5 kW Leistung ersetzt werden. Die Riemenzugkraft von 890 N im auflaufenden Riementrum soll nicht erhöht werden. Die Umfangskraft an der Riemenscheibe lässt sich aber durch Vergrößerung des Umschlingungswinkels steigern, indem eine Spannrolle nach Skizze angebracht wird.

Wie groß muss
a) die Spannkraft im ablaufenden Trum,
b) der Umschlingungswinkel für den neuen Antrieb sein?

367 Am Lastseil eines Krans wirkt eine Zugkraft von 25 kN. Die Reibungszahl für das Stahlseil auf der Stahltrommel beträgt 0,15.

Wie groß ist die Zugkraft, mit der das Seilende an seiner Befestigungsstelle auf der Seiltrommel belastet wird, und zwar für den Fall, dass sich

a) noch eine volle Windung,
b) noch drei volle Windungen,
c) noch fünf volle Windungen des Seils auf der Trommel befinden?

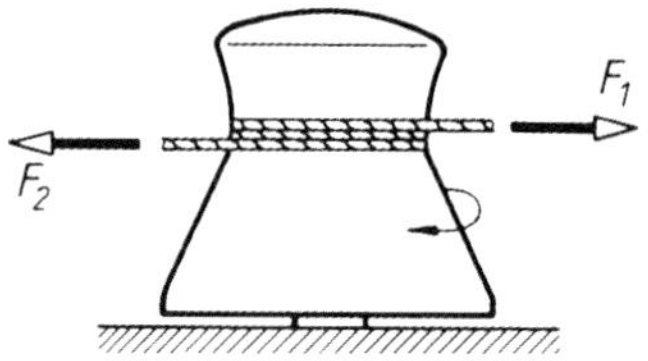

368 Zum Verschieben eines Waggons auf einem Anschlussgleis wird eine Spillanlage (Hand- oder motorbetriebene Winde) benutzt. Die erforderliche Seilzugkraft beträgt F_1 = 1,6 kN. Das am Waggon eingehängte Zugseil wird in mehreren Windungen um den von einem Elektromotor angetriebenen Spillkopf geschlungen und das freie Ende von Hand angezogen. Die dadurch entstehende Reibungskraft am Spillkopfumfang unterstützt die Handkraft und zieht den Waggon mit heran.

Für zwei volle Windungen auf dem Spillkopf und μ = 0,18 soll berechnet werden:

a) der Umschlingungswinkel im Bogenmaß,
b) der Wert $e^{\mu\alpha}$
c) die am freien Seilende erforderliche Zugkraft F_2.

369 Ein Rohteil aus Gusseisen mit einer Gewichtskraft von 36 kN gleitet beim Abladen von einem Wagen eine unter 30° geneigte, mit Stahlblech beschlagene Rutsche hinab. Es wird dabei durch ein Hanfseil gehalten, das parallel zur Rutschebene gespannt und am Kopfende der Rutsche mehrfach um eine gegen Drehung gesicherte Rundstahlstange geschlungen ist. Zwei Männer sollen das freie Seilende mit einer Höchstzugkraft von insgesamt 400 N so halten, dass das Werkstück gleichförmig abwärts gleitet. Die Reibungszahlen betragen für die Rutsche 0,18 und für das Seil 0,22.

Gesucht:

a) die Normalkraft, mit der die Rutsche belastet wird,
b) die Zugkraft im Seil beim gleichförmigen Abwärtsgleiten,
c) der erforderliche Wert $e^{\mu\alpha}$ für die Handkraft von 400 N,
d) der Umschlingungswinkel des Seils,
e) die erforderliche Mindestanzahl Seilwindungen auf der Rundstahlstange.

Backenbremse

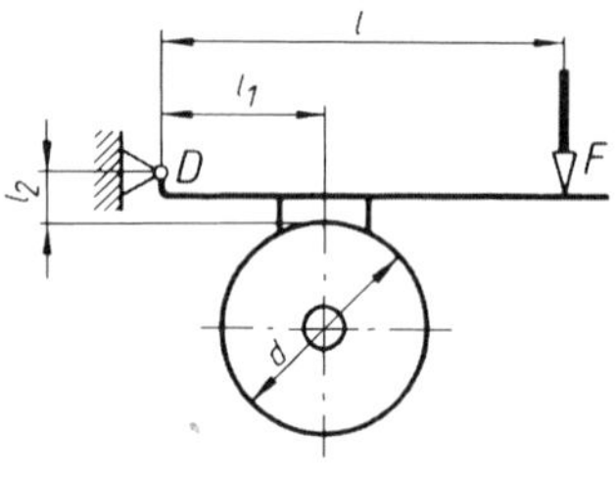

370 Eine Backenbremse wird durch die Kraft F = 150 N angezogen. Die Abmessungen betragen l_1 = 250 mm, l_2 = 80 mm, l = 620 mm, d = 300 mm und die Reibungszahl μ = 0,4.

Gesucht:

a) die Reibungskraft F_R und die Normalkraft F_N an der Bremsbacke sowie die Lagerkraft F_D im Hebeldrehpunkt D bei Rechtsdrehung der Bremsscheibe,
b) das Bremsmoment bei Rechtsdrehung,

c) Reibungskraft F_R und Normalkraft F_N sowie die Lagerkraft F_D bei Linksdrehung,
d) das Bremsmoment bei Linksdrehung.
e) Wie groß muss das Maß l_2 ausgeführt werden, damit die Reibungskraft und damit das Bremsmoment für beide Drehrichtungen gleich groß wird?
f) Wie groß muss das Maß l_2 mindestens sein, wenn an der Bremse bei Linkslauf Selbsthemmung eintreten soll, d.h., wenn die Scheibe auch ohne die Kraft F abgebremst wird?

371 Mit der skizzierten Bremse soll ein Motor so abgebremst werden, dass er die Bremsscheibenwelle mit $n = 400\ \text{min}^{-1}$ gleichförmig antreibt und dabei eine Leistung von 1 kW abgibt. Die Abmessungen betragen $l_1 = 120$ mm, $l_2 = 270$ mm, $l_3 = 750$ mm, $d = 380$ mm, die Reibungszahl $\mu = 0{,}5$.

Gesucht:

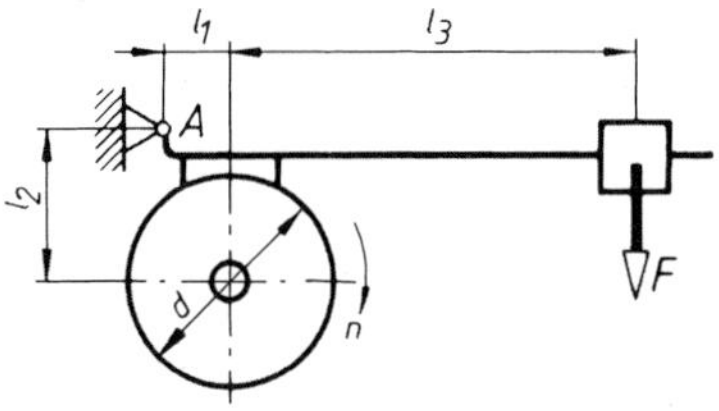

a) das erforderliche Reibungsmoment,
b) die Reibungskraft am Bremsscheibenumfang,
c) die Normalkraft an der Bremsbacke,
d) die erforderliche Bremshebelbelastung F und die Stützkraft im Hebellager A.

372 Die Bremse der Aufgabe 371 soll bei Linkslauf der Bremsscheibe verwendet werden. Die Verhältnisse bleiben unverändert, auch die errechnete Bremshebelbelastung $F = 46{,}22$ N.

Wie groß sind jetzt

a) die Normalkraft F_N und die Reibungskraft F_R an der Bremsbacke,
b) die Stützkraft im Hebellager A,
c) das Bremsmoment,
d) die Bremsleistung?

373 Der Klemmhebel des Reibungssperrgetriebes einer Winde soll so gelagert werden, dass er die schwebende Last durch Selbsthemmung festhält. Die Reibungszahl beträgt 0,1. Die Last erzeugt im Getriebegehäuse ein rechtsdrehendes Kraftmoment $M = 80$ Nm.

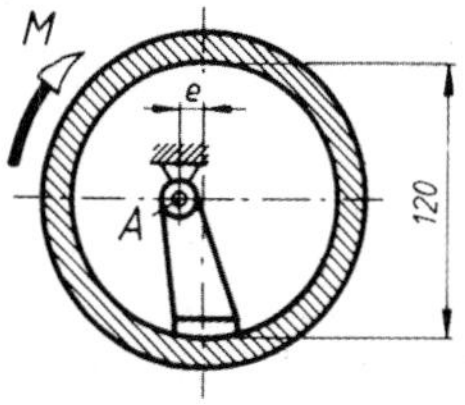

Es sind zu ermitteln:

a) die am Klemmhebel erforderliche Reibungskraft,
b) die dafür erforderliche Normalkraft an der Reibungsfläche,
c) die Kraft, mit der die Gehäusewelle belastet wird,
d) das zulässige Größtmaß für das Maß e, wenn das Sperrgetriebe selbsthemmend wirken soll,
e) die Stützkraft, die der Hebelbolzen in seinem Lager A aufnimmt.
f) Welchen Einfluss hat der Betrag des Bremsmomentes auf die Selbsthemmung?

374 Die Doppelbackenbremse für eine Winde wird durch die Feder mit 500 N belastet. Die Abmessungen betragen l_1 = 110 mm, l_2 = 180 mm, l_3 = 420 mm, d = 320 mm und die Reibungszahl μ = 0,48. Für Rechtslauf der Bremsscheibe sind zu ermitteln:

a) die Reibungskraft F_{RA} und die Normalkraft F_{NA} an der Bremsbacke A sowie die Stützkraft im Hebellager C,
b) die Reibungskraft F_{RB} und die Normalkraft F_{NB} an der Bremsbacke B sowie die Stützkraft F_D,
c) die Bremsmomente M_A und M_B für beide Backen,
d) das Gesamtbremsmoment,
e) die Belastung der Bremsscheibenwelle.

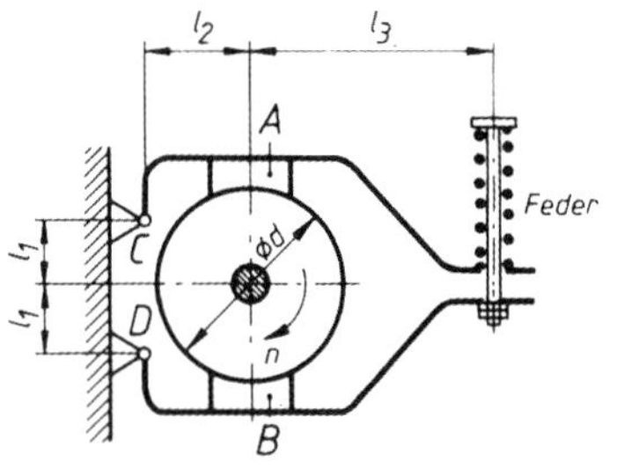

375 Die Doppelbackenbremse eines Kranhubwerks befindet sich auf der Antriebswelle des Hubgetriebes. Die Last erzeugt an der Seiltrommel ein Drehmoment von 3700 Nm. Das Hubgetriebe mit einem Übersetzungsverhältnis i = 34,2 hat zusammen mit der Seiltrommel den Wirkungsgrad η = 0,86. Die Reibungszahl für den Bremsbelag auf der Gusseisen-Bremsscheibe beträgt μ = 0,5. Die Bremse soll eine Sicherheit ν = 3 aufweisen, d. h. sie muss ein Bremsmoment aufbringen können, das dreimal so groß ist wie das zum Halten erforderliche Moment.

Gesucht:

a) das erforderliche Bremsmoment unter Berücksichtigung des Getriebewirkungsgrades,
b) das maximale Bremsmoment bei dreifacher Sicherheit,
c) die hierzu erforderliche Reibungskraft an jeder Bremsbacke,
d) die Normalkraft an jeder Bremsbacke,
e) die erforderliche Federkraft F,
f) die Belastung der Bremshebellager L.

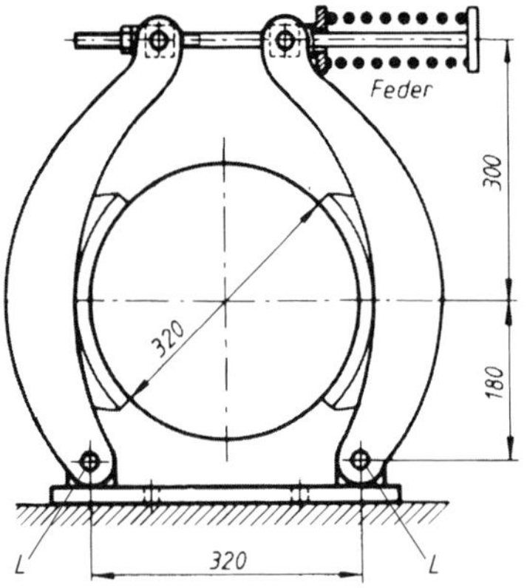

Bandbremse

376 Der Bandbremshebel eines Kranhubwerks wird durch den Einstellkörper mit der Kraft F = 150 N belastet. Die Reibungszahl beträgt 0,3.

Gesucht:
a) der Umschlingungswinkel α im Bogenmaß,
b) der Wert $e^{\mu\alpha}$
c) die Spannkraft F_2 im ablaufenden (rechten) Bandende,
d) die Spannkraft F_1 im auflaufenden Bandende,
e) die Reibungskraft am Scheibenumfang,
f) das Bremsmoment.

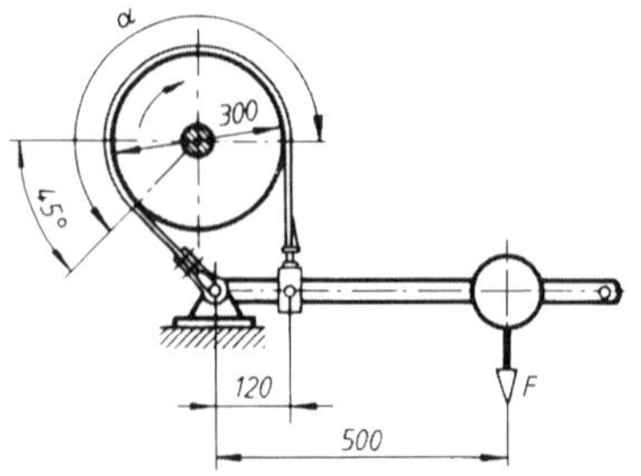

377 In der Schemaskizze ist die Fahrwerksbremse eines Laufkrans dargestellt. Die Abmessungen betragen l_1 = 100 mm, l = 450 mm und d = 300 mm. Die Reibungszahl für leicht gefettetes Bremsband kann mit μ = 0,25 angenommen werden. An der Bremsscheibe soll ein Drehmoment von 70 Nm bei Rechtslauf der Bremsscheibe abgebremst werden. Umschlingungswinkel α = 270°.

Wie groß ist

a) die erforderliche Bremskraft = Reibungskraft an der Bremsscheibe,
b) der Wert $e^{\mu\alpha}$,
c) die Spannkraft F_1 im auflaufenden (linken) Bandende,
d) die Spannkraft F_2 im ablaufenden Bandende,
e) die Kraft F, mit der die Bremse angezogen werden muss,
f) die Belastung des Hebeldrehpunktes D?
g) Welchen Einfluss hat die Drehrichtung der Bremsscheibe und damit die Fahrtrichtung des Krans auf die Bremswirkung?

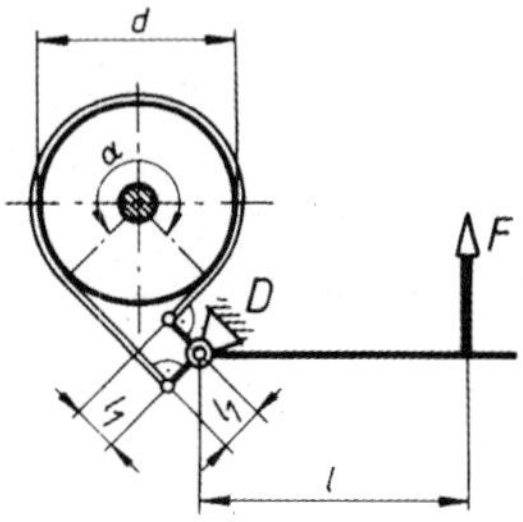

378 Die Skizze zeigt schematisch die Bremse einer Handwinde. Der Bremshebel ist mit der Kraft F = 100 N belastet. Die Reibungszahl für Stahlbremsband ohne Reibungsbelag auf der Gusseisen-Scheibe beträgt μ = 0,18.

Bei rechtsdrehender Bremsscheibe sind zu berechnen

a) der Wert $e^{\mu\alpha}$,
b) die Bandspannkräfte F_1 und F_2 im auflaufenden und im ablaufenden Bandende,
c) die Bremskraft am Scheibenumfang,
d) das Bremsmoment,
e) die Belastung des Hebeldrehpunktes A.
f) Welche Bremshebelbelastung F ist erforderlich, wenn bei rechtsdrehender Bremsscheibe ein Drehmoment von 70 Nm wie in Aufgabe 377 abzubremsen ist?

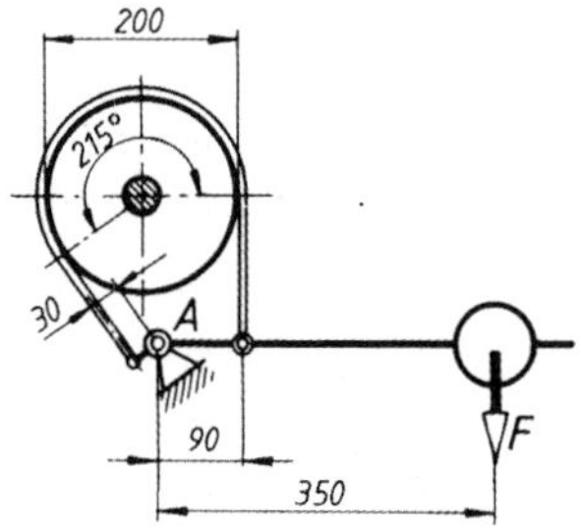

Rollwiderstand (Rollreibung)

379 Bei einem Versuch zur Ermittlung des Hebelarms der Rollreibung setzt sich ein zylindrischer Prüfkörper mit 100 mm Durchmesser in Bewegung, wenn seine Unterstützungsebene um 1,1° zur Waagerechten geneigt ist.

a) Wie groß ist der Hebelarm der Rollreibung?
b) Welcher Neigungswinkel wäre für einen Prüfkörper mit 50 mm Durchmesser aus dem gleichen Werkstoff erforderlich gewesen?

380 Der Rollenkopf einer Rollennaht-Schweißmaschine wird mit einer Kraft $F = 2$ kN auf die zu verschweißenden Bleche gedrückt und dabei seitwärts bewegt.
Der Hebelarm der Rollreibung beträgt 0,06 cm, der Rollendurchmesser $d = 400$ mm.

Wie groß ist die waagerechte Seitenkraft, welche die Laufrollen des Tisches an den Schienen abzustützen haben?

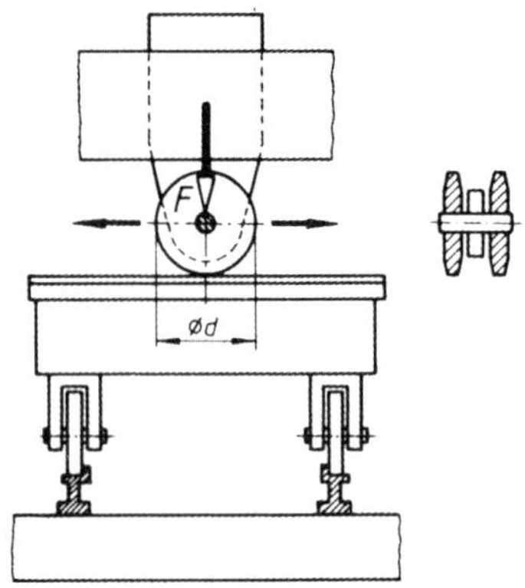

381 Der Aufspanntisch einer Flachschleifmaschine läuft in zwei waagerechten Rollenführungen, die seine Gewichtskraft von 3,8 kN aufnehmen. Die Rollen haben 20 mm Durchmesser und laufen in einem Käfig mit dem Tisch hin und her. Der Hebelarm der Rollreibung beträgt für gehärtete Rollen und Führungsbahnen 0,07 cm.

a) Welche Kraft ist zum Verschieben des Tisches erforderlich?
b) Wie wirkt sich eine Verkleinerung des Rollendurchmessers auf die Verschiebekraft aus?

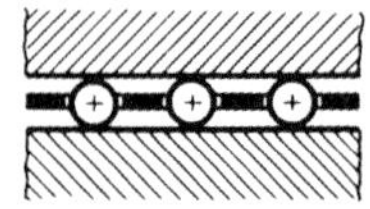

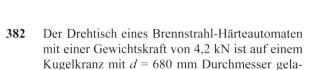

Lösungshinweis: Bei der Berechnung kann so verfahren werden, als ob *nur eine* Rolle die gesamte Gewichtskraft aufnähme.

382 Der Drehtisch eines Brennstrahl-Härteautomaten mit einer Gewichtskraft von 4,2 kN ist auf einem Kugelkranz mit $d = 680$ mm Durchmesser gelagert. Die Kugeln haben 12 mm Durchmesser, der Hebelarm der Rollreibung beträgt 0,005 cm.

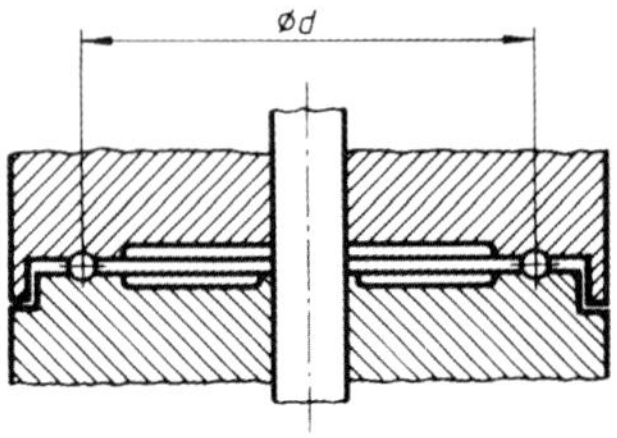

a) Wie groß ist der am Umfang des Kugelkranzes auftretende Rollwiderstand?
b) Welches Drehmoment ist zum gleichförmigen Drehen erforderlich?

383 Die Skizze zeigt die Stützklaue einer Schraubenwinde, die mit F = 30 kN belastet wird, in zwei verschiedenen Ausführungen.

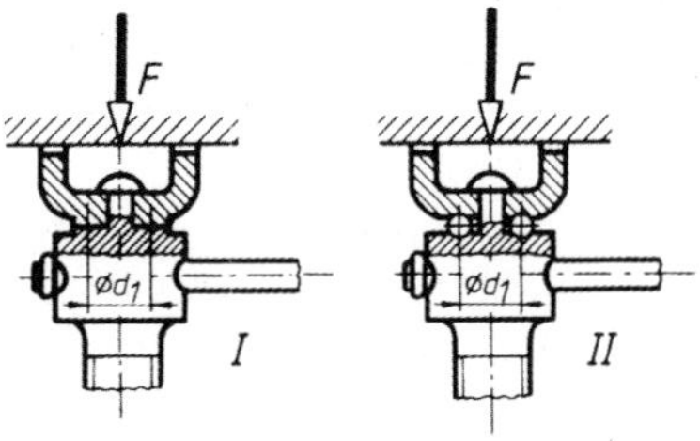

Ausführung I: Die Klaue liegt auf dem Spindelkopf mit einer ringförmigen Fläche von d_1 = 50 mm mittlerem Durchmesser auf. Die Reibungszahl beträgt 0,12.

Ausführung II: Zwischen Klaue und Spindelkopf liegen Kugeln mit 10 mm Durchmesser in einer ringförmigen Rille mit d_1 = 50 mm mittlerem Durchmesser. Der Hebelarm der Rollreibung beträgt 0,05 cm.

a) Wie groß ist das Auflagereibungsmoment bei Ausführung I?
b) Wie groß ist das Moment der Rollreibung bei Ausführung II?

384 Eine kleine Straßenwalze für Handbetrieb soll so schwer gebaut werden, dass die erforderliche Zugkraft F, unter dem Winkel α = 30° schräg nach oben wirkend, den Betrag von 500 N nicht überschreitet. Der Hebelarm der Rollreibung wird auf weichem Straßenbelag mit f = 5,4 cm angenommen, der Durchmesser d beträgt 500 mm, die Reibung in den Zugstangenlagern wird vernachlässigt.

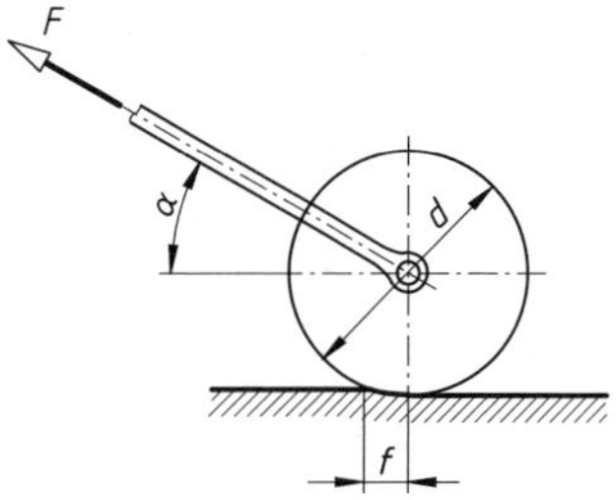

a) Welche Gewichtskraft darf die Walze haben?
b) Wie groß muss der Durchmesser einer Walze ausgeführt werden, wenn sie bei gleicher Zugkraft F eine Gewichtskraft von 3 kN haben soll?

385 Ein Hobelmaschinentisch läuft in zwei unter 45° geneigten Führungen auf Kreuzrollenketten. Seine Gewichtskraft F_G = 18 kN verteilt sich gleichmäßig auf beide Führungen. Der Rollendurchmesser beträgt 36 mm und der Hebelarm der Rollreibung 0,07 cm.

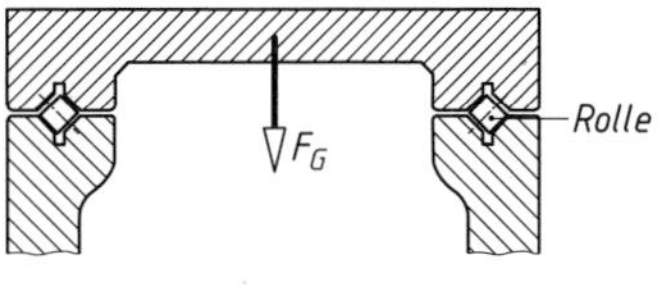

Wie groß sind

a) die Normalkraft auf jede Führungsbahn,
b) die Kraft zum Längsverschieben des Tisches?

4 Dynamik

Übungen mit dem *v*, *t*-Diagramm

400 Auf einem Förderband bewegen sich Pakete gleichförmig mit $v_1 = 1$ m/s, gelangen dann auf eine abwärts führende Rutsche, die sie in 3 s durchlaufen und mit einer Geschwindigkeit $v_2 = 6$ m/s verlassen. Danach werden sie auf einer waagerechten Auslaufstrecke auf $v_3 = 0{,}5$ m/s gebremst und gelangen mit dieser Geschwindigkeit auf ein weiteres Förderband.

Gesucht wird das *v*, *t* -Diagramm mit allen gegebenen Größen.

401 Eine Stahlkugel fällt aus einer Höhe *h* auf eine Stahlplatte und springt auf die Höhe des Startpunktes zurück.

Gesucht wird das *v*, *t* -Diagramm.

402 Ein Ball wird mit einer Anfangsgeschwindigkeit v_0 nach oben geworfen, erreicht nach 4 s die Gipfelhöhe und landet dann nach weiteren 3 s nicht am Startpunkt, sondern auf einem darüber gelegenen Dach.

Gesucht wird das *v*, *t* -Diagramm.

403 Ein Lkw fährt gleichförmig mit $v_1 = 80$ km/h auf einer Straße an einer Tankstelle vorbei, von der zu diesem Zeitpunkt ein Pkw startet, der bis auf seine Höchstgeschwindigkeit $v_2 = 100$ km/h beschleunigt und nach einem gewissen Zeitabschnitt den Lkw einholt.

Gesucht wird das *v*, *t* -Diagramm mit beiden Geschwindigkeitslinien.

404 Ein Körper wird mit $v_1 = 30$ m/s senkrecht in die Höhe geworfen. Ein zweiter Körper wird 1 s später mit $v_2 = 40$ m/s nachgeschickt. Beide erreichen ihre Gipfelhöhe und fallen wieder zu Boden.

Gesucht wird das *v*, *t* -Diagramm mit beiden Geschwindigkeitslinien.

Gleichförmig geradlinige Bewegung

405 Ein Schiff legt 1500 Seemeilen in 7 Tagen 19 Stunden und 12 Minuten zurück. (1 Seemeile = 1,852 km)

Wie groß ist die Geschwindigkeit in km/h und m/s?

406 Ein Schrägaufzug hat eine Steigung von 60° zur Waagerechten. Er überwindet einen Höhenunterschied *h* von 40 m in der Zeit von 0,75 min.

Wie groß ist die Geschwindigkeit auf der schiefen Ebene in m/s?

407 Ein Laufkran benötigt 138 s, um eine Halle von 92 m Länge zu durchfahren.

Wie groß ist die Geschwindigkeit in m/s und m/min?

408 Gesucht wird die Zeit, die ein Lichtsignal braucht, um im Universum eine Entfernung von $1{,}5 \cdot 10^6$ km zu durchlaufen. Die Lichtgeschwindigkeit c im Vakuum beträgt $2{,}998 \cdot 10^8$ m/s.

409 Ein Schweißer braucht zum Schweißen von 1 m Naht eine Zeit von 12 min.

Gesucht:

a) die Schweißgeschwindigkeit in m/min,
b) die Schweißzeit für 3,75 m Naht.

410 Durch eine Rohrleitung mit der Nennweite NW 400 sollen je Stunde 480000 l Öl fließen.

Zu berechnen ist die Strömungsgeschwindigkeit des Öls in m/s.

411 Mit Hilfe von Radarimpulsen, deren Ausbreitungsgeschwindigkeit 300 000 km/s beträgt, wird ein Ziel angestrahlt. Die reflektierten Impulse werden nach 200 μs wieder aufgenommen.

Welche Entfernung hat das Ziel?

412 Eine Strangpressanlage arbeitet mit einer Pressgeschwindigkeit von 1,3 m/min. Es wird ein Profil von 25 cm^2 Querschnitt erzeugt. Der Rohblock hat 300 mm Durchmesser und 600 mm Länge.

Gesucht:

a) die Länge des Profilstranges,
b) die Presszeit,
c) die Geschwindigkeit des Pressstempels.

413 Ein Draht wird kalt von $d_1 = 2{,}5$ mm auf $d_2 = 2$ mm und weiter auf $d_3 = 1{,}6$ mm Durchmesser gezogen. Er läuft mit einer Geschwindigkeit von $v_1 = 2$ m/s in den ersten Ziehring ein.

Zu ermitteln sind die Geschwindigkeiten v_2 und v_3 der zwei nachfolgenden Züge, wenn das Werkstoffvolumen beim Ziehen konstant bleibt.

414 Eine Stranggussanlage soll den Inhalt einer Gießpfanne von 60 t Stahl während 50 min vergießen. Es werden gleichzeitig 8 Knüppelstränge von je 110 × 110 mm Querschnitt aus den Kokillen gezogen. Dichte Stahl $\varrho = 7850$ kg/m^3.

Gesucht:

a) die Gesamtlänge der Stränge,
b) die erforderliche Geschwindigkeit in m/min, mit der die Stränge aus der Kokille gezogen werden müssen.

415 Ein Radfahrer fährt mit einer Geschwindigkeit von $v_1 = 18$ km/h ohne Halt über eine Strecke von $\Delta s_{ges} = 30$ km. Gleichzeitig mit ihm startet ein Mopedfahrer, der $v_2 = 30$ km/h fährt. Nach einer Strecke von $\Delta s_1 = 20$ km macht der Mopedfahrer Pause.

a) Nach wie viel Minuten macht der Mopedfahrer Rast?
b) Wie viel Minuten nach dem Start erreicht der Radfahrer den Rastplatz?
c) Wie viel Minuten kann der Mopedfahrer dann noch rasten, um gleichzeitig mit dem Radfahrer das Ziel zu erreichen?

416 Zwei Lastzüge von je 20 m Länge fahren mit konstanter Geschwindigkeit eine Steigung hinauf. Der erste fährt mit einer Geschwindigkeit von 30 km/h, der zweite mit 35 km/h. Der zweite ist bis auf 30 m Abstand an den ersten herangekommen. Wie lange dauert der Überholvorgang, bis der hintere Lastzug sich mit 30 m Abstand an die Spitze gesetzt hat?

Gleichmäßig beschleunigte oder verzögerte Bewegung

417 Eine Straßenbahn erreicht nach einer Zeit von 12 s eine Geschwindigkeit von 6 m/s. Gesucht ist der Anfahrweg.

418 Ein Lastwagen hat nach 100 m Anfahrstrecke eine Geschwindigkeit von 36 km/h erreicht.

Gesucht ist die Anfahrzeit.

419 Eine Tischhobelmaschine arbeitet mit einer Schnittgeschwindigkeit von 18 m/min. Innerhalb von 0,5 s wird der Tisch abgebremst und auf die gleiche Rücklaufgeschwindigkeit gebracht.

Zu berechnen ist die Verzögerung und die Beschleunigung.

420 Ein Motorrad kann mit einer Verzögerung von 3,3 m/s^2 abgebremst werden. Es kommt aus hoher Geschwindigkeit nach 8,8 s zum Stillstand.

Gesucht:

a) die Geschwindigkeit vor dem Bremsen,
b) der Bremsweg.

421 Der Wasserstrahl eines Feuerlöschgerätes soll bei senkrechter Strahlrichtung eine größte Höhe von 30 m erreichen.

Gesucht ist die erforderliche Austrittsgeschwindigkeit des Wassers am Strahlrohr.

422 Auf einer Gefällestrecke erhält ein Zug die Beschleunigung 0,18 m/s^2.

Gesucht ist die Zeit, nach der aus dem Stillstand eine Geschwindigkeit von 70 km/h erreicht ist.

423 Ein Waggon wird aus einer Geschwindigkeit von 3,6 km/h durch einen Hemmschuh auf 0,5 m Weg zum Stillstand gebracht.

Zu berechnen ist die Verzögerung des Waggons.

424 Auf einem Verschiebebahnhof befindet sich am Fuß des Ablaufberges eine 5 m lange Bremseinrichtung. Ein Waggon fährt mit einer Geschwindigkeit von 11,4 km/h in die Bremseinrichtung ein und durchläuft sie in 2,5 s.

Gesucht:

a) die Geschwindigkeit beim Verlassen der Bremsstrecke,
b) die Verzögerung des Waggons.

425 Die Aufschlaggeschwindigkeit eines frei fallenden Körpers am Boden beträgt 40 m/s.

Gesucht:

a) die Fallzeit,
b) die Fallhöhe.

426 Ein Körper wird mit einer Geschwindigkeit von 1200 m/s senkrecht nach oben abgeschossen.

Gesucht:

a) die Steighöhe,
b) die Steigzeit,
c) die Steigzeit bis in 10000 m Höhe.

427 Ein Pkw erreicht eine Gefällstrecke mit einer Geschwindigkeit von 30 km/h. Er rollt ungebremst im Leerlauf abwärts und erhält dadurch eine Beschleunigung von 1,1 m/s². Die Gefällstrecke ist 400 m lang.

Gesucht:

a) die Geschwindigkeit am Ende der Gefällstrecke,
b) die Fahrzeit auf der Gefällstrecke.

428 Ein Werkstück wird aus einem Automaten mit einer Geschwindigkeit von 1,4 m/s ausgestoßen und gleitet auf einer abfallenden Rutsche weiter. Die Geschwindigkeit am Ende der Rutsche beträgt 0,3 m/s, die Bremsverzögerung 0,8 m/s².

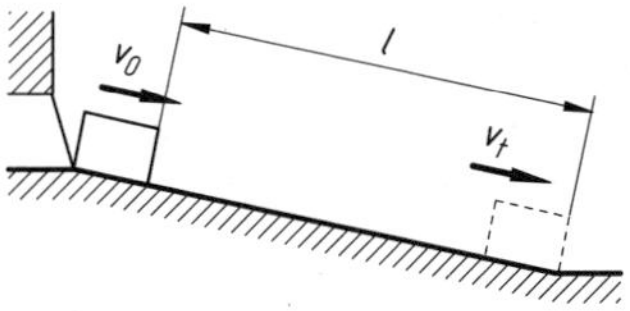

Gesucht:

a) die Rutschdauer,
b) die Länge *l* der Rutsche.

429 Eine Kegelkugel rollt auf der Rücklaufbahn mit einer Geschwindigkeit von 1,5 m/s. Sie rollt nach Überwinden der Steigung mit einer Geschwindigkeit von 0,3 m/s weiter.

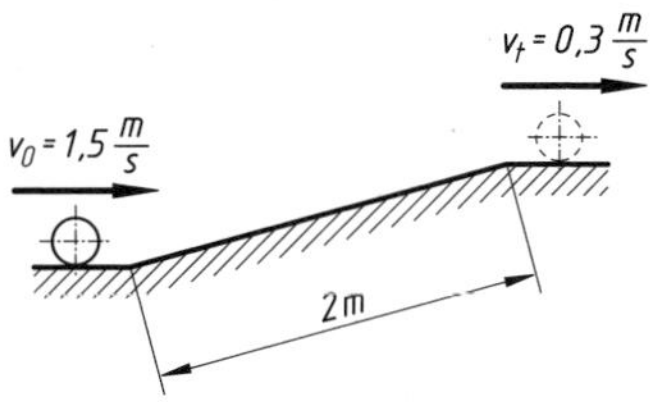

Gesucht:

a) die Verzögerung der Kugel auf der Steigung,
b) die Laufzeit der Kugel auf der Steigung.

430 Ein Körper fällt aus einer Höhe von 45 m frei herab.

Gesucht:

a) die Fallzeit,
b) die Endgeschwindigkeit,
c) die Höhe über dem Boden nach der halben Fallzeit,
d) die Höhe über dem Boden, in der die halbe Endgeschwindigkeit erreicht ist,
e) die Fallzeit bis zur halben Höhe.

431 Das Seil eines abwärts fahrenden Fördergefäßes reißt 28 m über dem Schachtgrund. Durch Versagen der Fangvorrichtung fällt es frei weiter und schlägt 1,5 s nach dem Bruch auf dem Boden auf.

Gesucht:

a) die Aufschlaggeschwindigkeit des Fördergefäßes,
b) die Fahrgeschwindigkeit vor dem Seilbruch.

432 Ein Stein wird senkrecht nach oben geworfen und schlägt nach 8 s wieder auf.

Gesucht:

a) die Anfangsgeschwindigkeit,
b) die Steighöhe.

433 Ein Triebwagen fährt auf einer Station mit einer Beschleunigung von 0,2 m/s^2 an, erreicht seine Fahrgeschwindigkeit, fährt damit gleichförmig weiter und bremst 500 m vor der nächsten Station, um auf dem Bahnhof zum Stillstand zu kommen. Die Stationen liegen 5 km auseinander, die Fahrzeit beträgt 6 min.

Zu berechnen ist die Fahrgeschwindigkeit.

Lösungshinweis: Die Fahrstrecke ist im v, t-Diagramm ein Trapez. Es ergibt sich eine Gleichung für eine Variable, wenn diese Trapezfläche als Differenz vom großen Rechteck ($\triangleq v\,\Delta t_{ges}$) und den zwei Dreiecken angesetzt wird.

434 Eine Eisenbahnstrecke von 60 km Länge soll mit zwei Zwischenaufenthalten von je 3 Minuten Dauer in 60 min zurückgelegt werden. Die Teilstrecken sind jeweils gleich lang. Ein Triebwagen, der die Strecke befahren soll, erreicht beim Anfahren eine Beschleunigung von 0,18 m/s^2 und beim Bremsen 0,3 m/s^2.

Gesucht ist die Geschwindigkeit, die der Triebwagen auf freier Strecke einhalten muss.

435 Ein Schrägaufzug transportiert Lasten über eine Strecke von Δs = 200 m mit einer Geschwindigkeit von v_B = 1 m/s. Beschleunigung und Verzögerung sind gleich und betragen a = 0,1 m/s^2.

Gesucht:

a) die Zeit t_B für eine Bergfahrt,
b) die Zeit t_T für eine Talfahrt, die mit 1,5-facher Geschwindigkeit erfolgt.

436 Ein Rennwagen fährt mit einer Geschwindigkeit von v_1 = 180 km/h an den Boxen vorbei. Zur gleichen Zeit startet dort ein anderer Wagen mit einer Beschleunigung von 3,8 m/s^2. Er beschleunigt bis zu einer Geschwindigkeit von v_2 = 200 km/h und fährt dann gleichförmig weiter.

Gesucht:

a) die Zeit, die der zweite Wagen bis zum Einholen braucht,
b) der Weg des zweiten Wagens bis zum Einholen.

437 Der Fahrer eines Kraftwagens hat bei einem Unfall einen Verkehrsteilnehmer gestreift, nach kurzer Reaktionszeit gebremst und ist 60 m nach dem Zusammenstoß zum Stehen gekommen. Die mögliche Bremsverzögerung des Pkw wird mit 3,4 m/s^2 angenommen. Dem Fahrer wird eine Reaktionszeit von 0,9 Sekunden zugestanden.

Welche Geschwindigkeit hatte der Kraftwagen?

438 Ein Lastkraftwagen fährt mit einer Geschwindigkeit v_1 = 72 km/h auf einer geraden Strecke. Ihm folgt ein Pkw mit gleicher Geschwindigkeit in 5 m Abstand. Dessen Höchstgeschwindigkeit beträgt v_2 = 90 km/h. 150 m vor dem Pkw ist ein Engpass. Der Fahrer will vorher noch überholen und muss beim Erreichen des Engpasses mit 10 m Abstand vor dem Lkw liegen.

Gesucht:

a) die Dauer des Überholvorgangs,
b) die Beschleunigung, die der Pkw aufbringen muss.

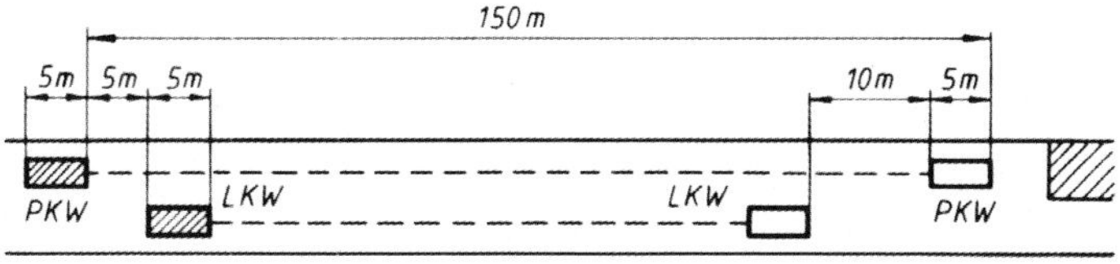

439 Auf einer Paketförderanlage werden Pakete auf einer waagerechten Strecke von 36 m Länge mit einer Geschwindigkeit von 1,2 m/s gleichförmig bewegt. Anschließend gelangen sie auf eine abwärts führende Rutsche von 7 m Länge, auf der sie mit 2 m/s^2 beschleunigt werden. Dahinter folgt eine waagerechte Auslaufstrecke, auf der sie eine Verzögerung von 3 m/s^2 erhalten. Die Pakete sollen soweit gebremst werden, dass sie mit einer Endgeschwindigkeit von 0,2 m/s die Auslaufstrecke verlassen.

Gesucht:

a) die Geschwindigkeit am Ende der Rutsche,
b) die Länge der Auslaufstrecke,
c) die Laufzeit über die ganze Strecke.

440 Ein Pkw fährt mit einer Geschwindigkeit von 60 km/h. Bei kräftigem Bremsen kann er eine Verzögerung von 5 m/s² erreichen. Ihm folgt im Abstand l ein zweiter Wagen mit gleicher Geschwindigkeit. Wegen des schlechteren Zustands seiner Reifen und Bremsen erreicht er nur eine Verzögerung von 3,5 m/s².

Gesucht ist der Abstand l, den der zweite Wagen einhalten muss, um beim Stoppen des ersten nicht aufzufahren. Es wird angenommen, dass der Fahrer des zweiten Wagens mit einer Reaktionszeit von einer Sekunde nach dem Bremsen des ersten Wagens die Bremse betätigt.

441 Ein Bauaufzug mit einer Förderhöhe h = 18 m fährt leer abwärts. Da die Fördermaschine von der Seiltrommel sehr schnell Seil ablaufen lässt, kann die Abwärtsfahrt als freier Fall betrachtet werden.

Wie viele Meter über dem Boden muss das Fördergestell gebremst werden, um am Boden zum Stillstand zu kommen, wenn die Anlage eine Verzögerung von 40 m/s² zulässt?

442 Vom Dach eines Gebäudes mit 60 m Höhe über der Straße wird ein Körper mit einer Anfangsgeschwindigkeit v_0 nach oben geworfen. Bei der Abwärtsbewegung fällt er an der Gebäudewand entlang und schlägt auf der Straße auf. Die gesamte Bewegung dauert 6 s.

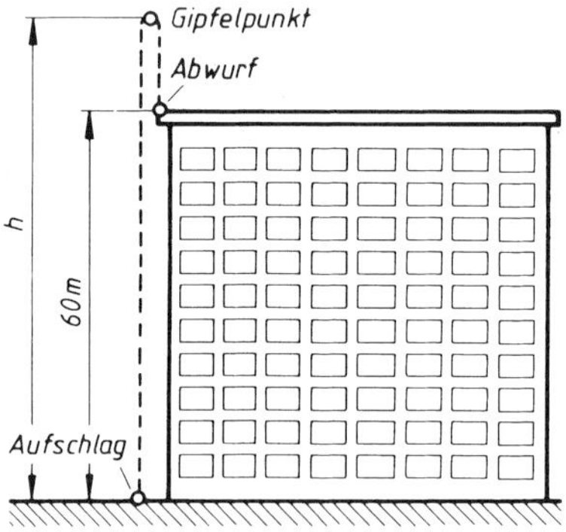

Gesucht:

a) die Anfangsgeschwindigkeit v_0,
b) die Aufschlaggeschwindigkeit v_t,
c) die Gipfelhöhe h über der Straße.

443 Ein Fahrstuhl bewegt sich mit einer Geschwindigkeit von 4 m/s aufwärts. Plötzlich reißt das Seil und die Fangvorrichtung spricht 0,5 s nach dem Bruch an und setzt den Korb nach weiteren 0,25 s still.

Gesucht:

a) Zeit und Weg vom Seilbruch bis zum Stillstand vor dem Fall,
b) Betrag und Richtungssinn der Geschwindigkeit beim Ansprechen der Fangvorrichtung,
c) der Fallweg bis zum Stillstand nach dem Fall.

Waagerechter Wurf

444 Ein Geschoss wird waagerecht mit einer Geschwindigkeit v_x = 500 m/s abgeschossen. Das punktförmige Ziel liegt in Verlängerung der Rohrachse 100 m entfernt. Das Geschoss schlägt im Abstand h unter dem Ziel ein.

Gesucht ist unter Vernachlässigung des Luftwiderstands:

a) die Funktionsgleichung $h = f(s_x, v_x)$ und den Abstand h,
b) die Änderung des Abstands h, wenn die Geschwindigkeit v_x verdoppelt wird.

445 Von einem Förderband wird Kies in den darunter liegenden Lastkahn gefördert. Der Kies soll unter der Annahme, dass er sich vom höchsten Punkt mit einer Geschwindigkeit v_x = 2 m/s in waagerechter Richtung vom Band löst, in die Mitte der Ladeluke fallen. Abstände: l_1 = 4 m und h = 4 m.

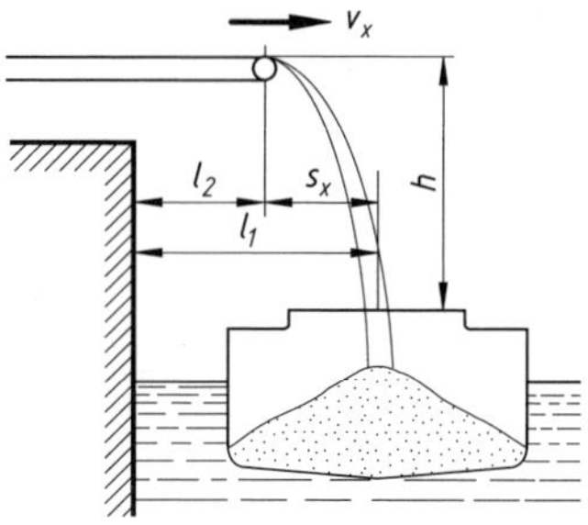

Gesucht:

a) die Wurfweite $s_x = f(v_x, h)$,
b) der Überstand l_2, den das Band erhalten muss.

446 Ein Flugzeug soll eine Box mit Medikamenten auf ein Boot abwerfen. Es fliegt mit einer Geschwindigkeit von 250 km/h in einer Höhe h = 50 m an.

Gesucht:

a) die Entfernung s_x vom Boot, in der die Box abgeworfen werden muss,
b) die Geschwindigkeit v der Box beim Auftreffen und der Winkel α des Geschwindigkeitsvektors zur Waagerechten.

447 Bei einem Demonstrationsversuch über die Güte von gehärteten Stahlkugeln rollen diese über eine schiefe Ebene und werden auf die Geschwindigkeit v_x beschleunigt, mit der sie die Ablaufkante verlassen und im waagerechten Wurf auf einer Stahlplatte landen. Von dort prallen sie elastisch zurück und erreichen eine Auffangvorrichtung. Alle von der Norm abweichenden Kugeln verfehlen diese. Abmessungen: s_x = 0,6 m, h = 1 m.

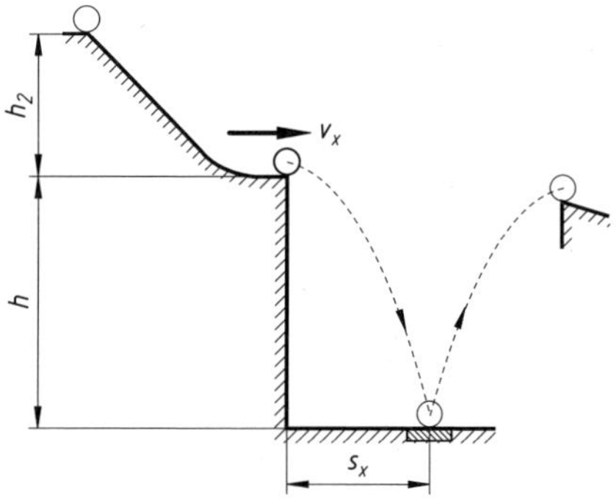

Gesucht:

a) die erforderliche Geschwindigkeit v_x an der Ablaufkante,
b) die Höhe h_2 des Startpunkts ohne Berücksichtigung der Rotationsenergie.

Schräger Wurf

448 Ein Rasensprenger besteht aus einem Rohr mit Querbohrungen. Zum Sprengen schwenkt das Rohr periodisch um die senkrechte Strahlrichtung nach links und rechts, um eine Fläche von der Breite l = 2 s = 10 m zu überstreichen. Das Wasser tritt mit einer Geschwindigkeit von v_0 = 15 m/s aus den Bohrungen. Zu entwickeln ist eine Gleichung für den Winkel $\alpha = f(s, v_0)$. Wie groß ist der Winkel α?

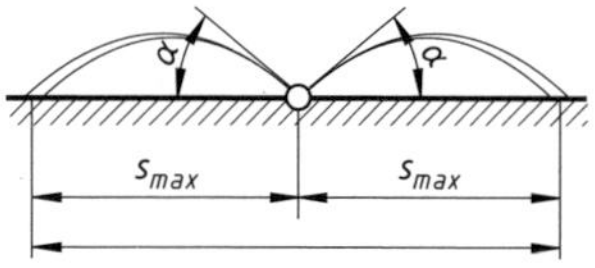

449 Ein Leichtathlet wirft seinen Speer über eine Strecke von 90 m.

Zu berechnen ist die Geschwindigkeit des Speers beim Abwurf unter der Annahme, dass Start- und Zielpunkt auf gleicher Höhe liegen und der Winkel beim Abwurf $\alpha = 40°$ beträgt.

450 Ein Geschoss wird mit einer Geschwindigkeit von 600 m/s unter dem Winkel $\alpha = 70°$ abgefeuert. Die Verlängerung der Rohrachse zeigt auf das ruhende Ziel (Ballon) in 4000 m Höhe.

Wie groß ist die horizontale Abweichung zwischen dem Ziel und dem Ort des Geschosses, wenn es die Höhe 4000 m erreicht hat?

451 Ein Geschoss wird mit der Anfangsgeschwindigkeit $v_0 = 100$ m/s unter dem Winkel $\alpha = 60°$ abgefeuert. Nach $\Delta t = 15$ s schlägt es wieder auf dem Boden auf.

a) Wie groß ist der Abstand s_x des Aufschlagpunkts (waagerecht gemessen) vom Abschusspunkt.

b) Zu entwickeln ist eine Gleichung für die Höhe h des Aufschlagpunkts über dem Abschusspunkt in der Form $h = f(v_0, \Delta t, \alpha)$. Wie groß ist die Höhe h?

Gleichförmige Drehbewegung

453 Ein Lagerzapfen mit 35 mm Durchmesser hat eine Drehzahl von 2800 min^{-1}.

Gesucht ist die Gleitgeschwindigkeit in m/s.

454 Der Erdradius am Äquator beträgt 6371 km.

Wie groß ist die Geschwindigkeit eines Punktes am Äquator relativ zum Erdmittelpunkt?

455 Eine Dampfturbine hat in der letzten Stufe einen Laufraddurchmesser $d = 1650$ mm. Die Drehzahl beträgt 3000 min^{-1}.

Gesucht ist die Umfangsgeschwindigkeit der Schaufelenden in m/s.

456 Ein Radfahrer fährt mit einer Geschwindigkeit von 25 km/h. Sein Fahrrad hat Laufräder mit 28″-Reifen.

Wie groß ist bei schlupffreier Fahrt

a) die Umfangsgeschwindigkeit eines Punktes auf dem äußersten Reifenprofil in m/s, wenn die Formänderung des Reifens unberücksichtigt bleibt?
b) die Drehzahl eines Rades in min^{-1}?

457 Auf einer Drehmaschine werden Werkstücke mit einer Drehzahl $n = 250\ \text{min}^{-1}$ bearbeitet. Dabei soll eine Schnittgeschwindigkeit von 37 m/min nicht überschritten werden.

Zu berechnen ist der größte zulässige Drehdurchmesser.

458 Eine Schleifspindel hat eine Drehzahl $n = 2800 \text{ min}^{-1}$. Die zulässige Umfangsgeschwindigkeit für die verwendete Scheibensorte beträgt 40 m/s.

Gesucht ist der größte Schleifscheibendurchmesser, der aufgespannt werden darf, ohne dass diese Umfangsgeschwindigkeit überschritten wird.

459 Die zulässige Umfangsgeschwindigkeit einer Schleifscheibe beträgt 30 m/s. Sie hat einen Durchmesser von 400 mm und kann bis auf einen kleinsten Durchmesser von 180 mm abgenutzt werden. Nachdem die Hälfte des nutzbaren Schleifkörpervolumens abgeschliffen ist, soll die Drehzahl heraufgesetzt werden, damit die Scheibe wieder mit einer Umfangsgeschwindigkeit von 30 m/s läuft.

Gesucht:

a) der Scheibendurchmesser, bei dem die Scheibe zur Hälfte abgenutzt ist,
b) die Drehzahlen für den Durchmesser 400 mm und für den unter a) zu bestimmenden Durchmesser.

460 Zu berechnen ist die Winkelgeschwindigkeit des Stunden-, Minuten- und Sekundenzeigers einer Uhr.

461 Eine Stufenscheibe dreht sich mit einer Winkelgeschwindigkeit $\omega = 18{,}7$ rad/s. Ihre Durchmesser sind 120 mm, 180 mm und 240 mm.

Zu berechnen sind die Umfangsgeschwindigkeiten in m/s.

462 Ein Pkw fährt mit einer Geschwindigkeit von 120 km/h. Der Rollradius seiner Räder beträgt 310 mm.

Gesucht:

a) die Drehzahl der Räder,
b) die Winkelgeschwindigkeit der Räder.

463 Ein Wagenrad legt eine Strecke von 3600 m in 4 min gleichförmig zurück. Dabei macht es 1750 Umdrehungen.

Gesucht:

a) die Umfangsgeschwindigkeit,
b) der Raddurchmesser,
c) die Winkelgeschwindigkeit.

464 Das drehbare Oberteil eines fahrbaren Greifbaggers schwenkt in 8 s um 180°. Der Bagger hat 5,4 m Ausladung von der Drehachse aus.

Gesucht:

a) die Drehzahl,
b) die Winkelgeschwindigkeit,
c) die Umfangsgeschwindigkeit des Greifers.

465 Die skizzierte schwingende Kurbelschleife treibt den Stößel einer Waagerecht-Stoßmaschine an. Der Drehradius des Kurbelzapfens beträgt $r = 150$ mm, die Länge des Kulissenhebels (Schwinge) $l_1 = 900$ mm, der Abstand $l_2 = 600$ mm. Die Kurbel dreht sich mit 24 min^{-1}.

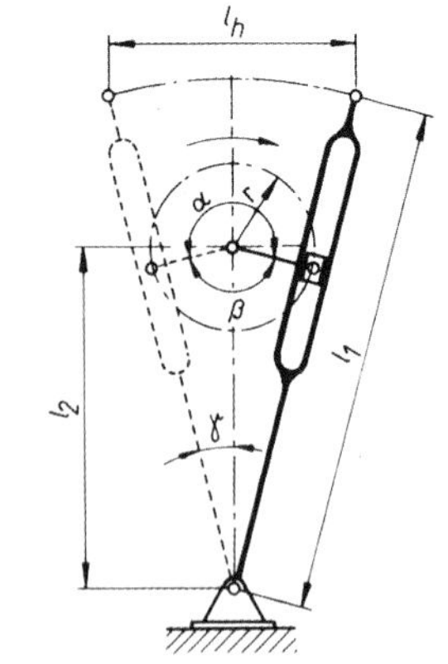

Gesucht:

a) die Winkelgeschwindigkeit der Kurbel,
b) die Umfangsgeschwindigkeit des Kurbelzapfens,
c) die Winkelgeschwindigkeiten des Kulissenhebels in Mittelstellung für Arbeits- und Rückhub,
d) die Schnittgeschwindigkeit des Stößels in Mittelstellung.

466 Für das skizzierte Riemengetriebe sind zu berechnen:

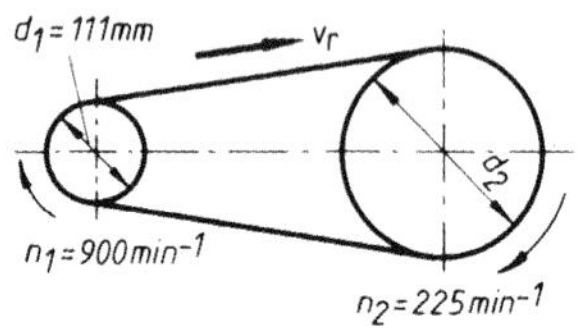

a) die Riemengeschwindigkeit v_r,
b) die Winkelgeschwindigkeit ω_1,
c) der Scheibendurchmesser d_2.

467 Eine Schleifscheibe mit 280 mm Durchmesser soll durch das skizzierte Riemengetriebe mit einer Umfangsgeschwindigkeit von 26 m/s betrieben werden.

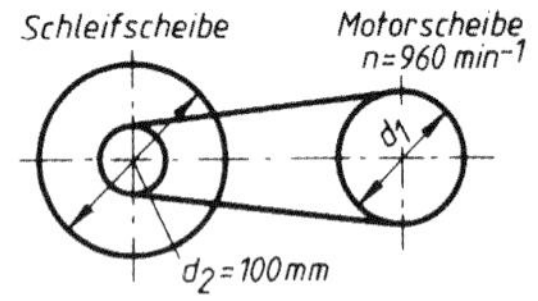

Gesucht:

a) die Drehzahl der Schleifscheibe,
b) der Riemenscheibendurchmesser d_1,
c) die Riemengeschwindigkeit v_r.

468 Ein Keilriemengetriebe mit dem Übersetzungsverhältnis $i = 3{,}5$ hat eine Antriebsdrehzahl von 1420 min^{-1}. Der Durchmesser der getriebenen Scheibe beträgt $d_2 = 320$ mm.

Gesucht:

a) die Drehzahl der getriebenen Scheibe,
b) der Durchmesser d_1 der treibenden Scheibe,
c) die Riemengeschwindigkeit.

469 Ein Schlagbaum wird mit einer Handkurbel über ein Ritzel und ein am Schlagbaum sitzendes Zahnsegment angetrieben. Das Ritzel hat 14 Zähne, das Segment mit einem Winkel von 90° hat 85 Zähne. Der Schlagbaum soll aus der Waagerechten auf 80° gehoben werden.

Gesucht ist die Anzahl der erforderlichen Kurbelumdrehungen.

470 Der Teller eines Plattenspielers wird von einem Motor mit Stufenspindel über ein verstellbares federndes Zwischenrad angetrieben. Die Drehzahl des Motors beträgt 1500 min^{-1}.

Gesucht sind die Durchmesser der Stufenspindel für die Tellerdrehzahlen $33\frac{1}{3}$, 45, 78 min^{-1}.

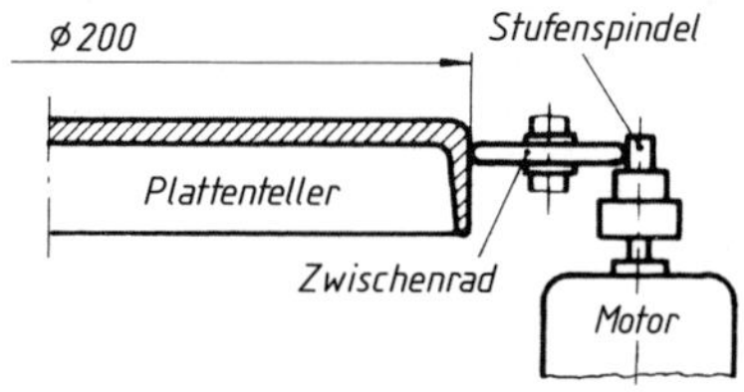

471 Das schematisch skizzierte Fahrwerk eines Laufkrans soll für eine Kranfahrgeschwindigkeit von 180 m/min ausgelegt werden.

Gesucht ist die Zähnezahl z_2.

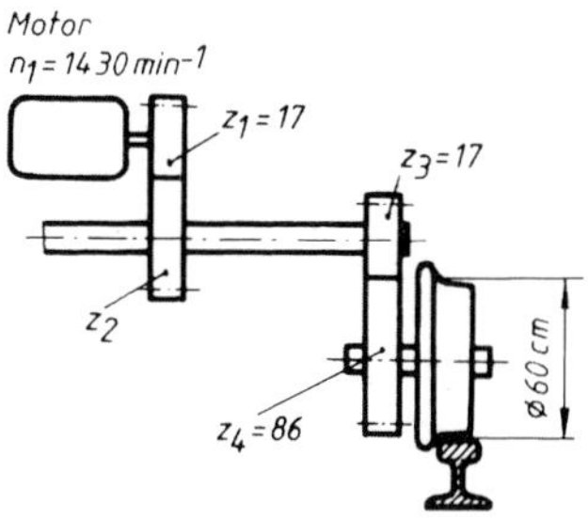

472 Ein Motor mit der Drehzahl 960 min^{-1} treibt über ein vierrädriges Getriebe mit den Zähnezahlen nach Skizze eine Winde mit einem Trommeldurchmesser von 300 mm an.

Gesucht:

a) das Übersetzungsverhältnis,
b) die Trommeldrehzahl,
c) die Hubgeschwindigkeit.

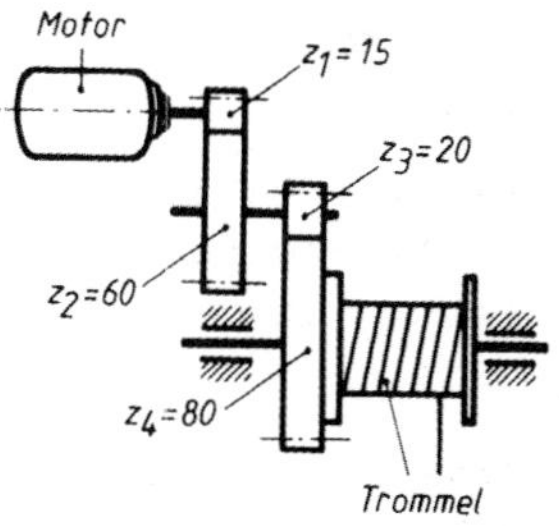

473 Das Treibrad einer Schmalspurlokomotive wird über das skizzierte Getriebe von einem Elektromotor angetrieben.

Gesucht:

a) die Drehzahl der Wagenachse bei 22 km/h Fahrgeschwindigkeit,
b) die Teilkreis-Umfangsgeschwindigkeit der beiden Zahnräder sowie ihre Winkelgeschwindigkeiten,
c) die Motordrehzahl,
d) das Übersetzungsverhältnis der Zahnräder.

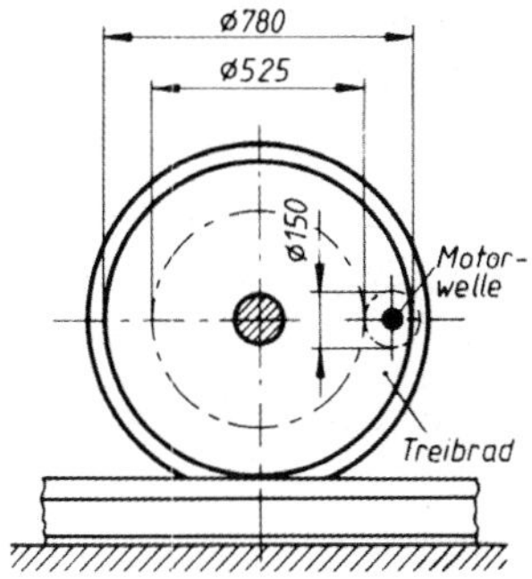

474 Eine Hubspindel hat eine Gewindesteigung $P = 9$ mm. Sie wird über ein Kegelräderpaar durch eine Handkurbel angetrieben. Der Teilkreisdurchmesser für das Kegelrad auf der Spindel beträgt $d_2 = 200$ mm, der für das Kegelrad auf der Handkurbelwelle $d_1 = 40$ mm.

Gesucht ist die Anzahl der Kurbelumdrehungen für eine Hubhöhe von 350 mm.

475 Der Tisch einer Fräsmaschine bewegt sich mit der Vorschubgeschwindigkeit $u = 420$ mm/min. Die Antriebsspindel hat die Steigung $P = 4$ mm.

Gesucht ist die Drehzahl der Spindel.

476 Eine Drehmaschine arbeitet mit der Drehzahl $n = 1420 \text{ min}^{-1}$. Der Längsvorschub des Werkzeugschlittens beträgt $s = 0{,}05$ mm/U.

Gesucht ist die Vorschubgeschwindigkeit in mm/min.

477 Ein Wendelbohrer mit 25 mm Durchmesser soll mit 18 m/min Schnittgeschwindigkeit arbeiten. Der Vorschub beträgt 0,35 mm/U.

Gesucht:

a) die Drehzahl des Bohrers,
b) die Vorschubgeschwindigkeit in mm/min.

478 Beim Ausdrehen einer Bohrung mit 100 mm Durchmesser wird mit einer Drehzahl von 630 min^{-1} gearbeitet. Der Vorschub beträgt 0,8 mm/U. Der Vorschubweg ist 160 mm lang.

Gesucht:

a) die Schnittgeschwindigkeit,
b) die Vorschubgeschwindigkeit,
c) die Zeit für das Ausdrehen.

479 Zum Feinbohren einer Bohrung von 280 mm Länge und 38 mm Durchmesser wird mit einer Schnittgeschwindigkeit von 40 m/min gearbeitet. Die Zeit für einen Durchgang beträgt 7 min.

Gesucht:

a) die Drehzahl,
b) der Vorschub in mm/U.

480 Auf einer Drehmaschine wird ein Werkstück mit $d = 85$ mm Durchmesser mit der Schnittgeschwindigkeit $v = 55$ m/min bei einem Vorschub von $s = 0{,}25$ mm/U bearbeitet.

Gesucht ist die Zeit für einen Schnitt bei $l = 280$ mm Vorschublänge.

Mittlere Geschwindigkeit

481 Ein Schiffsdieselmotor hat eine Drehzahl von 500 min^{-1} bei 330 mm Hublänge des Kolbens.

Gesucht:

a) die Umfangsgeschwindigkeit des Kurbelzapfens,
b) die mittlere Kolbengeschwindigkeit.

482 Ein Ottomotor hat eine Drehzahl von 3300 min^{-1} und einen Hub von 95 mm.

Gesucht:

a) die Umfangsgeschwindigkeit des Kurbelzapfens,
b) die mittlere Kolbengeschwindigkeit.

483 Ein Pkw-Motor hat bei 4000 min^{-1} eine mittlere Kolbengeschwindigkeit von 7 m/s. Welche Hublänge hat der Motor?

484 Das skizzierte Stößelgetriebe (schwingende Kurbelschleife) einer Waagerecht-Stoßmaschine wird mit einer Kurbeldrehzahl von 24 min^{-1} betrieben (Maße siehe Aufgabe 465).

Gesucht:

a) die Winkel α, β, γ,
b) die Hublänge l_h,
c) die mittlere Geschwindigkeit für den Arbeitshub,
d) die mittlere Geschwindigkeit für den Rückhub.

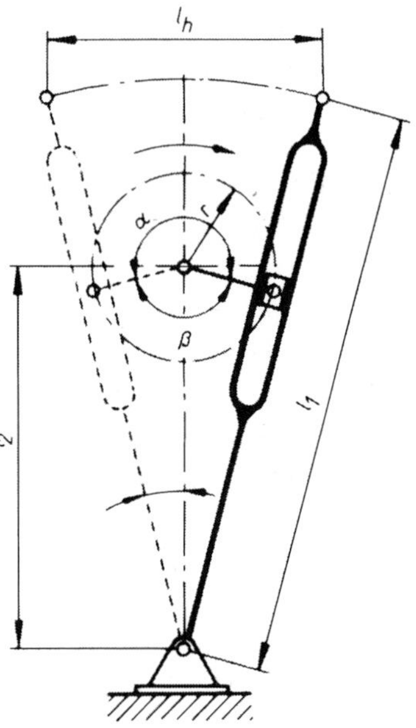

485 Das Stößelgetriebe der vorhergehenden Aufgabe soll auf eine Hublänge von 300 mm bei einer mittleren Schnittgeschwindigkeit von 20 m/min eingestellt werden.

Gesucht:

a) der Kurbelradius,
b) die Drehzahl der Kurbel.

Gleichmäßig beschleunigte oder verzögerte Drehbewegung

486 Eine Riemenscheibe wird aus dem Stillstand beschleunigt und erreicht nach 5 s die Drehzahl 1200 min^{-1}. Der Scheibendurchmesser beträgt 200 mm.

Gesucht:

a) die Winkelbeschleunigung,
b) die Beschleunigung des Riemens,
c) die Anzahl z der Umläufe während des Beschleunigungsvorgangs.

487 Eine Welle wird mit der Winkelbeschleunigung 2,3 rad/s^2 aus dem Stillstand heraus beschleunigt.

Gesucht:

a) die Drehzahl der Welle nach 15 s,
b) die Winkelgeschwindigkeit der Welle nach 10 Umläufen.

488 Ein Synchronmotor wird durch einen Anwurfmotor bis auf eine Drehzahl von 3000 min^{-1} beschleunigt, dann wird der Strom eingeschaltet. Der Anwurfmotor erteilt den rotierenden Massen eine Winkelbeschleunigung von 11,2 rad/s^2.

Gesucht:

a) die Winkelgeschwindigkeit bei der Synchrondrehzahl 3000 min^{-1},
b) die Anwurfzeit.

489 Eine Welle I läuft mit einer konstanten Drehzahl von 860 min^{-1} um und wirkt über eine Lamellenkupplung auf eine Welle II, die im Augenblick des Einkuppelns mit einer Drehzahl von 573 min^{-1} umläuft. Die Kupplung wirkt auf die Welle II mit einer Winkelbeschleunigung von 15 rad/s^2.

Gesucht:

a) die Beschleunigungszeit, bis Welle II die Drehzahl der Welle I erreicht hat,
b) der Drehwinkel der Welle I,
c) der Drehwinkel der Welle II während des Beschleunigungsvorgangs,
d) der Drehwinkel der Relativbewegung zwischen den Kupplungsteilen.

490 Eine Lokomotivdrehscheibe braucht für eine 180°-Drehung eine Gesamtzeit von 42 Sekunden. Darin sind 4 Sekunden zum Beschleunigen und 3 Sekunden zum Bremsen enthalten.

Gesucht:

a) die Winkelgeschwindigkeit des gleichförmigen Teils der Drehbewegung,
b) die Winkelbeschleunigungen.

491 Die Förderanlage eines Schachtes wird durch eine Treibscheibe mit einem Durchmesser von 5 m angetrieben. Die Geschwindigkeit des Fördergestells beträgt 15 m/s und wird aus dem Stillstand mit 10 Umläufen der Scheibe erreicht. Das Abbremsen zum Stillstand erfolgt mit 7 Umläufen. Die gesamte Dauer eines Förderablaufs beträgt 45 s.

Gesucht:

a) die Winkelgeschwindigkeit der gleichförmigen Bewegung.
b) Drehwinkel, Winkelbeschleunigung und Zeit des Beschleunigungsvorgangs,
c) Drehwinkel, Winkelbeschleunigung und Zeit des Verzögerungsvorgangs,
d) der gesamte Drehwinkel der Scheibe während eines Förderablaufs,
e) die Förderhöhe.

492 Ein Wagen mit Rädern von 800 mm Durchmesser beschleunigt schlupffrei mit 1 m/s^2.

Gesucht:

a) die Winkelbeschleunigung der Räder,
b) die Winkelgeschwindigkeit nach 10 s,
c) die Umfangsgeschwindigkeit nach 10 s (= Fahrgeschwindigkeit des Wagens).

493 Ein Pkw hat Räder mit einem Rollradius von 300 mm. Beim schlupffreien Anfahren aus dem Stand wird nach 65 Umläufen der Räder eine Fahrgeschwindigkeit von 70 km/h erreicht.

Gesucht:

a) die erreichte Winkelgeschwindigkeit,
b) der durchlaufene Drehwinkel der Räder,
c) die Winkelbeschleunigung,
d) die Beschleunigungszeit.

Dynamisches Grundgesetz und Prinzip von d'Alembert

495 Ein Waggon mit einer Masse von 28 t läuft vom Ablaufberg kommend mit einer Geschwindigkeit von 3,8 m/s in eine 10 m lange Bremsstrecke ein, wo eine verzögernde Kraft von 10 kN auf ihn wirkt. Der Fahrwiderstand ist zu vernachlässigen.

Gesucht:

a) die Verzögerung des Waggons,
b) die Geschwindigkeit beim Verlassen der Bremsstrecke.

496 Ein Pkw fährt mit einer Geschwindigkeit von 60 km/h gegen ein Hindernis und wird auf einem Weg von 2 m zum Stehen gebracht. Die Verzögerung soll gleichmäßig erfolgen.

Gesucht:

a) die Verzögerung des Wagens,
b) die Kraft, mit der ein Beifahrer mit 75 kg Masse beim Auffahren nach vorn geschoben wird.

497 Ein Körper hängt an einer Federwaage. Im Ruhezustand zeigt sie eine Kraft von 50 N an. Wird die Waage mit dem daran hängenden Körper gleichmäßig nach oben beschleunigt, dann zeigt sie eine Kraft von 65 N an.

Gesucht wird die Beschleunigung, die dem Körper erteilt wird.

498 In einem Fahrzeug, das auf waagerechter Bahn steht, hängt ein Fadenpendel senkrecht nach unten. Das Fahrzeug wird gleichmäßig beschleunigt, dabei wird das Pendel ausgelenkt und steht unter einem Winkel $\alpha = 18°$ zur Senkrechten.

Es soll eine Gleichung für die Beschleunigung $a = f(\alpha)$ aufgestellt werden, mit der man die Beschleunigung des Fahrzeugs berechnen kann.

499 Eine Eisenbahnfähre legt mit einer Geschwindigkeit von 5 cm/s an die Puffer der Anlegebrücke an und wird auf einem Weg von 10 cm zum Stillstand gebracht. Die Masse der Fähre beträgt 1250 t.

Gesucht:

a) die Verzögerung der Fähre,
b) die mittlere Kraft, die während des Bremsvorganges wirken muss.

500 Durch einen Elektro-Aufschieber werden Förderwagen mit einer Masse von je 3,8 t in das Fördergestell geschoben. Der Schieber wirkt mit einer Kraft von 1 kN auf einem Weg von 1 m.

Gesucht:

a) die Beschleunigung eines Förderwagens (Fahrwiderstand vernachlässigt),
b) die erreichte Geschwindigkeit.

501 Ein fahrender Lastkraftwagen ist mit einer Kiste beladen. Die Höhe der Kiste beträgt 2 m bei einer Grundfläche von 0,8 m × 0,8 m. Sie hat eine Masse von 1 t, ihr Schwerpunkt liegt in Körpermitte.

Zu berechnen ist die Verzögerung des Lastwagens, bei der die Kiste zu kippen beginnt, wenn sie durch flache Klötze gegen Verschieben gesichert ist.

502 Eine Lokomotive zieht auf einer Steigung 30 : 1000 einen Zug mit 580 t Masse aus dem Stillstand an. Die Zugkraft der Lokomotive beträgt 280 kN und der Fahrwiderstand 40 N je 1000 kg Wagenmasse.

Gesucht wird die Beschleunigung des Zugs.

503 Ein Förderkorb fährt gleichförmig mit einer Geschwindigkeit von 18 m/s abwärts. Er wird auf einem Weg von 40 m verzögert und zum Stillstand gebracht. Seine Masse beträgt 11 t.

Zu ermitteln ist die am Befestigungspunkt zwischen Seil und Korb während der Verzögerung wirkende Kraft.

504 Zwei Körper sind mit einem Seil verbunden. Seil und Körper sind nach Skizze über eine Rolle gehängt. Nach dem Loslassen werden sie sich beschleunigt in Bewegung setzen. Die Körper haben ein Massenverhältnis $m_1 : m_2 = 4 : 1$, die Massen von Seil und Rolle sowie die Reibung im Rollenlager werden nicht berücksichtigt.

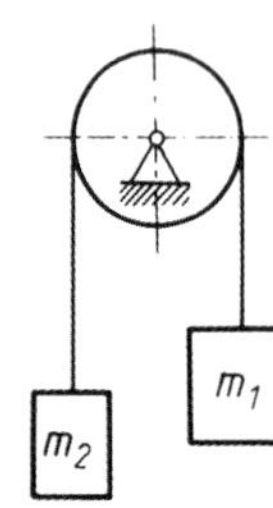

Gesucht wird eine Gleichung für die Beschleunigung $a = f(g, m_1, m_2)$, mit der man die Beschleunigung a numerisch berechnen kann.

505 Der Fahrkorb eines Aufzugs soll durch eine Treibtrommel aus dem Stillstand in 1,25 s eine Geschwindigkeit von 1 m/s erhalten. Der Fahrkorb hat die Masse $m_1 = 3000$ kg, das Gegengewicht $m_2 = 1800$ kg.

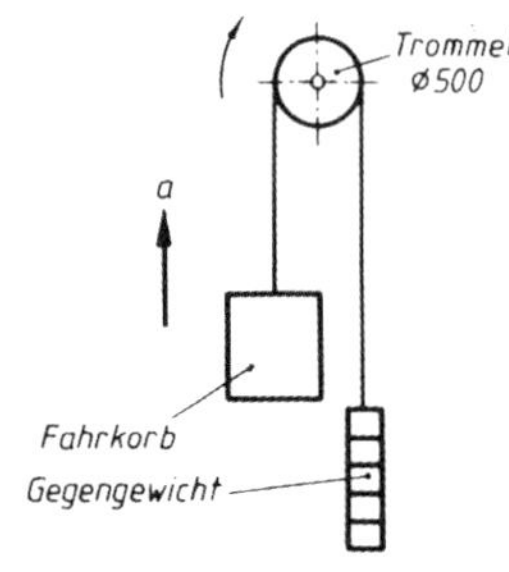

Gesucht:

a) die Umfangskraft an der Trommel beim Beschleunigen mit Hilfe einer Gleichung $F_u = f(a, g, m_1, m_2)$,
b) die Beschleunigung des Korbes, wenn durch Bruch des Antriebes die Trommel frei drehbar würde.

506 Ein Pkw wird 1,8 s lang gleichmäßig beschleunigt und erreicht eine Geschwindigkeit von 20 km/h. Er hat einen Achsabstand von 2350 mm. Seine Masse beträgt 1100 kg, der Schwerpunkt liegt 950 mm vor der Hinterachse in einer Höhe von 580 mm.

Gesucht:

a) die Stützkräfte an beiden Achsen im Stillstand,
b) die Stützkräfte an beiden Achsen beim Anfahren.

507 Auf der Pritsche eines Lastkraftwagens liegt eine Kiste, die nur durch die Haftreibung mit $\mu_0 = 0{,}3$ gehalten wird. Bei großer Beschleunigung oder Verzögerung kommt sie ins Rutschen.

Gesucht:

a) die Grenzbeschleunigung auf waagerechter Fahrbahn, bei der die Kiste gerade zu rutschen beginnt,
b) die Grenzverzögerung auf abwärts führender Fahrbahn bei 10 % Gefälle.

508 Der Tisch einer Hobelmaschine hat eine Masse von 1500 kg und trägt ein Werkstück von 3500 kg. Zum Rücklauf soll er in 1 s aus dem Stillstand auf eine Geschwindigkeit von 30 m/min beschleunigt werden. Die Reibungszahl in den Führungen beträgt 0,08.

Gesucht wird die Antriebskraft, die am Tisch wirken muss.

509 Zwei Körper mit gleicher Masse werden sich selbst überlassen und setzen sich beschleunigt in Bewegung. Seil und Rolle sind masselos gedacht, Reibung wirkt auf der waagerechten Gleitfläche mit einer Reibungszahl von 0,15.

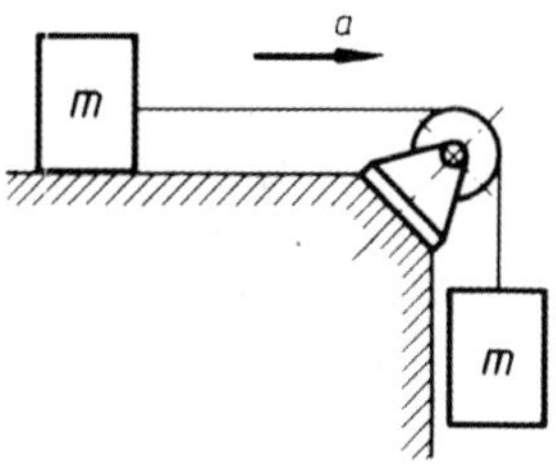

Gesucht wird eine Gleichung für die Beschleunigung $a = f(g, \mu)$. Welche Beschleunigung stellt sich ein?

510 Eine Zugmaschine beschleunigt einen Anhänger mit der Masse 3,6 t auf einem Weg von 6 m auf eine Geschwindigkeit von 15 km/h. Es wirkt ein Fahrwiderstand von 350 N je Tonne Wagenmasse.

Gesucht:

a) die Zugkraft bei gleichförmiger Bewegung,
b) die Zugkraft beim Anfahren.

511 Ein Motorradfahrer muss an einem Steilhang mit dem Winkel $\alpha = 35°$ anfahren. Der gemeinsame Schwerpunkt von Fahrer und Maschine liegt in $h = 0{,}5$ m Höhe und $l = 0{,}7$ m vor dem Hinterrad.

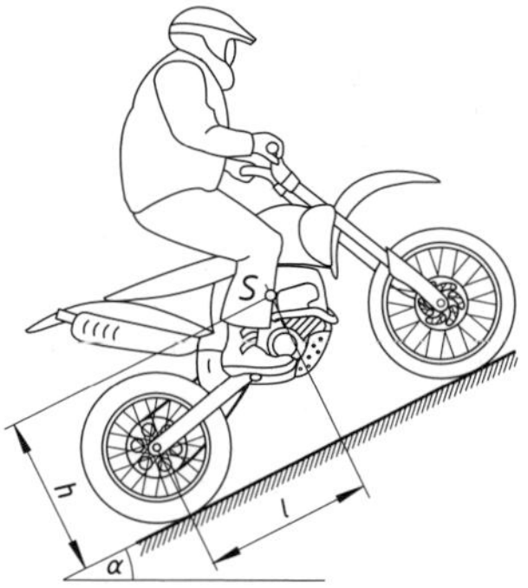

Zu berechnen ist die größte Beschleunigung des Motorrads, bei der noch kein Aufbäumen eintritt. Dazu soll eine Gleichung $a = f(g, h, l, \alpha)$ entwickelt werden.

512 Ein Pkw mit einer Masse $m = 1000$ kg hat seinen Schwerpunkt in $h = 0{,}6$ m Höhe mittig zwischen den Achsen, die einen Abstand $l = 3$ m haben. Er wird auf trockener Straße an den Hinterrädern gebremst ohne zu rutschen. Die Reibungszahl beträgt 0,6.

Gesucht wird eine Gleichung für die mögliche Verzögerung $a = f(g, l, h, \mu_0)$. Welche Verzögerung wird erreicht?

513 Die Anhängerkupplung eines Pkw wird von einem Bootsanhänger belastet. Die Abmessungen betragen $l_1 = 3$ m, $l_2 = 0{,}1$ m, $h_1 = 0{,}4$ m, $h_2 = 1$ m. Anhänger und Boot haben zusammen 1000 kg Masse.

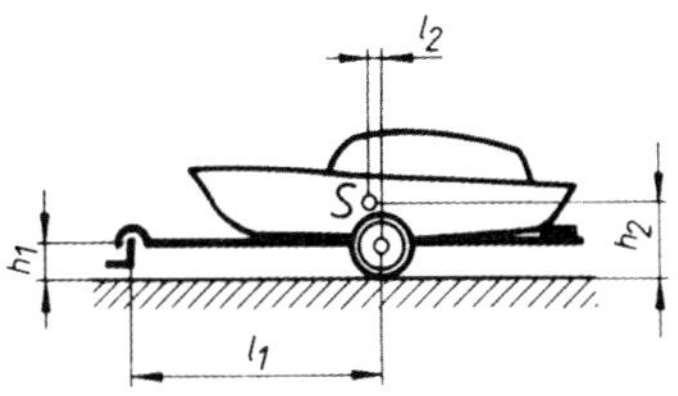

Zu berechnen sind die waagerechten und senkrechten Kräfte, die der Anhänger auf den Kugelkopf der Anhängerkupplung ausübt

a) im Stillstand,
b) beim Anfahren mit 2 m/s² Beschleunigung,
c) beim Bremsen mit 5 m/s² Verzögerung (Fahrwiderstand vernachlässigen).

514 Die skizzierte Förderanlage für Pakete soll so ausgelegt werden, dass das Fördergut mit einer Geschwindigkeit $v_2 = 1{,}0$ m/s den Auslauf der Rutsche verlässt und auf das dort aufgestellte Band fällt. Die Anfangsgeschwindigkeit am Kopf der Rutsche ist $v_1 = 1{,}2$ m/s. Die Reibungszahl zwischen Paket und Rutsche beträgt 0,3, die Höhe $h = 4$ m und der Winkel $\alpha = 30°$ (Länge der Rutsche l_1).

Gesucht:

a) die Beschleunigung auf der Rutsche,
b) die Verzögerung im Auslauf l,
c) die Endgeschwindigkeit beim Verlassen der Rutsche,
d) die Länge l des Auslaufs.

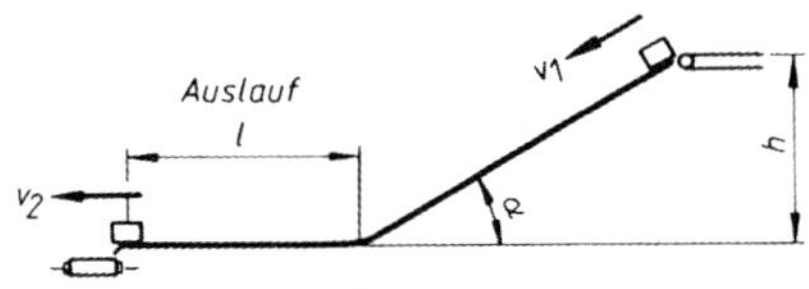

Impuls

515 Zum Verschieben von Waggons wird in einem kleineren Bahnbetrieb ein Elektro-Waggondrücker verwendet. Er hat eine Schubkraft von 6 kN. Es sollen zwei Waggons von je 18 t Masse mit einer Geschwindigkeit von 2 m/s abgestoßen werden.

Wieviel Zeit braucht der Waggondrücker für diesen Vorgang?

516 Ein Geschoss mit 15 kg Masse verlässt das 6,5 m lange Geschützrohr mit einer Geschwindigkeit von 800 m/s.

Gesucht wird unter Vernachlässigung der Reibung und des Drehimpulses:

a) die Laufzeit im Rohr,
b) die konstant gedachte Kraft der Pulvergase.

517 Ein Lastkraftwagen mit 5000 kg Masse soll in 6 s aus einer Geschwindigkeit von 40 km/h zum Stillstand gebracht werden.

Gesucht:

a) die Bremskraft,
b) der Bremsweg.

518 Eine Rakete wird vom Boden aus senkrecht nach oben gestartet. Sie erhält durch ihr Triebwerk eine Schubkraft von 600 N während 100 s, ihre Masse beträgt 40 kg.

Gesucht:

a) die Geschwindigkeit nach 100 s,
b) die Beschleunigung der Rakete,
c) die nach 100 s erreichte Höhe.

519 Ein Radfahrer kommt mit einer Geschwindigkeit von 43 km/h am Fuß eines Berges an und rollt, durch einen Fahrwiderstand von 20 N verzögert, auf einer horizontalen Strecke aus. Die Massen von Fahrer und Fahrrad betragen zusammen 100 kg.

Gesucht:

a) die Ausrollzeit,
b) der beim Ausrollen zurückgelegte Weg.

520 Ein Straßenbahntriebwagen mit 10000 kg Masse fährt mit einer Geschwindigkeit von 30 km/h und wird kurzzeitig 4 s lang gebremst. Dabei wird eine Bremskraft von 12 kN ausgelöst (Fahrwiderstand vernachlässigt).

Wie groß ist die Geschwindigkeit nach dem Bremsvorgang?

521 Ein Eisenbahnzug soll gleichmäßig beschleunigt nach einer Minute eine Geschwindigkeit von 72 km/h erhalten. Die Gesamtmasse des Zuges beträgt 210 t. Der Fahrwiderstand wird vernachlässigt.

Gesucht:

a) die Zugkraft der Lokomotive,
b) die Beschleunigung des Zuges,
c) der Anfahrweg.

522 Ein Bauaufzug wird leer abgelassen. Er fällt mit einer Beschleunigung von 4 m/s^2 abwärts. Nach 2,5 s wird er gebremst und steht nach 1 s still. Die Masse des Aufzugs beträgt 150 kg.

Gesucht:

a) die Geschwindigkeit vor dem Bremsen,
b) die Seilkraft beim Bremsen.

523 Der skizzierte Brettfallhammer hat die Bärmasse m = 1000 kg und eine Fallhöhe von 1,6 m. Die Umfangsgeschwindigkeit der Treibrollen beträgt 3 m/s, die Anpresskraft F = 20 kN und die Reibungszahl zwischen Rollen und Brett 0,4.

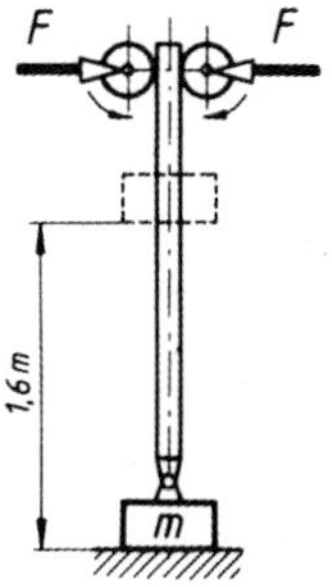

Gesucht:

a) die Fallzeit,
b) die Zeit für beschleunigtes Heben,
c) die Zeit für das Verzögern am oberen Totpunkt,
d) die Schlagzahl je Minute, wenn am unteren Totpunkt 0,5 s für Verformen und Wenden gebraucht werden.

Arbeit, Leistung und Wirkungsgrad bei geradliniger Bewegung

526 Der Schrägaufzug einer Ziegelei hat eine Steigung von 23° und ist 38 m lang. Es werden Kippwagen mit konstanter Geschwindigkeit befördert; die Gesamtmasse eines Wagens beträgt durchschnittlich 2500 kg.

Gesucht:

a) die Zugkraft für einen Wagen parallel zur Förderebene ohne Berücksichtigung des Fahrwiderstandes,
b) die Förderarbeit für einen Wagen.

527 Eine Feder hat die Federrate 8 N/mm, d.h. für je 1 mm Federweg muss eine Kraft von 8 N wirken. Die Feder wird um 70 mm zusammengedrückt.

Gesucht:

a) die Federkraft im gespannten Zustand,
b) die von der Feder aufgenommene Formänderungsarbeit.

528 Ein Lastkahn wird in einem Kanal von einer Lokomotive gezogen. Das Zugseil liegt unter einem Winkel von 28° zu den Schienen. Die Seilkraft beträgt 8 kN.

Gesucht:

a) die Arbeit für 3 km Weg,
b) die Zugleistung für eine Fahrgeschwindigkeit von 9 km/h.

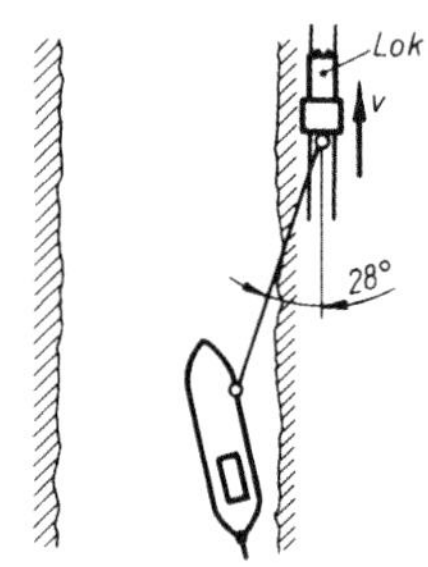

529 Auf einer Dreifachziehbank können gleichzeitig drei Stahlrohre mit 20 m Länge gezogen werden. Die reine Ziehzeit beträgt 30 s. Für ein Rohr wird eine Zugkraft von 120 kN benötigt.

Gesucht:

a) die Arbeit zum Ziehen der drei Rohre,
b) die Leistung, die die Antriebskette übertragen muss.

530 Der Wagen eines Schrägaufzugs hat 1800 kg Masse. Die Steigung beträgt 12 %. Es ist ein Motor mit 4,5 kW Leistung als Antrieb vorhanden.

Zu berechnen ist die gleichförmige Fahrgeschwindigkeit des Aufzugs bei Nennleistung ohne Berücksichtigung des Fahrwiderstandes.

531 Ein Senkrechtförderer (Elevator) fördert Schüttgut mit einer Dichte von 1200 kg/m^3 auf 12 m Höhe. In einer Stunde werden 160 m^3 gefördert.

Gesucht ist die Förderleistung.

532 Eine Fördermaschine fördert einen Fahrkorb mit 10 t Masse in 95 s aus einer Tiefe von 1050 m.

Gesucht ist die Hubleistung.

533 Ein Straßenbahntriebwagen mit 10000 kg Masse fährt auf ebener Strecke mit einer Geschwindigkeit von 30 km/h. Seine Motoren entnehmen dem Netz eine Leistung von 25 kW, wovon 83 % auf die Antriebsräder übertragen werden.

Gesucht:

a) der Fahrwiderstand, der überwunden werden muss,
b) die Leistung, die die Motoren dem Netz entnehmen, wenn der Wagen mit gleicher Geschwindigkeit eine Steigung von 4 % aufwärts fährt.

534 Der Tisch einer Langhobelmaschine hat eine Masse von 2,6 t und trägt ein Werkstück mit 1,8 t Masse, das mit der Schnittgeschwindigkeit 15 m/min und der Schnittkraft 20 kN bearbeitet wird. Die Reibungszahl in den Führungen beträgt 0,15.

Gesucht:

a) die Reibungsleistung,
b) die Schnittleistung,
c) die Antriebsleistung des Motors bei einem Getriebewirkungsgrad von 0,96.

535 Ein Trimmgreifer für Erze hat mit Füllung 30 t Masse. Zum Heben steht ein Motor mit 445 kW Antriebsleistung zur Verfügung. Der Gesamtwirkungsgrad des Greifers beträgt 0,78.

Welche größtmögliche Hubgeschwindigkeit erreicht der Greifer?

536 Zur Wasserhaltung eines Schachtes sind in 24 Stunden 1250 m^3 Wasser aus einer Tiefe von 830 m an die Oberfläche zu pumpen. Der Wirkungsgrad der Pumpe mit Rohrnetz beträgt 0,72.

Welche Antriebsleistung muss der Motor aufbringen?

537 Für ein Kranhubwerk ist die Leistung des Motors zu bestimmen. Es sollen Werkstücke mit 5000 kg Masse in 12 Sekunden um 4,5 m gehoben werden. Zwischen Motor und Seiltrommel ist ein Getriebe mit einem Wirkungsgrad von 0,96 eingeschaltet.

Wie groß ist die Leistung, die der Motor dabei aufbringen muss?

538 Eine Pumpe drückt Wasser durch eine Rohrleitung auf 50 m Höhe mit einem Wirkungsgrad von 0,77.

Zu berechnen ist die Wassermenge, die mit einer Pumpen-Antriebsleistung von 44 kW stündlich gefördert werden kann.

539 Ein Förderband mit 10 m Länge läuft mit einer Bandgeschwindigkeit von 1,8 m/s. Es fördert unter 12° Steigungswinkel. Der Antriebsmotor gibt 4,4 kW ab, der Gesamtwirkungsgrad der Förderanlage beträgt 0,65.

Gesucht:

a) die Masse des Fördergutes, das bei voller Ausnutzung der Antriebsleistung auf dem Band liegen kann,
b) die Fördermenge in kg/h.

540 Eine Welle wird auf einer Drehmaschine mit einer Schnittgeschwindigkeit von 34 m/min bearbeitet. Die Schnittkraft beträgt 6500 N und der Antriebsmotor gibt eine Leistung von 4 kW an die Maschine ab.

Gesucht:

a) die Schnittleistung,
b) der Wirkungsgrad der Drehmaschine.

541 Der Wirkungsgrad einer Tischhobelmaschine mit hydraulischem Antrieb beträgt 0,55. Der Antriebsmotor leistet 10 kW.

Gesucht:

a) die Durchzugskraft des Tisches bei einer Schnittgeschwindigkeit von 16 m/min,
b) die größte erreichbare Schnittgeschwindigkeit bei einer Durchzugskraft von 13,8 kN.

542 Eine Wasserpumpe fördert eine Wassermenge von 60 m^3 in 10 min auf eine Höhe von 7 m. Dabei nimmt der Antriebsmotor eine Leistung von 11,5 kW aus dem Netz auf. Sein Wirkungsgrad beträgt 0,85.

Gesucht:

a) der Gesamtwirkungsgrad der Anlage,
b) der Wirkungsgrad der Pumpe mit Rohrleitung.

Arbeit, Leistung und Wirkungsgrad bei Drehbewegung

543 An einer Seilwinde mit Handkurbel wirkt ein Kurbeldrehmoment von 45 Nm. Es werden damit 127,5 Umdrehungen gemacht, und die Last wird um 25 m gehoben.

Gesucht:

a) die Dreharbeit an der Kurbel,
b) der Betrag der Seilkraft.

544 Eine Seiltrommel wird über ein Getriebe mit der Übersetzung $i = 6$ durch eine Handkurbel angetrieben. Das Drehmoment an der Kurbel beträgt 40 Nm, der Durchmesser der Seiltrommel 240 mm.

Gesucht:

a) die Masse der Last, die gehoben werden kann,
b) die Anzahl der Kurbelumdrehungen für 10 m Lastweg.

545 Ein Radfahrer kann an der Tretkurbel ein gleichförmig gedachtes Kraftmoment von 18 Nm aufbringen. Der Fahrwiderstand ist mit 10 N angenommen. Die Masse von Fahrer und Rad beträgt 100 kg, Zähnezahlen: Tretkurbelrad 48, Hinterachszahnkranz 23. Der Wirkungsgrad des Kettengetriebes wird mit 0,7 angenommen.

Gesucht:

a) die Umfangskraft am Hinterrad bei einem Rolldurchmesser von 0,65 m,
b) die Steigung, die der Radfahrer damit gleichförmig aufwärts fahren kann.

546 Ein Motor mit einer Leerlaufdrehzahl von 1500 min^{-1} wird über eine Reibungskupplung auf eine stillstehende Maschine geschaltet. Die Kupplung kann ein Drehmoment von 100 Nm übertragen. Der Beschleunigungsvorgang dauert 10 s, dabei sinkt die Motordrehzahl auf die Lastdrehzahl von 800 min^{-1}, mit der dann beide Maschinen gleichförmig weiterlaufen.

Gesucht:

a) der Drehwinkel der Relativbewegung beider Kupplungsteile ($\triangleq$ der Flächendifferenz im ω, t-Diagramm),
b) die Reibungsarbeit bei einem Einschaltvorgang.

547 An einem Werkstück mit 60 mm Durchmesser wird eine Dreharbeit durchgeführt. Die Schnittkraft beträgt 1,8 kN.

Zu ermitteln ist die theoretische Schnittleistung für eine Drehzahl von 250 min^{-1}.

548 Eine Drehscheibe dreht sich in 40 s um 180°. Zur Überwindung der Reibung unter Last ist ein Drehmoment von 30 000 Nm nötig.

Wie groß ist die Leistung für diese Drehbewegung?

549 Ein Zahnrad mit 300 mm Teilkreisdurchmesser hat eine Drehzahl von 120 min^{-1} und soll 22 kW übertragen.

Zu ermitteln ist die Umfangskraft im Teilkreis.

550 Das Schaufelrad eines Abraumbaggers hat einen Durchmesser von 12 m. Seine Drehzahl beträgt 3,8 min^{-1}. Es wirken 900 kW Antriebsleistung an der Schaufelradwelle.

Zu berechnen ist die theoretische Schneidkraft, die am Umfang des Schaufelrades aufgebracht werden kann.

551 Das Drehmoment an der Kurbelwelle eines Kraftfahrzeug-Motors beträgt 100 Nm. Wie groß ist die theoretische Motorleistung bei den Drehzahlen 1800 min^{-1} und 2800 min^{-1}?

552 Ein Kraftfahrzeug-Motor hat 65 kW Leistung bei einer Drehzahl von 3600 min^{-1}. Das Getriebe hat folgende Übersetzungsverhältnisse:

I. Gang $i_I = 3{,}5$ II. Gang $i_{II} = 2{,}2$ III. Gang $i_{III} = 1$

Zu ermitteln sind die Drehzahlen und die theoretischen Drehmomente der Gelenkwelle in den drei Gängen.

553 Am Drehmeißel einer Drehmaschine wirken die rechtwinklig aufeinander stehenden Kräfte: Schnittkraft F_s, Passivkraft F_p und die Vorschubkraft F_v. Bei einem Bearbeitungsfall verhalten sich diese Kräfte $F_s : F_p : F_v = 4 : 2 : 1$. Die Schnittkraft beträgt 12 kN und die Schnittgeschwindigkeit 78,6 m/min bei einem Vorschub von 0,2 mm/U und einem Drehdurchmesser von 50 mm.

Gesucht:

a) die Drehzahl des Werkstücks,
b) die theoretische Schnittleistung (mit Schnittkraft F_s),
c) die theoretische Vorschubleistung (mit Vorschubkraft F_v).

554 Ein Elektromotor mit der Drehzahl 1400 min^{-1} erzeugt an seinem Kettenritzel mit 140 mm Durchmesser eine Kettenzugkraft von 150 N. Aus dem Netz nimmt er eine elektrische Leistung von 2 kW auf.

Gesucht:

a) die Leistung an der Motorwelle,
b) der Wirkungsgrad des Motors.

555 Das Drehmoment an der Arbeitsspindel einer Drehmaschine beträgt 700 Nm bei einer Drehzahl von 125 min^{-1}. Der Antriebsmotor gibt eine Leistung von 11 kW ab.

Wie groß ist der Wirkungsgrad der Maschine?

556 Ein Getriebe mit drei Stufen hat folgende Einzelübersetzungen:

1. Stufe Schneckengetriebe	$i = 15$	Wirkungsgrad 0,73
2. Stufe Stirnradgetriebe	$i = 3{,}1$	Wirkungsgrad 0,95
3. Stufe Stirnradgetriebe	$i = 4{,}5$	Wirkungsgrad 0,95

Gesucht:

a) die Gesamtübersetzung des Getriebes,
b) der Gesamtwirkungsgrad,
c) die Drehzahlen und Drehmomente an den 4 Wellen bei einer Antriebsdrehzahl von 1420 min^{-1} und 0,85 kW Antriebsleistung.

557 Ein Elektromotor gibt bei einer Drehzahl von 1000 min^{-1} an der Welle eine Leistung von 1 kW ab. Sein Wirkungsgrad beträgt 0,8. Er hat eine Riemenscheibe von 160 mm Durchmesser.

Gesucht:

a) die Leistung, die der Motor dem Netz entnimmt,
b) die Umfangsreibungskraft an der Riemenscheibe.

558 Ein Motor hat eine Leistung von 2,6 kW bei 1420 min^{-1}. Er soll eine Seiltrommel mit 400 mm Durchmesser antreiben, an der eine Seilzugkraft von 3 kN wirkt. Dazu muss ein Getriebe zwischengeschaltet werden, dessen geschätzter Wirkungsgrad 0,96 beträgt.

Gesucht:

a) das Motor- und das Trommeldrehmoment,
b) das Übersetzungsverhältnis des Getriebes.

559 Ein Lkw fährt mit Ladung unter Ausnutzung seiner vollen Motorleistung mit einer Geschwindigkeit von 20 km/h eine Steigung gleichförmig aufwärts. Er hat Räder mit 1,05 m Rolldurchmesser. Das Hinterachsgetriebe hat eine Übersetzung von 5,2. Die Motorleistung beträgt 66 kW, von der 70 % an der Antriebswelle des Hinterachsgetriebes wirken.

Gesucht:

a) die Drehzahl des Antriebskegelrades im Hinterachsgetriebe,
b) die Umfangskraft des Antriebskegelrades, dessen Teilkreisdurchmesser 60 mm beträgt.

560 Ein Elektromotor soll ein E-Bike mit der Masse m = 100 kg einschließlich Fahrer auf einer Steigung von 8 % mit einer Geschwindigkeit von 20 km/h antreiben. Der Rolldurchmesser der Räder beträgt 0,65 m. Der Fahrwiderstand wird mit 20 N angenommen.

Gesucht:

a) die Gesamtübersetzung, wenn der Motor dabei mit 3600 min^{-1} laufen soll,
b) die Umfangskraft, die am Hinterrad wirken muss,
c) das Drehmoment an der Ankerwelle bei einem Getriebewirkungsgrad von 0,7,
d) die Leistung des Motors.

Energie und Energieerhaltungssatz

561 Ein Lkw mit einer Masse von 8000 kg wird aus einer Geschwindigkeit von 80 km/h über eine Strecke von 150 m gleichmäßig gebremst und fährt dann gleichförmig mit 30 km/h weiter.

Gesucht:

a) die kinetische Energie, die ihm beim Bremsen entzogen wurde,
b) die Bremskraft, die längs des Bremsweges auf ihn wirkte.

562 Zum Zerschlagen von Betondecken bei Abbrucharbeiten wird eine Fallbirne verwendet. Sie hat eine Masse von 1500 kg. Es wird eine Schlagarbeit von 70 kJ benötigt.

Gesucht:

a) die erforderliche Fallhöhe der Birne,
b) die Aufschlaggeschwindigkeit.

563 Ein Waggon mit 22,5 t Masse hat beim Rangieren am Fuß des Ablaufberges eine Geschwindigkeit von 9,5 km/h erreicht und rollt nun auf dem waagerechten Gleis aus. Es wirkt ihm ein Fahrwiderstand von 40 N/1000 kg Wagenmasse entgegen.

Zu entwickeln ist

a) der Energieerhaltungssatz mit den Variablen Masse m, Geschwindigkeit v, Fahrwiderstand F_W und Weg s,
b) eine Gleichung für den Ausrollweg $s = f(v, F_W)$, mit der man den Weg s berechnen kann.

564 Ein frei rollender Waggon gelangt mit einer Geschwindigkeit von 10 km/h an eine Steigung von 0,3 %. Es wirkt ihm ein Fahrwiderstand von 1,36 kN entgegen. Die Masse des Waggons beträgt 34 t.

Gesucht wird der Ausrollweg auf der Steigung mit Hilfe einer Gleichung
$s = f(m, v, g, F_W, \alpha)$.

565 Der Bär eines Dampfhammers hat eine Masse m = 500 kg und fällt aus einer Höhe h = 1,5 m auf das Werkstück. Dabei wird er zusätzlich durch Dampf mit einer Kraft F = 65 kN beschleunigt.

Gesucht:

a) das Arbeitsvermögen des Bärs beim Aufschlag auf das Werkstück,
b) die Aufschlaggeschwindigkeit mit Hilfe einer Gleichung $v = f(m, g, h, F)$, die aus dem Energieerhaltungssatz zu entwickeln ist.

566 Ein Waggon mit einer Masse m = 25 t fährt beim Ausrollen gegen einen ungefederten und als starr anzusehenden Prellbock und drückt dadurch seine beiden Puffer bis zum Stillstand um den Weg s = 80 mm zusammen. Die Pufferfedern haben eine Federrate R = 0,3 kN/mm.
(Federrate = Quotient aus Federkraft und zugehörigem Federweg: $R = F/\Delta s$).

Gesucht wird die Geschwindigkeit des Waggons vor dem Anstoßen. Dazu soll eine Gleichung $v = f(s, R, m)$ aus dem Energieerhaltungssatz entwickelt werden.

567 Ein Körper mit m = 10 kg Masse hängt mit einem Seil über einer Rolle an einer Feder. Die Federrate beträgt 2 N/mm. Die Feder ist entspannt, der Körper wird festgehalten.

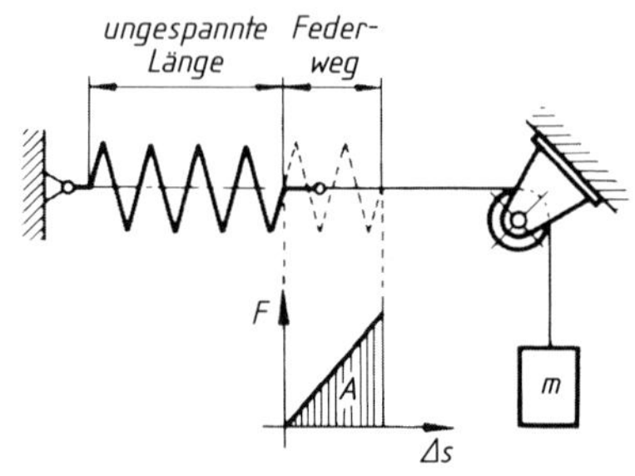

Gesucht:

a) der größte Federweg = Fallweg, der sich einstellt, wenn der Körper langsam abgesenkt wird,
b) der größte Federweg, der sich einstellt, wenn der Körper aus der beschriebenen Lage frei fallen kann.

568 Auf der skizzierten schiefen Ebene mit Auslauf wird ein Körper aus der Ruhelage losgelassen, gleitet die schiefe Ebene abwärts, dann die waagerechte Strecke weiter und wird durch eine Feder bis zum Stillstand gebremst. Dabei spannt er die Feder mit der Federrate R um den Federweg Δs. Auf allen Gleitflächen wirkt Reibung mit der Reibungszahl μ.

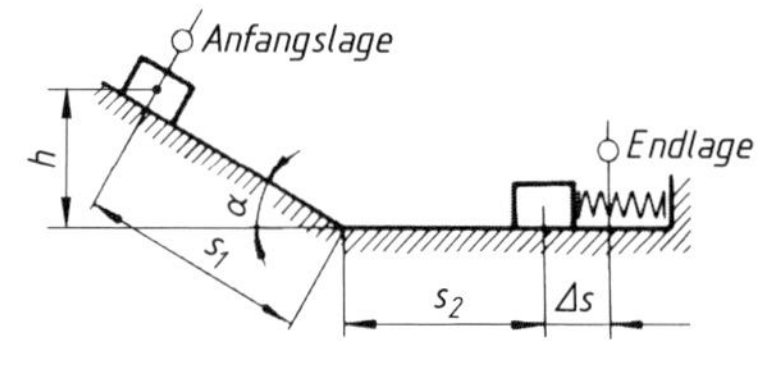

Der Energieerhaltungssatz für den Vorgang zwischen den beiden Ruhelagen soll aufgestellt und daraus eine Gleichung für den Anlaufweg $s_1 = f(m, s_2, \Delta s, \mu, R, \alpha)$ entwickelt werden.

569 Für die Aufgabe 514 (Paketförderanlage) ist der Energieerhaltungssatz für die Bewegung der Pakete zwischen den Förderbändern anzusetzen. Dazu sollen die Variablen dieser Aufgabe sowie m für die Masse der Pakete verwendet werden. Welche Auslauflänge l ergibt die Berechnung nach dem Energieerhaltungssatz?

570 Das Pendelschlagwerk wird in der skizzierten Stellung ausgelöst und zerschlägt die Werkstoffprobe, die im tiefsten Punkt der Kreisbahn an Widerlagern aufliegt. Die Schlagarbeit mindert die kinetische Energie des Pendelhammers, sodass er nur bis zur Höhe h_2 steigt. Die Pendelmasse beträgt 8,2 kg bei Vernachlässigung der Stange. Die Abmessungen betragen l = 655 mm, α = 151°, β = 48,5°.

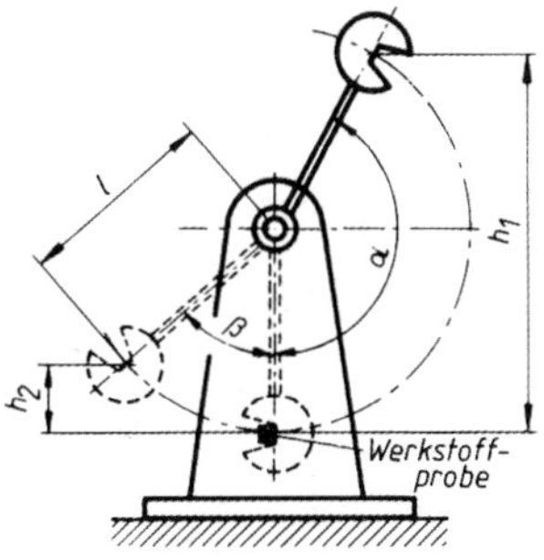

Gesucht:

a) die Fallhöhe h_1 und die Steighöhe h_2,
b) das Arbeitsvermögen des Hammers in der skizzierten Ausgangsstellung, bezogen auf die Lage der Werkstoffprobe,
c) die von der Probe aufgenommene Schlagarbeit.

571 Das skizzierte Pendel mit der Masse m wird aus waagerechter Lage losgelassen.

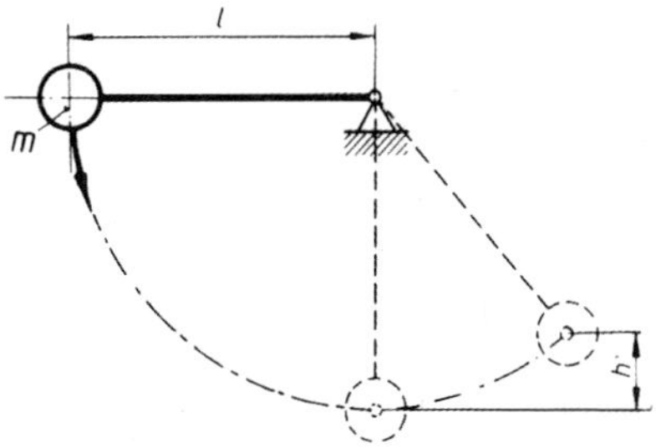

Aus dem Energieerhaltungssatz soll eine Gleichung für die Geschwindigkeit $v = f(g, l, h)$ in einer beliebigen Höhe h über dem tiefsten Punkt entwickelt werden.

572 Ein Pumpspeicherkraftwerk hat ein Wasserbecken mit einem Nutzgefälle h = 24 m. Die Maschinenanlage hat einen Gesamtwirkungsgrad von 0,87. Während der Spitzenbedarfszeit werden E = 10 000 kWh benötigt.

Über eine Gleichung für die benötigte Wassermenge $m = f(E, g, h, \eta)$ soll das benötigte Wasservolumen berechnet werden.

573 Einer Wasserturbine wird ein Volumenstrom von 45 m^3/min zugeführt. Das Wasser strömt mit einer Geschwindigkeit von 15 m/s zu und verlässt die Turbine mit 2 m/s.

Wie groß ist die Nutzleistung der Turbine bei einem Wirkungsgrad von 0,84?

574 Ein Dampfkraftwerk benötigt zur Erzeugung von elektrischer Energie aus Kohle für 1 Kilowattstunde eine Wärmemenge von 10,4 MJ.

Wie groß ist der Anlagenwirkungsgrad des Kraftwerks?

575 Ein Notstromaggregat gibt 45 min lang eine Leistung von 120 kW ab. Der Wirkungsgrad der Anlage beträgt 0,35.

Wie groß ist die verbrauchte Kraftstoffmenge bei einem Heizwert von 42 MJ/kg?

576 Der spezifische Verbrauch eines Dieselmotors beträgt 224 g/kWh, d.h. je kW Leistung, die 1 h lang abgegeben wird, verbraucht der Motor 224 g Dieselöl. Der Heizwert des Kraftstoffes beträgt 42 MJ/kg.

Wie groß ist der Wirkungsgrad des Dieselmotors?

Gerader, zentrischer Stoß

577 Ein Körper 1 mit einer Masse von 100 g und einer Geschwindigkeit von 0,5 m/s gleitet reibungsfrei in einer waagerechten Führung. Er soll von einem Körper 2 mit einer Masse von 20 g, der sich ihm entgegenbewegt, durch geraden zentrischen Stoß zum Stillstand gebracht werden.

Welche Geschwindigkeit muss der Körper 2 besitzen, wenn

a) wirklicher Stoß mit einer Stoßzahl $k = 0{,}7$,
b) elastischer Stoß,
c) unelastischer Stoß angenommen wird?

Lösungshinweis: Die Aufgaben b) und c) lassen sich mit dem Ansatz von a) lösen, wenn die Stoßzahlen $k = 1$ für den elastischen, und $k = 0$ für den unelastischen Stoß eingesetzt werden.

578 Für ein Gewehrgeschoss soll die Mündungsgeschwindigkeit v_1 ermittelt werden. Dazu wird das Geschoss in einen Sandsack geschossen, der an einem Seil hängt und nach dem Einschlag ausgelenkt wird. Dabei stellt sich das Tragseil unter dem Winkel $\alpha = 10°$ zur Senkrechten ein. Die gegebenen Größen sind: Geschossmasse $m_1 = 10$ g, Sandsackmasse $m_2 = 10$ kg. Schwerpunktsabstand des Sandsackes vom Aufhängepunkt $l_s = 2{,}5$ m.

Gesucht wird die Mündungsgeschwindigkeit v_1 des Geschosses mit Hilfe einer Gleichung $v_1 = f(m_1, m_2, \alpha, g, l_s)$.

579 Eine Kugel mit der Masse m_1 hängt an einem Faden mit der Länge $l = 1$ m. Sie wird so weit angehoben, dass der Faden einen Winkel $\alpha = 60°$ mit der Senkrechten einschließt und dann losgelassen.

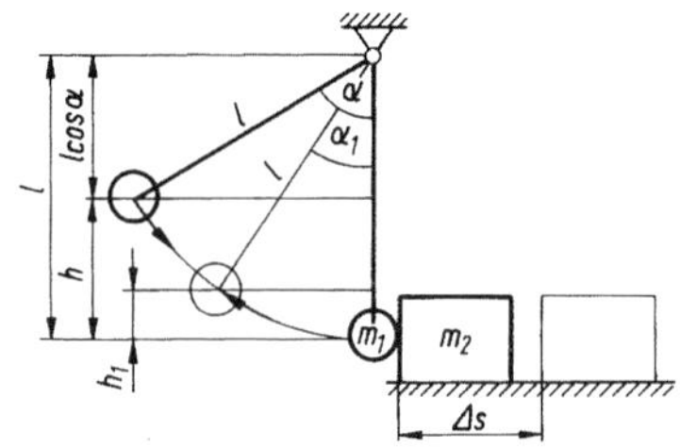

Die Kugel trifft im tiefsten Punkt ihrer Bahn auf einen ruhenden Körper mit der vierfachen Masse. Er liegt auf einer waagerechten Ebene. Die Gleitreibungszahl auf seiner Unterlage beträgt $\mu = 0{,}15$. Es wird elastischer, gerader zentrischer Stoß angenommen.

Gesucht:

a) die Geschwindigkeit v_1 der Kugel im tiefsten Punkt,
b) die Geschwindigkeiten beider Körper nach dem Stoß,
c) die Rückprallhöhe h_1 der Kugel und der Winkel α_1 den der Faden in dieser Stellung mit der Senkrechten einschließt,
d) der Weg Δs des Körpers auf der Ebene bis zum Stillstand.
e) Überprüfung der Ergebnisse mit dem Energieerhaltungssatz.

580 Zur Abstützung einer Baugrube werden Spundbohlen mit einer Masse von 600 kg durch eine Ramme eingeschlagen. Der Rammbär hat eine Masse von 3 t und fällt beim Schlag aus 3 m Höhe frei auf die Spundbohle, die sich dadurch um 0,3 m in den Boden senkt.

Gesucht wird unter der Annahme des unelastischen Stoßes:

a) die Geschwindigkeit des Rammbärs beim Auftreffen,
b) die Geschwindigkeit der beiden Körper nach dem Stoß,
c) die Energieabnahme des Bärs durch plastische Verformung,
d) die Widerstandskraft (Reibung und Verdrängung) des Erdreichs,
e) der Wirkungsgrad.

581 Ein Fallhammerbär hat ein Arbeitsvermögen W = 1 kJ. Amboss und Schabotte haben die Masse m_2 = 1000 kg, die Fallhöhe des Bärs beträgt h = 1,8 m.

Gesucht:

a) die Masse des Bärs,
b) der Schlagwirkungsgrad, wenn unelastischer Stoß angenommen wird.

Dynamik der Drehbewegung

582 Eine Schleifscheibe mit einem Trägheitsmoment von 3 kgm^2 wird aus einer Drehzahl von 600 min^{-1} abgeschaltet und läuft während 2,6 min aus.

Gesucht:

a) die Winkelverzögerung,
b) das Reibungsmoment in den Lagern.

583 Ein Schwungrad mit 320 kg Masse wird durch ein Bremsmoment von 100 Nm in 100 s aus einer Drehzahl von 300 min^{-1} bis zum Stillstand gebremst.

Gesucht ist das Trägheitsmoment.

584 Ein Umformersatz besteht aus einem Synchronmotor, dem Generator und einer Anwurfmaschine, die fest miteinander gekuppelt sind. Das Trägheitsmoment der umlaufenden Massen beträgt 15 kgm^2. Der Maschinensatz soll in 10 s auf eine Drehzahl von 1500 min^{-1} beschleunigt werden.

Gesucht:

a) die Winkelbeschleunigung,
b) das mittlere Drehmoment, das der Anwurfmotor aufbringen muss.

585 Eine Schleifscheibe mit Welle und Riemenscheibe hat ein Trägheitsmoment von 3,5 kgm^2. Das Reibungsmoment in den Lagern beträgt 0,5 Nm. Die Scheibe soll innerhalb von 5 s auf eine Drehzahl von 360 min^{-1} beschleunigt werden.

Gesucht:

a) die Winkelbeschleunigung,
b) das erforderliche Antriebsmoment,
c) die Leistung am Ende des Beschleunigungsvorganges.

586 Durch einen Auslaufversuch soll die Reibungszahl der Gleitlagerung einer Getriebewelle ermittelt werden. Die Getriebewelle mit 10 kg Masse und einem Trägheitsmoment von 0,18 kgm^2 ist mit zwei Lagerzapfen mit 20 mm Durchmesser gelagert. Die Lagerkräfte sind gleich groß. Nach dem Abschalten des Antriebs sinkt die Drehzahl der Welle in 235 s von 1500 min^{-1} auf null.

Gesucht:

a) das Bremsmoment in den beiden Gleitlagern,
b) die mittlere Zapfenreibungszahl.

587 Das am Kranhaken hängende Rohr soll zum Verladen um 90° gedreht werden. Ein Mann beschleunigt es 30 s lang mit der Umfangskraft F = 400 N, dann dreht sich das Rohr gleichförmig weiter und soll danach auf den letzten 5 m Umfangsweg stillgesetzt werden. Das Trägheitsmoment beträgt 10^7 kgm^2.

Gesucht:

a) die Winkelbeschleunigung α des Rohres,
b) die nach 30 s erreichte Winkelgeschwindigkeit ω_t,
c) die zum Bremsen erforderliche Kraft F_1.

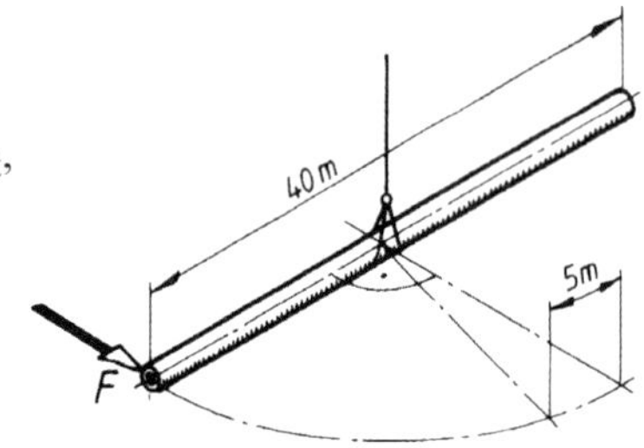

588 An einer Seiltrommel mit 400 mm Durchmesser hängt eine Last von 2500 kg Masse. Durch Bruch des Antriebsritzels der Seiltrommel setzt sich die Last nach unten in Bewegung und muss dabei noch die Seiltrommel in Drehbewegung bringen. Das Trägheitsmoment der Trommel beträgt 4,8 kgm^2. Die Masse des Seiles und die Reibung werden vernachlässigt.

Gesucht:

a) die Winkelbeschleunigung der Trommel,
b) die Beschleunigung der Last,
c) die Geschwindigkeit der Last nach 3 m Fallweg.

Lösungshinweis: Frage b) lässt sich auch mit Hilfe der auf den Trommelumfang reduzierten Masse der Seiltrommel lösen.

589 Die skizzierte Walze mit 10 kg Masse und einem Durchmesser von 0,2 m soll durch die Kraft F so beschleunigt werden, dass sie gerade noch eine reine Rollbewegung ausführt, ohne zu gleiten. Die Reibungszahl beträgt 0,2.

Gesucht:

a) die maximale Beschleunigung mit Hilfe einer Gleichung $a = f(g, \mu_0, \beta)$ aus dem Ansatz $M_{res} = \Sigma M$ um den Mittelpunkt,
b) die Kraft F mit Hilfe einer Gleichung $F = f(m, g, a, \mu_0, \beta)$ aus dem Ansatz: $F_{res} = \Sigma F$ für Kräfte parallel zur schiefen Ebene.

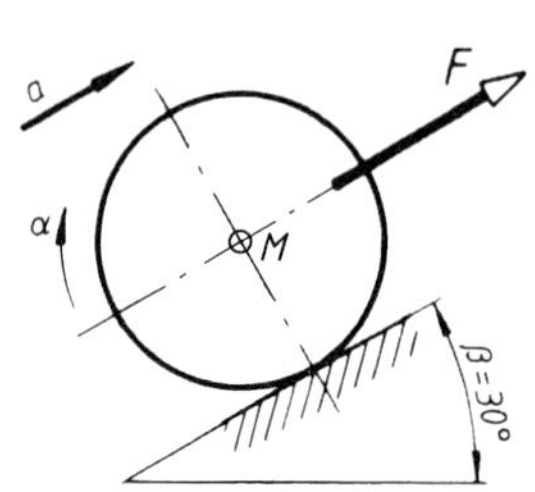

Lösungshinweis: Für diesen Grenzfall (Haftreibung bis zum Höchstwert ausgenutzt) gilt: $F_{R0\,max} = F_N\,\mu_0$. Für die reine Rollbewegung gilt $a = \alpha r$. Dabei ist a die Beschleunigung des Schwerpunktes in Richtung der Kraft F.

590 Ein Körper mit der Masse $m_1 = 2$ kg hängt an einem Seil, das über eine Trommel gewickelt ist. Das Trägheitsmoment der Trommel beträgt $J_2 = 0{,}05$ kgm^2 und ihr Radius $r_2 = 0{,}1$ m. Die Rolle wird als reibungsfrei und das Seil als masselos betrachtet. Der angehängte Körper wird zunächst in der skizzierten Lage festgehalten und dann losgelassen.

Gesucht:

a) die auf den Umfang reduzierte Scheibenmasse,
b) die reduzierte Gesamtmasse am Seil,
c) die resultierende Kraft am Seil,
d) die Beschleunigung des Körpers mit Hilfe einer Gleichung $a = f(g, m_1, J_2, r_2)$.

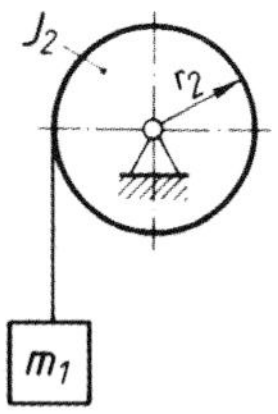

591 Ein Kreissägeblatt aus Stahl hat 300 mm Durchmesser und 2 mm Dicke.

Gesucht wird mit der Dichte $\varrho = 7850$ kg/m^3

a) das Trägheitsmoment und der Trägheitsradius,
b) das Trägheitsmoment und der Trägheitsradius unter Berücksichtigung der Aufnahmebohrung mit 40 mm Durchmesser.

592 Wie groß ist das Trägheitsmoment für den skizzierten Getrieberäderblock aus Stahl?
Dichte $\varrho = 7850$ kg/m^3.

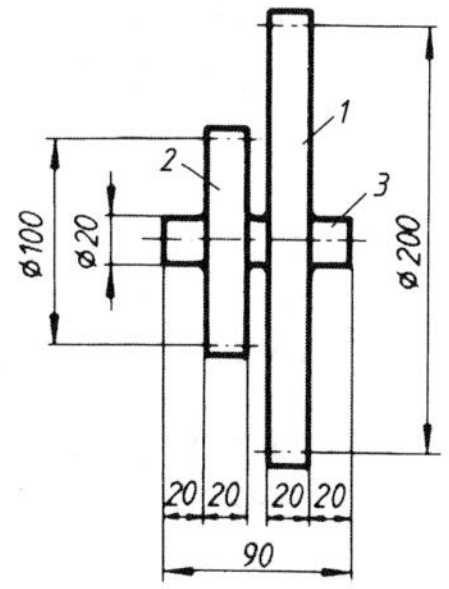

593 Von der skizzierten Lauftrommel eines Kraftfahrzeugprüfstandes sind mit der Dichte $\varrho = 7850$ kg/m^3 zu berechnen:

a) das Trägheitsmoment,
b) die Masse,
c) der Trägheitsradius.

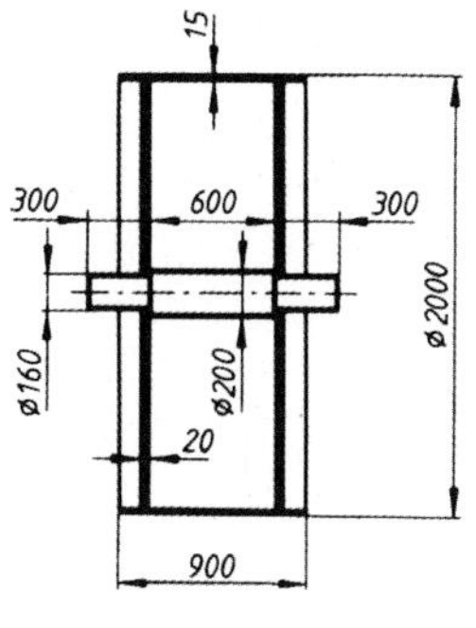

594 Von der skizzierten Kupplungshälfte aus Stahl sind mit der Dichte ϱ = 7850 kg/m^3 zu berechnen:

a) das Trägheitsmoment,
b) die Masse,
c) der Trägheitsradius.

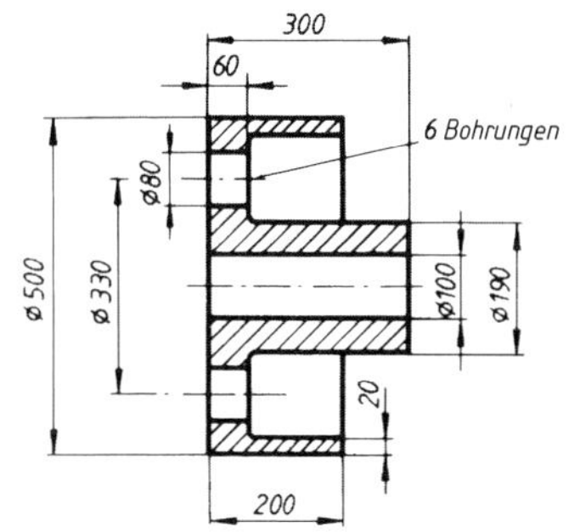

595 Wie groß ist das Trägheitsmoment der skizzierten Ausgleichsmasse ohne Berücksichtigung der Passfedernut?
Werkstoff: Stahl, Dichte ϱ = 7850 kg/m^3.

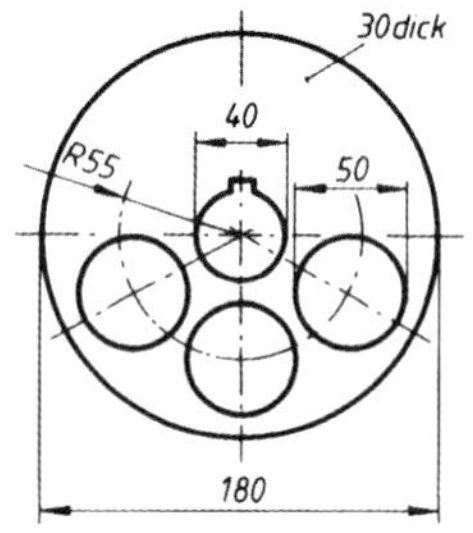

596 Welches Trägheitsmoment hat die skizzierte Ausgleichsmasse ohne Berücksichtigung der Nut? Dichte ϱ = 7850 kg/m^3.

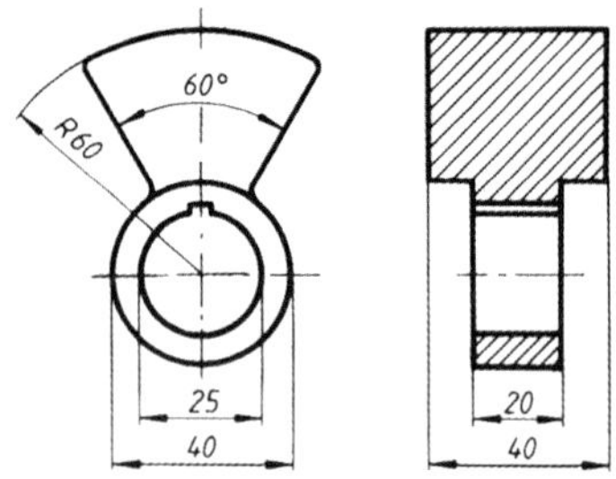

Energie bei Drehbewegung

597 Dem Schwungrad eines Schweißumformers mit einem Trägheitsmoment von 145 kgm^2 wird durch die Schweißstromstöße Arbeit entzogen. Die Drehzahl beträgt 2800 min^{-1}. Es wird eine Arbeit von 1,2 MJ abgenommen.

Auf welchen Betrag sinkt dabei die Drehzahl?

598 Ein Schwungrad soll so bemessen sein, dass seine Drehzahl von 3000 min^{-1} durch Abgabe einer Arbeit von 200 kJ auf 2000 min^{-1} sinkt.

Gesucht:

a) das Trägheitsmoment des Schwungrades,
b) die Masse des Schwungradkranzes aus 20 mm Stahlblech mit einem Außendurchmesser von 800 mm. Dieser Kranz soll 90 % des unter a) errechneten Massenträgheitsmoments aufbringen. Der Einfluss von Nabe und Scheibe soll vernachlässigt werden.

599 Ein Waggon mit 40 t Masse hat am Ende des Ablaufberges eine Geschwindigkeit von 18 km/h und rollt auf waagerechter Strecke aus. Dabei wirkt ein Fahrwiderstand von 40 N/1000 kg Wagenmasse.

Gesucht:

a) der Ausrollweg ohne Berücksichtigung der Rotationsenergie der vier Räder,
b) wie a), jedoch mit Berücksichtigung der Rotationsenergie. Die vier Stahlräder werden als Scheiben von 900 mm Durchmesser und 100 mm Dicke angesehen.

600 Bei einem Demonstrationsversuch über die Güte von gehärteten Stahlkugeln rollen diese über eine schiefe Ebene und werden auf die Geschwindigkeit v_x beschleunigt, mit der sie die Ablaufkante verlassen und im waagerechten Wurf auf einer Stahlplatte landen. Von dort prallen sie elastisch zurück und erreichen eine Auffangvorrichtung. Alle von der Norm abweichenden Kugeln verfehlen diese Vorrichtung.
Abmessungen: $s_x = 0{,}6$ m, $h = 1$ m.

Ermittlung der Höhe h_2 des Startpunkts mit Berücksichtigung der Rotationsenergie. Siehe auch Aufgabe 447.

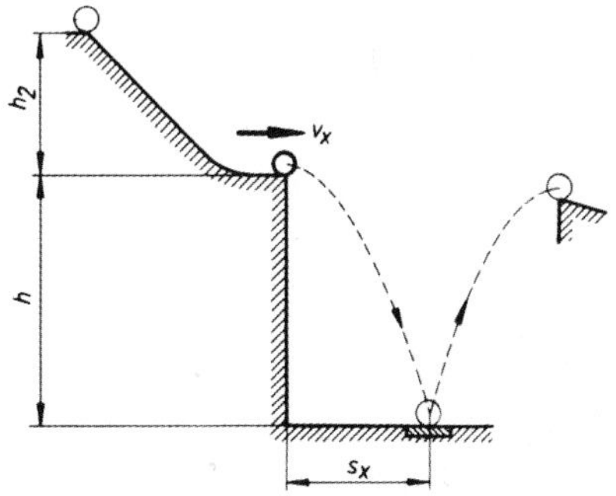

601 Für die Aufgabe 590 ist zusätzlich zu ermitteln

a) der Energieerhaltungssatz für eine Fallhöhe h des Körpers,
b) seine Geschwindigkeit nach 1 m Fallweg mit Hilfe einer Gleichung

$$v = f(g, h, m_1, J_2, r_2).$$

602 Ein unsymmetrisch gelagerter Hebel mit konstantem Querschnitt wird in der skizzierten Stellung losgelassen. Die Reibung ist zu vernachlässigen.

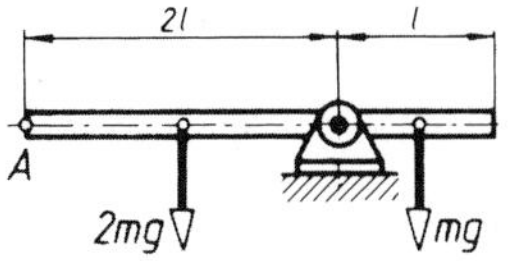

Es sollen Gleichungen entwickelt werden für

a) die Winkelgeschwindigkeit nach einer Drehung von 90°,
b) die Umfangsgeschwindigkeit des Punktes A in senkrechter Stellung des Hebels.

603 Eine Schwungmasse mit einem Trägheitsmoment $J = 3$ kgm^2 soll über ein Getriebe mit der Übersetzung $i = 0{,}1$ durch eine Handkurbel aus dem Stillstand heraus auf die Drehzahl $n_2 = 1000$ min^{-1} beschleunigt werden. Die Handkraft beträgt $F = 150$ N und der Kurbelradius $r = 0{,}4$ m. Das Getriebe wird als masse- und verlustlos angesehen.

a) Es soll der Energieerhaltungssatz aufgestellt werden.
b) Es soll die Anzahl z der Kurbelumläufe bis zum Erreichen der Drehzahl n_2 mit Hilfe des umgeformten Energieerhaltungssatzes über eine Gleichung $z = f(J, \omega_2, F, r)$ ermittelt werden.
c) Zu berechnen ist die Beschleunigungszeit.

604 Das Schwungrad einer Exzenterpresse wird über ein Riemengetriebe mit der Übersetzung $i = 8$ durch einen Motor mit 1 kW und 960 min^{-1} angetrieben. Beim Arbeitshub wird dem Schwungrad Rotationsenergie für die Verformungsarbeit entzogen. Dadurch sinkt seine Drehzahl auf 100 min^{-1}. Die Reibung in den Lagern soll vernachlässigt werden.

Gesucht:

a) die Verformungsarbeit, die das Schwungrad mit einem Trägheitsmoment von 16 kgm^2 abgibt,
b) das am Schwungrad wirkende Antriebsmoment unter der Annahme, dass der Motor ein konstantes Drehmoment abgibt, wie es sich aus Leistung und Drehzahl errechnen lässt,
c) die Zeit, in der das Schwungrad die Leerlaufdrehzahl wieder erreicht.

605 Ein Motor treibt mit 1000 min^{-1} über eine Lamellenkupplung eine Drehmaschine an. Die Kupplung kann ein Drehmoment von 50 Nm übertragen. An der zu kuppelnden Welle wirkt ein Trägheitsmoment von 0,8 kgm^2.

Gesucht:

a) die Zeit für das Beschleunigen des Drehmaschinengetriebes von null auf 1000 min^{-1},
b) die Anzahl der Umdrehungen der zu kuppelnden Welle, bis sie die Drehzahl 1000 min^{-1} erreicht hat,
c) die Reibungsarbeit der Kupplung während des Beschleunigungsvorgangs,
d) die entstehende Wärme bei 40 Schaltungen je Stunde.

Fliehkraft

610 Die Grundplatte für eine Säulenbohrmaschine ist auf einer Planscheibe zur Bearbeitung der Säulenbohrung exzentrisch aufgespannt. Sie hat eine Masse von 110 kg und ihr Schwerpunkt liegt 420 mm von der Drehachse entfernt.
Die Drehzahl beträgt 80 min^{-1}.

Gesucht:

a) die Umfangsgeschwindigkeit des Schwerpunkts,
b) die Fliehkraft.

611 Das Polrad eines Wasserkraftgenerators hat einzeln montierte Magnetpole mit Wicklung, die jeweils eine Masse von 1,3 t haben. Ihr Schwerpunkt ist 7200 mm von der Drehachse entfernt.

Wie groß ist die Fliehkraft eines Magnetpols bei einer Drehzahl von 250 min^{-1}?

612 Ein aufgeschrumpfter Radkranz mit 120 kg Masse und einem mittleren Durchmesser von 1 m läuft mit einer Drehzahl von 600 min^{-1} um.

Wie groß ist die Fliehkraft je Kranzhälfte?

613 An einem 4 m langen Seil ist eine Last mit 2000 kg Masse pendelnd aufgehängt. Sie wird bei einer Auslenkung des Seiles von 20° gegen die Senkrechte losgelassen und pendelt.

Wie groß ist die Seilkraft in tiefster Stellung der Last unter Berücksichtigung der Fliehkraft?

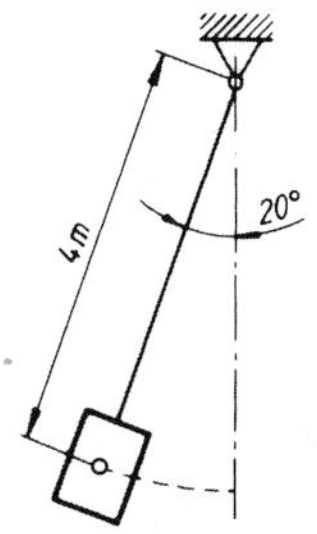

614 Die skizzierte Vergnügungsmaschine rotiert, dann wird der Boden hydraulisch abgesenkt. Zwischen Wand und Kleidung der Benutzer wird eine Reibungszahl von 0,4 angenommen.

Es soll eine Gleichung für diejenige Drehzahl $n = f(g, r, \mu_0)$ aufgestellt werden, die mindestens eingehalten werden muss, damit die Benutzer nicht abgleiten.

Wie groß ist die erforderliche Drehzahl?

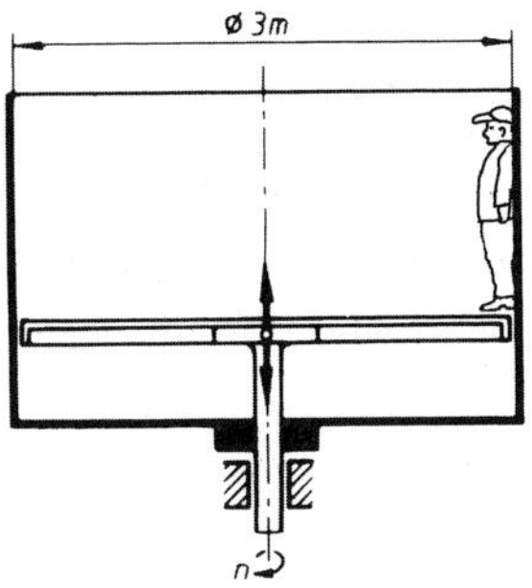

615 Ein Pkw mit der Masse 900 kg fährt durch eine überhöhte Kurve, deren Neigung zur Waagerechten 4° beträgt. Seine Geschwindigkeit beträgt 40 km/h, der Kurvenradius 20 m.

Gesucht:

a) die Fliehkraft,
b) die Resultierende aus Flieh- und Gewichtskraft und ihr Winkel zur Schwerkraft,
c) die Reibungszahl, die mindestens zwischen Reifen und Fahrbahndecke vorhanden sein muss, um ein Gleiten zu verhindern.

616 Ein Waggon mit der Spurweite $l = 1435$ mm und einer Schwerpunktshöhe $h = 1350$ mm über Schienenoberkante fährt durch eine nicht überhöhte Kurve mit dem Radius $r_s = 200$ m.

a) Es soll eine Gleichung für diejenige Geschwindigkeit $v = f(g, l, h, r_s)$ aufgestellt werden, bei der sich die inneren Räder unter der Wirkung der Fliehkraft abheben würden.
Gesucht ist die Geschwindigkeit v.
b) Wie groß ist die Überhöhung der äußeren Schiene für eine Geschwindigkeit von 50 km/h, wenn die Resultierende aus Gewichts- und Fliehkraft rechtwinklig auf der Gleisebene stehen soll?

617 Ein Kesselwagen fährt durch eine Kurve mit 30 mm Überhöhung der äußeren Schiene bei 150 m Kurvenradius. Die Spurweite beträgt 1500 mm, der Schwerpunkt liegt 1,5 m über Oberkante der Schienen. Für den Fall des Kippens unter der Wirkung der Fliehkraft liegt die Kippkante auf der äußeren Schiene. Damit Kippen eintritt, muss die Wirklinie der Resultierenden aus Flieh- und Gewichtskraft oberhalb der Kippkante verlaufen. Im Grenzfall geht sie durch die Kippkante.

Für den Grenzfall soll berechnet werden:

a) der Winkel zwischen der Resultierenden und der Gewichtskraft,
b) die Zentripetalbeschleunigung,
c) die Fahrgeschwindigkeit.

618 Die Skizze zeigt schematisch die „Todesschleife“ der Vergnügungsplätze. Der gemeinsame Schwerpunkt von Fahrer und Rad läuft auf einem Kreis mit dem Radius $r_s = 2{,}9$ m um. Die Geschwindigkeit des Fahrers im höchsten Punkt der Schleife muss mindestens so groß sein, dass Flieh- und Gewichtskraft im Gleichgewicht sind. Bei Vernachlässigung von Luft- und Fahrwiderstand sind zu berechnen:

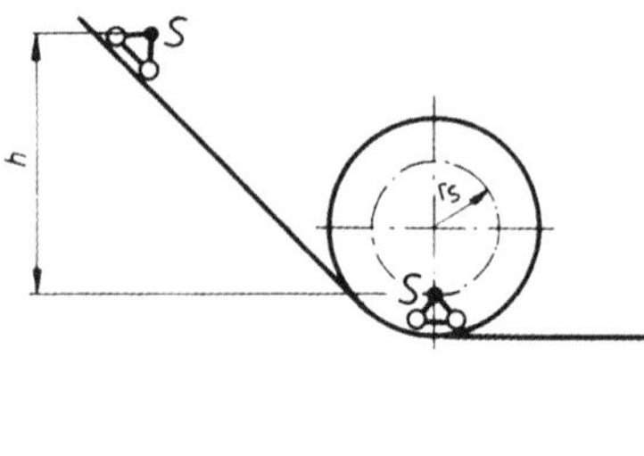

a) die Geschwindigkeit v_0, die im höchsten Punkt der Schleife mindestens vorhanden sein muss, mit Hilfe einer Gleichung $v_0 = f(g, r_s)$,
b) die Geschwindigkeit v_u im tiefsten Punkt der Schleife mit Hilfe einer Gleichung $v_u = f(g, r_s)$,
c) die Höhe h des Schwerpunkts beim Start über seiner tiefsten Lage in der Schleife mit Hilfe einer Gleichung $h = f(r_s)$.

619 Eine Schwungscheibe mit 1100 kg Masse ist mit 2,3 mm Abstand ihres Schwerpunkts von der Drehachse exzentrisch aufgekeilt. Die Skizze zeigt die Lagerabstände. Die Drehzahl beträgt 180 $\min^{-1}$.

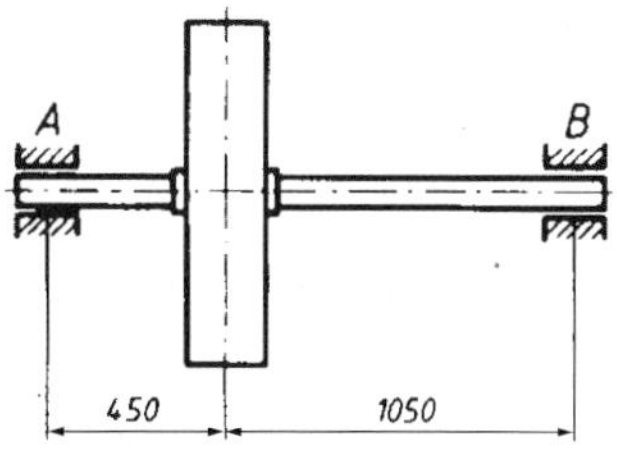

Gesucht:

a) die statischen Stützkräfte in A und B.
b) die Fliehkraft,
c) die größten dynamischen Stützkräfte, die nach oben wirken,
d) die kleinsten dynamischen Stützkräfte und ihr Richtungssinn.

620 Die Skizze zeigt schematisch einen Fliehkraftregler. Das Pendel ist im Drehpunkt D gelagert und kann unter der Wirkung der Fliehkraft hochschwenken, z. B. in die gestrichelt gezeichnete Stellung. Die Abmessungen betragen $l = 200$ mm, $r_0 = 50$ mm.

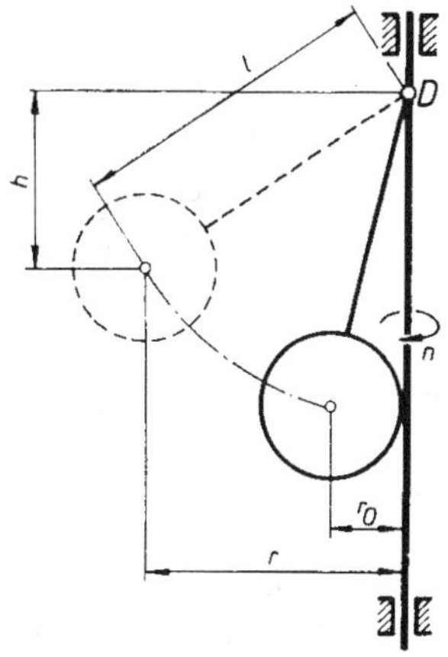

a) Es soll eine Gleichung für die Einstellhöhe $h = f(g, \omega)$ entwickelt und daraus h für eine Drehzahl von 250 $\min^{-1}$ berechnet werden.

b) Wie groß ist die Drehzahl für eine Einstellhöhe von 100 mm?

c) Zu berechnen ist die Drehzahl n_0, bei der sich das Pendel abzuheben beginnt und zwar mit Hilfe einer Gleichung für die Winkelgeschwindigkeit $\omega_0 = f(g, l, r_0)$.

Mechanische Schwingungen

621 Eine harmonische Schwingung hat eine Amplitude von 28 cm. Für einen Punkt P werden 2 s nach dem Nulldurchgang bei einer Auslenkung $y = 9$ cm gesucht:

a) Periodendauer,
b) Frequenz.

622 Bei einem harmonisch schwingenden Punkt misst man für 25 Perioden eine Zeit $\Delta t = 10$ s.

Gesucht:

a) Periodendauer T,
b) Frequenz f,
c) Kreisfrequenz ω.

623 Ein harmonisch und ungedämpft schwingender Punkt hat eine Amplitude von 30 mm und eine Frequenz von 50 Hz. Wie groß sind 0,02 s nach dem Beginn der Schwingung:

a) Auslenkung y,
b) Geschwindigkeit v_y,
c) Beschleunigung a_y?

624 Während eines Zeitabschnitts von 2,5 s verdoppelt sich die Auslenkung eines sinusförmig schwingenden Teilchens bei einer Amplitude von 40 cm.
Wie groß sind die Auslenkungen y_1 und y_2?

625 Eine Schraubenzugfeder mit der Federrate $R = 0{,}8 \cdot 10^4$ N/m wird vertikal mit einem Körper der Masse $m = 6{,}5$ kg belastet. Der Körper wird um 25 cm senkrecht nach unten gezogen und dann frei gegeben.

Gesucht:

a) Periodendauer,
b) Frequenz,
c) Maximalgeschwindigkeit des Körpers.

626 Eine Stahlplatte mit der Masse $m = 225$ kg drückt ein Federsystem um $\Delta s = 22$ mm zusammen.

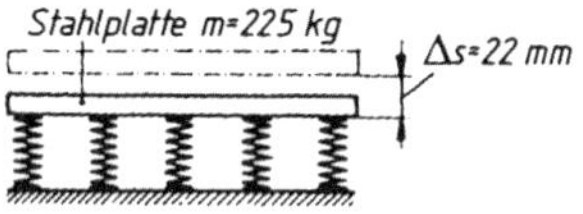

Gesucht:

a) resultierende Federrate R_0,
b) Frequenz der auf den Federn schwingenden Stahlplatte.

627 An zwei parallel geschalteten Schraubenzugfedern, denen eine weitere Feder nachgeschaltet ist, wird ein schwingender Körper mit der Masse $m = 15$ kg befestigt. Die Federraten betragen $R_1 = 60$ N/cm und $R_2 = 95$ N/cm. Gesucht werden die Anzahl der Schwingungen in einer Minute und die Schwingungsdauer des schwingenden Körpers.

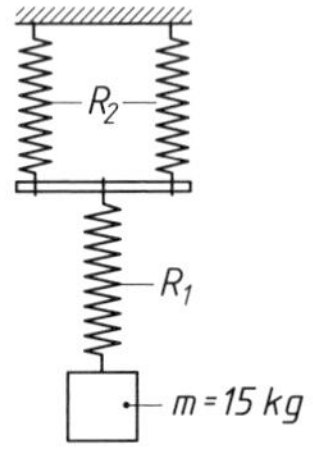

628 Zwei Schraubenzugfedern mit den Federraten R_1 und R_2 sind mit schwingenden Massen m_1 und m_2 nach Bild a und Bild b zusammengesetzt. Das Verhältnis der Federraten zueinander beträgt $R_1 : R_2 = 1 : 2$. Gesucht wird das Verhältnis der beiden Massen m_1 und m_2 zueinander.

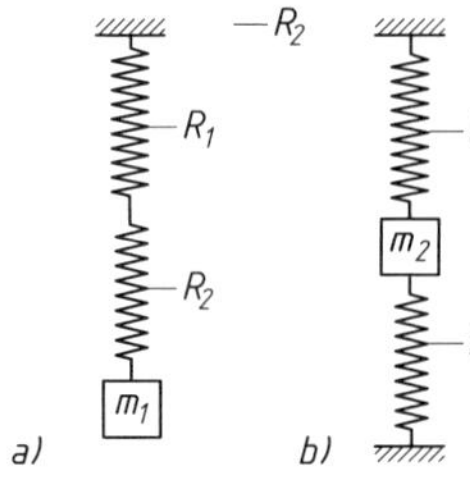

629 Mit einem am oberen Ende fest eingespannten Torsionsfederpendel soll experimentell das Trägheitsmoment J_{KS} einer Kupplungsscheibe ermittelt werden. Am unteren Ende des Torsionsstabes wird eine Stahlscheibe mit bekanntem (berechenbarem) Trägheitsmoment $J_1 = 4{,}622$ kgm^2 eingespannt und in Drehschwingungen versetzt. Es wird eine Periodendauer von $T_1 = 0{,}5$ s gemessen.

Man setzt nun die Kupplungsscheibe drehfest auf die Stahlscheibe und misst erneut die Periodendauer. Diesmal ergibt sich die Periodendauer $T_{KS} = 0{,}8$ s. Damit kann das Trägheitsmoment J_{KS} berechnet werden.

630 Mit Hilfe eines Torsionsfederpendels soll das Trägheitsmoment J_{RS} einer Riemenscheibe ermittelt werden. Die Torsionslänge des Stahlstabs beträgt $l = 1$ m, sein Durchmesser $d = 4$ mm. Die Zeitmessung ergibt eine Periodendauer von $T = 0{,}2$ s.

631 Ein Schwerependel hat eine Periodendauer $T_1 = 2$ s. Es wird um $\Delta l = 0{,}4$ m gekürzt. Gesucht wird die Periodendauer T_2 des gekürzten Pendels.

632 An einem masselos gedachten Kranseil mit der Länge $l = 8$ m hängt ein Körper mit der Masse $m = 2{,}5$ t. Der Körper gerät in ungedämpfte Schwingungen mit der Amplitude $A = 1{,}5$ m.

Gesucht:

a) Periodendauer T,
b) Frequenz f,
c) Maximalgeschwindigkeit v_0,
d) Maximalbeschleunigung a_{max},
e) Auslenkung y nach $t_1 = 2{,}5$ s.

633 Bei zwei Schwerependeln verhalten sich ihre Längen $l_1 : l_2$ wie 4:5. Nach zwei Minuten hat das kürzere Pendel 20 Perioden mehr ausgeführt als das längere Pendel.

Gesucht werden die Frequenzen f_1 und f_2.

634 In ein senkrecht stehendes U-Rohr wird eine Flüssigkeit gegossen, die dabei in Schwingungen gerät. Zu berechnen ist die Periodendauer der reibungsfrei angenommenen Schwingung, wenn die Flüssigkeitssäule eine Höhe von 200 mm hat.

635 Eine Schraubenzugfeder wird als Federpendel aufgehängt und mit einer Masse belastet. Die Feder hat die Masse $m_F = 0{,}18$ kg und die Federrate $R = 36{,}5$ N/m. Aus der Nulllage heraus wird sie um $\Delta s = A = 12$ cm verlängert. Die Periodendauer beträgt $T = 1{,}13$ s. Nach $\Delta t = 6$ min kommt die Schraubenzugfeder zur Ruhe.

Gesucht wird die Temperaturerhöhung ΔT des Federwerkstoffs.

Annahme: Wärmeenergie wird nicht an die Umgebung abgegeben und die Luftreibung wird vernachlässigt.

636 Ein Motor mit der Masse $m = 500$ kg ist in der Mitte zweier U-Profile (U-Profil DIN 1026 – U120 – S235JO) befestigt, die auf einer Länge $l = 2$ m statisch bestimmt gelagert sind. Bei nicht vollkommen ausgewuchtetem Motor tritt Resonanz auf.

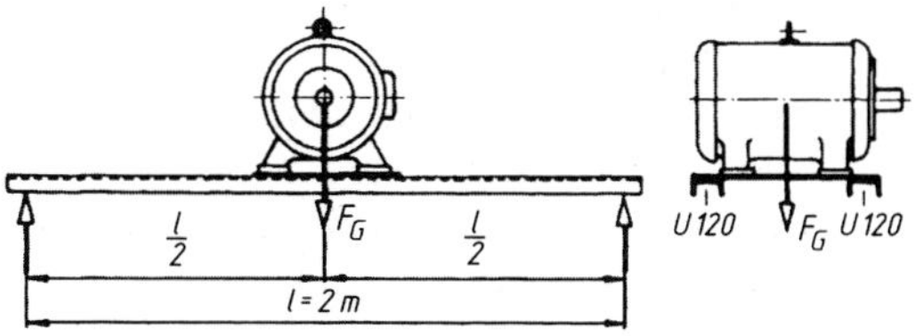

Gesucht wird die der Resonanz entsprechende kritische Drehzahl n_{kr} in lotrechter Richtung. Die Masse der U-Profile wird nicht berücksichtigt.

637 Auf einer abgesetzten Welle aus Stahl E360 DIN EN 10025 befindet sich eine Schwungscheibe. Die Welle wird im Schnitt X – X als eingespannt betrachtet.

Gesucht:

a) Eigenperiodendauer T_0,
b) Periodenzahl z in einer Minute,
c) Eigenfrequenz f_0,
d) kritische Drehzahl n_{kr}.

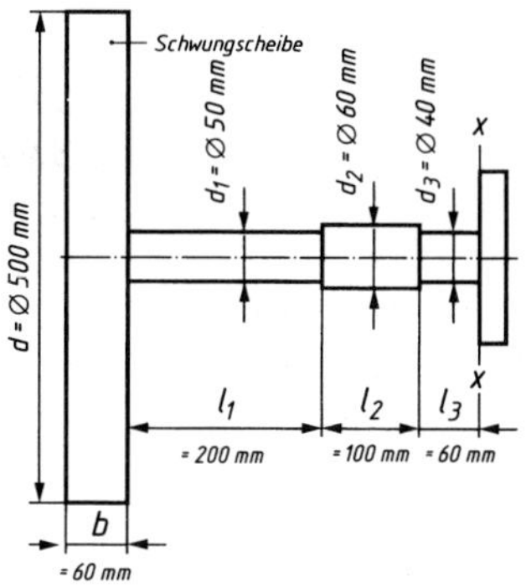

5 Festigkeitslehre

Inneres Kräftesystem und Beanspruchungsarten

651 Ein Drehmeißel ist nach Skizze eingespannt und durch die Schnittkraft F_s = 12 kN belastet. Die Abmessungen betragen l = 40 mm, b = 12 mm und h = 20 mm.

Gesucht sind das im Schnitt $A - B$ wirkende innere Kräftesystem und die zugehörigen Spannungsarten.

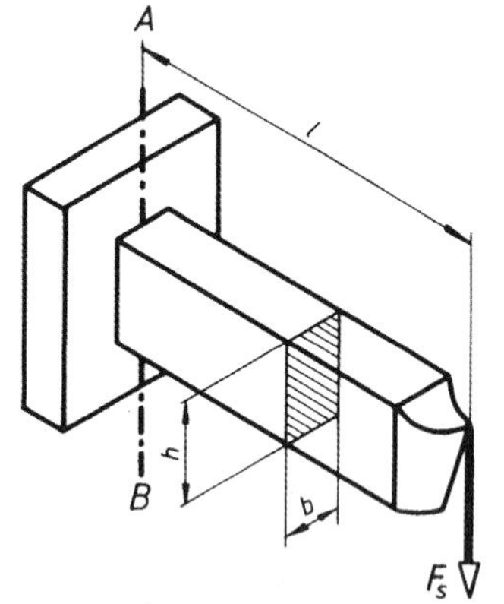

652 Ein Schraubenbolzen mit dem Durchmesser d = 30 mm wird durch eine unter α = 20° wirkende Kraft F = 6 kN belastet. Der Abstand l beträgt 60 mm.

Bestimmt werden sollen das im Schnitt $A - B$ wirkende innere Kräftesystem und die auftretenden Spannungsarten. Die aus dem Anziehdrehmoment der Mutter herrührenden Spannungen bleiben unberücksichtigt.

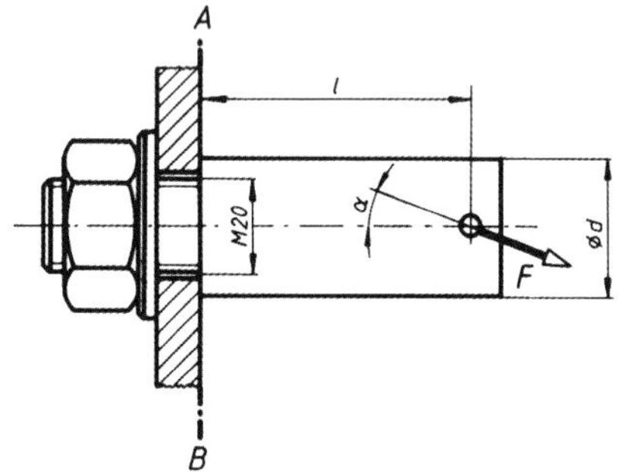

653 Ein abgewinkelter Flachstahl wird nach Skizze mit F = 5 kN belastet. Absatzmaß l = 50 mm.

Welches innere Kräftesystem haben die Schnitte $x - x$ und $y - y$ zu übertragen und welche Spannungsarten treten auf?

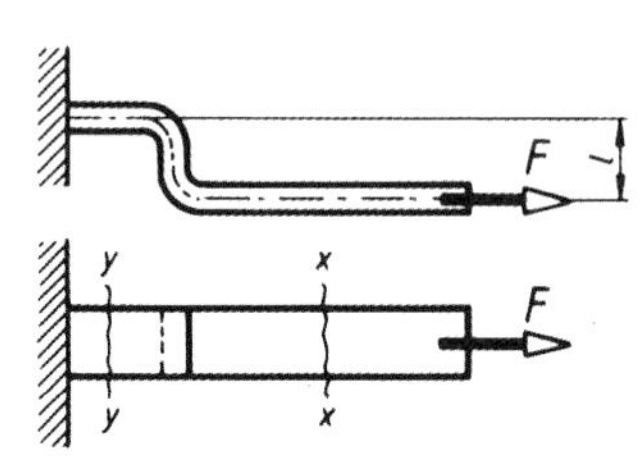

654 Das skizzierte Sprungbrett wird durch die Kräfte F_1 = 500 N und F_2 = 2 kN belastet. Die Abstände betragen l_1 = 2,6 m, l_2 = 2,4 m und l_3 = 2,1 m. Die Kraft F_2 schließt mit der Waagerechten den Winkel α = 60° ein.

Gesucht:

a) das im Balken in der Mitte zwischen W und L wirkende innere Kräftesystem,

b) das innere Kräftesystem in der Mitte zwischen den Kraftangriffsstellen F_1 und F_2.

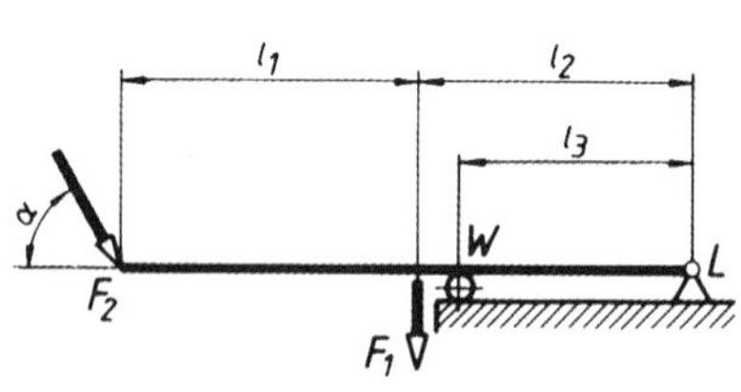

655 Der skizzierte Ausleger trägt eine Last $F = 10$ kN im Abstand $l = 2$ m von der Drehachse.

Für den Querschnitt $x-x$ der senkrechten Säule sollen das innere Kräftesystem und die dadurch hervorgerufenen Spannungsarten ermittelt werden.

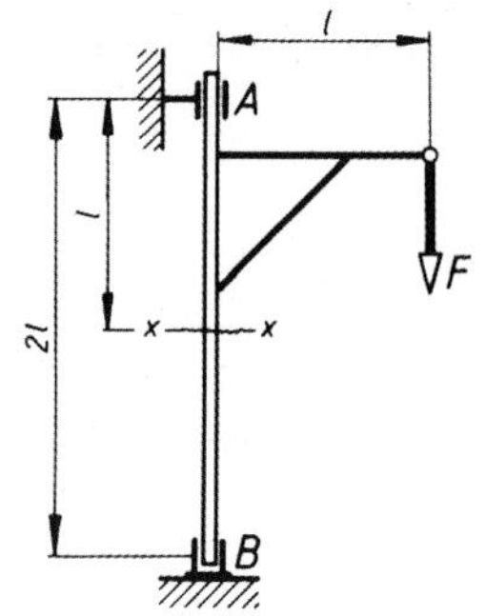

656 Das skizzierte Blech, z-förmig gebogen, ist an einer Blechwand angeschweißt und wird durch die Zugkraft $F = 900$ N belastet.
Für die eingetragenen Schnitte A bis H sollen die inneren Kräftesysteme mit zugehöriger Spannungsart ermittelt werden.

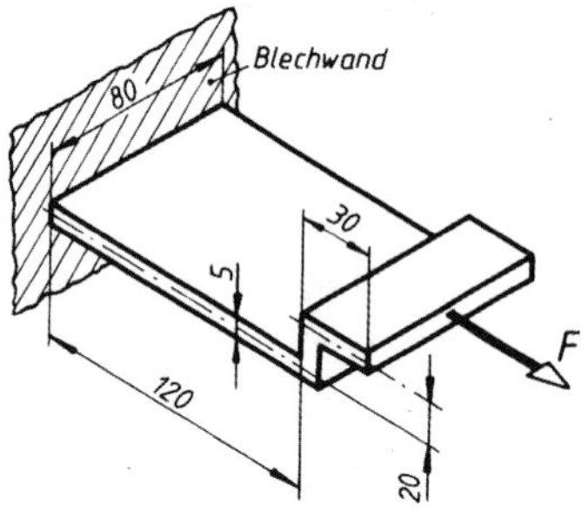

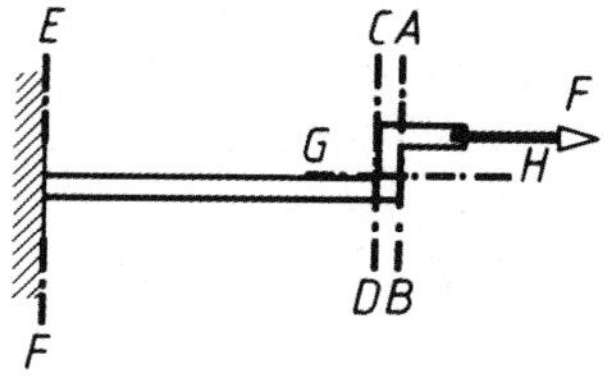

Beanspruchung auf Zug

661 Eine Zuglasche aus Flachstahl 60 × 6 wird durch eine Kraft $F = 12$ kN belastet. Wie groß ist die auftretende Zugspannung?

662 Welchen Durchmesser muss ein Zuganker erhalten, wenn er eine Zugkraft von 25 kN übertragen soll und die im Kreisquerschnitt auftretende Spannung 140 N/mm^2 nicht überschritten werden soll?

663 Wie groß ist die höchste Zugbelastung, die eine Schraube M16 aufnehmen kann, wenn im Spannungsquerschnitt nicht mehr als 90 N/mm^2 Zugspannung auftreten soll?

664 Eine Befestigungsschraube soll bei einer zulässigen Spannung von 70 N/mm^2 eine Zugkraft $F = 4{,}8$ kN übertragen.

Welches Gewinde ist zu wählen?

665 Ein Drahtseil soll 90 kN tragen. Wie viele Drähte mit 1,6 mm Durchmesser muss das Seil haben, wenn 200 N/mm^2 Spannung zulässig sind?

666 Das Stahldrahtseil einer Fördereinrichtung ist 600 m lang und soll eine Last von 40 kN tragen. Das Seil besteht aus 222 Einzeldrähten. Die Zugfestigkeit des Werkstoffs beträgt 1600 N/mm². Die Sicherheit gegen Bruch soll etwa 8-fach sein.

Welchen Durchmesser muss der einzelne Draht haben, wenn in der Rechnung auch die Eigengewichtskraft des Seils berücksichtigt wird?

667 Welche Zugkraft trägt ein Drahtseil aus 114 Drähten mit je 1 mm Durchmesser bei einer Spannung von 300 N/mm²?

668 Eine Hubwerkskette hat eine Last von 20 kN je Kettenstrang zu tragen.

Welchen Durchmesser müssen die Kettenglieder bekommen, wenn eine zulässige Zugspannung von 50 N/mm² festgesetzt wurde?

669 Eine Schubstange hat 80 kN Zugkraft aufzunehmen. Der geteilte Kopf der Schubstange wird durch zwei Schrauben zusammengehalten.

Welches Gewinde ist zu wählen unter der Annahme reiner Zugbeanspruchung in den Schrauben und 65 N/mm² zulässiger Spannung?

670 Welche größte Zugkraft F_{max} kann ein durch 4 Nietbohrungen mit 17 mm Durchmesser im Steg geschwächtes Profil IPE 200 DIN 1025 aufnehmen, wenn eine zulässige Spannung von 140 N/mm² eingehalten werden muss?

671 Ein PU-Flachriemen mit Lederbelag hat 120 mm Breite und 6 mm Dicke. Er überträgt bei einer Riemengeschwindigkeit von 8 m/s eine Leistung von 7,35 kW.

Wie groß ist die Zugspannung im Riemen?

672 Welche Kraft wirkt in einem Zugstab eines Fachwerkträgers, der aus 2 U 200 DIN 1026 besteht, wenn er mit 100 N/mm² in Längsrichtung beansprucht wird? Eigengewichtskraft nicht berücksichtigen.

673 Eine Rundgliederkette mit 8 mm Nenngliedddurchmesser soll eine Last von 5 kN tragen.

Welche Zugspannung tritt dabei in den Kettengliedern auf?

674 Der Zylinder einer Dampfmaschine hat 380 mm Durchmesser. Der Dampfdruck beträgt $20 \cdot 10^5$ Pa. Der Zylinderdeckel ist mit 16 Schrauben mit metrischem ISO-Gewinde befestigt.

Welches Gewinde ist für eine zulässige Spannung von 60 N/mm² zu wählen, wenn wegen der Vorspannung der Schrauben mit der 1,5-fachen Betriebskraft gerechnet werden soll? Der Kolbenstangenquerschnitt bleibt unberücksichtigt.

675 Welchen Durchmesser muss ein Glied der Rundgliederkette haben, für die eine zulässige Spannung von 60 N/mm² vorgeschrieben ist, damit der mit F = 8 kN belastete Balken in der skizzierten Stellung gehalten wird? Die Abstände betragen l_1 = 1 m, l_2 = 3 m und l_3 = 2 m.

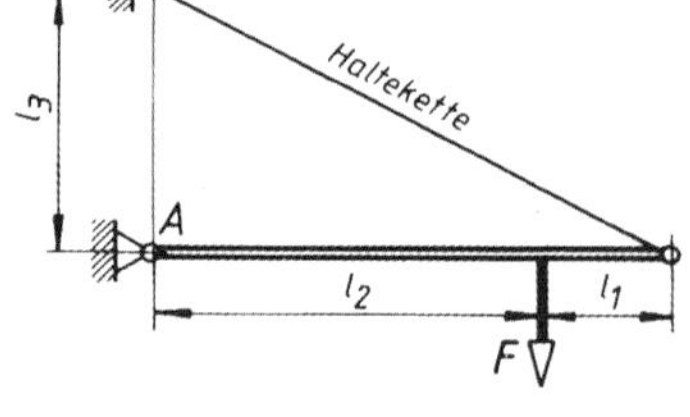

676 Der Zugstab eines Fachwerkträgers besteht aus 2 Winkelprofilen L 80 × 10. Der Querschnitt eines jeden Profils ist durch zwei Bohrungen mit 17 mm Durchmesser geschwächt.

Gesucht ist die größte zulässige Zugkraft F_{max}, die der Stab aufnehmen darf, wenn eine Zugspannung von 140 N/mm² nicht überschritten werden soll, und zwar

a) bei ungeschwächtem Querschnitt,
b) unter Berücksichtigung der Bohrungen.

677 Der skizzierte Handbremshebel einer Fahrradfelgenbremse wird mit F = 50 N belastet. Die Abmessungen betragen l_1 = 80 mm, l_2 = 25 mm, d = 1,5 mm, Winkel α = 20°.

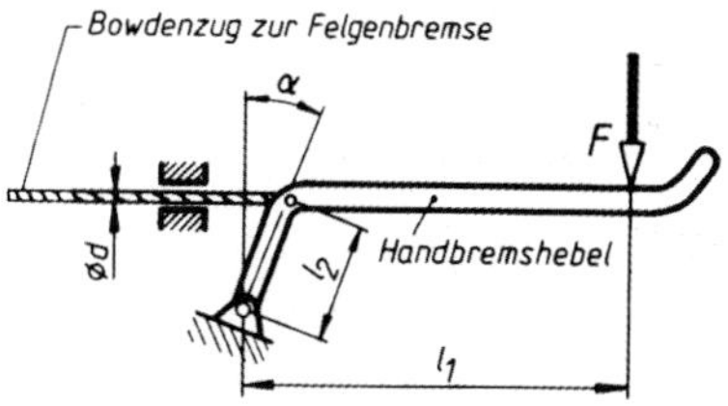

Gesucht:

a) die Zugkraft F_z und
b) die Zugspannung im Bowdenzugdraht.

678 Ein PU-Flachriemen mit Lederbelag hat eine Zugkraft von 3,2 kN zu übertragen. Die Zugspannung im Riemen darf 2,5 N/mm² nicht überschreiten.

Welche Riemenbreite ist bei 8 mm Riemendicke erforderlich?

679 Die gelenkige Laschenverbindung mit einem Bolzendurchmesser d = 25 mm hat die Zugkraft F = 18 kN zu übertragen.

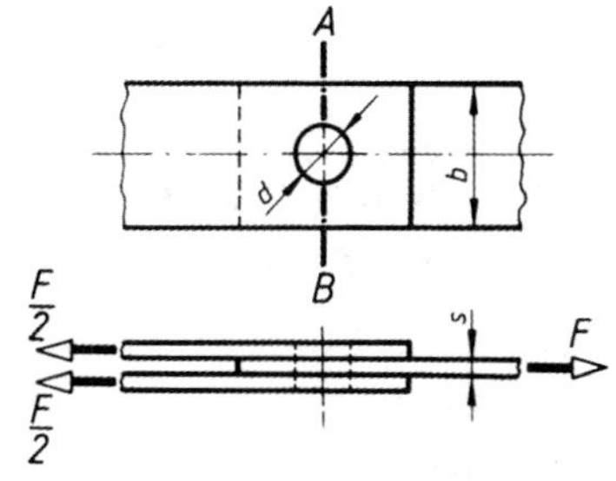

Es ist die Form des gefährdeten Querschnitts $A - B$ zu skizzieren und das erforderliche Flachstahlprofil zu bestimmen, wenn ein Seitenverhältnis b/s = 10 gefordert wird und eine Spannung von 90 N/mm² eingehalten werden soll. Mit dem gewählten Flachstahlprofil ist der Spannungsnachweis zu führen.

680 Die skizzierte Querkeilverbindung soll die Kraft F = 14,5 kN übertragen. Abmessungen: d_1 = 25 mm, d_2 = 45 mm, b = 6 mm.

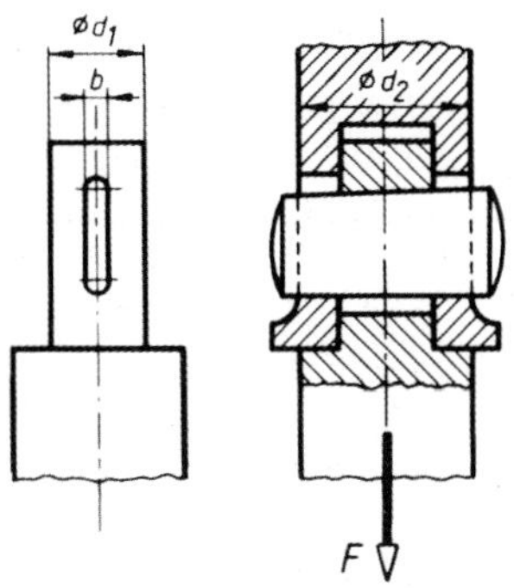

Zu berechnen sind

a) die Spannung im kreisförmigen Zapfenquerschnitt,
b) die Spannung in dem durch die Keilnut geschwächten Zapfenquerschnitt,
c) die Spannung im gefährdeten Querschnitt der Hülse.

681 Eine Lasche aus Stahl wird durch eine Zugkraft $F = 16$ kN belastet. Die Bohrungen für die Bolzen haben $d = 30$ mm Durchmesser, die zulässige Spannung beträgt 40 N/mm². Die Lasche soll Rechteckquerschnitt mit einem Bauverhältnis $h/s \approx 4$ erhalten.

Gesucht:

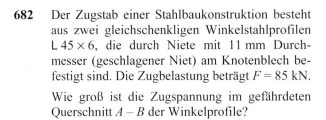

a) die Laschendicke s,
b) die Laschenhöhe h,
c) der Durchmesser D der Laschenaugen bei gleicher Dicke s.

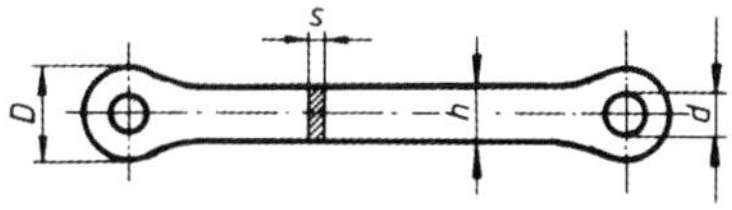

682 Der Zugstab einer Stahlbaukonstruktion besteht aus zwei gleichschenkligen Winkelstahlprofilen L 45 × 6, die durch Niete mit 11 mm Durchmesser (geschlagener Niet) am Knotenblech befestigt sind. Die Zugbelastung beträgt $F = 85$ kN.

Wie groß ist die Zugspannung im gefährdeten Querschnitt $A – B$ der Winkelprofile?

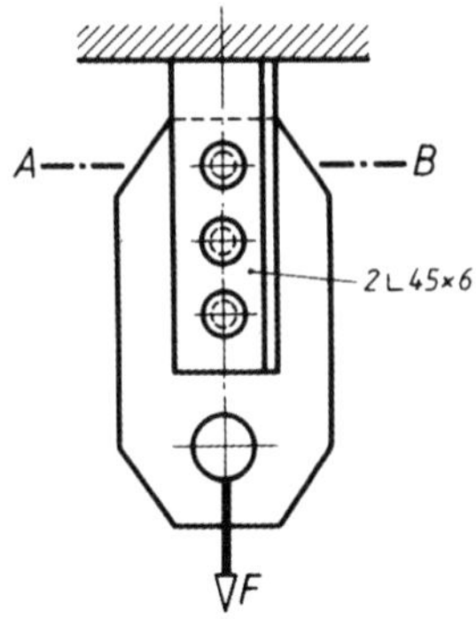

683 Der Zugstab nach Aufgabe 682 soll durch Niete mit 13 mm Durchmesser (geschlagener Niet-Durchmesser) an ein Knotenblech angeschlossen werden und dabei eine Last von 120 kN übertragen. Die zulässige Spannung beträgt 160 N/mm².

Gesucht:

a) das gleichschenklige Winkelprofil unter der Annahme, dass der Nutzquerschnitt infolge der Schwächung durch die Nietbohrungen etwa 80 % des Profilwertes beträgt (Verschwächungsverhältnis $v = 0{,}8$),
b) mit dem gewählten Profil der Spannungsnachweis.

684 Ein Bauteil mit Rohrquerschnitt hat einen Außendurchmesser $D = 20$ mm und wird mit einer Zugkraft von 13,5 kN belastet.

Gesucht ist der Innendurchmesser d für eine zulässige Spannung von 80 N/mm².

685 Eine Stahlstange (Zugfestigkeit $R_m = 420$ N/mm²) hat 18 mm Durchmesser und trägt eine Zuglast von 20 kN.

a) Welche Zugspannung tritt auf?
b) Wie groß ist die Sicherheit gegen Bruch?

686 Ein Probestab mit 20 mm Durchmesser zerreißt bei 153 kN Höchstlast.

Wie groß ist die Zugfestigkeit des Werkstoffs?

687 Ein Flachstahlprofil 120 × 12 DIN EN 10058 wird durch 150 kN Zugkraft belastet. Die Zugfestigkeit beträgt 420 N/mm².

Welche Sicherheit gegen Bruch liegt vor?

688 Wie lang müsste ein lotrecht hängender Stahlstab aus S235JR (mit $R_m = 340$ N/mm²) sein, damit er unter der Wirkung seiner Eigengewichtskraft zerreißt?

689 Das Stahlseil eines Förderkorbs darf mit 180 N/mm² auf Zug beansprucht werden. Es hat 320 mm² Nutzquerschnitt und wird 900 Meter tief ausgefahren.

Welche Nutzlast darf das Seil unter Berücksichtigung seiner Eigengewichtskraft tragen?

690 Ein Bremsband A soll mit dem Anschlussbügel B durch 4 Schrauben verbunden werden, und zwar so, dass allein die Reibung zwischen den beiden Bauteilen die Zugkraft F = 3,5 kN überträgt. Die Reibungszahl wird mit 0,15 angenommen. Die zulässige Zugspannung in den Schrauben beträgt 80 N/mm². Abmessungen: b = 60 mm, s = 1 mm.

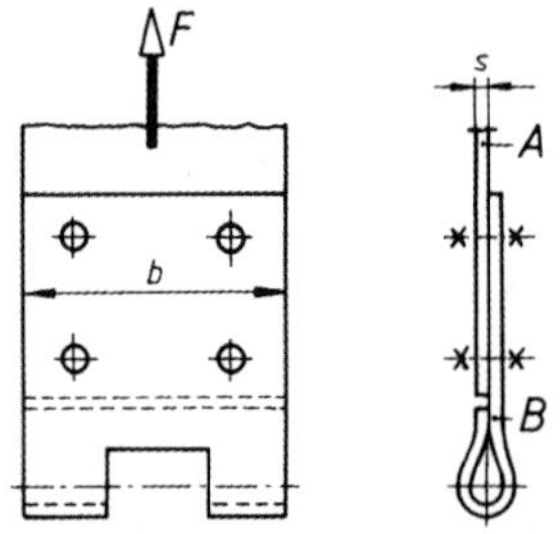

a) Welches metrische ISO-Gewinde ist für die Schrauben zu wählen?
b) Wie groß ist die Zugspannung im gefährdeten Querschnitt des Bremsbandes?

691 Zwei Flachstähle sollen überlappt durch zwei in Zugrichtung hintereinander liegende Schrauben verbunden werden. Dabei soll ausschließlich die Reibung zwischen den Stäben die Zugkraft von 5 kN übertragen. Die Reibungszahl beträgt 0,15.

Gesucht:

a) die Kraft, die *eine* Schraube aufbringen muss, um die erforderliche Reibungskraft zu erzeugen,
b) das erforderliche metrische ISO-Gewinde für eine zulässige Spannung von 60 N/mm²,
c) die Querschnittsmaße der Flachstähle für die gleiche zulässige Zugspannung und ein Bauverhältnis von $b/s \approx 6$.

692 Die beiden Gelenkstäbe S_1 und S_2 mit dem Durchmesser d = 16 mm liegen nach Skizze unter den Winkeln α = 25° und $\beta = 2\alpha$. Sie tragen im Knotenpunkt eine Last F = 20 kN.

Wie groß sind die Spannungen in den Gelenkstäben S_1 und S_2?

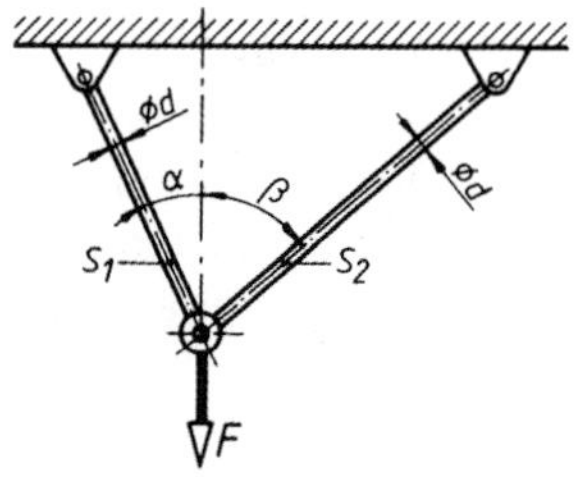

693 Ein Kranhubwerk mit 100 kN Tragkraft hat einen Lasthaken nach DIN 15401 mit 72 mm Schaftdurchmesser und einem Traggewinde M68 (Spannungsquerschnitt A_S = 3060 mm²). Für die höchste zulässige Betriebslast sind zu bestimmen:

a) die Zugspannung im Schaft,
b) die Zugspannung im Spannungsquerschnitt A_S.

694 Ein geschliffener Stahlstab mit 8 mm Durchmesser aus E295 hat eine Querbohrung mit 2 mm Durchmesser. Die Kerbwirkungszahl ergab sich zu 2,8. Der Stab wird schwellend auf Zug beansprucht. Mit den Angaben nach Abschnitt 5.12.4.2 (Sicherheit S_D bei dynamischer Belastung) im Lehrbuch sollen ermittelt werden:

a) die zulässige Spannung für eine 1,5-fache Sicherheit gegen Dauerbruch,
b) die höchste Zugkraft F_{max}, die der gefährdete Querschnitt aufnehmen kann.

695 Für die Schrägseilbrücke in der Aufgabe 69 sollen die Einzeldraht-Durchmesser der zwei Zugseile bei einer zulässigen Zugspannung $\sigma_{z\,zul} = 300\ N/mm^2$ ermittelt werden. Jedes der zwei Stahlseile besteht aus $n = 22$ Einzeldrähten. Die Eigengewichte der Zugseile können vernachlässigt werden.
Die ermittelten Zugkräfte der beiden Seile betragen:
Seil 1: $F_{S1} = 75$ kN
Seil 2: $F_{S2} = 100{,}606$ kN

Hooke'sches Gesetz

Lösungshinweis: Bei allen Berechnungen von Maschinenteilen, bei denen als Werkstoff Stahl angegeben ist, kann der Elastizitätsmodul $E = 2{,}1 \cdot 10^5\ N/mm^2$ als gegebene Größe betrachtet werden.

696 Ein Stahldraht mit 120 mm Länge und 0,8 mm Durchmesser trägt eine Zuglast von 60 N.

Gesucht:

a) die vorhandene Zugspannung,
b) die Dehnung des Drahts in Prozent,
c) die elastische Verlängerung.

697 Im Querschnitt einer Zugstange aus E335 mit 6 m Länge wirkt eine Spannung von 100 N/mm².

Gesucht ist die elastische Verlängerung der Stange.

698 Ein senkrecht hängender Stahlstab mit 6 m Länge wird mit 40 kN Zugkraft belastet. Die zulässige Spannung beträgt 100 N/mm².

Gesucht:

a) der Durchmesser des erforderlichen Kreisquerschnitts (auf volle 10 mm erhöhen),
b) die vorhandene Spannung bei Berücksichtigung der Eigengewichtskraft,
c) die Dehnung des Stabs in Prozent,
d) die Verlängerung des Stabs,
e) die aufgenommene Formänderungsarbeit.

699 Der Textil-Flachriemen des skizzierten Riemengetriebes wird gespannt, indem der Achsabstand $l = 2$ m um $\Delta l = 80$ mm vergrößert wird. Der Querschnitt des Riemens beträgt 100 mm × 5 mm, der E-Modul für Textilgewebe $E = 60\ N/mm^2$ und der Durchmesser der Scheiben $d = 0{,}6$ m.

Gesucht:

a) die Dehnung des Riemens,
b) die Zugspannung im Riemen,
c) die Spannkraft im Riemen.

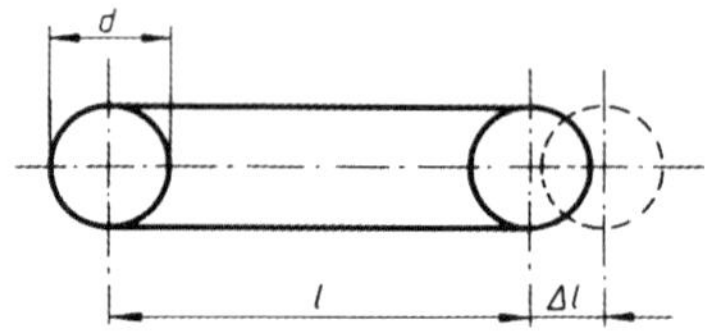

700 Ein runder Gummipuffer wird nach Skizze mit $F = 500$ N belastet und dabei von $l_0 = 30$ mm auf $l_1 = 25$ mm elastisch zusammengedrückt. Der E-Modul für Gummi beträgt 5 N/mm^2.

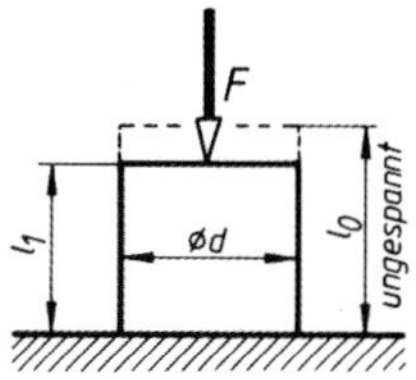

Gesucht:

a) die Druckspannung im Puffer,
b) der erforderliche Pufferdurchmesser,
c) die vom Puffer aufgenommene Formänderungsarbeit.

701 Mit Dehnungsmessstreifen wird an einem Zugstab einer Brückenkonstruktion bei größter Verkehrsbelastung eine Verlängerung von 6 mm festgestellt. Der Stab besteht aus zwei U 200 Profilen und hat eine Spannlänge von 9,2 m.

Gesucht:

a) die im Stab auftretende Zugspannung,
b) die maximale Belastung des Stabs infolge der Verkehrslasten.

702 Ein Probestab aus Stahl hat 400 mm Länge. Bei einer Belastung von 40 kN stellt sich eine Verlängerung von 0,25 mm ein.

Aus diesen Messwerten soll berechnet werden:

a) die Zugspannung im Probestab,
b) die Dehnung des Stabes.

703 Ein Stahldraht mit 0,2 mm^2 Querschnitt und 2 m Länge wird durch Zugbelastung um 4 mm verlängert.

Gesucht:

a) die Dehnung des Drahts,
b) die vorhandene Zugspannung,
c) die Zugbelastung des Drahts.

704 An einem Stahldraht mit 0,4 mm^2 Querschnitt und 800 mm Länge wirkt eine Zugkraft von 50 N.

Gesucht:

a) die vorhandene Zugspannung,
b) die elastische Verlängerung.

705 Eine Zugstange aus Stahl hat 8 m Länge und 12 mm Durchmesser.

Welche Spannung wirkt im Querschnitt und welche Verlängerung stellt sich ein, wenn eine Zugkraft von 10 kN wirkt?

706 Ein Spannstab aus Stahl hat 8 m Länge und 50 mm Durchmesser. Er wird mit einer gleichmäßig über dem Querschnitt verteilten Zugspannung von 140 N/mm^2 beansprucht.

Gesucht:

a) die am Stab wirkende Zugkraft,
b) die Dehnung des Stabs in %,
c) die Verlängerung des Stabs,
d) die vom Stab aufgenommene Formänderungsarbeit.

707 Eine Weichgummischnur mit 600 mm Länge und 2 mm² Querschnitt wird durch eine Zugkraft von 5 N auf 1000 mm verlängert.

Gesucht:

a) die Dehnung in %,
b) die Zugspannung im Querschnitt,
c) der Elastizitätsmodul des Werkstoffs.

708 Ein Gummiseil mit 5 m ungespannter Länge soll bei 1 kN Belastung auf 6 m verlängert werden. E-Modul = 8 N/mm².

Gesucht:

a) die Zugspannung im Seil,
b) der Seildurchmesser,
c) die vom Seil aufgenommene Formänderungsarbeit.

709 Ein Stahlseil nach DIN EN 12385-4 mit 86 Einzeldrähten, 1,2 mm Durchmesser und 1600 N/mm² Zugfestigkeit wird durch eine Kraft F auf Zug beansprucht.

a) Wie groß darf die Kraft F höchstens sein, wenn eine 6-fache Sicherheit gegen Bruch erwartet wird?
b) Wie groß ist die elastische Verlängerung bei 22 m Länge?

710 Eine Stahlstange mit 16 mm Durchmesser und 80 m Länge hängt frei herab und wird am unteren Ende mit 22 kN belastet.

a) Wie groß sind die Spannungen am unteren und am oberen Ende der Stahlstange?
b) Wie groß ist die Verlängerung?

711 Der Dreiecksverband eines Fachwerks wird mit $F = 65$ kN belastet. Der Zugstab soll aus zwei gleichschenkligen Winkelprofilen nach DIN EN 10056-1 hergestellt werden.

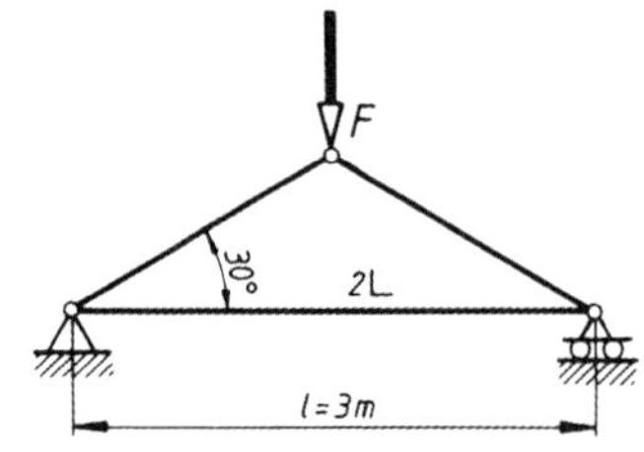

Gesucht:

a) die vom Zugstab aufzunehmende Kraft,
b) das erforderliche Winkelprofil für eine zulässige Spannung von 120 N/mm², wenn für die Nietbohrungen eine Querschnittsminderung von etwa 20 % zu erwarten ist,
c) die vorhandene Spannung, wenn jedes Profil durch eine Nietbohrung mit 11 mm Durchmesser geschwächt wird,
d) die elastische Verlängerung des Zugstabs.

712 Drei Gelenkstäbe S_1, S_2 und S_3 aus Stahl mit $d = 20$ mm Durchmesser tragen nach Skizze eine Last $F = 40$ kN. Der Winkel α beträgt 30°.

Welche Spannungen treten in den drei Zugstäben auf?

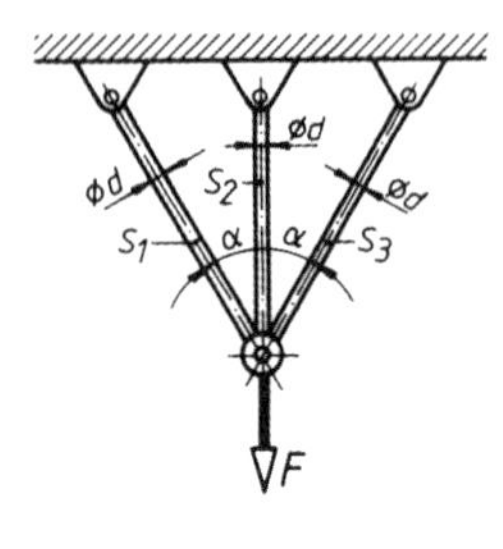

713 Zwischen zwei Gebäuden liegt frei eine Wasser führende Rohrleitung, die durch zwei Stahlseile in der Mitte zwischen den Gebäuden abgefangen werden soll. Der lichte Durchmesser der Rohrleitung beträgt 100 mm, die Gewichtskraft je Meter Rohrleitung 94,6 N. Für die Isolierung des Rohres werden 10 % des Gesamtgewichts angenommen. Die Berechnung ist auf 10 m Rohrlänge zu beziehen. Die Abmessungen betragen $l = 10$ m, $l_1 = 1$ m, $l_2 = 3{,}5$ m.

Gesucht:

a) die Anzahl n der Stahldrähte mit 1 mm Durchmesser, wenn darin eine Spannung von 100 N/mm² nicht überschritten werden soll,
b) die Senkung Δl_1 des Rohrs infolge der elastischen Verlängerung der Seile bei Belastung.

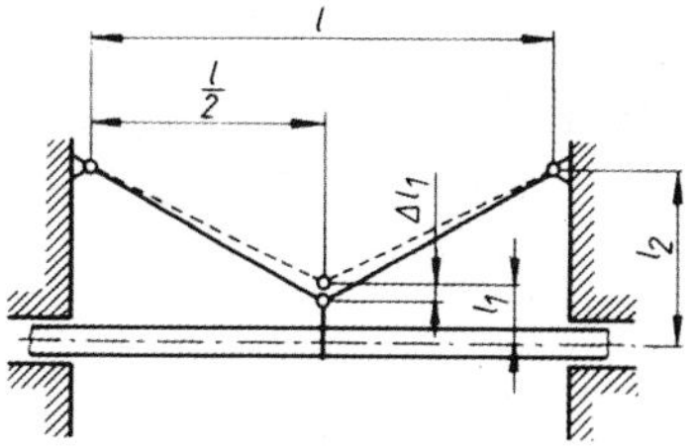

Beanspruchung auf Druck und Flächenpressung

714 Der skizzierte Träger wirkt mit der Kraft $F = 160$ kN über eine quadratische Auflagerplatte auf das Fundament. Die zulässige Flächenpressung beträgt 4 N/mm².

Gesucht ist die Seitenlänge a der Auflagerplatte.

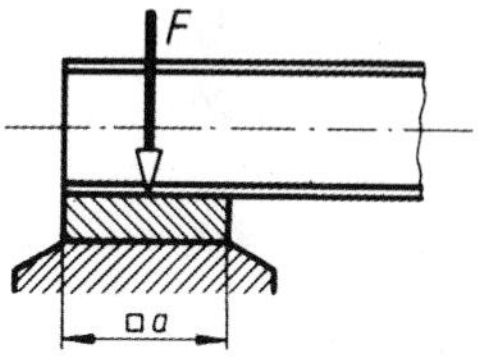

715 Der Gleitschuh einer Großkraftmaschine wird mit einer Normalkraft von 200 kN auf die Gleitbahn gedrückt. Die zulässige Flächenpressung beträgt 1,2 N/mm² und das Bauverhältnis für die rechteckige Gleitfläche $l/b \approx 1{,}6$.

Gesucht sind die Abmessungen l und b des Gleitschuhs.

716 Ein Gleitlager soll die Radialkraft $F = 12{,}5$ kN aufnehmen. Die zulässige Flächenpressung beträgt 10 N/mm² und das Bauverhältnis $l/d \approx 1{,}6$.

Gesucht sind die Länge l und der Durchmesser d des Zapfens.

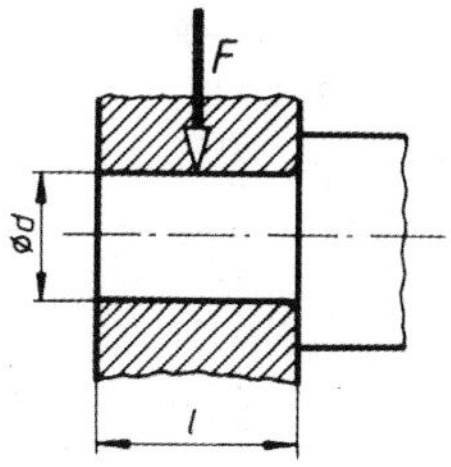

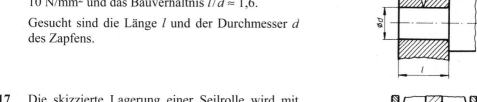

717 Die skizzierte Lagerung einer Seilrolle wird mit $F = 18$ kN belastet. Der Bolzendurchmesser wurde vom Konstrukteur mit $d = 30$ mm angenommen, die Blechdicke beträgt $s = 6$ mm.

Gesucht:

a) die Traglänge l des Rollenbolzens für eine zulässige Flächenpressung von 10 N/mm²,
b) die Flächenpressung zwischen Rollenbolzen und Lagerblech.

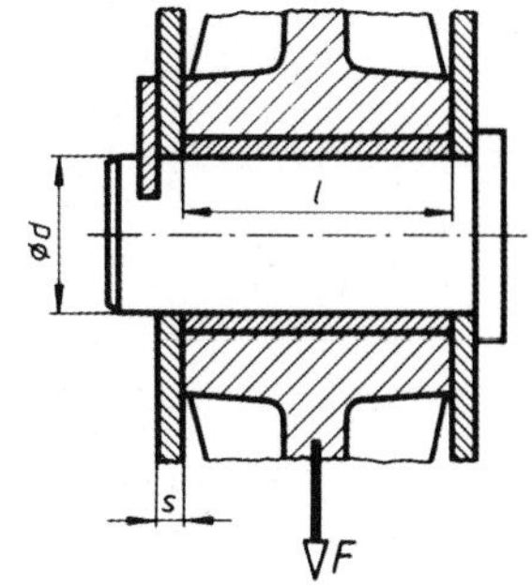

718 Der skizzierte Wellenzapfen mit d = 40 mm Durchmesser stützt sich mit seinem Absatz auf der Lagerstirnseite ab, die Kraft F beträgt 8 kN.

Gesucht ist der erforderliche Durchmesser D, wenn die Flächenpressung zwischen Lager und Zapfenabsatz 6 N/mm² nicht überschreiten soll.

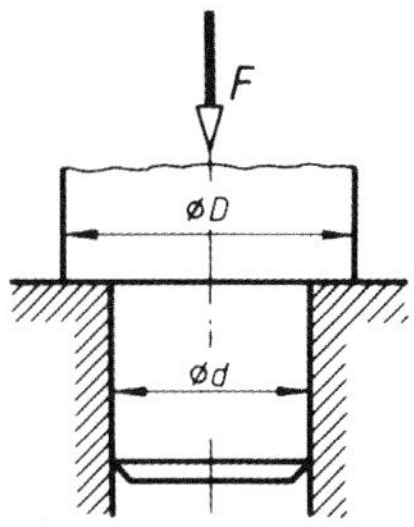

719 Ein Zugbolzen wird mit F = 30 kN nach Skizze belastet.

Gesucht:

a) der erforderliche Bolzendurchmesser d, wenn die Zugspannung 80 N/mm² einzuhalten ist,
b) der erforderliche Kopfdurchmesser D, wenn die Flächenpressung zwischen Kopf und Auflage 60 N/mm² nicht überschreiten soll.

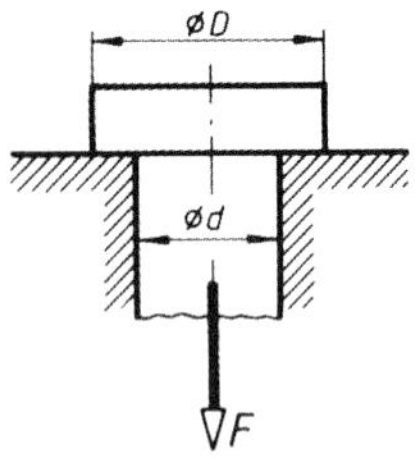

720 Ein Gleitlager wird nach Skizze mit der Radialkraft F_r = 16 kN und der Axialkraft F_a = 7,5 kN belastet. Das Bauverhältnis l/d soll 1,2 sein. Zulässige Flächenpressung 6 N/mm².

Gesucht sind d, D, l.

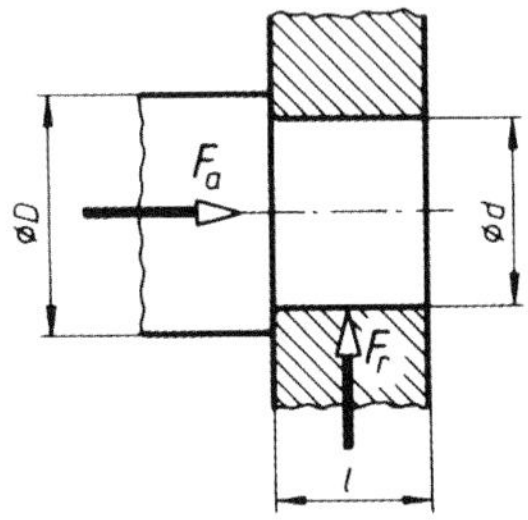

721 Die Nabe eines Rades wird mit Hilfe des Befestigungsgewindes auf den kegeligen Wellenstumpf gezogen. Die Abmessungen betragen: D = 60 mm, d = 44 mm.

a) Welche Anzugkraft F_a ist zulässig, wenn die Flächenpressung höchstens 50 N/mm² betragen soll?
b) Welches metrische ISO-Gewinde ist bei einer zulässigen Zugspannung von 80 N/mm² zu wählen?

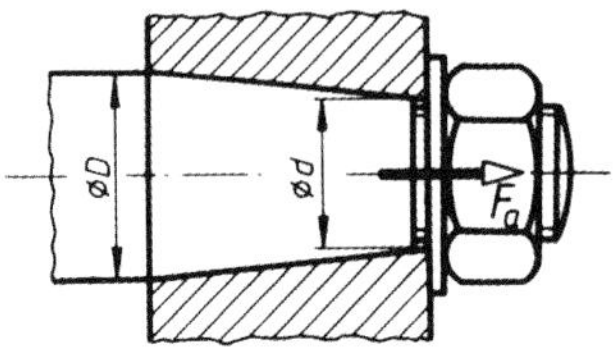

722 Die skizzierte Trapezgewindespindel ist zugbeansprucht. Die zulässige Zugspannung hat der Konstrukteur mit 120 N/mm² angenommen.

Gesucht:

a) die zulässige Höchstlast F_{max} für die Spindel,
b) die erforderliche Mutterhöhe m, wenn die Flächenpressung im Gewinde 30 N/mm² nicht überschreiten soll.

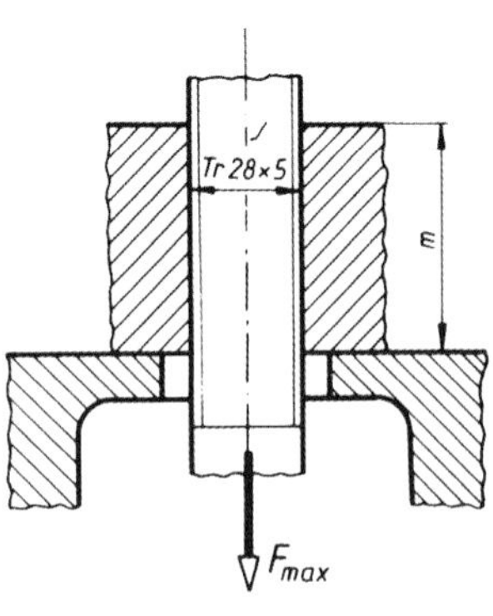

723 Eine Zugspindel mit metrischem ISO-Trapezgewinde hat über eine Mutter in Längsrichtung eine Zugkraft von 36 kN zu übertragen.

Gesucht:

a) das erforderliche Trapezgewinde, wenn eine zulässige Zugspannung von 100 N/mm² vorgeschrieben ist,
b) die erforderliche Mutterhöhe m, wenn die zulässige Flächenpressung 12 N/mm² beträgt (Werkstoff: Bronze).

724 Die Druckspindel einer Spindelpresse mit metrischem ISO-Trapezgewinde Tr 70 × 10 wird durch eine Druckkraft von 100 kN belastet.

Gesucht:

a) die Druckspannung im Kernquerschnitt der Spindel,
b) die erforderliche Mutterhöhe m, wenn die Flächenpressung in den Gewindegängen 10 N/mm² nicht überschreiten darf.

725 Eine Schraubenspindel mit metrischem ISO-Trapezgewinde soll 200 kN Zugkraft übertragen. Sie besteht aus dem Werkstoff E335. Die zulässige Zugspannung soll eine 4-fache Sicherheit gegen Bruch gewährleisten. Die Flächenpressung im Gewinde darf 8 N/mm² nicht überschreiten.

a) Welches Trapezgewinde ist nötig?
b) Welche Mutterhöhe ist erforderlich?

726 Eine Schraube M 20 mit metrischem ISO-Gewinde wird auf Zug beansprucht.

Gesucht:

a) die höchste Zuglast für die Schraube bei einer zulässigen Spannung von 45 N/mm²,
b) die Flächenpressung im Gewinde, wenn die Mutterhöhe $m = 0{,}8\ d$ sein soll.

727 Die skizzierte Kegelkupplung hat ein Drehmoment von 110 Nm zu übertragen.
Maße: $d = 400$ mm, $b = 30$ mm, $\alpha = 15°$.

Bestimmt werden sollen die erforderliche Anpresskraft der Feder und die Flächenpressung zwischen den Reibungsflächen. Die Reibungszahl wird mit 0,1 angenommen.

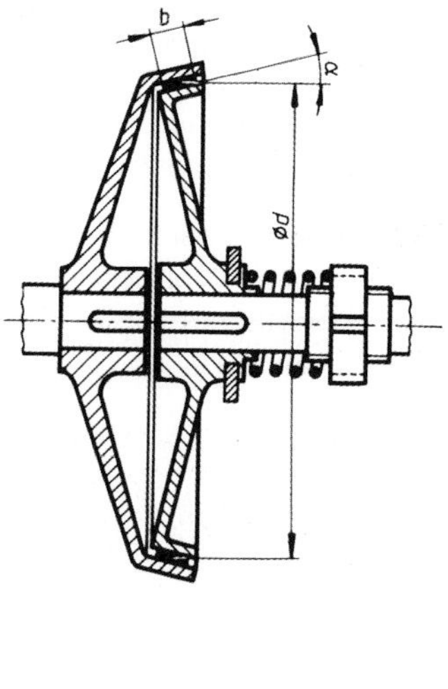

728 Die Schraubenfeder eines Pkw muss zur Montage in der skizzierten Vorrichtung gespannt werden. Bei einer Länge $l = 350$ mm zwischen den beiden Muttern ist die Feder so gespannt, dass sie eine Federkraft von 5 kN erzeugt.

a) Welches metrische ISO-Gewinde ist für die Spindel erforderlich, wenn 80 N/mm^2 Zugspannung nicht überschritten werden sollen?
b) Wie groß ist die elastische Verlängerung der Spindel?
c) Wie groß muss der Durchmesser d für die Mutterauflage bei einer zulässigen Flächenpressung von 5 N/mm^2 gemacht werden?
d) Wie groß muss die Mutterhöhe m für die gleiche Flächenpressung werden?

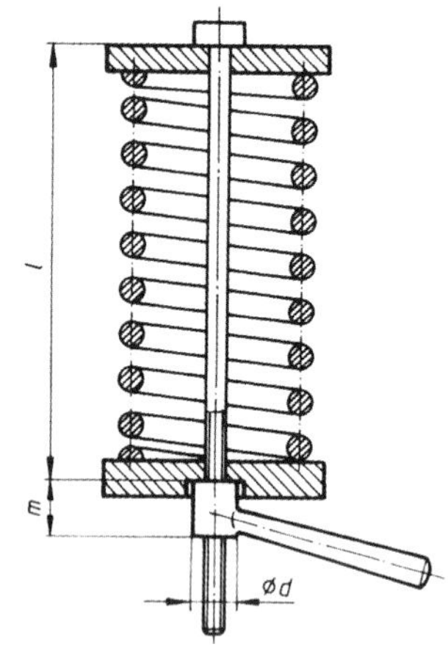

729 Eine Hohlsäule aus GJL-250 mit einer Höhe $h = 6$ m und einem Außendurchmesser $d_a = 200$ mm wird durch die Kraft $F = 320$ kN belastet.

Gesucht:

a) der Innendurchmesser d_i der Säule für eine zulässige Spannung von 80 N/mm^2,
b) der Fußdurchmesser d_f für eine zulässige Flächenpressung von 2,5 N/mm^2 unter Berücksichtigung der Gewichtskraft der Säule ohne Säulenfuß. Die Dichte des Werkstoffs beträgt $7{,}3 \cdot 10^3$ kg/m^3.

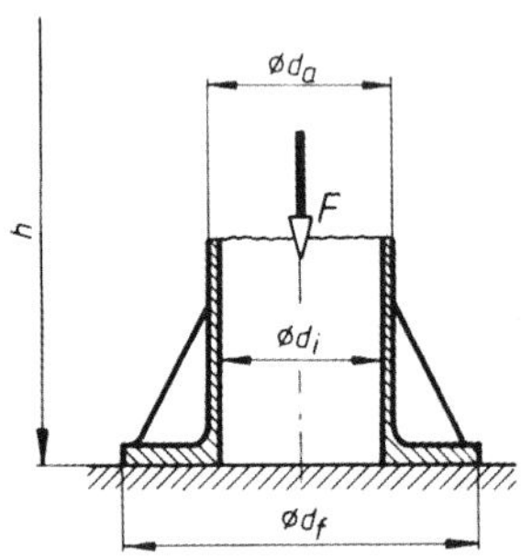

730 Eine hohle gusseiserne Säule mit Kreisringquerschnitt trägt eine Last von 1500 kN. Ihr Außendurchmesser beträgt 400 mm.

Gesucht:

a) die Wanddicke s für eine zulässige Spannung von 65 N/mm^2,
b) die Kantenlänge a des vollen quadratischen Säulenfußes, wenn für den Baugrund eine zulässige Flächenpressung von 4 N/mm^2 vorgeschrieben ist (Gewichtskraft vernachlässigen).

731 Die Sitzfläche des Druckventils einer Wasserpumpe hat 80 mm Außen- und 65 mm Innendurchmesser.

Welche Flächenpressung tritt im Ventilsitz auf, wenn die Pumpe einen Druck von $8{,}5 \cdot 10^5$ Pa erzeugt?

732 Die skizzierte Welle mit dem Zapfendurchmesser $d = 80$ mm wird durch die Axialkraft $F = 5$ kN belastet. Sie soll von dem Bund bei einer Flächenpressung von 2,5 N/mm^2 aufgenommen werden. Gesucht ist der Bunddurchmesser D.

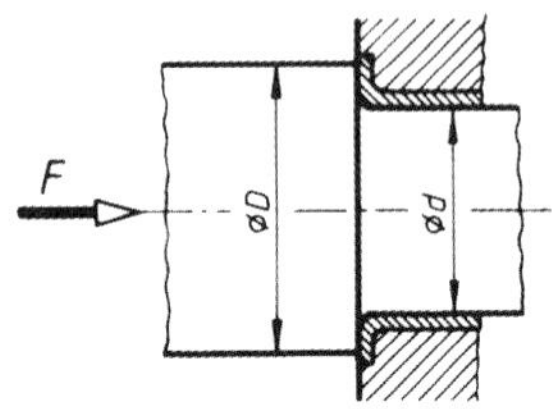

733 Eine senkrecht stehende Welle trägt die Axiallast F = 10 kN und ist durch einen Vollspurzapfen mit ebener Spurplatte gelagert.

Gesucht:

a) der erforderliche Zapfendurchmesser d für eine mittlere Flächenpressung von 5 N/mm^2,
b) die Druckspannung in der Welle bei gleichem Durchmesser.

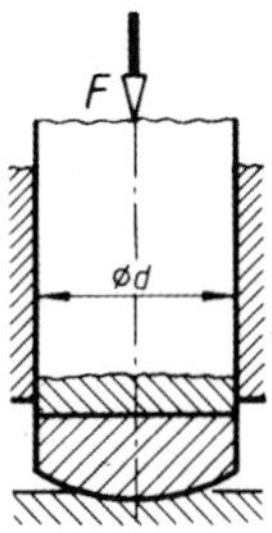

734 Die senkrecht stehende Welle wird durch die Axiallast F = 20 kN belastet und in einem Ringspurlager abgestützt.

Gesucht:

a) die Maße D und d der Ringspurplatte für eine zulässige mittlere Flächenpressung von 2,5 N/mm^2 und ein Durchmesserverhältnis D/d = 2,8.
b) die Druckspannung in der Welle.

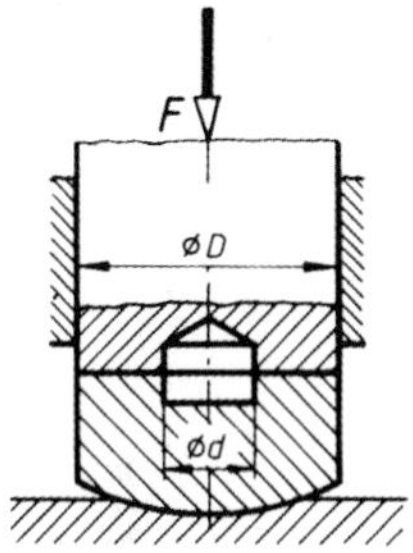

735 Eine Stütze besteht aus 2 Profilen U 140 und wird mit einer Kraft von 48 kN in Längsrichtung belastet. Der gefährdete Querschnitt ist durch zwei Nietbohrungen mit 17 mm Durchmesser im Steg eines jeden Profils geschwächt.

Gesucht ist die höchste auftretende Druckspannung in der Stütze.

736 Eine Welle mit 70 mm Durchmesser hat eine Axialkraft F = 12 kN zu übertragen. Das Ringspurlager soll eine Ringbreite b = 0,15 d haben, die zulässige mittlere Flächenpressung beträgt 1,5 N/mm^2.

Gesucht ist die Anzahl z der Ringe.

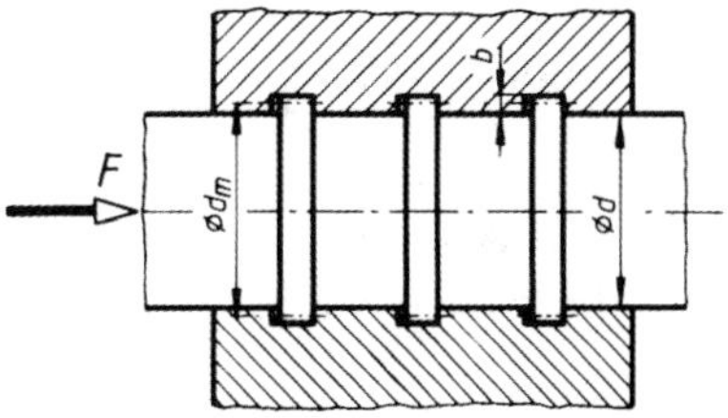

Beanspruchung auf Abscheren

738 In 2 mm dickes Stahlblech mit einer Abscherfestigkeit von 310 N/mm^2 sollen Löcher mit 30 mm Durchmesser gestanzt werden.

Gesucht ist die erforderliche Stanzkraft.

739 Die zulässige Druckspannung eines Lochstempels beträgt 600 N/mm^2 und die Abscherfestigkeit des Blechwerkstoffs 390 N/mm^2. Es sollen Löcher mit 25 mm Durchmesser gestanzt werden.

Gesucht ist die größte Blechdicke, die gestanzt werden darf.

740 In ein Blech aus E295 mit 6 mm Dicke werden Vierkantlöcher mit 20 mm Kantenlänge gestanzt.

Gesucht ist die erforderliche Mindestdruckkraft im Stempel für eine Abscherfestigkeit des Blechwerkstoffs von 425 N/mm^2.

741 Der skizzierte Lochstempel hat $d = 30$ mm Durchmesser, die zulässige Druckspannung des Stempelwerkstoffs beträgt 600 N/mm².

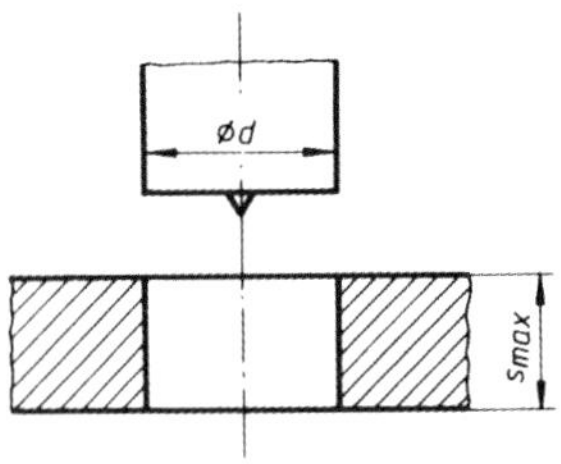

Gesucht:

a) die höchste zulässige Druckkraft im Stempel,
b) die größte Blechdicke s_{max}, die damit bei einem Werkstoff S235JR noch gelocht werden kann.

742 Ein Zugbolzen mit $d = 20$ mm Durchmesser wird mit einer Zugspannung von 80 N/mm² beansprucht. Die Kopfhöhe beträgt $k = 0{,}7\ d$.

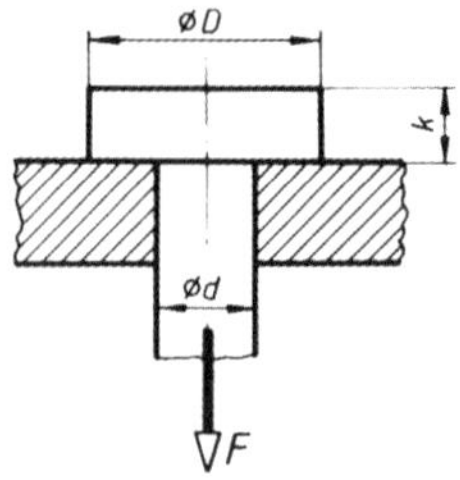

Gesucht:

a) die Abscherspannung im Kopf des Zugbolzens,
b) der Kopfdurchmesser D für eine zulässige Flächenpressung zwischen Kopf und Auflage von 20 N/mm².

743 Das skizzierte Stangengelenk wird durch die Kraft $F = 1{,}9$ kN belastet.

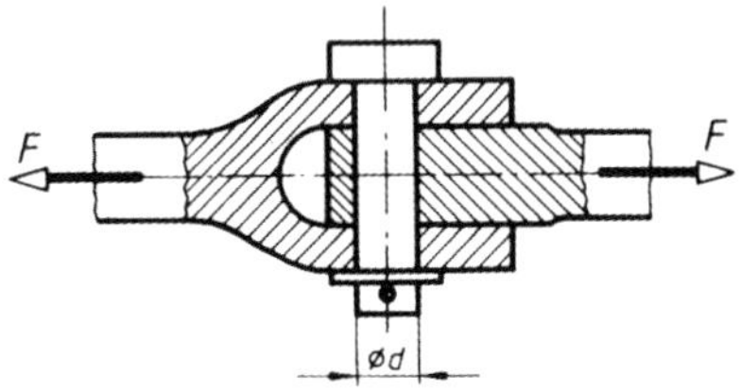

Gesucht ist der erforderliche Bolzendurchmesser d für eine zulässige Abscherspannung von 60 N/mm².

744 Die skizzierte Kette wird mit $F = 7$ kN auf Zug beansprucht. Die Abmessungen betragen $d = 4$ mm, $b = 10$ mm, $s = 1{,}5$ mm.

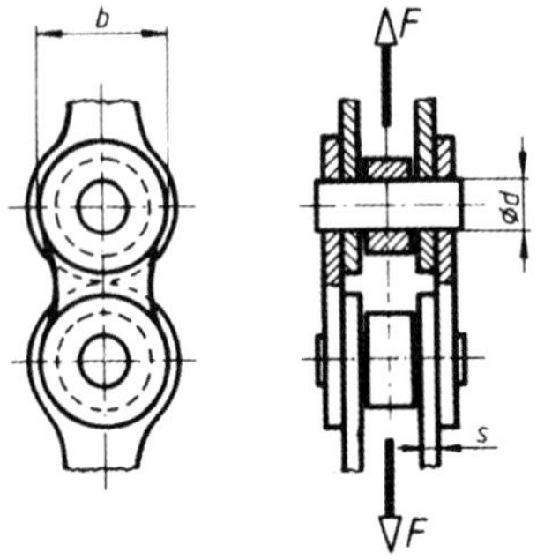

Gesucht:

a) die Zugspannung im gefährdeten Laschenquerschnitt,
b) die Abscherspannung in den Bolzen,
c) der Lochleibungsdruck zwischen Bolzen und Lasche.

745 Die Glieder einer Fahrradkette haben die Abmessungen $d = 3{,}5$ mm, $s = 0{,}8$ mm und $b = 5$ mm. Es wird angenommen, dass sich ein gewichtiger Radfahrer mit seiner Gewichtskraft von 1 kN auf ein Pedal stellt. Der Kurbelradius beträgt 160 mm, das Kettenrad hat einen Teilkreisdurchmesser von 90 mm.

Gesucht:

a) die Zugkraft F_z in der Kette,
b) die Zugspannung im gefährdeten Querschnitt der Laschen,
c) die Flächenpressung zwischen Bolzen und Laschen,
d) die Abscherspannung im Bolzen.

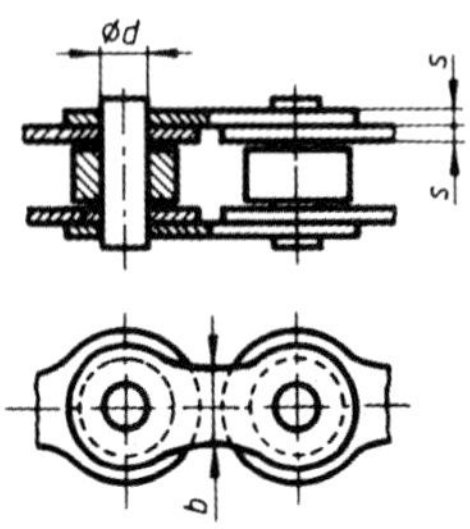

746 Eine Winkelschere soll Winkelstahlprofil bis 60×6 schneiden.

Gesucht ist die ungefähre Stempelkraft F, wenn die Abscherfestigkeit des Profilstahls etwa 450 N/mm² beträgt.

747 Die skizzierte Strebenverbindung eines Streckbalkens durch einfachen Versatz wird durch die Strebenkraft $F = 20$ kN belastet. Die Winkel betragen $\alpha = 30°$ und $\beta = 15°$.

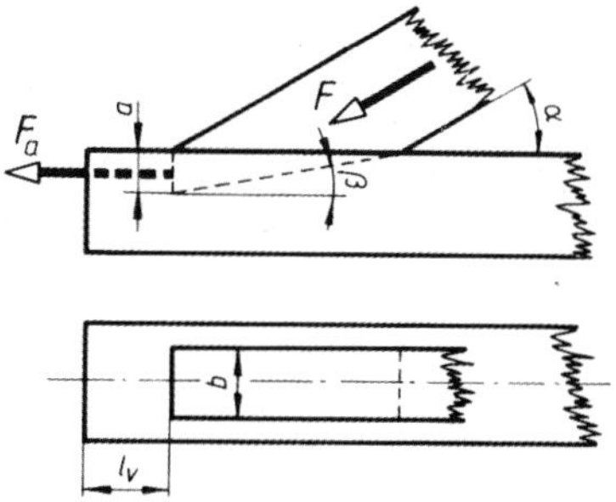

Gesucht:

a) die Vorholzlänge l_v für eine Einschnitttiefe $a = 40$ mm und eine Strebenbreite $b = 120$ mm bei einer zulässigen Abscherspannung von 1 N/mm²,
b) die Fugenpressung der Stirnfläche $a \cdot b$.

748 Die skizzierte Keilverbindung ist für die Kraft $F = 13$ kN zu dimensionieren.

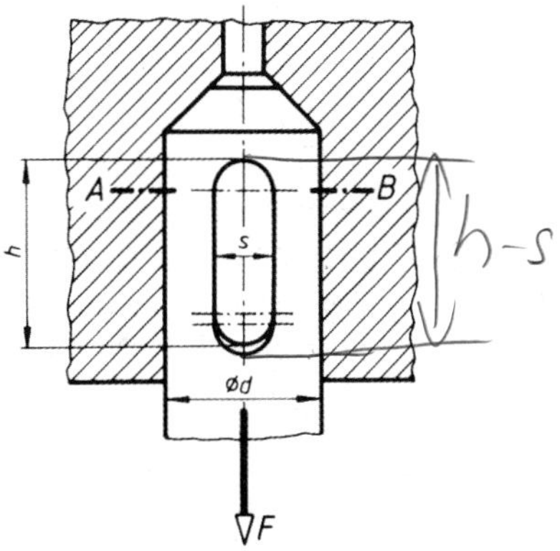

Gesucht:

a) die Keilabmessungen s und h, wenn das Bauverhältnis $h/s \approx 3$ einzuhalten ist und die Abscherspannung 30 N/mm² nicht überschreiten soll,
b) der Stangendurchmesser d, wenn die Flächenpressung im Keilloch gleich der Zugspannung im gefährdeten Querschnitt $A - B$ sein soll.

749 Seiltrommel und Stirnrad einer Bauwinde sind durch Schrauben miteinander verbunden. Die Schrauben stecken in Scherhülsen, die die Umfangskraft allein aufnehmen sollen. Die Seilkraft beträgt $F = 20$ kN, die Durchmesser sind $d_1 = 450$ mm und $d_2 = 350$ mm.

Gesucht ist die Wanddicke s der drei Scherhülsen für eine Abscherspannung von 50 N/mm², wenn der Innendurchmesser der Hülsen mit 12 mm angenommen wird.

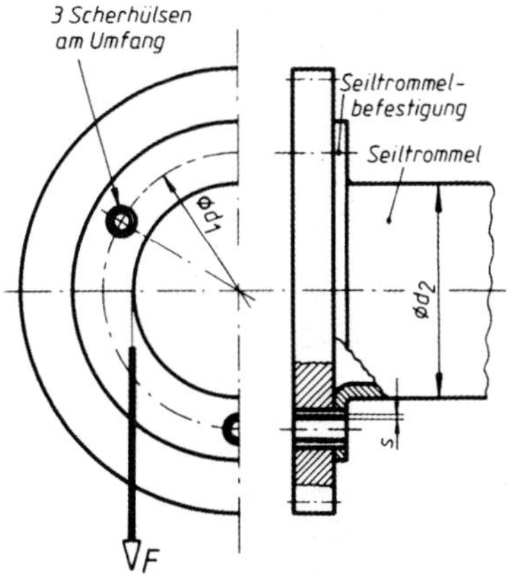

750 Zwei Messingbleche sind überlappt nach Skizze hart aufeinander gelötet. Die Lötfläche hat die Maße b = 5 mm, l = 18 mm. Die zulässige Abscherspannung für das Hartlot soll 70 N/mm² betragen.

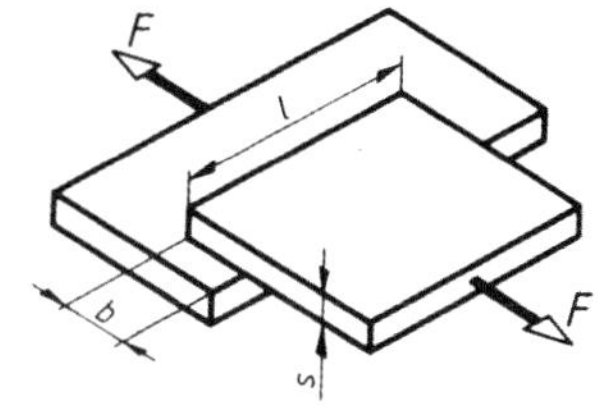

Gesucht:

a) die höchstzulässige Kraft F,
b) die erforderliche Lötbreite b, wenn die Lötverbindung ebenso zerreißfest sein soll wie das Blech selbst. Die Schubfestigkeit des Kupferhartlots beträgt 140 N/mm², die Zugfestigkeit des Blechs 410 N/mm², die Blechdicke s = 2 mm.

751 Die einschnittige Nietverbindung hat mit zwei Nieten eine Zugkraft F = 30 kN aufzunehmen.

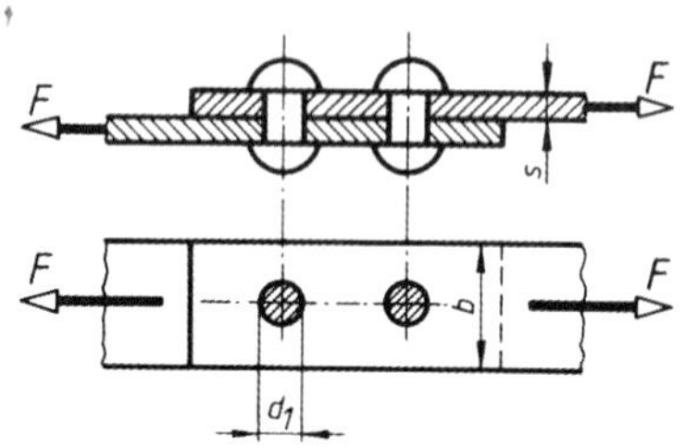

Gesucht:

a) der Nietdurchmesser d_1 des geschlagenen Niets (= Bohrungsdurchmesser), wenn eine zulässige Abscherspannung von 140 N/mm² vorgeschrieben ist,
b) der vorhandene Lochleibungsdruck bei s = 8 mm Blechdicke,
c) die Breite b der Flachstähle (ohne Berücksichtigung des außermittigen Kraftangriffs), wenn die zulässige Spannung 140 N/mm² eingehalten werden muss.

752 Für die skizzierte Nietverbindung mit s = 8 mm und F = 8 kN sind zu bestimmen:

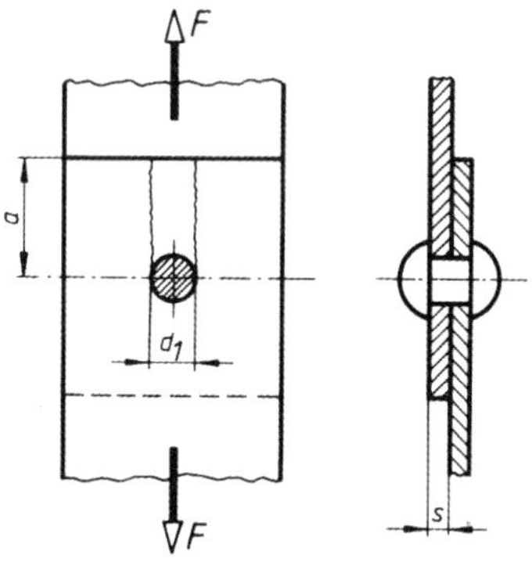

a) der Nietdurchmesser d_1 für eine zulässige Spannung von 40 N/mm²,
b) der Lochleibungsdruck zwischen Nietschaft und Bohrungswand,
c) der Mindestrandabstand a für die gleiche zulässige Abscherspannung in den Zugstäben.

753 Welche Abscherkraft F kann ein Niet mit 17 mm geschlagenem Durchmesser bei einer zulässigen Spannung von 120 N/mm² und zweischnittiger Verbindung aufnehmen?

754 Zwei Flachstähle gleicher Dicke s und Breite b sollen durch eine einschnittige Überlappungsnietung so verbunden werden, dass sie eine Zugkraft von 23 kN übertragen können. Dabei sollen 2 Niete hintereinander liegen. Das Bauverhältnis für den Flachstahlquerschnitt soll b/s = 6 betragen, die zulässigen Spannungen für Zug 120 N/mm², für Abscheren 80 N/mm².

Gesucht:

a) der Nietdurchmesser d,
b) die Flachstahlmaße b und s,
c) der Lochleibungsdruck,
d) die vorhandene Abscherspannung im geschlagenen Niet,
e) die vorhandene Zugspannung im gewählten Flachstahlquerschnitt.

755 Die skizzierte Nietverbindung soll die Kraft $F = 40$ kN übertragen. Abmessungen: $s_1 = 6$ mm, $s_2 = 4$ mm, $d_1 = 11$ mm, $b = 60$ mm.

Gesucht:

a) die Abscherspannung im Niet,
b) der größte Lochleibungsdruck,
c) die Zugspannung im gefährdeten Flachstahlquerschnitt.

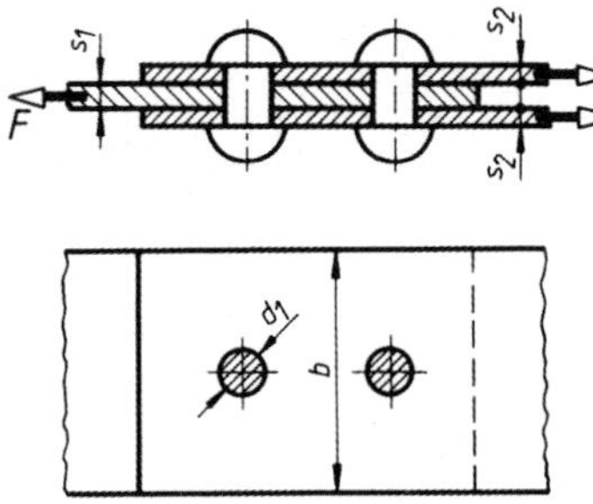

756 Die skizzierte Nietverbindung hat die folgenden Abmessungen:
$s_1 = 12$ mm, $s_2 = 8$ mm, $d_1 = 21$ mm, $b = 50$ mm.

Welche maximale Zugkraft kann übertragen werden, wenn folgende zulässige Spannungen nicht überschritten werden dürfen:

für Zug 140 N/mm^2,
für Abscheren 100 N/mm^2,
für Lochleibungsdruck 240 N/mm^2?

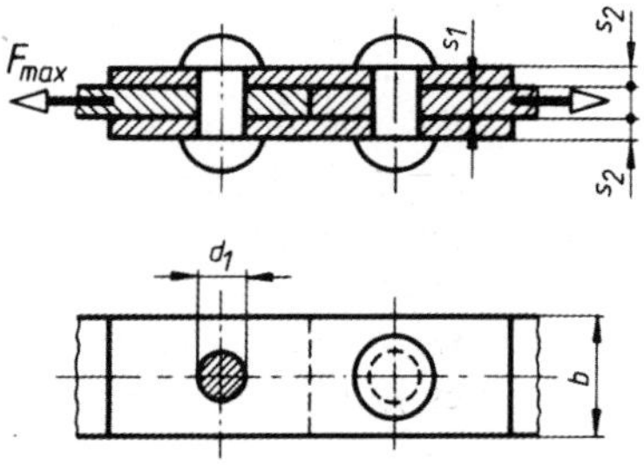

757 Die skizzierte Nietverbindung hat die Maße $s_1 = 8$ mm, $s_2 = 6$ mm, $d_1 = 17$ mm (Durchmesser des geschlagenen Niets = Bohrungsdurchmesser). Die Verbindung wird mit $F = 80$ kN belastet.

Gesucht:

a) die Abscherspannung im Niet,
b) der größte Lochleibungsdruck,
c) die erforderliche Flachstahlbreite b für eine zulässige Spannung von 120 N/mm^2.

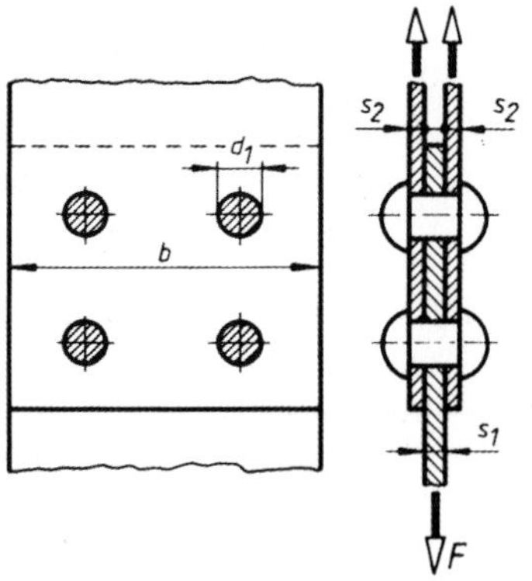

758 Die einreihige Doppellaschennietung ist zu berechnen für eine Belastung von 120 kN und mit

$\sigma_{zul} = 140\ N/mm^2$
$\tau_{zul} = 110\ N/mm^2$
$\sigma_{l\ zul} = 280\ N/mm^2$.

Gewählt wurden $d_1 = 17$ mm, $s = 8$ mm, $s_1 = 6$ mm.

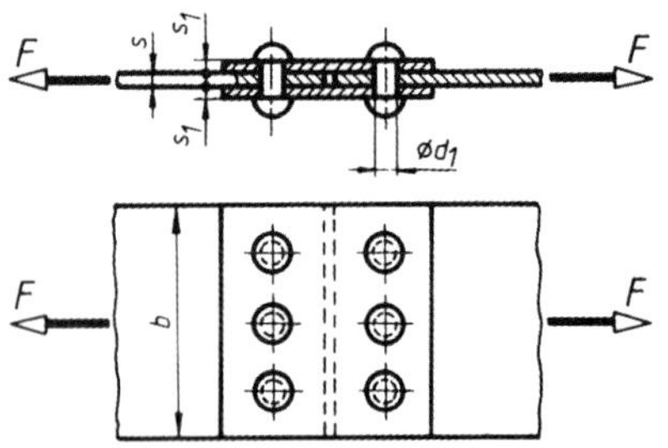

Gesucht:

a) der erforderliche Flachstahlquerschnitt unter der Annahme, dass etwa 25 % Querschnitt für Nietbohrungen verloren gehen (Verschwächungsverhältnis $v = 0{,}75$),
b) die erforderliche Flachstahlbreite b,
c) die Anzahl n_a der Niete unter Berücksichtigung der zulässigen Abscherspannung,
d) die Anzahl n_l der Niete unter Berücksichtigung des zulässigen Lochleibungsdruckes,
e) die tatsächliche Zugspannung im gefährdeten Querschnitt,
f) die tatsächliche Abscherspannung in den Nieten,
g) der maximale Lochleibungsdruck.

759 Die Stäbe eines Fachwerkträgers bestehen aus je zwei gleichschenkligen Winkelprofilen. Für den skizzierten Anschluss, der durch die Kraft $F_2 = 65$ kN belastet wird, sind zu bestimmen:

a) die Stabkraft F_1 und F_3,
b) die gleichschenkligen Winkelprofile aus S235JR für eine zulässige Zugspannung von 140 N/mm², wenn für die Nietbohrungen etwa 20 % des Querschnitts angesetzt werden muss,
c) die Anzahl n der Niete für eine zulässige Abscherspannung von 120 N/mm² (für die Stäbe 1 und 3 wird $d_1 = 13$ mm gewählt, für Stab 2 dagegen $d_1 = 11$ mm),
d) der maximale Lochleibungsdruck.

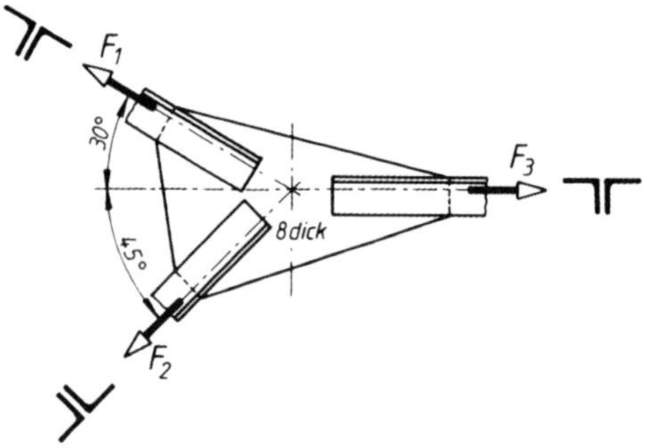

760 Zwei Diagonalstäbe eines Trägers sollen die Zugkräfte $F_1 = 100$ kN und $F_2 = 240$ kN über ein Knotenblech auf das Doppel-Winkelprofil aus 2 L 130 × 65 × 10 übertragen.

Die Stäbe sollen aus je zwei gleichschenkligen Winkelprofilen bestehen, wobei der Stab 2 mit Beiwinkel angeschlossen werden soll.

Die zulässigen Spannungen betragen:
$\sigma_{zul} = 160\ N/mm^2$, $\tau_{zul} = 140\ N/mm^2$, $\sigma_{l\ zul} = 280\ N/mm^2$.

Es sollen bestimmt werden:

a) das Winkelprofil für Stab 1,
b) das Winkelprofil für Stab 2,
c) die Nietanzahl n_1 für Stab 1 mit $d_1 = 11$ mm,
d) die Nietanzahl n_2 für Stab 2 mit $d_1 = 17$ mm,
e) der maximale Lochleibungsdruck für Stab 1 und Stab 2,
f) die tatsächlichen Zugspannungen in den Stäben,
g) die Nietanzahl n mit $d_1 = 25$ mm im Winkelprofil 130 × 65 × 10.

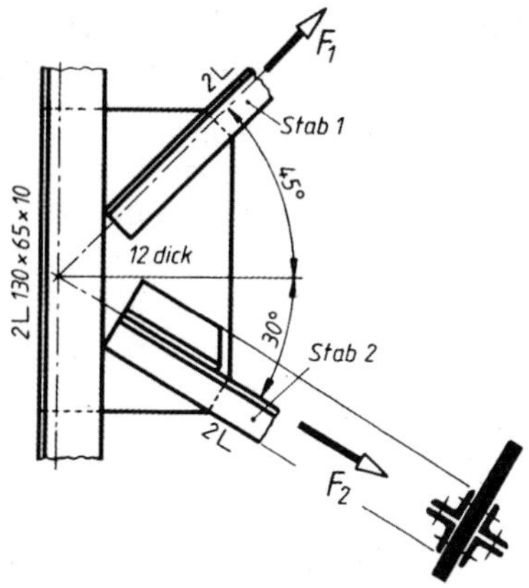

761 Eine Zugstange aus zwei gleichschenkligen Winkelprofilen hat $l = 4$ m Anschlusslänge und soll 180 kN aufnehmen. Sie wird durch Niete mit $d_1 = 17$ mm an Knotenbleche mit 12 mm Dicke angeschlossen. Einzuhalten sind 160 N/mm² Zugspannung, 160 N/mm² Abscherspannung und 320 N/mm² Lochleibungsdruck.

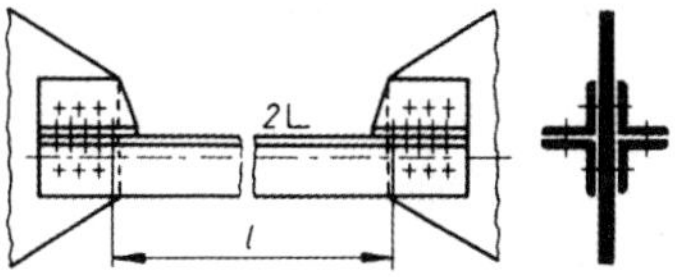

Gesucht:

a) das erforderliche gleichschenklige Winkelprofil,
b) die vorhandene Zugspannung,
c) die elastische Verlängerung,
d) die erforderliche Nietanzahl.

762 Ein IPE 400 ist nach Skizze über 2 Winkelprofile 120 × 80 × 12 an ein U 400 angeschlossen. Der Durchmesser des geschlagenen Niets beträgt $d_1 = 25$ mm.

Es sind zu bestimmen:

a) die vorhandene maximale Abscherspannung in den Nieten unter Berücksichtigung des auftretenden Biegemoments M_b,
b) der vorhandene maximale Lochleibungsdruck.

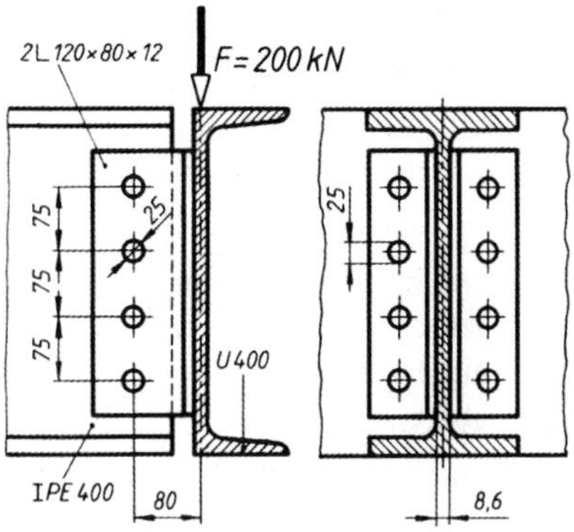

763 Für den Knotenpunkt eines Krangerüsts (Stoß zweier Flachstähle mit zwei U-Profilen) sind zu bestimmen:

a) die Stabkräfte F_1 und F_2,
b) das erforderliche Profil der beiden Flachstähle aus S235 JR, wenn das Bauverhältnis $b/s = 10$ gewählt wird und die zulässige Spannung 140 N/mm² betragen soll,
c) die Schweißnahtlänge l für den Flachstahlanschluss an das Knotenblech, wenn die Nahtdicke a = 5 mm gewählt wird und die zulässige Schweißnahtspannung $\tau_{schw\ zul}$ = 90 N/mm² vorgeschrieben ist. Für die Endkrater sind jeweils $2\,a$ zuzuschlagen,
d) die Anzahl n der Schrauben M20 zur Verschraubung der U-Profile mit dem Knotenblech für eine zulässige Abscherspannung von 70 N/mm² und einen zulässigen Lochleibungsdruck von 160 N/mm².

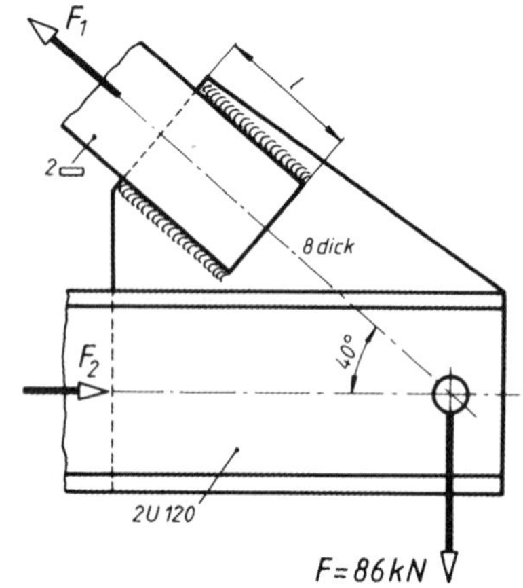

764 Ein Zugband ist nach Skizze mit dem Bügel verschweißt und wird mit F = 50 kN schwellend belastet. Abmessungen: s = 12 mm, b = 100 mm, l = 250 mm, a = 6 mm (Nahtdicke der Flachkehlnaht).

Gesucht:

a) die Zugspannung im Bremsband,
b) die Schweißnahtspannung τ_{schw}, wenn bei der Berechnung für die Schweißnaht-Endkrater jeweils eine Nahtdicke abgezogen wird.

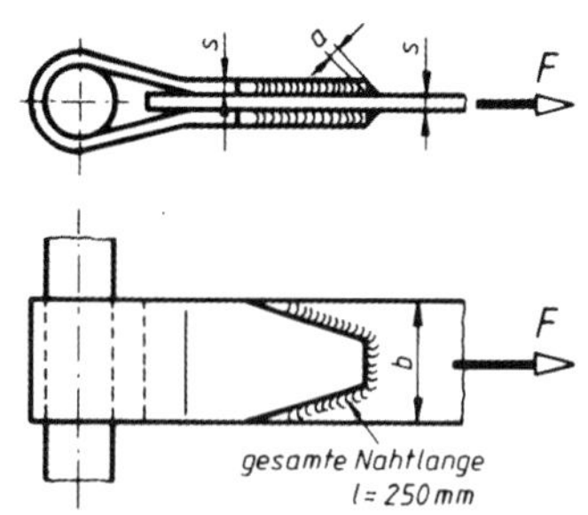

765 Die Skizze zeigt eine Welle mit dem Durchmesser d_1 = 14 mm, die durch einen Zylinderstift ein Drehmoment von 7,5 Nm auf das Zahnrad übertragen soll.

Ermittelt werden soll der erforderliche Durchmesser d_2 des Zylinderstifts aus Stahl, für den eine zulässige Spannung von 50 N/mm² festgelegt worden ist.

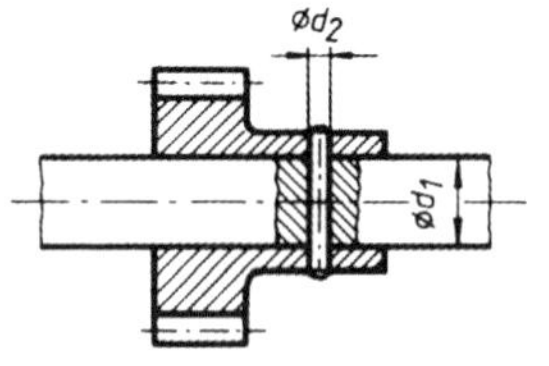

Flächenmomente 2. Grades und Widerstandsmomente

766 Die polaren Widerstandsmomente für flächengleiche Kreis- und Kreisringquerschnitte sollen miteinander verglichen werden. Dazu sind zu berechnen:

a) für einen Kreisquerschnitt mit 60 mm Durchmesser der Flächeninhalt und das polare Widerstandsmoment W_p,
b) für einen Kreisringquerschnitt mit gleichem Flächeninhalt wie unter a) die Maße D und d, wenn $D/d = 10 : 8$ sein soll,
c) für den unter b) gefundenen Kreisringquerschnitt das polare Widerstandsmoment W_p.

767 Es sollen die axialen Widerstandsmomente für flächengleiche Querschnitte miteinander verglichen werden.

a) Es wird das axiale Widerstandsmoment für ein Rechteck mit $b = 160$ mm und $h = 40$ mm berechnet.
b) Desgleichen für ein Quadrat mit $a = 80$ mm Kantenlänge.
c) Desgleichen für ein Rechteck mit $b = 40$ mm und $h = 160$ mm.
d) Desgleichen für ein Rechteck mit $b = 20$ mm und $h = 320$ mm.
e) Desgleichen für ein I-Profil mit 80 mm Flanschbreite, 110 mm Höhe, 30 mm Flanschdicke, 32 mm Stegdicke.
f) Desgleichen für ein I-Profil mit 90 mm Flanschbreite, 20 mm Flanschdicke, 320 mm Höhe, 10 mm Stegdicke.

768 *Gesucht*:

a) das axiale Flächenmoment I_x;
b) das axiale Widerstandsmoment W_x.

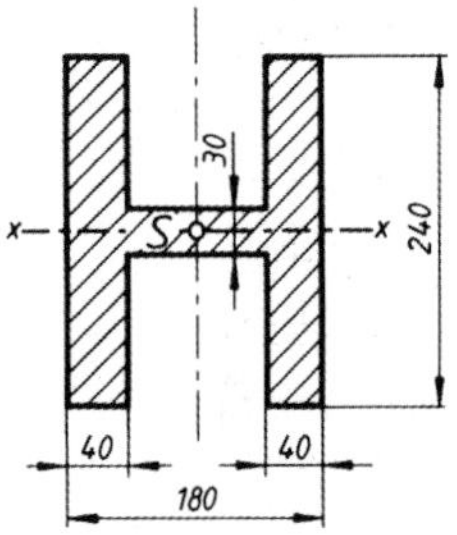

769 *Gesucht*:

a) die axialen Flächenmomente I_x, I_y,
b) die axialen Widerstandsmomente W_x, W_y.

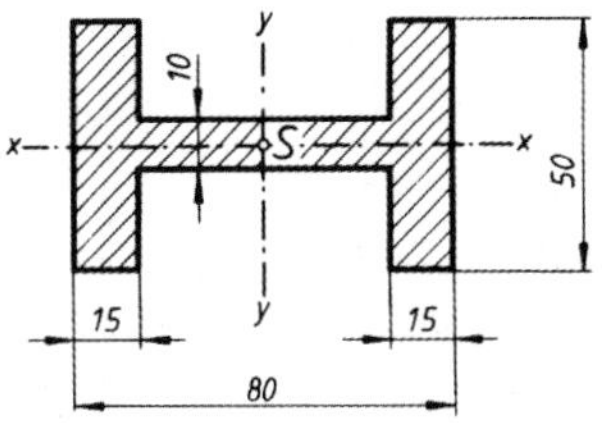

770 *Gesucht*:

a) das axiale Flächenmoment $I_x = I_y$,
b) das axiale Widerstandsmoment $W_x = W_y$.

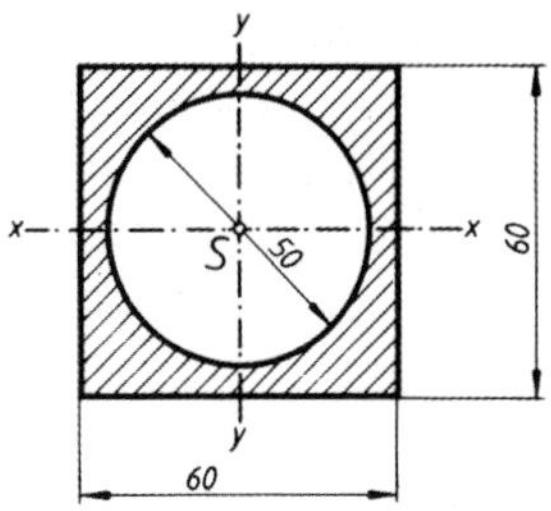

771 *Gesucht*:

a) die axialen Flächenmomente I_x, I_y,
b) die axialen Widerstandsmomente W_x, W_y.

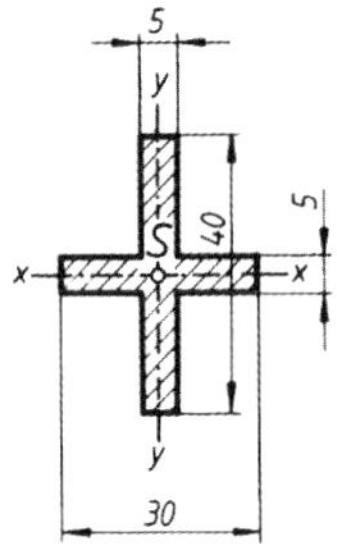

772 *Gesucht*:

a) das axiale Flächenmoment I_x,
b) das axiale Widerstandsmoment W_x.

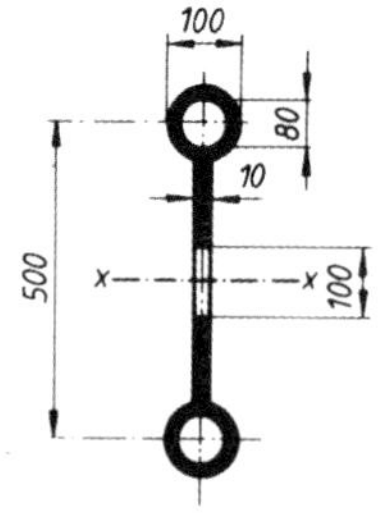

773 *Gesucht*:

a) das axiale Flächenmoment I_x,
b) das axiale Widerstandsmoment W_x.

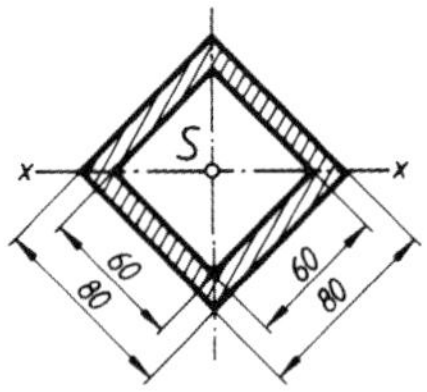

774 *Gesucht*:

a) die Schwerpunktsabstände e_1, e_2,
b) die axialen Flächenmomente I_x, I_y,
c) die axialen Widerstandsmomente W_{x1}, W_{x2}, W_y.

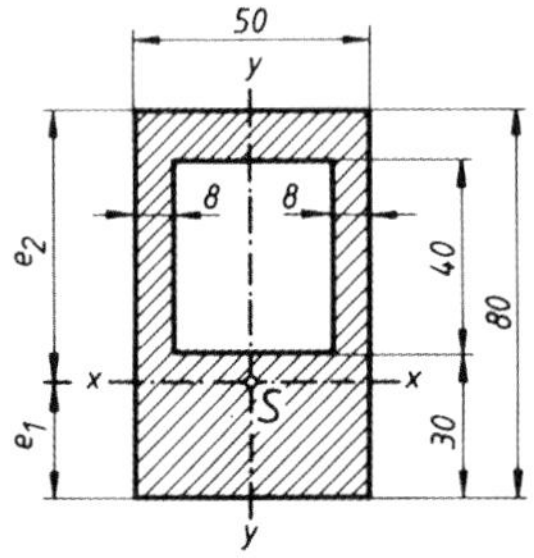

775 *Gesucht*:

a) die Schwerpunktsabstände e_1, e_2,
b) die axialen Flächenmomente I_x, I_y,
c) die axialen Widerstandsmomente W_{x1}, W_{x2}, W_y.

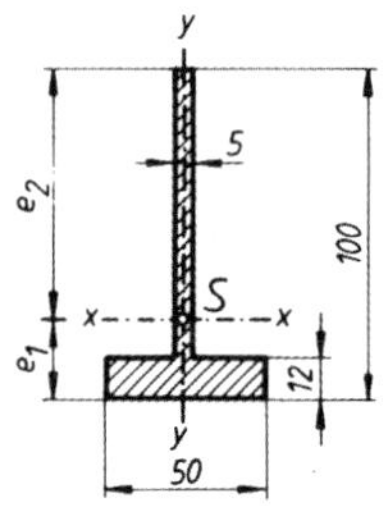

776 *Gesucht*:

a) die axialen Flächenmomente I_x, I_y,
b) die axialen Widerstandsmomente W_x, W_y.

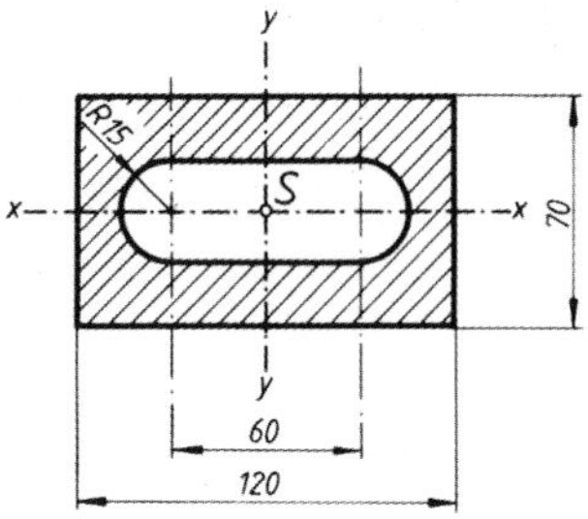

777 *Gesucht*:

a) die Schwerpunktsabstände e_1, e_2,
b) das axiale Flächenmoment I_x,
c) die axialen Widerstandsmomente W_{x1}, W_{x2}.

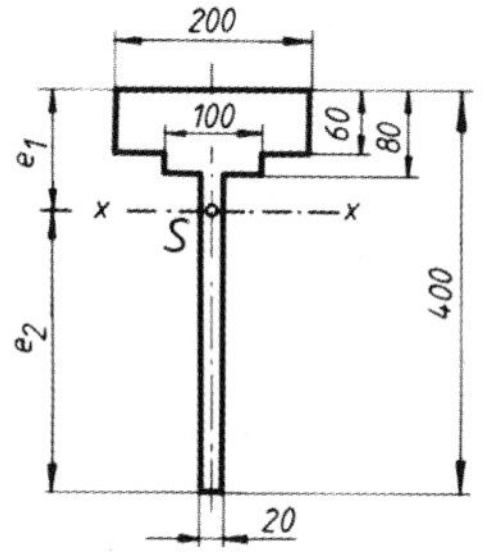

778 *Gesucht*:

a) die Schwerpunktsabstände e_1, e_2,
b) das axiale Flächenmoment I_x,
c) die axialen Widerstandsmomente W_{x1}, W_{x2}.

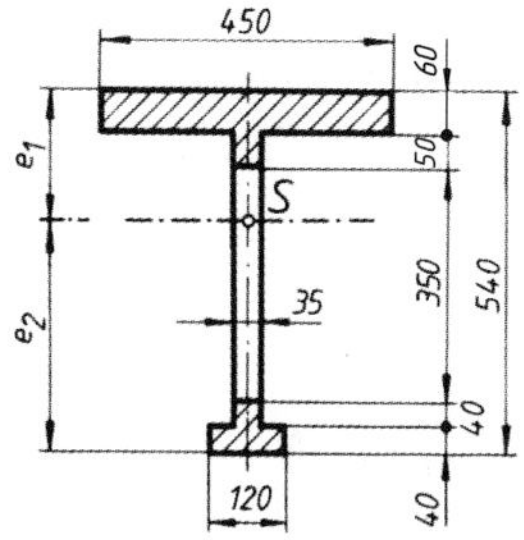

779 *Gesucht*:

a) der Schwerpunktsabstand e_1,
b) die axialen Flächenmomente I_x, I_y,
c) die axialen Widerstandsmomente W_x, W_{y1}, W_{y2}.

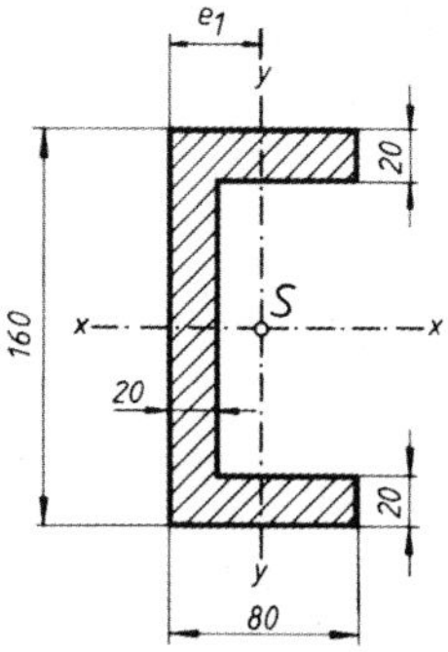

780 *Gesucht*:

a) die Schwerpunktsabstände e_1, e_2, e_1', e_2',

b) die axialen Flächenmomente I_x, I_y,

c) die axialen Widerstandsmomente $W_{x1}, W_{x2}, W_{y1}, W_{y2}$.

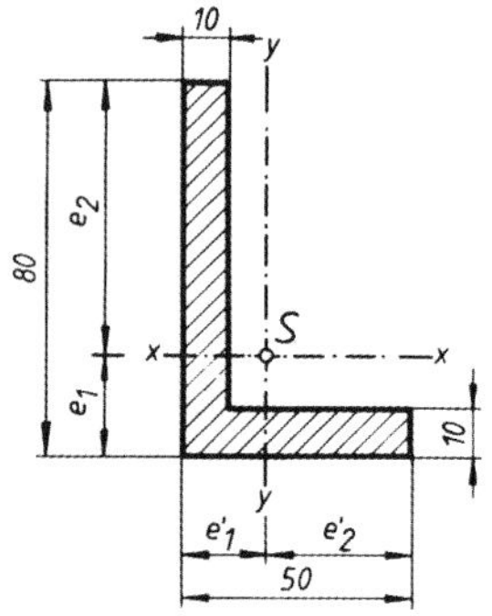

781 *Gesucht*:

a) die Schwerpunktsabstände e_1, e_2,

b) die axialen Flächenmomente I_x, I_y,

c) die axialen Widerstandsmomente W_{x1}, W_{x2}, W_y.

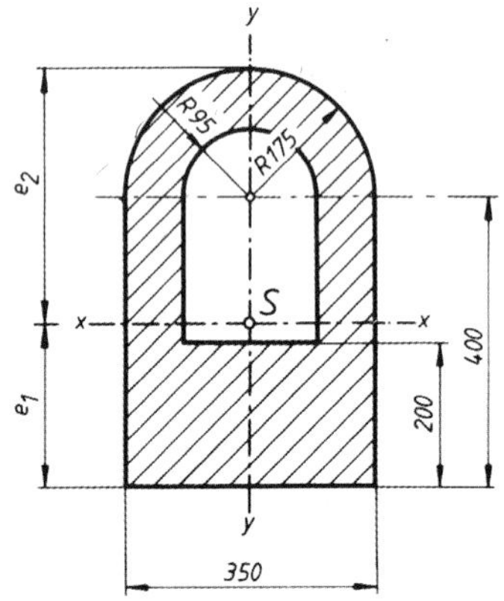

782 *Gesucht*:

a) die Schwerpunktsabstände e_1, e_2, e_1', e_2',

b) die axialen Flächenmomente I_x, I_y,

c) die axialen Widerstandsmomente $W_{x1}, W_{x2}, W_{y1}, W_{y2}$.

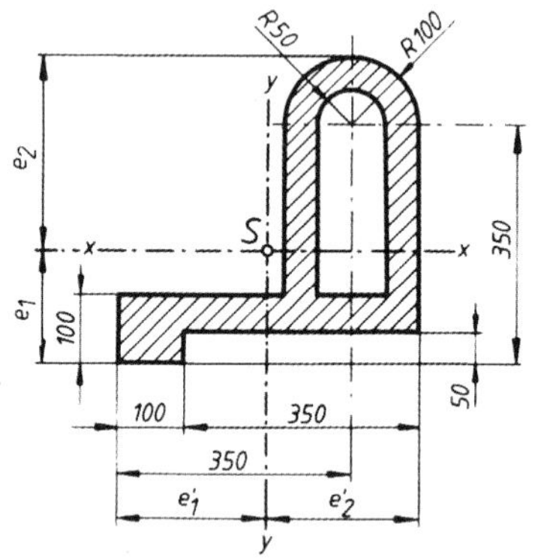

783 *Gesucht:*

a) die Schwerpunktsabstände e_1, e_2,
b) das axiale Flächenmoment I_x,
c) die axialen Widerstandsmomente W_{x1}, W_{x2}.

Maße: $b_1 = 10$ mm $h_1 = 100$ mm
$b_2 = 100$ mm $h_2 = 10$ mm
$b_3 = 25$ mm $h_3 = 29$ mm

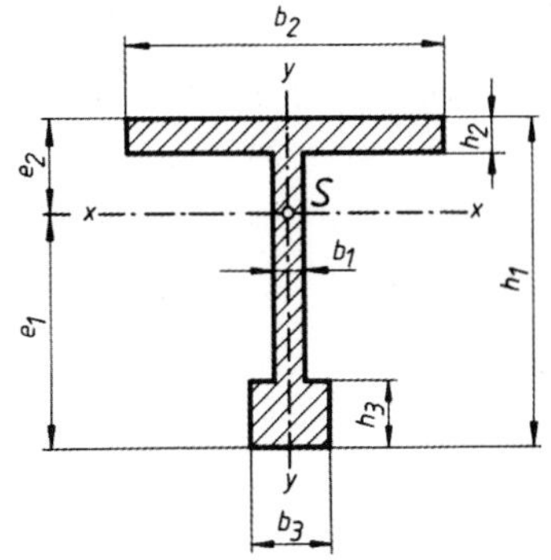

784 *Gesucht*:

a) die Schwerpunktsabstände e_1, e_2, e_1', e_2',
b) die axialen Flächenmomente I_x, I_y,
c) die axialen Widerstandsmomente W_{x1}, W_{x2}, W_{y1}, W_{y2}.

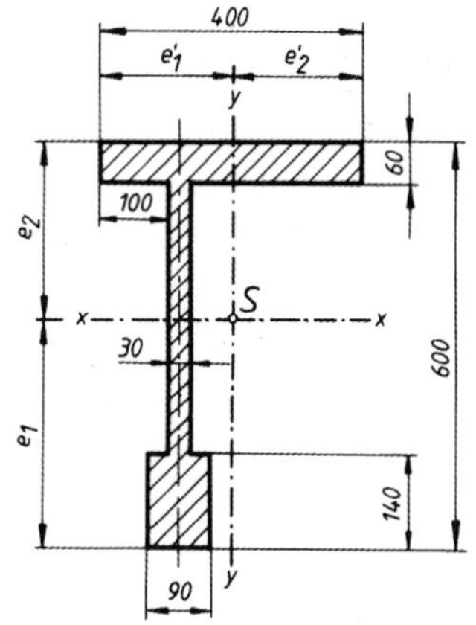

785 *Gesucht*:

a) die Schwerpunktsabstände e_1, e_2,
b) das axiale Flächenmoment I_x,
c) die axialen Widerstandsmomente W_{x1}, W_{x2}.

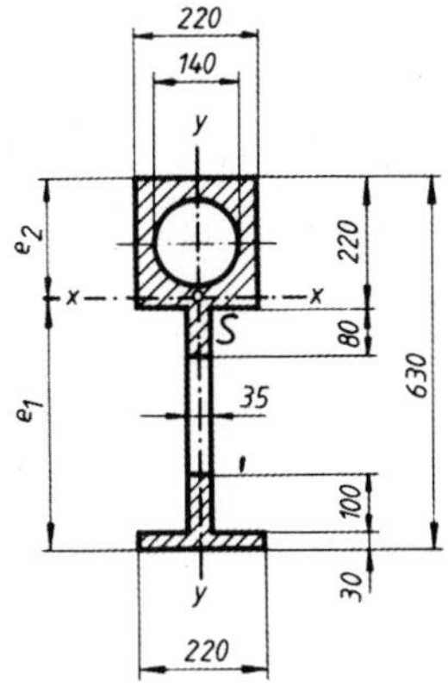

786 *Gesucht*:

a) die Schwerpunktsabstände e_1, e_2,
b) die axialen Flächenmomente I_x, I_y,
c) die axialen Widerstandsmomente W_{x1}, W_{x2}, W_y.

Maße: $h_1 = 20$ mm $\quad b_1 = 400$ mm
$h_2 = 500$ mm $\quad b_2 = 20$ mm

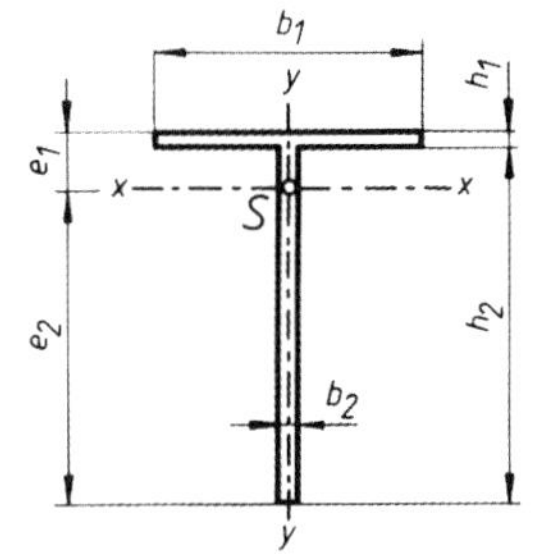

787 *Gesucht*:

a) die Schwerpunktsabstände e_1, e_2,
b) das axiale Flächemoment I_x,
c) die axialen Widerstandsmomente W_{x1}, W_{x2}.

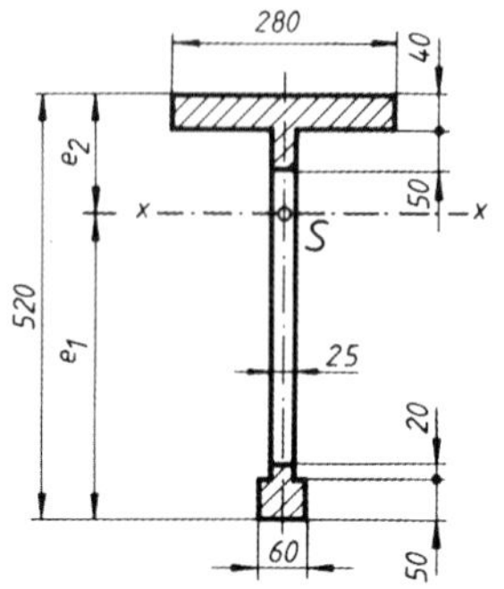

788 *Gesucht*:

a) die Schwerpunktsabstände e_1, e_2,
b) die axialen Flächenmomente I_{N1}, I_{N2},
c) die axialen Widerstandsmomente für die Achse N_1,
d) das axiale Widerstandsmoment für die Achse N_2.

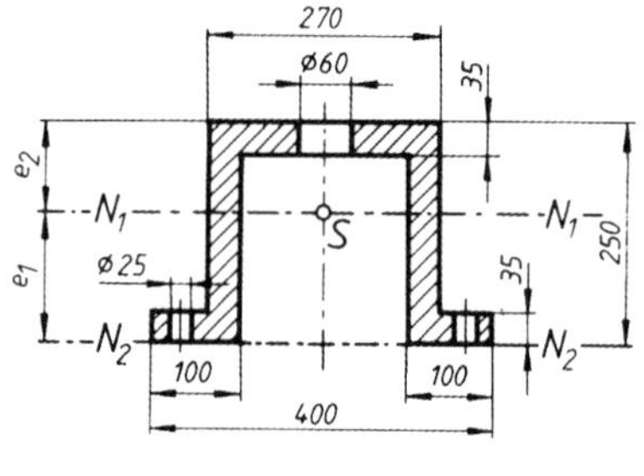

789 *Gesucht*:

a) die Schwerpunktsabstände e_1, e_2,
b) das axiale Flächenmoment I_x,
c) die axialen Widerstandsmomente W_{x1}, W_{x2}.

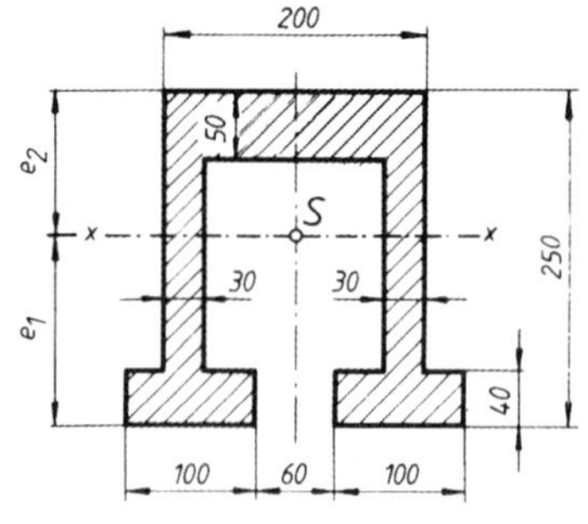

790 Für das skizzierte Nahtbild eines geschweißten Trägeranschlusses mit a = 5 mm Schweißnahtdicke sind zu bestimmen:

a) die Schwerpunktsabstände e_1, e_2,
b) das axiale Flächenmoment I_x,
c) die axialen Widerstandsmomente W_{x1}, W_{x2}.

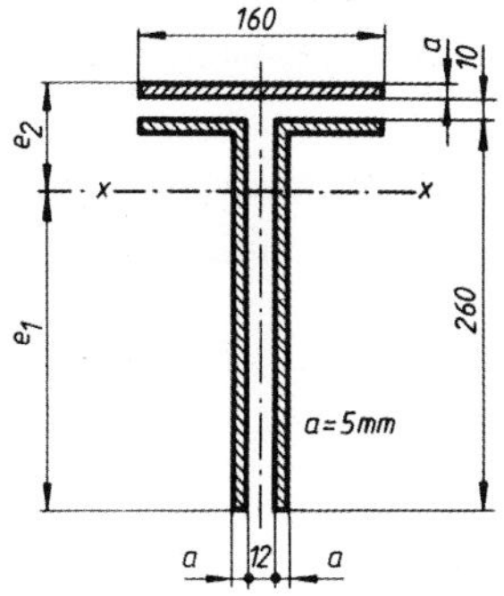

791 Für das skizzierte Nahtbild eines geschweißten Trägeranschlusses mit a = 6 mm Schweißnahtdicke sind zu bestimmen:

a) das axiale Flächenmoment I_x,
b) das axiale Widerstandsmoment W_x.

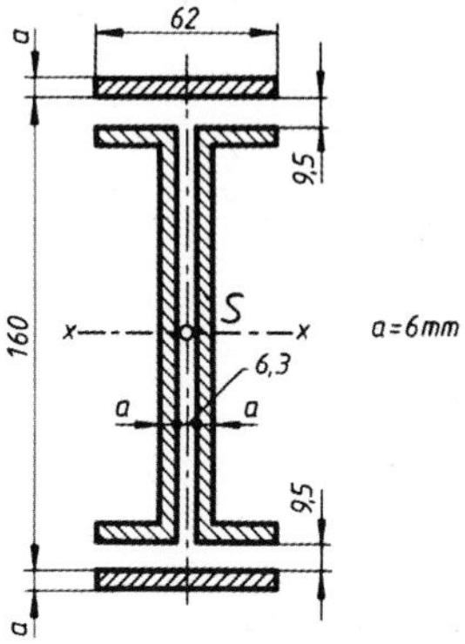

792 *Gesucht*:

a) die Schwerpunktsabstände e_1, e_1',
b) die axialen Flächenmomente I_x, I_y,
c) die axialen Widerstandsmomente W_{x1}, W_{x2}, W_{y1}, W_{y2}.

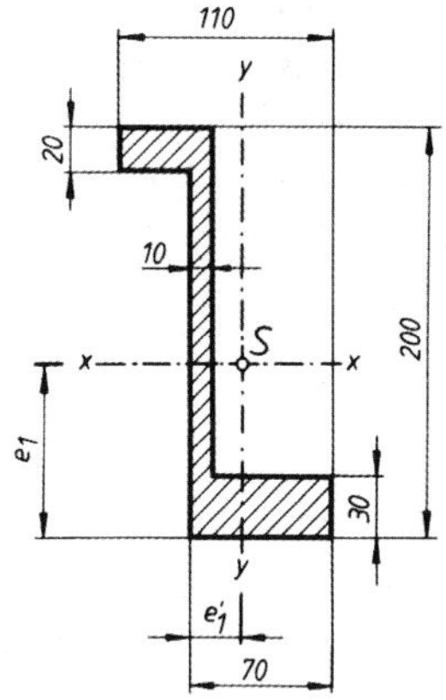

793 Für die beiden durch Streben starr miteinander verbundenen Quadratprofile sind zu bestimmen:

a) die axialen Flächenmomente der Profile,
b) die axialen Flächenmomente I_x, I_y,
c) die axialen Widerstandsmomente W_x, W_y.

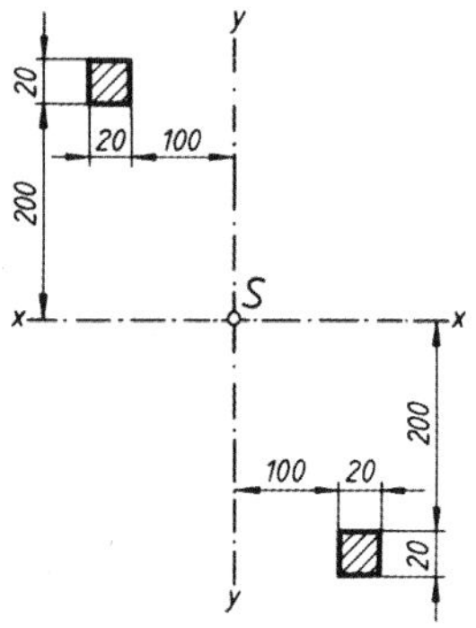

794 Für den skizzierten Träger aus zwei Stegen, zwei Gurtplatten und vier Winkelprofilen sind zu bestimmen:

a) die axialen Flächenmomente I_x, I_y,
b) die axialen Widerstandsmomente W_x, W_y.

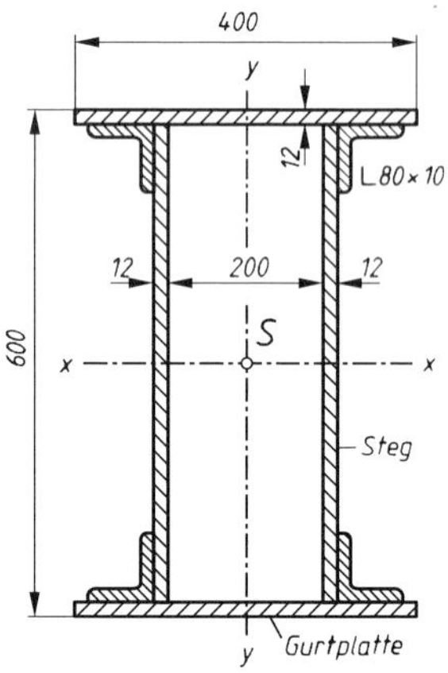

795 Für den aus vier U-Profilen zusammengesetzten Träger sind zu bestimmen:

a) die axialen Flächenmomente I_x, I_y,
b) die axialen Widerstandsmomente W_x, W_y.

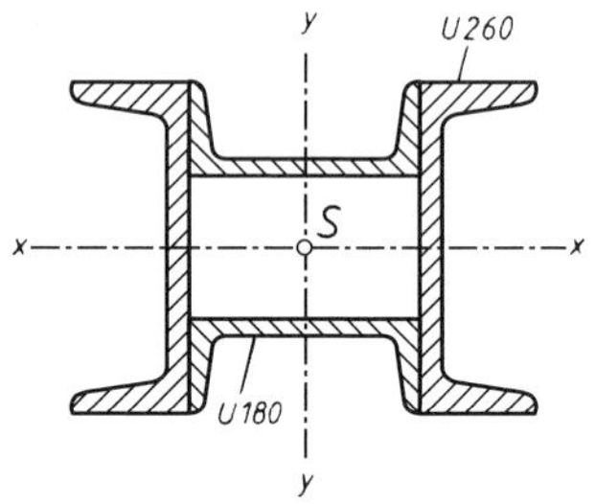

796 *Gesucht*:

a) die axialen Flächenmomente I_x, I_y,
b) die axialen Widerstandsmomente W_x, W_y.

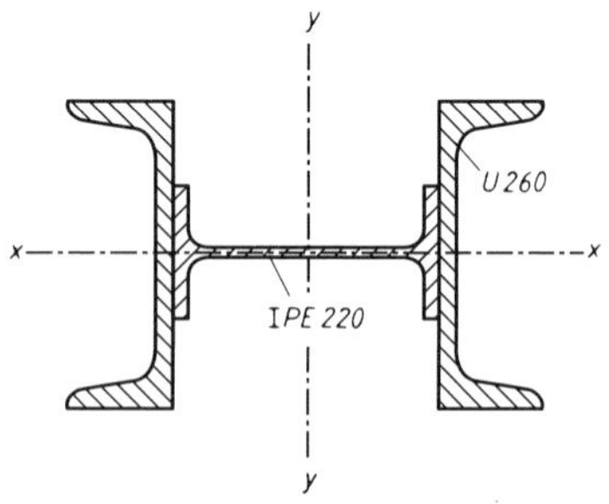

797 Für den geschweißten Kastenrahmenträger aus Stahlblech und Winkelprofilen sind zu bestimmen:

a) das axiale Flächenmoment I_x,
b) das axiale Widerstandsmoment W_x,
c) das größte übertragbare Biegemoment für eine zulässige Biegespannung von 140 N/mm².

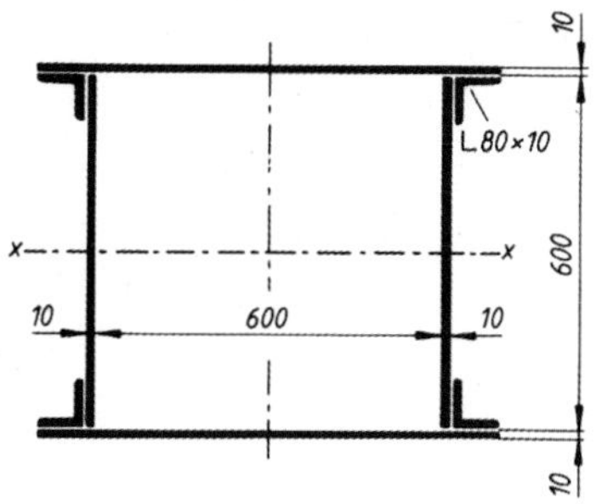

798 Unter Berücksichtigung der Nietbohrungen sind zu bestimmen:

a) die axialen Flächenmomente I_x, I_y,
b) die axialen Widerstandsmomente W_x, W_y.

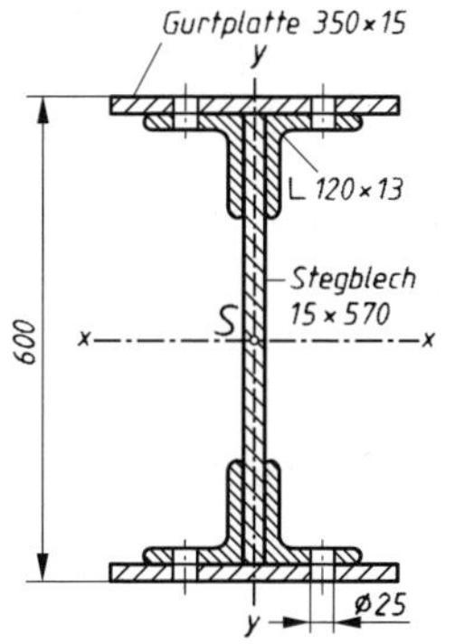

799 *Gesucht*:

a) das axiale Flächenmoment der Winkelprofile,
b) das axiale Flächenmoment der Gurtplatten,
c) das axiale Flächenmoment des Steges,
d) das axiale Flächenmoment I_x des Gesamtquerschnitts,
e) das axiale Widerstandsmoment W_x.

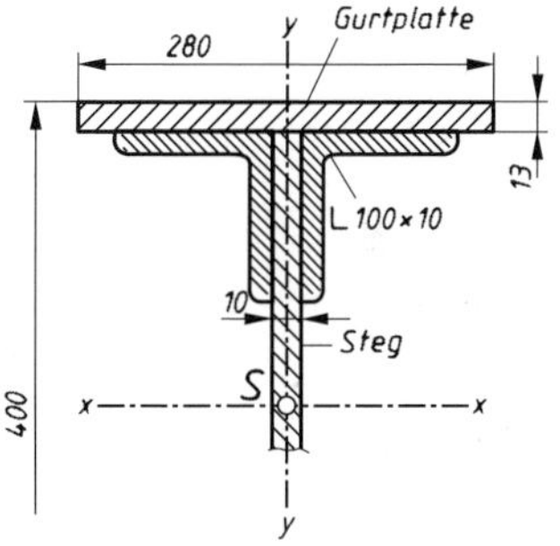

800 Gesucht sind unter Berücksichtigung der Nietbohrungen:

a) das axiale Flächenmoment I_x,
b) das axiale Widerstandsmoment W_x,
c) die prozentuale Verringerung des Gesamtwiderstandsmoments durch die Nietbohrungen.

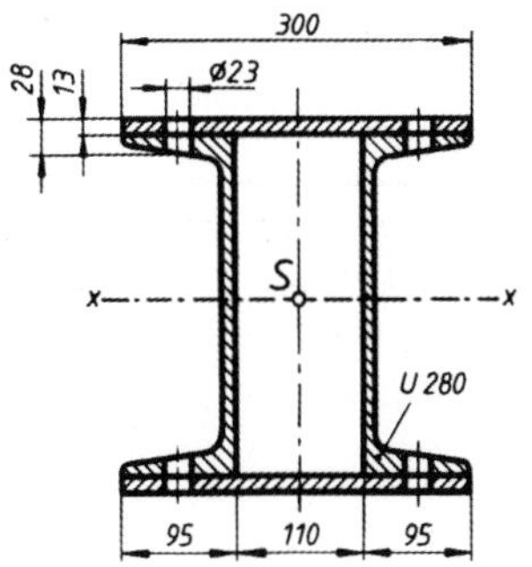

801 *Gesucht:*

a) das axiale Flächenmoment I_x,
b) das axiale Widerstandsmoment W_x,
c) das maximal übertragbare Biegemoment für eine zulässige Spannung von 140 N/mm^2.

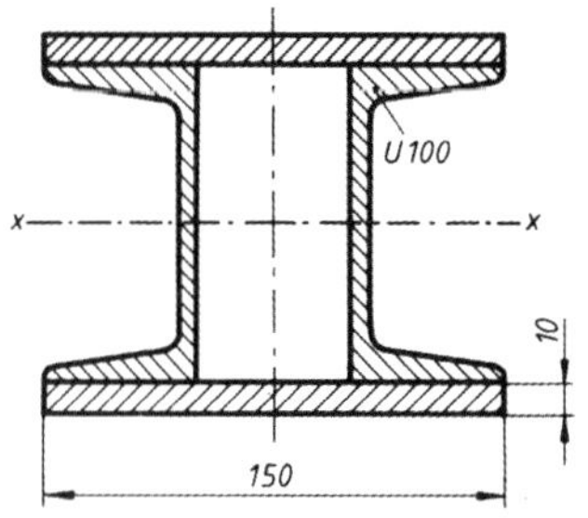

802 Der skizzierte Trägerquerschnitt ist um die x-Achse biegebelastet mit $M_{b\,max}$ = 50 kNm.

Gesucht:

a) das axiale Flächenmoment I_x,
b) das axiale Widerstandsmoment W_x,
c) die größte Biegespannung,
d) die Biegespannung in den Randfasern der beiden U-Profile.

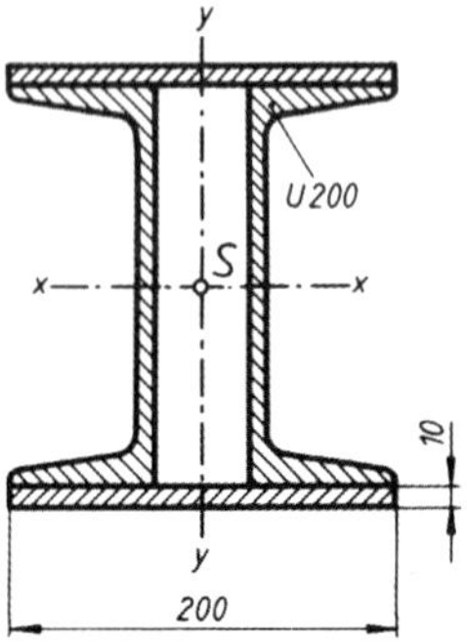

803 Eine Stahlbau-Stütze besteht aus zwei U200-Profilen.

Wie groß muss die Stegentfernung l gemacht werden, damit das Flächenmoment I_y um die y-Achse 20 % größer ist als das Flächenmoment I_x um die x-Achse?

804 Für das Profil des skizzierten Rollbahnträgers sind zu bestimmen:

a) den Schwerpunktsabstand e,
b) die axialen Flächenmomente der Einzelprofile, bezogen auf die x-Achse,
c) die axialen Flächenmomente I_x, I_y,
d) die axialen Widerstandsmomente W_{x1}, W_{x2}, W_y.

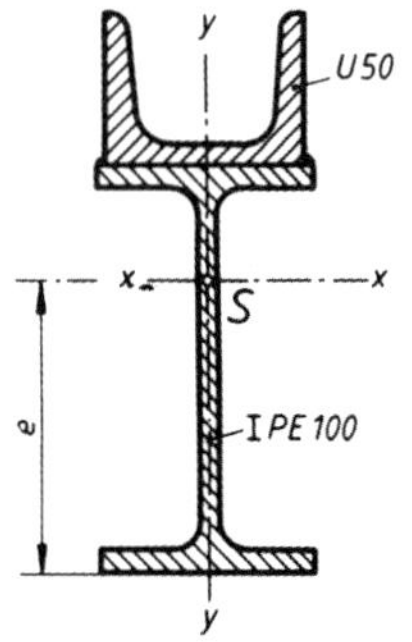

805 Für den skizzierten Querschnitt einer Stütze, bestehend aus vier starr miteinander verbundenen Winkelprofilen, sind zu bestimmen:

a) das axiale Flächenmoment I_x,
b) das axiale Widerstandsmoment W_x.

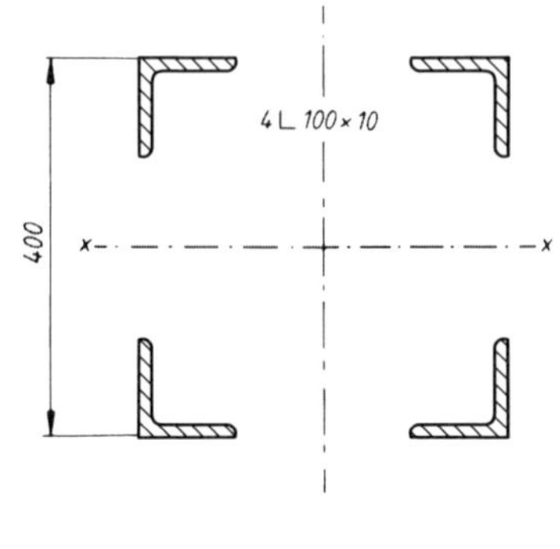

806 Bestimmt werden soll die lichte Weite l so, dass die axialen Flächenmomente I_x und I_y gleich groß werden.

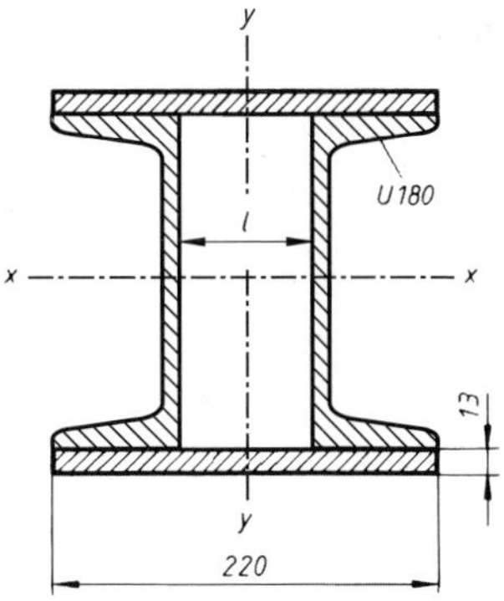

807 Für den Querschnitt der starr miteinander verbundenen Profile sind zu bestimmen:

a) das axiale Flächenmoment I_x,
b) das axiale Widerstandsmoment W_x.

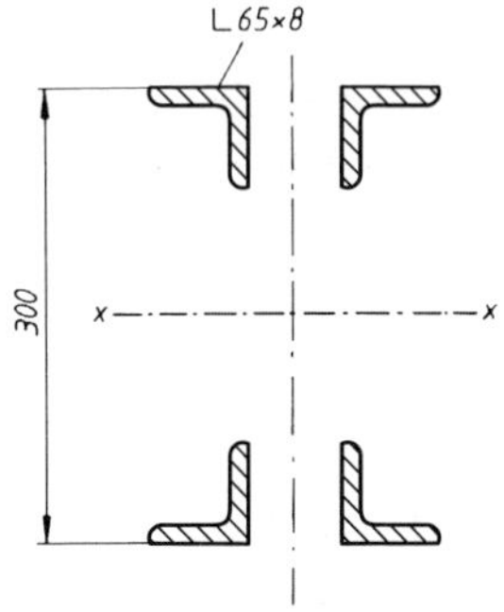

808 Ein Träger IPE 360 soll durch Aufschweißen von Gurtplatten mit $\delta = 25$ mm Dicke verstärkt werden, sodass er ein Widerstandsmoment $W_x = 4 \cdot 10^6\ \text{mm}^3$ erhält.

Gesucht ist die Breite b der Gurtplatten.

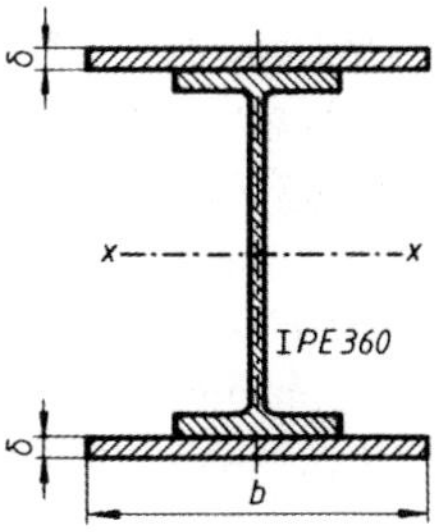

Beanspruchung auf Torsion

Bei den Aufgaben ohne Werkstoffangabe ist Stahl mit $G = 8 \cdot 10^4$ N/mm² vorgesehen.

809 Für eine gleich bleibende Leistung $P = 1470$ kW sind die Wellendurchmesser für die Drehzahlen $n = 50, 100, 400, 800, 1200\ \text{min}^{-1}$ zu berechnen. Die zulässige Torsionsspannung beträgt 40 N/mm².

810 Zur überschlägigen Berechnung einer Getriebewelle wird wegen zusätzlicher Biegebeanspruchung zunächst rein auf Torsion mit einer zulässigen Spannung von 25 N/mm² gerechnet.

Einem 3-Wellen-Getriebe wird eine Leistung von 18 kW bei 960 min^{-1} zugeleitet. Die Übersetzung zwischen Welle 1 und Welle 2 beträgt 3,9 – die zwischen Welle 2 und 3 beträgt 2,8.

Ohne Berücksichtigung der Wirkungsgrade sind die Wellendurchmesser d_1, d_2, d_3 zu berechnen und auf volle 10 mm aufzurunden.

811 Wie verhalten sich die Durchmesser von Getriebewellen zueinander, wenn sie nur auf Torsion berechnet wurden und im Getriebe jeweils nur Übersetzungen ins Langsame vorgesehen sind?

812 Der Verdrehwinkel einer Welle aus E295 mit 15 m Länge soll 6° nicht überschreiten. Die zulässige Torsionsspannung wird mit 80 N/mm² angegeben.

a) Welchen Durchmesser muss die Welle haben?
b) Welche Leistung darf sie bei 1460 min^{-1} übertragen?

813 Eine Getriebewelle überträgt eine Leistung von 12 kW bei 460 min^{-1}. Die zulässige Torsionsspannung beträgt wegen zusätzlicher Biegebeanspruchung nur 30 N/mm².

Gesucht:

a) das Drehmoment M an der Welle,
b) das erforderliche Widerstandsmoment W_p,
c) der erforderliche Durchmesser d_{erf} einer Vollwelle,
d) der erforderliche Innendurchmesser d einer Hohlwelle, wenn der Außendurchmesser $D = 45$ mm ausgeführt wird,
e) die Torsionsspannung an der Wellen-Innenwand.

814 Ein Zahnrad 1 mit 29 Zähnen überträgt 10 kW bei 1460 min^{-1} auf ein Zahnrad 2 mit 116 Zähnen. Der Wirkungsgrad des Räderpaars wird auf 0,98 geschätzt.

Zu berechnen sind die Durchmesser d_1 und d_2 der beiden Wellen für eine zulässige Torsionsspannung von 30 N/mm².

815 Mit einem zweiarmigen Steckschlüssel sollen Befestigungsschrauben M 20 mit einem Drehmoment von 410 Nm angezogen werden.

Gesucht:

a) der erforderliche Durchmesser d für eine zulässige Spannung von 500 N/mm^2,
b) die Hebellänge l für eine Handkraft $F = 250$ N,
c) der Verdrehwinkel φ für 550 mm Schlüssellänge.

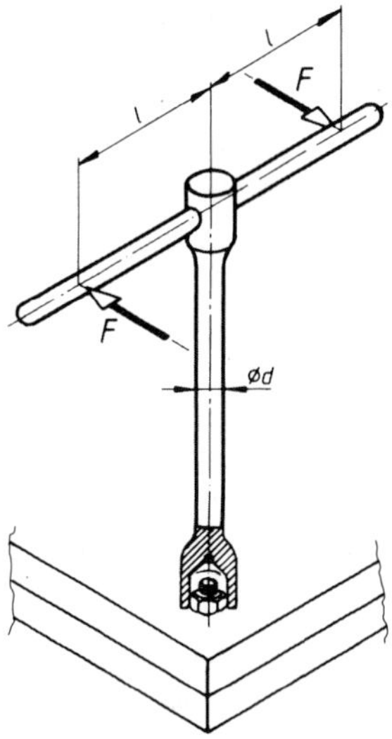

816 Eine Motorwelle hat die Leistung $P = 12$ kW bei einer Drehzahl $n = 1460$ min^{-1} zu übertragen.

a) Zu berechnen ist der erforderliche Wellendurchmesser, wenn die zulässige Torsionsspannung mit Rücksicht auf die Biegebeanspruchung 25 N/mm^2 betragen soll.
b) Wie groß ist der Verdrehwinkel je Meter Wellenlänge?

817 Ein Stahlrohr hat 16 mm Außen- und 12 mm Innendurchmesser und wird durch ein Drehmoment von 70 Nm beansprucht.

Gesucht:

a) die Torsionsspannungen an der Rohraußen- und -innenwand,
b) der Verdrehwinkel bei 3,5 m belasteter Rohrlänge.

818 Ein Stahlrohr mit $D = 280$ mm Außendurchmesser wird durch ein Torsionsmoment von $4{,}9 \cdot 10^4$ Nm beansprucht.

Gesucht:

a) der erforderliche Innendurchmesser d, wenn 32 N/mm^2 als höchste Spannung vorgeschrieben ist,
b) der auftretende Verdrehwinkel je Meter Rohrlänge.

819 Ein Stahlrohr mit 300 mm Außendurchmesser wird durch ein Torsionsmoment von $4 \cdot 10^4$ Nm auf Torsion beansprucht. Der zulässige Verdrehwinkel für einen Meter Rohrlänge soll ¼ Grad betragen.

Gesucht:

a) der erforderliche Innendurchmesser d_i,
b) die Spannung an der Rohrinnenwand.

820 Das Rad eines Kraftfahrzeugs ist über den biege- und torsionssteifen Hebel 2 an einen Drehstab 1 als Federelement angelenkt. Beim Durchfedern durchläuft der Radmittelpunkt den Federweg *f*.

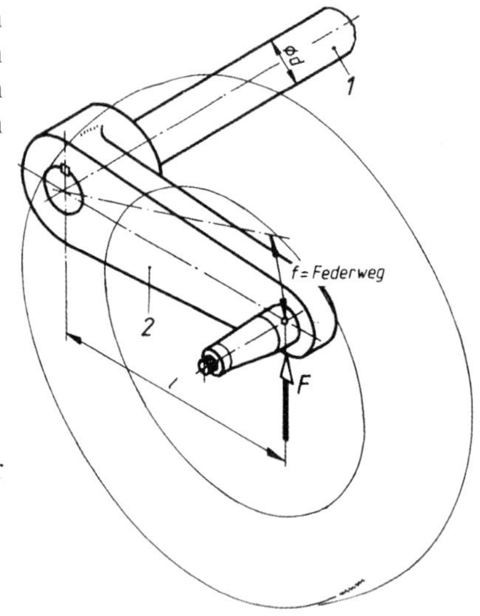

Maße:

l wirksame Hebellänge = 350 mm,
f Federweg = 120 mm,
F Radbelastung = 3 kN.

Zulässige Torsionsspannung: 400 N/mm².

Gesucht:

a) der Durchmesser *d* der Drehstabfeder mit der zulässigen Torsionsspannung,
b) die Länge l_1 der Drehstabfeder.

821 Eine Stahlwelle mit 8 m Länge und Kreisquerschnitt wird durch ein Torsionsmoment von $4{,}05 \cdot 10^3$ Nm beansprucht. Die zulässige Torsionsspannung beträgt 35 N/mm².

Gesucht:

a) der erforderliche Wellendurchmesser *d* (auf volle 10 mm erhöhen),
b) der Verdrehwinkel der Welle mit dem ausgeführten Durchmesser.

822 Ein Torsionsstab-Drehmomentenschlüssel soll bei einem Drehmoment von 50 Nm einen Verdrehwinkel von 10° anzeigen.

Gesucht:

a) der Durchmesser des Torsionsstabs für eine zulässige Spannung von 350 N/mm²,
b) die erforderliche Stablänge für den angegebenen Verdrehwinkel.

823 An einer Handkurbelwelle mit 20 mm Durchmesser und 1,2 m torsionsbeanspruchter Länge wirkt eine Handkraft von 200 N am Kurbelradius mit 300 mm Länge. Wie groß ist der Verdrehwinkel?

824 Eine Welle soll eine Leistung von 22 kW bei einer Drehzahl von 1000 min^{-1} übertragen.

Wie groß ist der Wellendurchmesser für eine zulässige Spannung von 80 N/mm²?

825 Eine Hohlwelle aus Stahl soll eine Leistung von 1470 kW bei einer Drehzahl von 300 min^{-1} übertragen. Die zulässige Spannung beträgt 60 N/mm², das Bauverhältnis $D/d = 1{,}5$.

Wie groß sind Außen- und Innendurchmesser *D* und *d* der Hohlwelle?

826 Eine Hohlwelle soll eine Leistung von 59 kW bei einer Drehzahl von 120 min^{-1} übertragen. Der Innendurchmesser d muss wegen eines durchgehenden Schaltgestänges 50 mm betragen. Die zulässige Spannung wird wegen zusätzlicher Biegebeanspruchung mit 40 N/mm^2 angenommen.

Gesucht ist der Außendurchmesser der Hohlwelle.

Lösungshinweis: Der Ansatz führt auf eine Gleichung vierten Grades, die näherungsweise gelöst werden kann, z. B. nach dem Horner'schen Schema oder, sehr viel einfacher, durch Ermittlung und Auswertung des Graphen der Gleichung.

827 Es ist der Verdrehwinkel der Hohlwelle aus Aufgabe 826 für eine Wellenlänge von 2,3 m zu berechnen.

828 Eine Welle soll eine Leistung von 44 kW bei einer Drehzahl von 300 min^{-1} übertragen. Der zulässige Verdrehwinkel beträgt 0,25° je Meter Wellenlänge.

Gesucht ist der Wellendurchmesser.

829 Eine Welle mit 30 mm Durchmesser hat eine Drehzahl von 200 min^{-1}. Der zulässige Verdrehwinkel beträgt 0,25° je Meter Wellenlänge.

Gesucht ist die größte übertragbare Leistung.

830 Eine Welle soll eine Leistung von 100 kW bei einer Drehzahl von 500 min^{-1} übertragen. Die zulässige Torsionsspannung beträgt 25 N/mm^2.

Gesucht:

a) der Durchmesser einer Vollwelle,
b) der Durchmesser einer Hohlwelle für ein Bauverhältnis $D/d = 2{,}5$.

831 Zwei Messingrohre sind nach Skizze durch einen Kunststoffkleber miteinander verbunden. Die Schubfestigkeit des Klebers beträgt 28 N/mm^2, der Durchmesser $d = 12$ mm und die Wanddicke $s = 1$ mm.

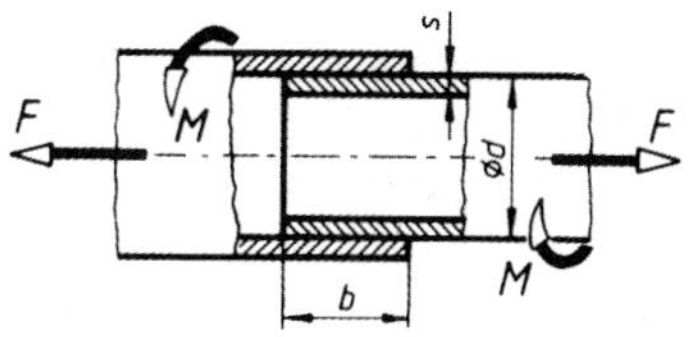

Gesucht:

a) die erforderliche Einstecktiefe b (Klebtiefe), wenn die Verbindung eine Zugkraft von $F = 1{,}2$ kN bei 4-facher Sicherheit gegen Bruch zu übertragen hat,
b) das von der Verbindung übertragbare Torsionsmoment bei gleicher Sicherheit (Einstecktiefe auf volle Millimeter aufgerundet),
c) die erforderliche Einstecktiefe b, wenn die Klebverbindung die gleiche Bruchlast haben soll wie die Rohre. Die Bruchfestigkeit der Rohre beträgt 410 N/mm^2.

832 Ein geschweißtes Stirnrad hat bei $n = 960\ \text{min}^{-1}$ eine Leistung $P = 8{,}8$ kW zu übertragen. Nach Berechnung der Zähnezahl und des Moduls hat der Konstrukteur die Maße $d_1 = 50$ mm und $d_2 = 280$ mm angenommen und will nun seine Annahmen überprüfen.

Gesucht:

a) die Nennspannung $\tau_{\text{schw I}}$ in den Nabenschweißnähten I,
b) die Nennspannung $\tau_{\text{schw II}}$ in den Kranzschweißnähten II.

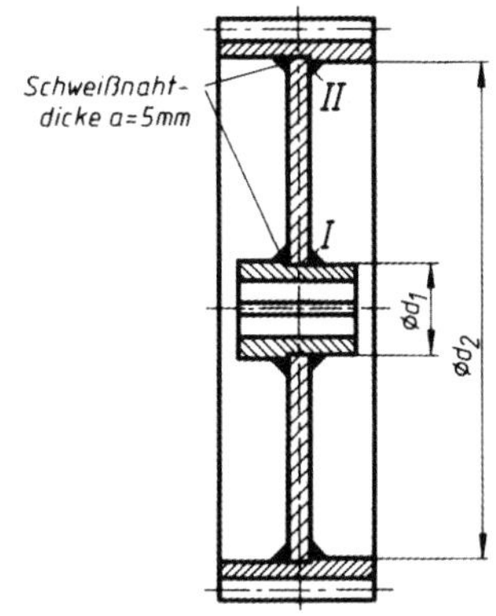

833 Auf die Welle I soll der Flachstahlhebel II aufgeschweißt werden. Die Welle I wurde wegen des Einbrands auf $d_1 = 48$ mm verstärkt. Zur besseren Anlage des Hebels beim Schweißen wurde außerdem $d_2 = 50$ mm ausgeführt. Der Hebel soll die Kraft $F = 4{,}5$ kN am Hebelarm mit $l = 135$ mm übertragen. Für die Flachkehlnaht gibt der Konstrukteur eine Schweißnahtdicke $a = 5$ mm an.

Die Nennspannung $\tau_{\text{schw t}}$ in der am stärksten gefährdeten Naht ist nachzuprüfen.

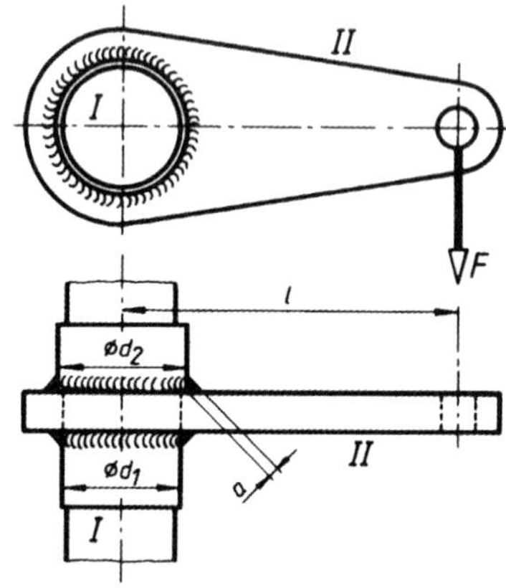

Beanspruchung auf Biegung

Freiträger mit Einzellasten

835 Ein Holzbalken hat einen Rechteckquerschnitt mit 200 mm Höhe und 100 mm Breite.

Welches größte Biegemoment kann er hochkant und flach liegend aufnehmen, wenn 8 N/mm² Biegespannung nicht überschritten werden soll?

836 Eine Biegeblattfeder ist einseitig eingespannt (Freiträger) und hat die Querschnittsabmessungen 10 × 1 mm.

Wie groß darf die im Abstand $l = 80$ mm von der Einspannung am freien Ende wirksame Kraft F höchstens sein, wenn eine Spannung von 70 N/mm² nicht überschritten werden soll?

837 Ein Drehmeißel mit Rechteckquerschnitt $b = 12$ mm und $h = 20$ mm wird durch die Schnittkraft $F_s = 12$ kN nach Skizze belastet. Die zulässige Biegespannung für den Schaftwerkstoff E360 wird mit 260 N/mm² ermittelt.

Gesucht ist die Länge l, um die der Meißel höchstens aus dem Spannkopf herausragen darf, damit im Schnitt $A - B$ die zulässige Biegespannung nicht überschritten wird.

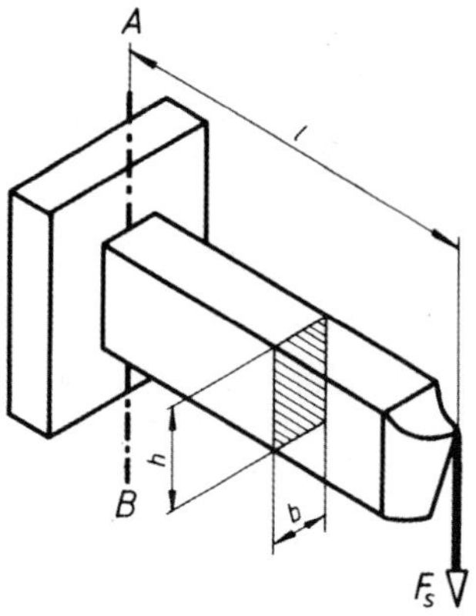

838 Ein Freiträger soll bei $l = 350$ mm und quadratischem Querschnitt eine Einzellast von 4,2 kN aufnehmen. Die zulässige Biegespannung soll 120 N/mm² betragen.

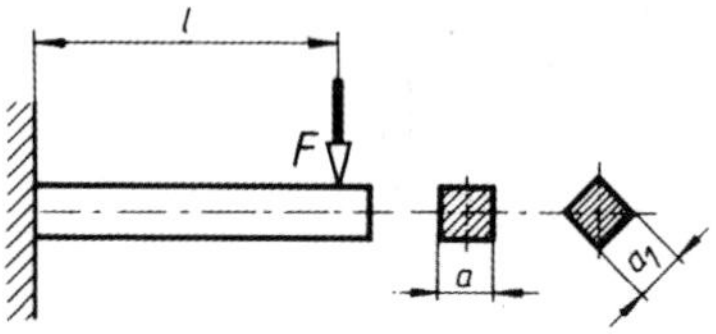

Gesucht:

a) das maximale Biegemoment,
b) das erforderliche Widerstandsmoment,
c) die Seitenlänge a des flach liegenden Quadratstahls,
d) die Seitenlänge a_1 eines übereck gestellten Quadratstahls.
e) Welche Ausführung ist wirtschaftlicher?

839 Die Pedalachse eines Fahrrads ist mit einem Gewindeansatz in den Kurbelarm eingeschraubt. Im ungünstigsten Fall kann der Fahrer im Abstand $l = 100$ mm vom Kurbelarm das Pedal belasten, wobei $F = 500$ N Dauer-Höchstlast vorgesehen werden.

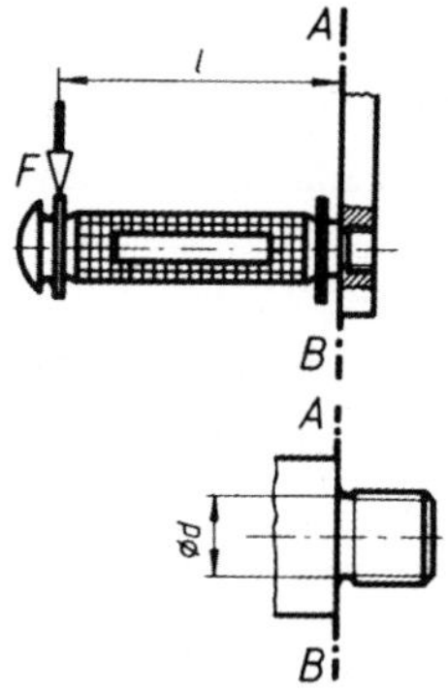

Es soll der Durchmesser d im Hohlkehlengrund berechnet werden. Die Achse ist aus vergütetem Stahl hergestellt. Die zulässige Spannung beträgt 280 N/mm².

Gesucht:

a) das größte Biegemoment für die Pedalachse,
b) das erforderliche Widerstandsmoment,
c) der erforderliche Durchmesser d,
d) die vorhandene Abscherspannung infolge der Querkraft.

840 Ein Lagerzapfen mit $l = 80$ mm Länge soll die Kraft $F = 25$ kN bei einer zulässigen Spannung von 95 N/mm^2 aufnehmen.

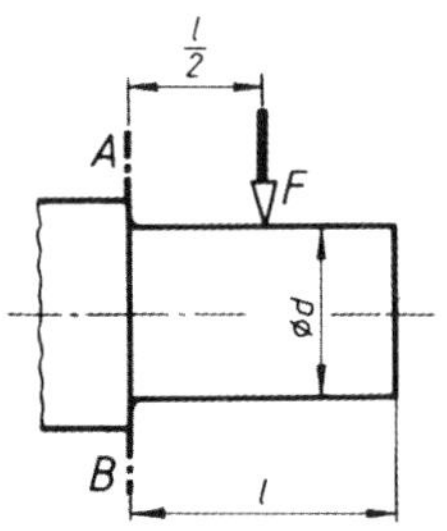

Gesucht:

a) das Biegemoment im Querschnitt $A - B$,
b) das erforderliche Widerstandsmoment,
c) der erforderliche Zapfendurchmesser d,
d) die vorhandene Biegespannung, wenn der Zapfendurchmesser auf volle 10 mm aufgerundet wird.

841 Der skizzierte Freiträger mit I-Profil soll die Lasten $F_1 = 15$ kN, $F_2 = 9$ kN und $F_3 = 20$ kN aufnehmen. Die Abstände betragen $l_1 = 2$ m, $l_2 = 1{,}5$ m, $l_3 = 0{,}8$ m.

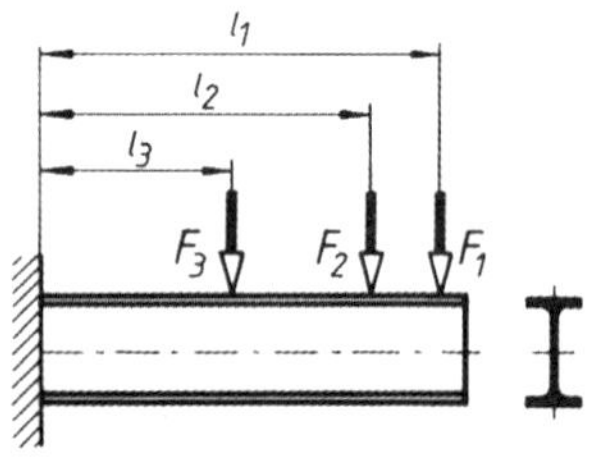

Gesucht:

a) das maximale Biegemoment,
b) das erforderliche Widerstandsmoment für eine zulässige Spannung von 120 N/mm^2,
c) das erforderliche IPE-Profil und dessen Widerstandsmoment,
d) die im Freiträger auftretende Höchstspannung.

842 Die Vollachse eines Schienenfahrzeugs trägt an jedem Zapfen die Belastung $F = 57{,}5$ kN. Die Abstände betragen $l_1 = 250$ mm, $l_2 = 180$ mm, $l_3 = 1500$ mm.
Für eine zulässige Spannung von 65 N/mm^2 sind zu bestimmen:

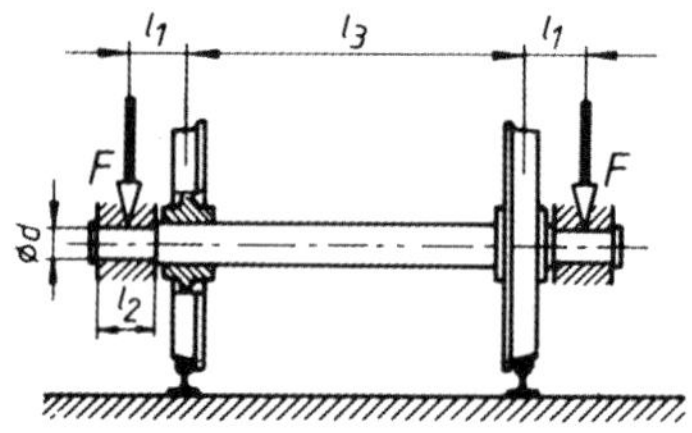

a) der Durchmesser d des Zapfens,
b) die Flächenpressung in den Lagern.

843 Der skizzierte Hebel wird durch die Kraft $F = 10$ kN belastet. Abmessungen: $l = 240$ mm, $d = 90$ mm. Zulässige Biegespannung 80 N/mm^2. Gesucht sind die Querschnittsmaße h und b für den Schnitt $x - x$ bei einem Bauverhältnis $h/b \approx 3$.

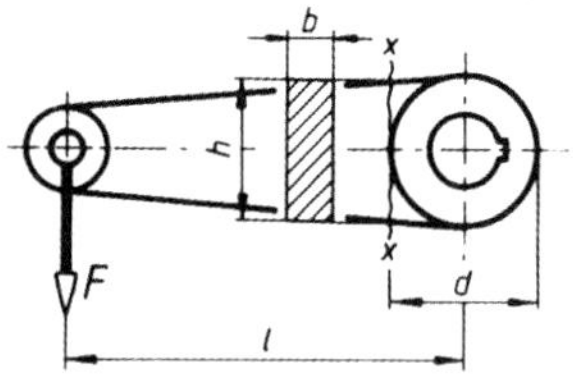

844 Ein Träger mit dem skizzierten Querschnitt ist durch ein Biegemoment von 5000 Nm beansprucht.

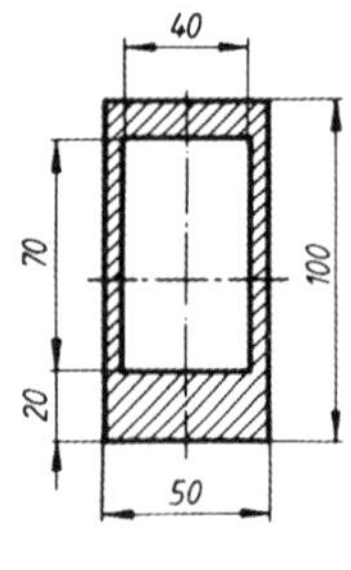

Gesucht:

a) die maximale Biegespannung,
b) die Biegespannungen an den Innenseiten des Profils.

845 Ein geschweißter I-Träger ist so zu dimensionieren, dass er ein maximales Biegemoment von $1{,}05 \cdot 10^6$ Nm bei einer zulässigen Biegespannung von 140 N/mm² aufnehmen kann. Die gegebenen Abmessungen sind: Bauhöhe h_1 = 900 mm, Gurtplattenbreite b = 260 mm, Stegdicke t = 10 mm.

Gesucht sind die Gurtplattendicke δ und die Steghöhe h_2.

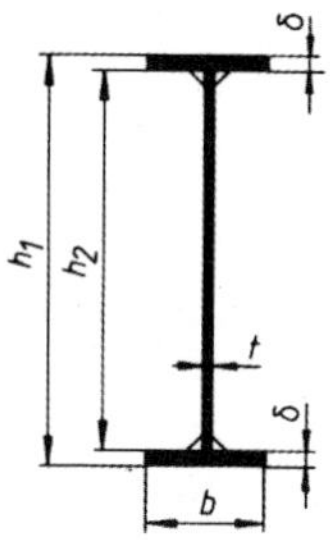

846 Ein vorhandener Biegeträger aus 2 U-Profilen ist durch Aufschweißen von Gurtplatten so zu verstärken, dass er ein maximales Biegemoment von $1{,}68 \cdot 10^5$ Nm bei einer zulässigen Spannung von 140 N/mm² aufnehmen kann.
Gurtplattendicke s = 20 mm.

Gesucht ist die Plattenbreite b.

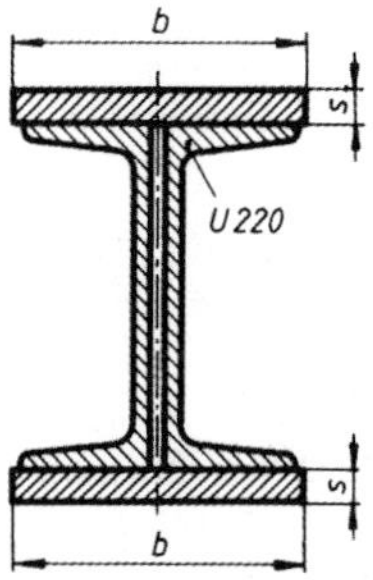

847 Ein Freiträger aus Eichenholz mit Rechteckquerschnitt 12 cm × 25 cm, hochkant liegend, soll in 1,8 m Abstand von der Einspannung eine Punktlast aufnehmen.

Bestimmt werden soll die Punktlast für eine zulässige Spannung von 22 N/mm² unter Vernachlässigung der Eigengewichtskraft des Trägers.

848 Ein hochkant liegender Freiträger aus IPE 300 mit 1,4 m freitragender Länge ist am äußersten Ende mit einer Kraft von 50 kN belastet.

Wie groß ist die Biegespannung im gefährdeten Querschnitt?

849 Der skizzierte Freiträger besteht aus 2 U-Profilen und wird durch die Radkräfte einer Laufkatze F_1 = 10 kN und F_2 = 12,5 kN belastet. Die Abstände betragen l_1 = 1,5 m, l_2 = 1,85 m.

Gesucht:

a) das maximale Biegemoment für den Freiträger,
b) das erforderliche Widerstandsmoment für eine zulässige Spannung von 140 N/mm²,
c) das erforderliche U-Profil.

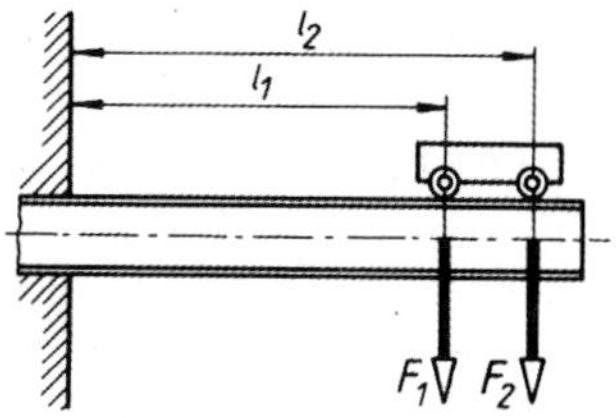

850 Ein Rohrmast mit 280 mm innerem und 300 mm äußerem Durchmesser steht senkrecht und hat eine freitragende Höhe von 5,2 m.

Wie groß darf eine rechtwinklig zur Rohrachse am Mastende wirkende Biegekraft F höchstens sein, wenn die zulässige Spannung 120 N/mm² beträgt?

851 Ein waagerecht liegender Freiträger mit 2,8 m freitragender Länge wird an seinem freien Ende durch eine rechtwinklig wirkende Kraft von 15 kN biegend beansprucht. Die Biegespannung soll 140 N/mm² nicht überschreiten.

Gesucht ist das erforderliche IPE-Profil.

852 Der Bremshebel einer Backenbremse wird mit $F = 500$ N belastet. Die Abstände betragen $l_1 = 300$ mm, $l_2 = 100$ mm, $l_3 = 1600$ mm. Reibungszahl $\mu = 0{,}5$.

Gesucht:

a) das maximale Biegemoment im Bremshebel,
b) die erforderlichen Querschnittsmaße s und h für ein Bauverhältnis $h/s \approx 4$ und eine zulässige Spannung von 60 N/mm².

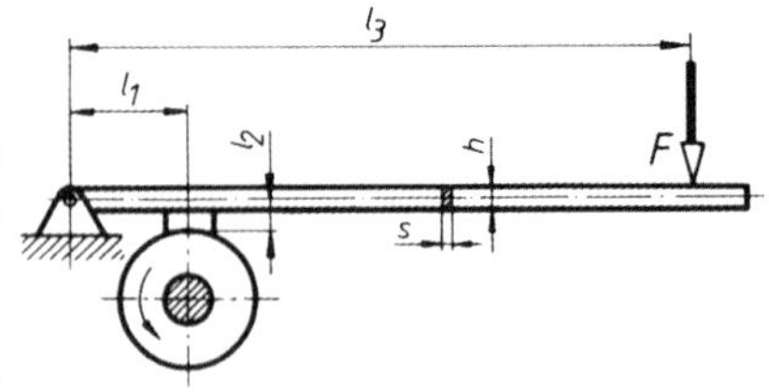

853 Der Bremshebel der vorstehenden Aufgabe soll nach Skizze gelagert werden.

Gesucht:

a) der Bolzendurchmesser d für eine zulässige Biegespannung von 60 N/mm² unter der Annahme, dass die Kräfte als Einzellasten in Mitte der jeweiligen Stützlänge angreifen,
b) die maximale Flächenpressung.

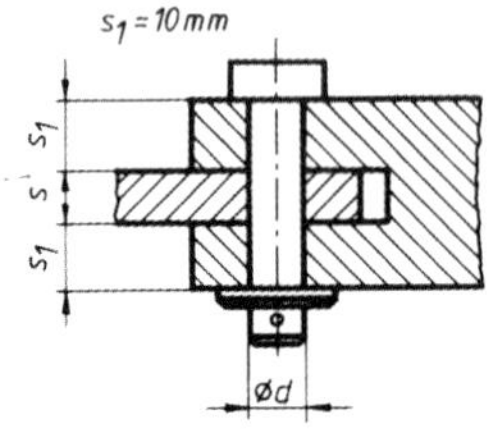

854 Der skizzierte Hebel aus Flachstahl wird durch eine Kraft $F = 750$ N belastet und soll mit zwei Schrauben so an ein Blech angeschlossen werden, dass allein die Reibung zwischen den Bauteilen das Kraftmoment aufnimmt.

Abstände: $l_1 = 100$ mm, $l_2 = 300$ mm
Reibungszahl $\mu_0 = 0{,}15$

Gesucht:

a) der Gewinde-Nenndurchmesser der Schrauben für eine zulässige Spannung von 100 N/mm²,
b) die Flachstahlmaße b und s für ein Bauverhältnis $b/s \approx 10$ und eine zulässige Biegespannung von 100 N/mm².

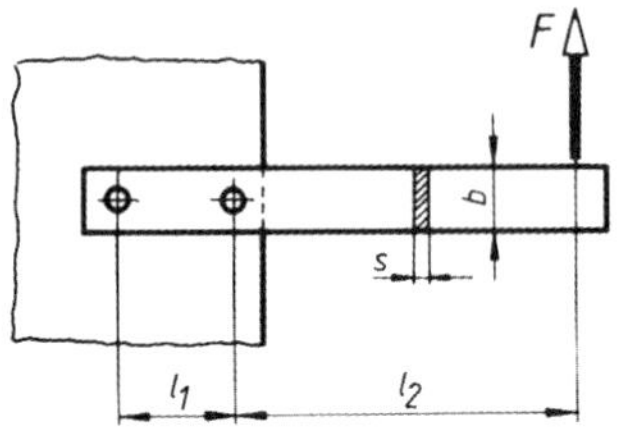

855 Die skizzierte Gleitlagerung wird durch die Axialkraft $F_a = 620$ N und die Radialkraft $F_r = 1{,}15$ kN belastet. Die zulässige Flächenpressung beträgt 2,5 N/mm² und das Bauverhältnis $b/d \approx 1{,}2$.

Gesucht:

a) der Zapfendurchmesser d aus der zulässigen Flächenpressung,
b) die Lagerbreite b,
c) der Bunddurchmesser D aus der zulässigen Flächenpressung,
d) die Biegespannung im gefährdeten Querschnitt.

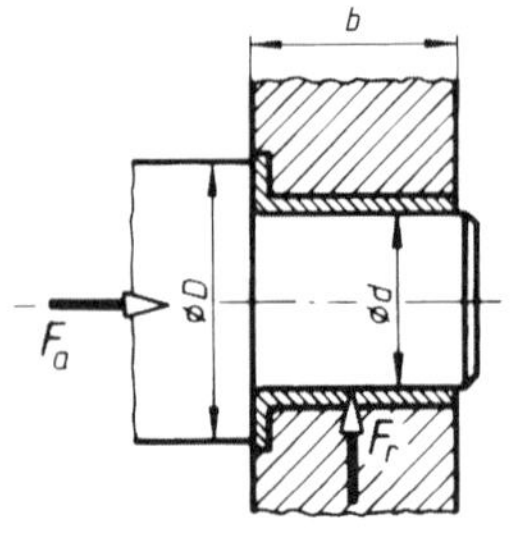

856 Der skizzierte Freiträger aus Gusseisen wird bei einer Ausladung l = 400 mm durch eine Einzelkraft F schwellend belastet. Die zulässige Zugspannung beträgt 50 N/mm², die zulässige Druckspannung dagegen 180 N/mm².

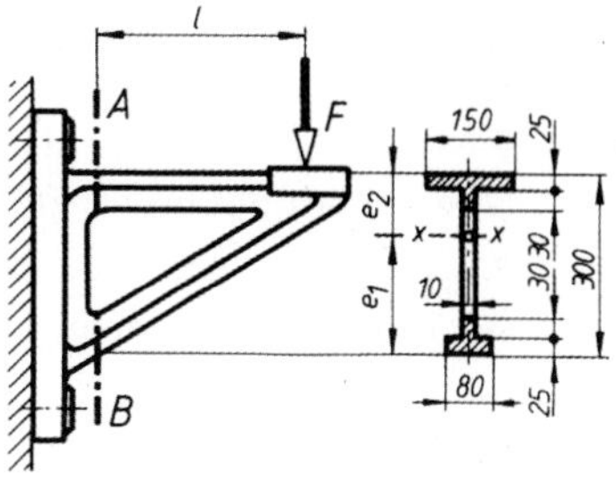

Gesucht:

a) die Schwerpunktsabstände e_1 und e_2 des skizzierten Profils im Querschnitt $A - B$,
b) das axiale Flächenmoment I_x des Querschnitts,
c) die axialen Widerstandsmomente W_{x1} und W_{x2},
d) die höchstzulässige Belastung F_{max}, wenn die angegebenen Spannungswerte nicht überschritten werden sollen,
e) die dieser höchsten Kraft F_{max} entsprechenden Randfaserspannungen σ_d und σ_z.

857 An der skizzierten Handkurbel wirkt die Kraft F = 150 N. Die Abstände betragen l_1 = 140 mm und l_2 = 300 mm.

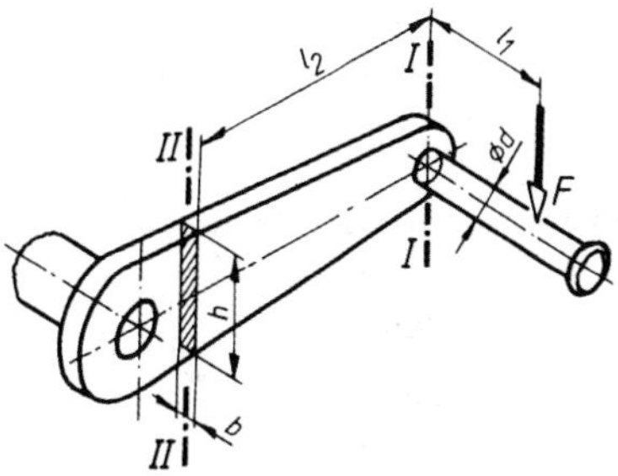

Für die Querschnitte I – I und II – II werden gesucht:

a) das innere Kräftesystem und die auftretenden Spannungsarten,
b) der Durchmesser d unter der Annahme reiner Biegebeanspruchung und einer zulässigen Spannung von 60 N/mm²,
c) die Querschnittsmaße h und b für ein Bauverhältnis $h/b \approx 6$ mit gleicher Annahme wie unter b).

858 Die Lagerkräfte einer Hohlwelle betragen F_a = 410 N und F_r = 1,26 kN. Bei gegebenem Bohrungsdurchmesser d_1 = 4 mm sind die Lagerabmessungen mit einem Bauverhältnis $l/d_2 \approx 1,3$ und einer zulässigen Flächenpressung von 2,5 N/mm² festzulegen.

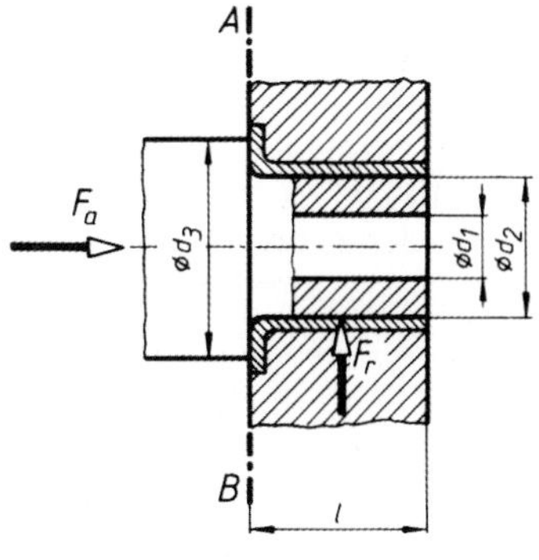

Gesucht:

a) die Maße l und d_2 aus der zulässigen Flächenpressung,
b) der Bunddurchmesser d_3 aus der zulässigen Flächenpressung,
c) die Biegespannung des Hohlwellenzapfens im Schnitt $A - B$.

Freiträger mit Mischlasten

859 Ein freitragender Holzbalken wird belastet durch die Einzellasten $F_1 = 4$ kN, $F_2 = 3$ kN und durch eine gleichmäßig über die Balkenlänge verteilte Streckenlast mit insgesamt 10 kN.

Abstände: $l_1 = 0{,}8$ m, $l_2 = 0{,}4$ m.
Zulässige Biegespannung 12 N/mm².

Gesucht:

a) das maximale Biegemoment,
b) das erforderliche Widerstandsmoment,
c) die Querschnittsmaße b und h für ein Bauverhältnis $b/h \approx 3/4$.

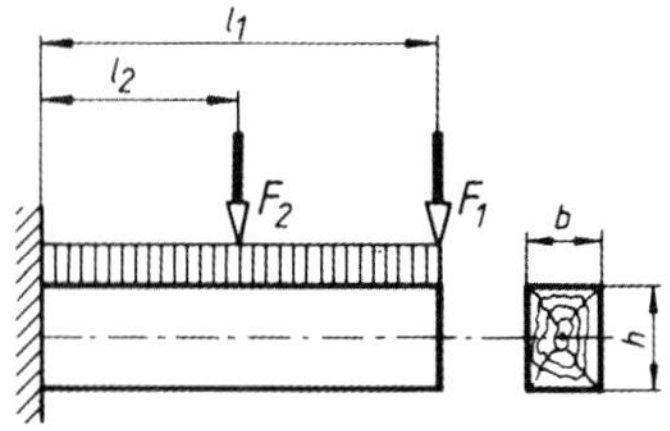

860 Der skizzierte Freiträger wird durch die Einzellast $F = 1$ kN und die Streckenlast $F' = 4$ kN/m belastet. Der Abstand l beträgt 1,2 m und die zulässige Biegespannung 120 N/mm².

Gesucht ist das erforderliche IPE-Profil. Der Spannungsnachweis soll durchgeführt werden.

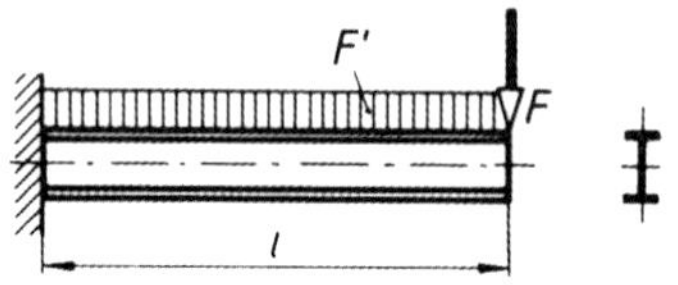

861 Ein I-Freiträger hat 2,5 m tragende Länge und soll eine Last von 5 kN aufnehmen.

a) Welches IPE-Profil ist zu wählen, wenn die Last am Ende des Freiträgers angreift und die zulässige Biegespannung 140 N/mm² beträgt?
b) Welches IPE-Profil ist bei gleicher zulässiger Spannung zu wählen, wenn die Last gleichmäßig über die ganze Länge verteilt ist?
c) Es sollen die vorhandenen Spannungen für beide Fälle berechnet werden, wenn die Gewichtskraft des jeweiligen Trägers zu berücksichtigen ist. Welchen Einfluss hat die Gewichtskraft?

862 Die Laufachse eines Schienenfahrzeugs hat eine Streckenlast $F = 60$ kN auf der Lagerlänge $l = 180$ mm aufzunehmen.

Gesucht:

a) der Zapfendurchmesser d aus der zulässigen Flächenpressung mit 2 N/mm²,
b) das Biegemoment an der Schnittstelle A-B,
c) die dort auftretende Biegespannung.

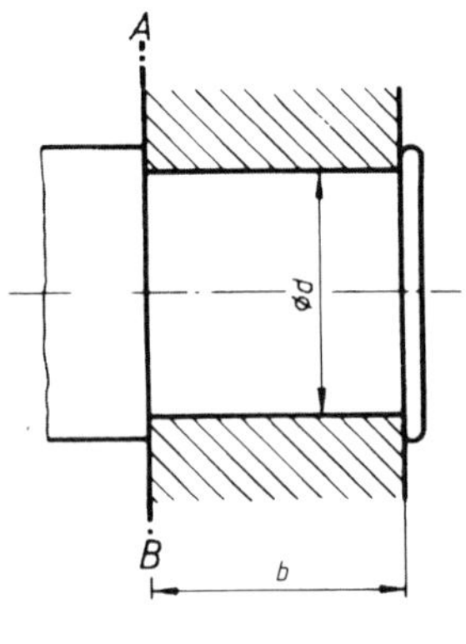

863 Das Konsolblech einer Stahlbaukonstruktion ist als Schweißverbindung ausgelegt und wird durch die Kraft $F = 26$ kN belastet. Die Abmessungen betragen $h = 250$ mm, $l = 320$ mm, $s = 12$ mm. Schweißnahtdicke $a = 8$ mm.

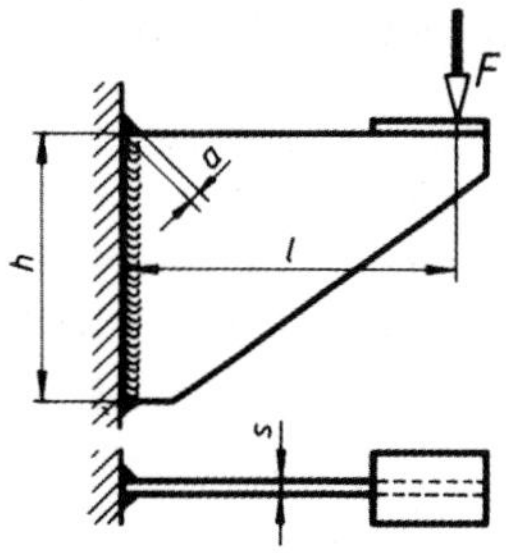

Gesucht:

a) die im gefährdeten Nahtquerschnitt auftretende Biegespannung $\sigma_{b\,schw}$,
b) die Schubspannung $\tau_{s\,schw}$.

Stützträger mit Einzellasten

864 Ein Stützträger wird durch die Einzellasten $F_1 = 10$ kN und $F_2 = 30$ kN belastet.

Die Abstände betragen: $l_1 = 2$ m, $l_2 = 3$ m und $l_3 = 6$ m.

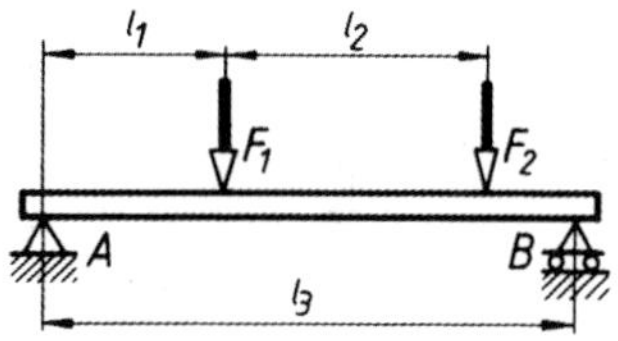

Gesucht:

a) die Stützkräfte F_A und F_B,
b) das maximale Biegemoment.

865 Auf die skizzierte Welle wirken die Kräfte $F_1 = 3$ kN, $F_2 = 4$ kN und $F_3 = 2$ kN.

Die Abstände betragen $l_1 = 100$ mm, $l_2 = 120$ mm, $l_3 = 80$ mm und $l_4 = 500$ mm.

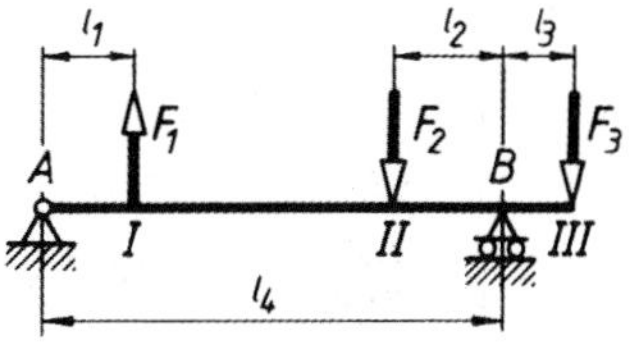

Gesucht:

a) die Stützkräfte F_A und F_B,
b) die Biegemomente an den Kraftangriffsstellen I, II, B und III.

866 Ein Träger auf zwei Stützen hat 5 m Stützweite und wird durch die Einzelkräfte $F_1 = 15$ kN und $F_2 = 24$ kN belastet. F_1 wirkt im Abstand $l_1 = 1{,}4$ m vom linken, F_2 im Abstand $l_2 = 2{,}9$ m vom rechten Stützpunkt. Die zulässige Biegespannung beträgt 140 N/mm^2.

Gesucht ist die Größe des erforderlichen Trägerprofils, wenn zwei nebeneinander liegende IPE-Profile vorgesehen sind.

867 Für den skizzierten zweiseitigen Kragträger betragen die Einzellasten $F_1 = 10$ kN, $F_2 = 15$ kN, $F_3 = 15$ kN, $F_4 = 10$ kN und die Abstände $l_1 = 1$ m, $l_2 = 1{,}5$ m, $l_3 = 1$ m, $l_4 = 2$ m und $l_5 = 5$ m.

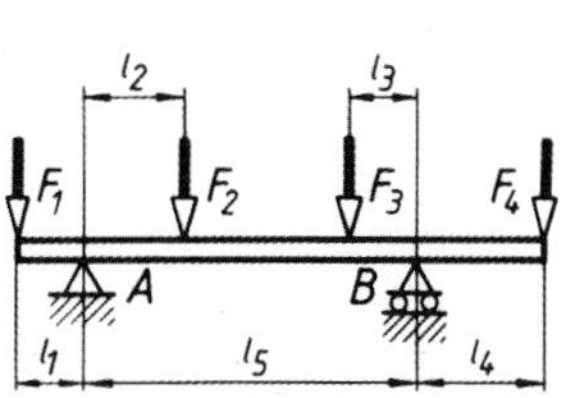

Gesucht:

a) die Stützkräfte F_A und F_B,
b) das maximale Biegemoment.

868 Der skizzierte einseitige Kragträger wird belastet durch die Kräfte $F_1 = 3{,}6$ kN und $F_2 = 1{,}4$ kN. Die Abstände betragen: $l_1 = 2$ m, $l_2 = 2{,}5$ m und $l_3 = 6$ m.

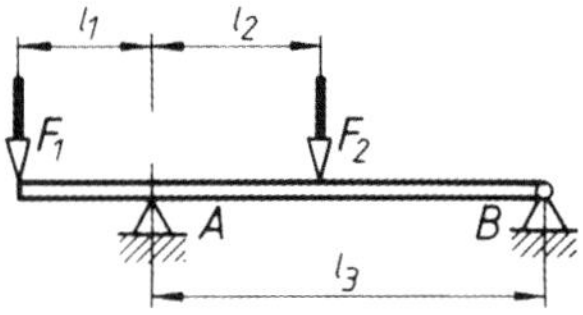

Gesucht:

a) die Stützkräfte F_A und F_B,
b) das maximale Biegemoment,
c) das erforderliche I PE-Profil für eine zulässige Spannung von 120 N/mm².

869 Ein Eichenholzbalken ruht hochkant auf zwei Stützen im Abstand von 4,5 m. Er wird durch eine senkrecht wirkende Einzellast von 13 kN im Abstand 1,8 m vom linken Auflager belastet.

Gesucht sind die Querschnittsabmessungen des Balkens für ein Bauverhältnis $h/b \approx 2{,}5$ und eine zulässige Biegespannung von 18 N/mm².

870 Zwei biegebeanspruchte Stahlachsen – Vollachse und Hohlachse – haben die gleiche Masse und die gleiche Länge $l = 1$ m. Die Vollachse hat den Durchmesser $d_1 = 100$ mm, die Hohlachse den Außendurchmesser D_2 und den Innendurchmesser $d_2 = 2/3 \cdot D_2$. Die zulässige Biegespannung beträgt 100 N/mm².

Gesucht:

a) die Durchmesser D_2 und d_2 der Hohlachse,
b) die axialen Widerstandsmomente für beide Achsen,
c) die Tragfähigkeiten beider Achsen, wenn sie an ihren Enden abgestützt werden und eine Einzellast F_1 bzw. F_2 in der Mitte tragen.

871 Ein Biegeträger auf zwei Stützen ist 6 m lang und wird durch drei Kräfte belastet: $F_1 = 15$ kN, $F_2 = 20$ kN und $F_3 = 18$ kN. Die Abstände dieser Kräfte vom linken Auflager betragen $l_1 = 1{,}5$ m, $l_2 = 3$ m und $l_3 = 5$ m.

Gesucht:

a) die Stützkräfte F_A und F_B,
b) das maximale Biegemoment,
c) das erforderliche I PE-Profil für eine zulässige Biegespannung von 120 N/mm².

872 Auf den skizzierten Stützträger wirken die Kräfte $F_1 = 2$ kN, $F_2 = 3$ kN, $F_3 = 2$ kN, $F_4 = 5$ kN und $F_5 = 1$ kN im gleichen Abstand $l = 1{,}2$ m, der Winkel α beträgt 30°.

Gesucht ist das erforderliche U-Profil, wenn zwei gleiche Träger nebeneinander angeordnet werden, für eine zulässige Spannung von 120 N/mm².

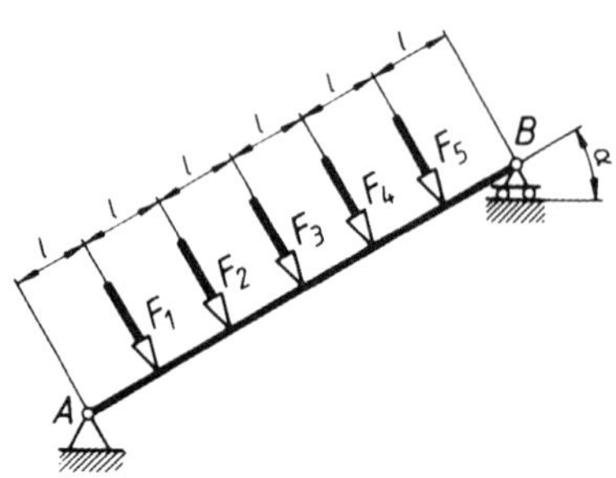

873 Ein Kragträger wird durch fünf gleich große Kräfte $F = 2{,}5$ kN im gleichen Abstand $l = 0{,}6$ m belastet. Die Stützlager A und B sollen symmetrisch so angeordnet sein, dass der Balken ein möglichst kleines IPE-Profil bekommt.

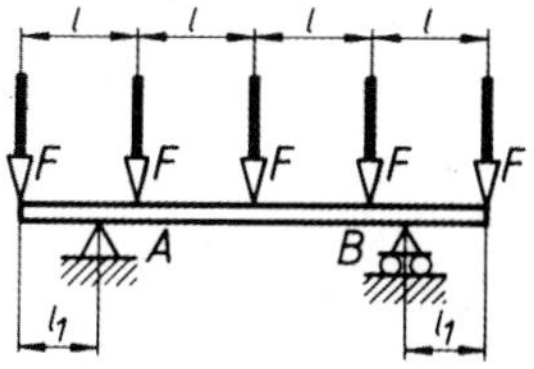

$\sigma_{b\,zul} = 120$ N/mm²

a) Welcher Abstand l_1 ist festzulegen?
b) Wie groß ist das maximale Biegemoment?
c) Welches Profil ist zu wählen?

874 Auf ein Sprungbrett wirkt die Kraft $F = 1$ kN. Die Abstände betragen $l_1 = 2{,}5$ m und $l_2 = 1{,}5$ m. Bestimmt werden sollen die Querschnittsabmessungen b und h für ein Bauverhältnis $b/h \approx 10$ und eine zulässige Biegespannung von 8 N/mm².

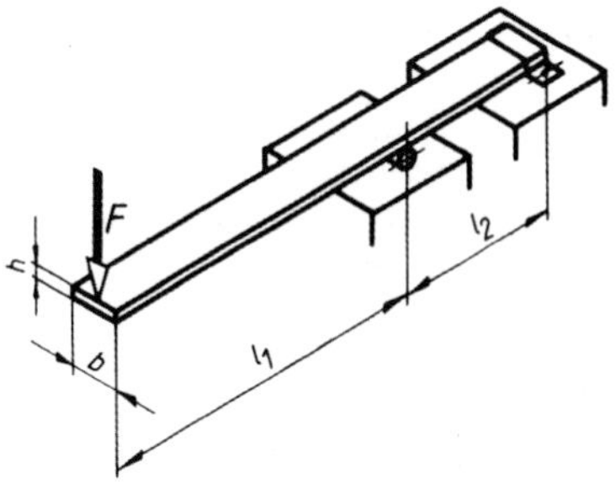

875 Die skizzierte Achse wird durch die Radnabe mit $F = 20$ kN (als Streckenlast wirkend) belastet. Die zulässige Biegespannung beträgt 50 N/mm². Abstände: $l_1 = 20$ mm, $l_2 = 60$ mm, $l_3 = 120$ mm, $l_4 = 100$ mm.

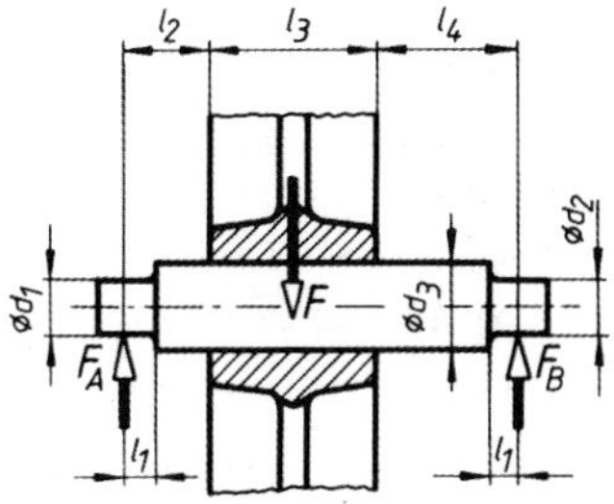

Gesucht:

a) die Stützkräfte F_A und F_B,
b) das maximale Biegemoment,
c) der erforderliche Wellendurchmesser d_3,
d) die erforderlichen Zapfendurchmesser d_1 und d_2 (aus der zulässigen Biegespannung),
e) die Flächenpressungen in den Lagern A und B.

876 Der Konstrukteur hat die skizzierte Bolzenverbindung aufgrund seiner Erfahrung mit folgenden Maßen entworfen: $l_1 = 8$ mm, $l_2 = 3{,}5$ mm, $d = 6$ mm.

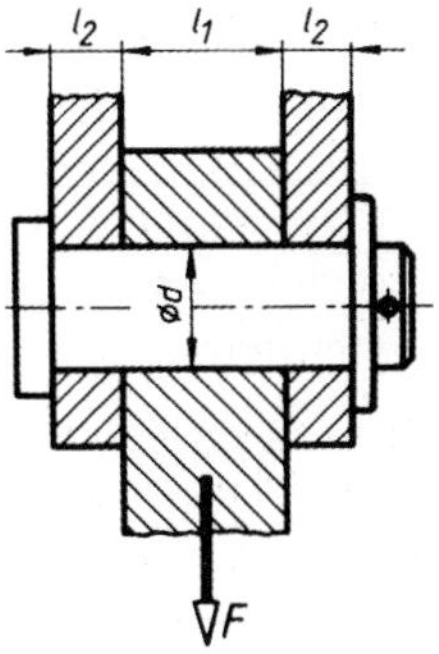

Unter der Annahme einer Punktwirkung der Kraft $F = 1{,}2$ kN sind zu bestimmen:

a) die Biegespannung im Bolzen,
b) die Abscherspannung im Bolzen,
c) die größte Flächenpressung in der Verbindung.

877 Die Traverse eines Hebezeugs wird durch die Kraft $F = 2{,}65$ kN belastet.

Gesucht:

a) das maximale Biegemoment,
b) die Biegespannung in der Schnittstelle I,
c) die Biegespannung in der Schnittstelle II,
d) die Biegespannung in der Schnittstelle III.

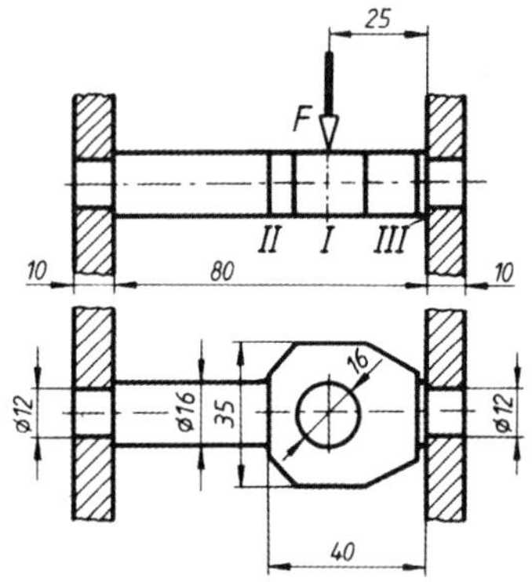

878 Auf einer in *A* und *B* fest gelagerten Achse 1 sitzt einseitig die Leitrolle 2, die eine Seilkraft $F = 8$ kN um den Winkel $\alpha = 60°$ umlenkt. Die zulässige Biegespannung beträgt 90 N/mm², die Abstände sind $l_1 = 420$ mm und $l_2 = 180$ mm.

Gesucht:

a) die resultierende Achslast F_r aus den beiden Seilkräften *F*,
b) das größte Biegemoment für die Achse,
c) das erforderliche Widerstandsmoment der Achse bei Kreisquerschnitt,
d) der erforderliche Durchmesser *d* der Achse,
e) die größte Biegespannung, wenn der Achsendurchmesser auf volle 10 mm erhöht wird.

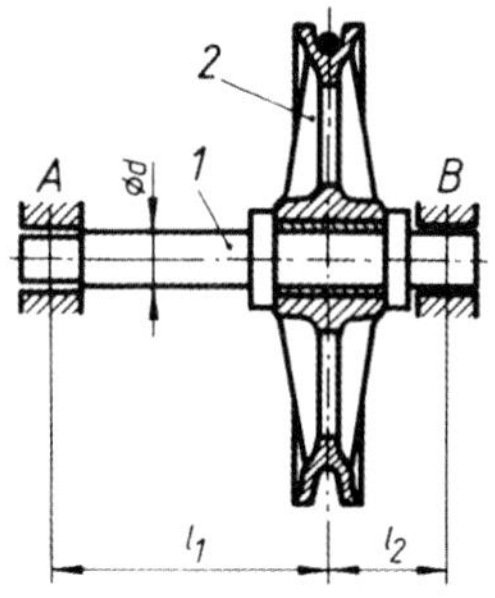

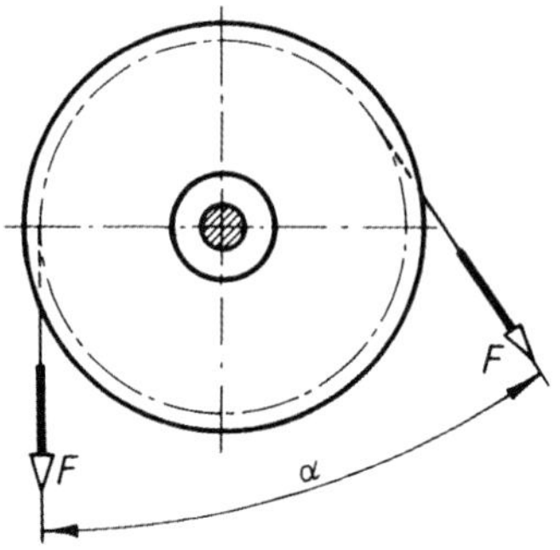

879 Der Hauptträger eines Laufkrans besteht aus zwei IPE-Profilen. Die Belastung durch Nutzlast und Eigengewichtskraft der Laufkatze beträgt $F = 45$ kN, die Abstände $l_1 = 0{,}6$ m und $l_2 = 10$ m. Die dynamischen Kräfte werden durch eine geringere zulässige Biegespannung von 85 N/mm² berücksichtigt.

Gesucht werden das erforderliche Profil und die vorhandene Biegespannung

a) ohne Berücksichtigung des Radstandes l_1 der Laufkatze,
b) mit Berücksichtigung des Radstandes.

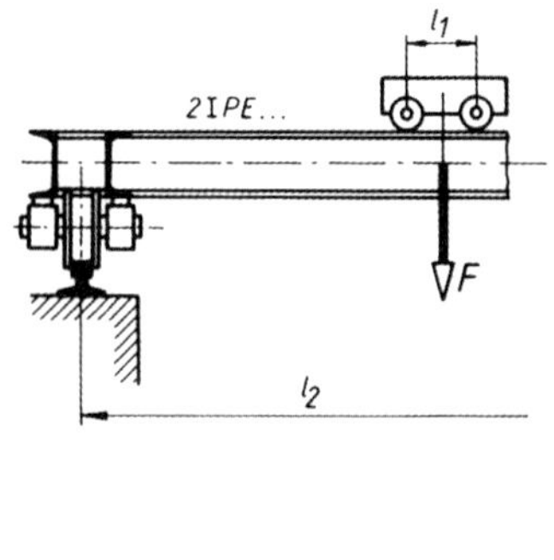

880 Der skizzierte Lagerträger ist mit einer Einzelkraft $F = 15$ kN belastet.

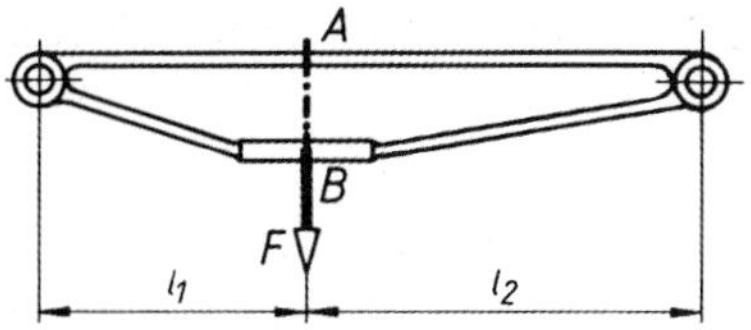

Der gefährdete Querschnitt ist im unteren Bild dargestellt. Die Abmessungen betragen

$l_1 = 400$ mm $l_2 = 600$ mm $h = 160$ mm
$d_1 = 20$ mm $d_2 = 30$ mm $d_3 = 20$ mm
$b_1 = 120$ mm $b_2 = 90$ mm

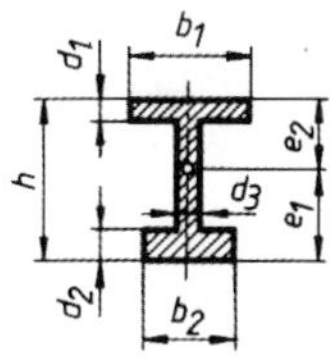

Gesucht:

a) die Schwerpunktsabstände e_1 und e_2,
b) das axiale Flächenmoment I,
c) die axialen Widerstandsmomente W_1 und W_2,
d) die größte Biegespannung.

Stützträger mit Mischlasten

881 Der skizzierte Stützträger trägt eine Streckenlast (gleichmäßig verteilte Last) $F' = 2$ kN/m auf $l = 6$ m Länge.

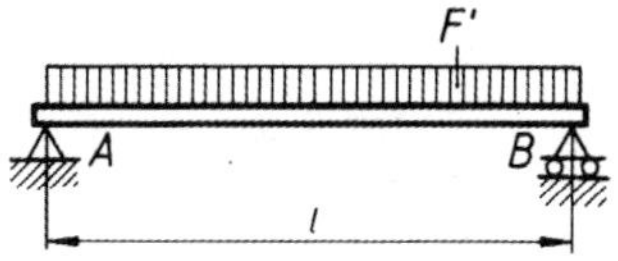

Gesucht:

a) die Stützkräfte F_A und F_B,
b) das maximale Biegemoment.

882 Ein Holzbalken mit Rechteckquerschnitt soll so dimensioniert werden, dass $h/b = 3$ wird. Dabei soll eine Biegespannung von 10 N/mm² nicht überschritten werden. Stützlänge $l = 10$ m.

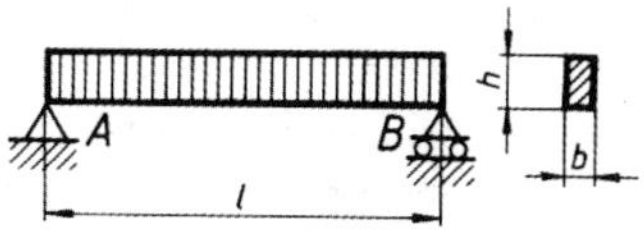

Bei der Berechnung soll nur die Gewichtskraft des Balkens berücksichtigt werden. Dichte $\varrho = 1100$ kg/m³.

883 Ein Stützträger wird nach Skizze durch eine Streckenlast von insgesamt 19,5 kN belastet. Die Abstände betragen $l_1 = 4$ m und $l_2 = 2{,}8$ m.

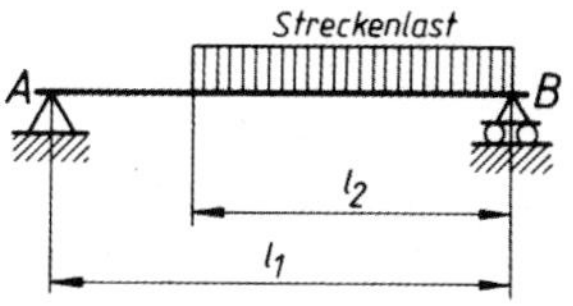

Gesucht:

a) die Stützkraft F_A und F_B,
b) das maximale Biegemoment,
c) das erforderliche IPE-Profil für eine zulässige Biegespannung von 120 N/mm².

884 Ein Stützträger mit einem IPE 80-Profil und einer Stützlänge von 5 m soll die gleichmäßig verteilte Streckenlast von 20 N/m tragen.

Es ist die vorhandene Biegespannung unter Berücksichtigung der Eigengewichtskraft zu bestimmen.

885 Eine Achse trägt eine über die Länge l_1 = 200 mm gleichmäßig verteilte Last von 800 N. Die anderen Abstände betragen l_2 = 300 mm und l_3 = 500 mm.

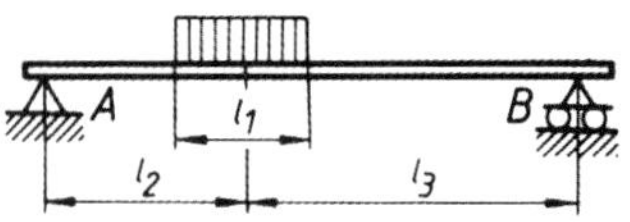

Gesucht:

a) die Stützkräfte F_A und F_B,
b) der Abstand l_4 der $M_{b\,max}$ -Stelle vom linken Lager,
c) das maximale Biegemoment,
d) der Durchmesser d der Vollachse bei einer zulässigen Spannung von 80 N/mm^2.

886 Der skizzierte Träger auf zwei Stützen wird belastet durch die Einzellast F = 6 kN und die Streckenlast F' = 2 kN/m. Die Abstände betragen l_1 = 1,5 m, l_2 = 3 m, l_3 = 2,5 m und l_4 = 6 m.

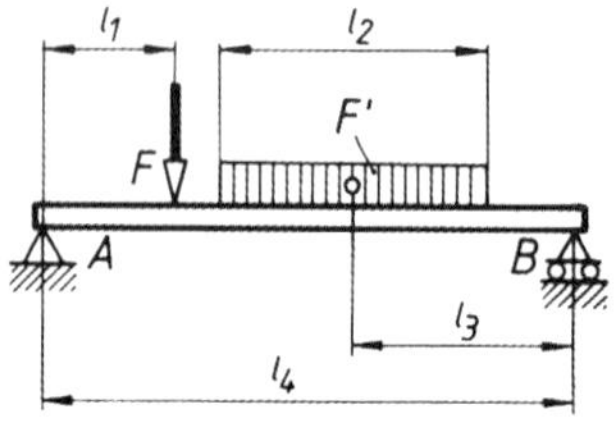

Gesucht:

a) die Stützkräfte F_A und F_B,
b) das maximale Biegemoment.

887 Auf den skizzierten Kragträger wirken die Einzellasten F_1 = 1,5 kN, F_2 = 4 kN, F_3 = 2 kN und eine Streckenlast F' = 2 kN/m. Die Abstände betragen l_1 = 1 m, l_2 = 4,5 m, l_3 = 1,5 m, l_4 = 2,5 m und l_5 = 3 m.

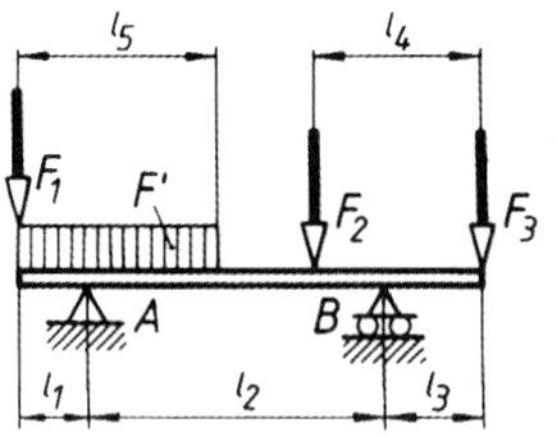

a) die Stützkräfte F_A und F_B,
b) das maximale Biegemoment,
c) das erforderliche IPE-Profil für eine zulässige Spannung von 120 N/mm^2.

888 Der Träger mit dem skizzierten Profil wird durch die beiden Einzellasten F = 20 kN und die Streckenlast F' = 4 kN/m belastet. Die Abstände betragen l_1 = 2 m, l_2 = 6 m, l_3 = 1 m, l_4 = 3 m und l_5 = 2 m.

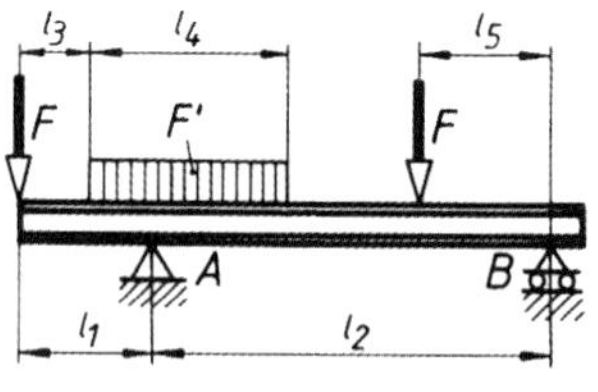

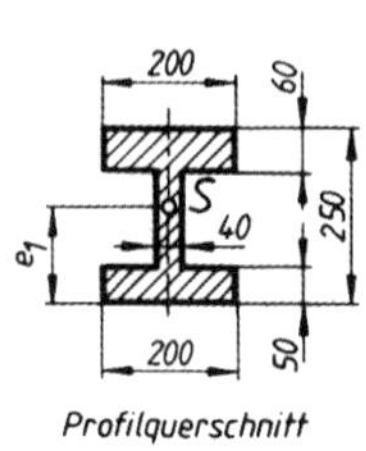

Profilquerschnitt

Gesucht:

a) das maximale Biegemoment,
b) der Abstand des Profilschwerpunkts von der Unterkante,
c) das axiale Flächenmoment des Profils,
d) die Widerstandsmomente,
e) die maximale Biegespannung.
f) An welcher Stelle des Profils tritt sie auf?

889 Die Skizze zeigt die Belastung einer Welle durch die Einzelkräfte $F_1 = 3$ kN, $F_2 = 4$ kN, $F_3 = 3$ kN und die Streckenlasten $F_1' = 4$ kN/m und $F_2' = 6$ kN/m. Die Abstände betragen $l_1 = 250$ mm, $l_2 = 450$ mm, $l_3 = 300$ mm, $l_4 = 300$ mm und $l_5 = 1000$ mm.

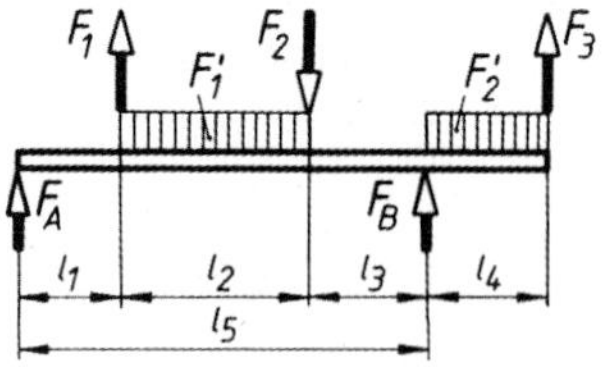

Gesucht:

a) die Stützkräfte F_A und F_B,
b) das maximale Biegemoment.

890 Ein Kragträger aus Holz hat einen Rechteckquerschnitt mit den Maßen 20 × 25 cm und liegt hochkant auf. Er trägt die Einzellasten $F_1 = 6$ kN und $F_2 = 8$ kN sowie die Streckenlasten $F_1' = 13{,}75$ kN/m und $F_2' = 12$ kN/m gleichmäßig auf die zugehörigen Balkenlängen verteilt. Die Abstände betragen $l_1 = 2{,}5$ m und $l_2 = 0{,}8$ m.

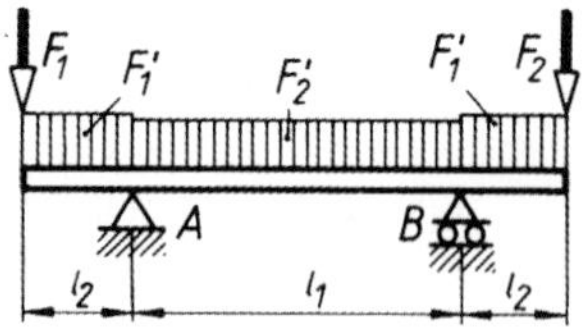

Gesucht:

a) die Stützkräfte F_A und F_B,
b) das maximale Biegemoment,
c) die größte Biegespannung im Balken.

891 Auf den skizzierten Kragträger wirken die Einzellasten $F_1 = 30$ kN, $F_2 = 20$ kN, $F_3 = 15$ kN und die Streckenlasten $F_1' = 6$ kN/m und $F_2' = 3$ kN/m. Die Abmessungen betragen $l_1 = 1$ m, $l_2 = 1{,}5$ m, $l_3 = 5$ m, $l_4 = 5$ m, $l_5 = 1$ m und $l_6 = 2$ m.

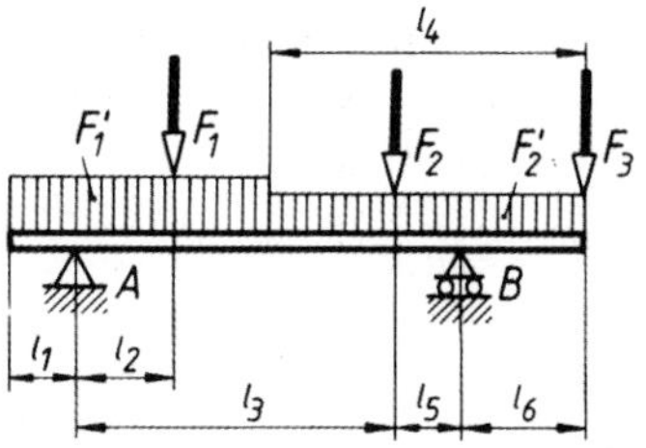

Gesucht:

a) die Stützkräfte F_A und F_B,
b) das maximale Biegemoment,
c) das erforderte IPE-Profil für eine zulässige Spannung von 140 N/mm².

892 Eine Seilrolle ist nach Skizze gelagert und mit $F = 300$ kN belastet. Unter der Annahme gleichmäßig verteilter Streckenlast sind zu ermitteln:

a) die Stützkräfte am Rollenbolzen,
b) das maximale Biegemoment,
c) der erforderliche Bolzendurchmesser d für eine zulässige Spannung von 140 N/mm^2,
d) die Abscherbeanspruchung im Rollenbolzen,
e) die Flächenpressung zwischen Zuglasche und Bolzen,
f) die Flächenpressung zwischen Lagerbuchse und Bolzen.

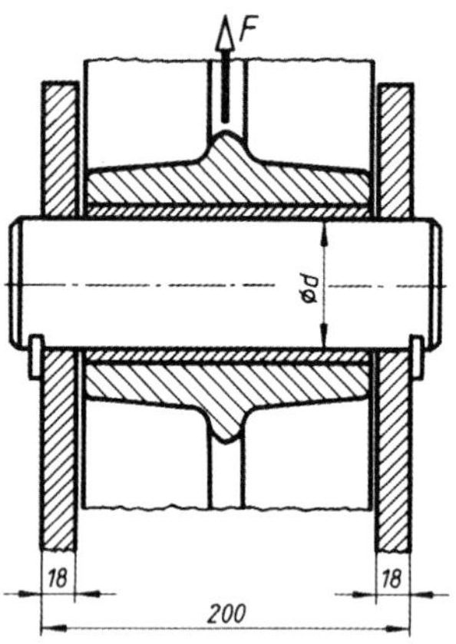

893 Die skizzierte Bolzenverbindung soll die Kraft $F = 140$ kN übertragen. Laschenmaße: $s_1 = 30$ mm, $s_2 = 60$ mm.

Mit den zulässigen Spannungen für Abscheren mit 120 N/mm^2 und für Biegung mit 140 N/mm^2 sind zu bestimmen:

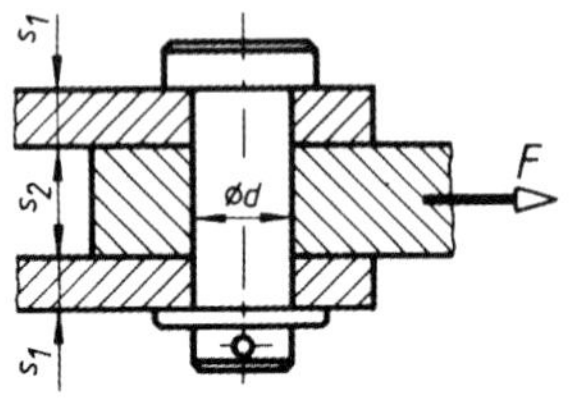

a) der Bolzendurchmesser d auf Abscheren (nächsthöhere Normzahl),
b) die auftretende Biegespannung unter der Annahme gleichmäßig verteilter Last.
c) Durchführung des Spannungsnachweises für die Biegespannung und gegebenenfalls Neuberechnung des Bolzendurchmessers.
d) Wie groß ist die jetzt auftretende Abscherspannung?
e) Wie groß ist die größte Flächenpressung?

894 Auf den einseitig überkragenden Träger wirkt die Streckenlast $F' = 2{,}5$ kN/m auf der Länge $l_1 = 4$ m. Der Lagerabstand l_2 soll durch Verschieben des Lagers B so bestimmt werden, dass das maximale Biegemoment im Träger den kleinstmöglichen Betrag annimmt.

Gesucht:

a) der Lagerabstand l_2,
b) das dann auftretende maximale Biegemoment.

Lösungshinweis: Die Skizze der Querkraftfläche zeigt zwei Nulldurchgänge. Die Biegemomente an diesen beiden Stellen müssen den gleichen Betrag haben.

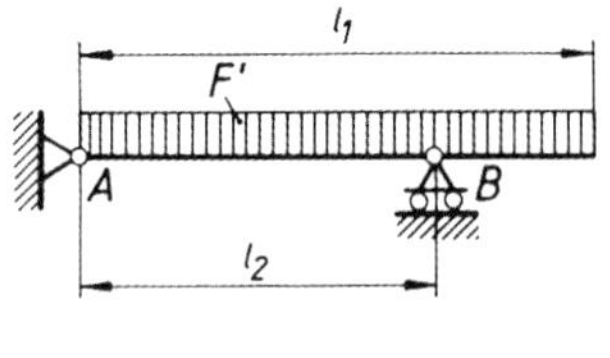

895 Eine einseitig eingespannte Blattfeder aus Stahl drückt mit ihrem freien Ende auf einen Hebel. Im eingebauten Zustand ist das freie Ende elastisch um einen Federweg von 12 mm aufgebogen. Die Blattfeder hat eine freitragende Länge von 60 mm und konstanten Rechteckquerschnitt 10 × 1 mm.

Mit welcher Kraft wirkt das freie Ende der Feder auf den Hebel?

896 Der skizzierte Freiträger aus ⌶PE100 wird durch die Einzellast F = 1 kN und die Streckenlast F' = 4 kN/m belastet. Die freitragende Länge l beträgt 1,2 m.

Die Durchbiegung am freien Trägerende soll berechnet werden:

a) wenn die Einzellast F allein wirkt,
b) wenn die Streckenlast allein wirkt,
c) wenn die Eigengewichtskraft allein wirkt.
d) Wie groß ist die resultierende Durchbiegung (Überlagerungsprinzip)?

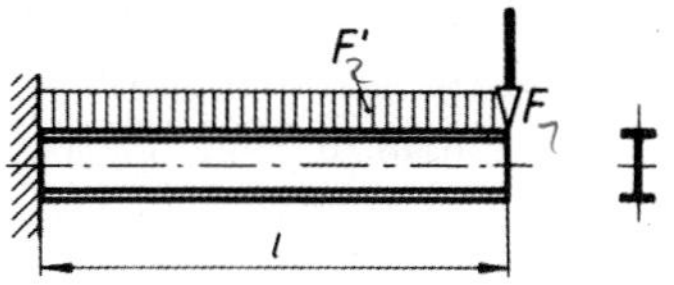

897 Eine Welle aus E295 hat einen Durchmesser d = 30 mm und einen Lagerabstand l = 400 mm. Sie wird mittig durch eine Kraft F = 4 kN belastet.

Unter Vernachlässigung der Eigengewichtskraft soll ermittelt werden:

a) die maximale Biegespannung,
b) die maximale Durchbiegung,
c) der Winkel, den die Biegelinie in den Lagerpunkten mit der Verbindungslinie der Lager einschließt,
d) die maximale Durchbiegung einer Welle gleicher Abmessungen aus dem Werkstoff AlCuMg 2 mit $E = 7 \cdot 10^4$ N/mm^2.
e) Auf welchen Betrag muss der Durchmesser der Aluminiumwelle erhöht werden, wenn sie die gleiche Durchbiegung aufweisen soll wie die Stahlwelle?

Beanspruchung auf Knickung

898 Eine Ventilstößelstange aus E295 hat 8 mm Durchmesser und ist 250 mm lang. Welche maximale Stößelkraft ist zulässig, wenn eine 10-fache Sicherheit gegen Knicken gefordert wird?

899 Die Skizze zeigt eine Presse mit Handantrieb zum Ausdrücken von Lagerbuchsen. Die Kraft F = 400 N wirkt über den Handhebel und das Zahnstangengetriebe auf den Stempel. Die Abmessungen betragen r = 350 mm, d_2 = 36 mm, l = 400 mm, Zahnrad mit z = 30 Zähnen und Modul m = 5 mm.

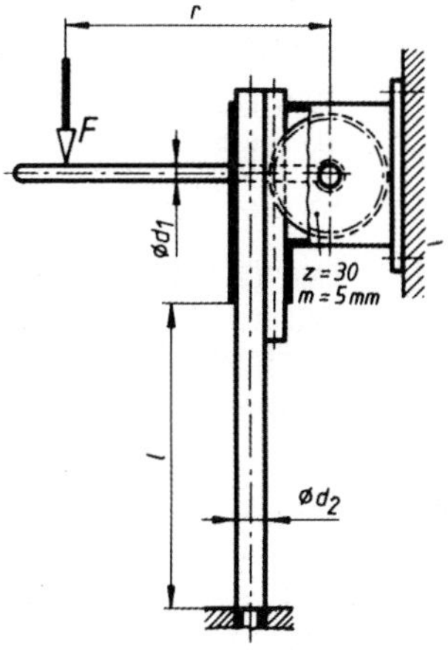

Gesucht:

a) der erforderliche Durchmesser d_1 des Handhebels, wenn eine zulässige Biegespannung von 140 N/mm^2 vorgeschrieben ist,
b) die Sicherheit gegen Knicken im Pressenstempel (S235JR) mit Kreisquerschnitt, wenn als freie Knicklänge $s = 2\,l$ eingesetzt werden soll.

900 Die Spindel einer Presse hat 800 kN Druckkraft aufzunehmen. Gewindeart: ISO-Trapezgewinde.

Gesucht:

a) der erforderliche Kernquerschnitt des Trapezgewindes für eine zulässige Spannung von 100 N/mm²,
b) das zu wählende Trapezgewinde,
c) die erforderliche Mutterhöhe m für eine zulässige Flächenpressung von 30 N/mm²,
d) der Schlankheitsgrad λ der Spindel für eine freie Knicklänge s = 1600 mm (mit Kerndurchmesser d_3 rechnen),
e) die Knickspannung σ_k für den Werkstoff E295,
f) die vorhandene Druckspannung in der Spindel,
g) die Sicherheit ν gegen Knicken (Knicksicherheit).

901 Eine Lenkstange aus S275JR mit 600 mm Länge wird in axialer Richtung durch eine Höchstkraft F = 6 kN belastet.

Wie groß muss der Durchmesser d der Lenkstange bei Kreisquerschnitt sein, wenn eine 8-fache Knicksicherheit gefordert wird?

902 Die Druckspindel der skizzierten Abziehvorrichtung soll nachgerechnet werden.

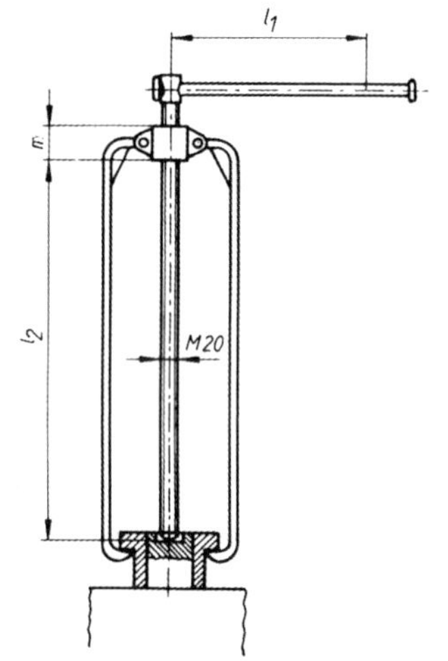

Es wirkt eine Handkraft F = 150 N im Abstand l_1 = 200 mm von der Spindelachse. Spindelwerkstoff: E295. Gewinde: Metrisches ISO-Gewinde M 20. Freie Knicklänge $s = l_2$ = 380 mm. Die Spindelmutter besteht aus Bronze mit einer zulässigen Flächenpressung von 12 N/mm².

Gesucht:

a) die Druckkraft in der Spindel für den ungünstigen Fall der trockenen Reibung Stahl/ Bronze,
b) die Druckspannung im Gewindequerschnitt,
c) die erforderliche Mutterhöhe m,
d) die Sicherheit ν der Spindel gegen Knicken.

903 Das skizzierte Ladegeschirr wird mit F = 20 kN belastet. Es besteht aus Rundgliederketten mit 13 mm Glieddurchmesser, dem Spreizbalken aus Rohr 60 × 5, Werkstoff S235JR, und Zugstangen mit Kreisquerschnitt. Die Abmessungen betragen l_1 = 1,7 m, l_2 = 0,7 m, l_3 = 0,75 m.

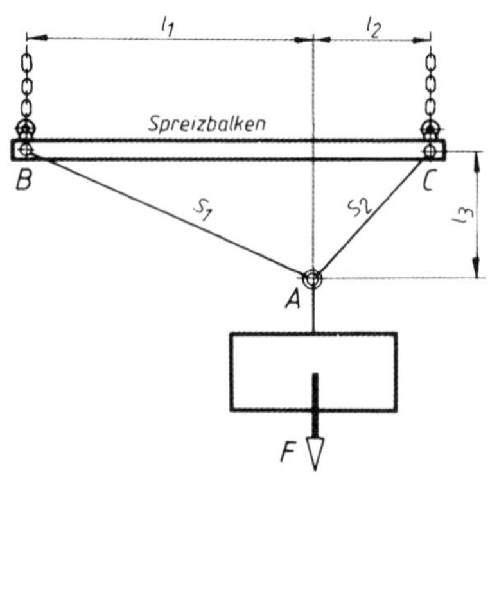

Gesucht:

a) die Durchmesser d_1 und d_2 der Zugstangen S_1 und S_2 für eine zulässige Spannung von 120 N/mm²,
b) die Spannungen in den beiden Ketten,
c) die Druckspannung im Spreizbalken,
d) die Knicksicherheit des Spreizbalkens.

904 Eine Nähmaschinennadel hat den skizzierten Querschnitt und 28 mm Länge; die freie Knicklänge ist dann $s = 2\,l = 56$ mm.

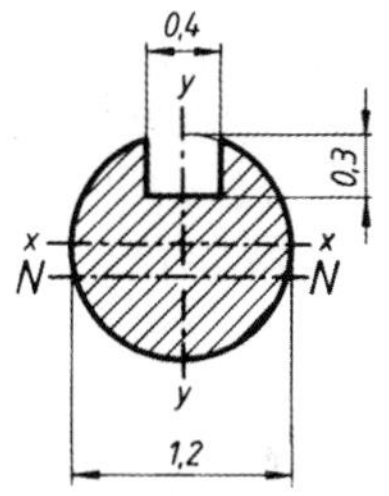

Gesucht:

a) das axiale Flächenmoment für die N-Achse,
b) das axiale Flächenmoment für die y-Achse,
c) der Trägheitsradius i_N,
d) der Schlankheitsgrad λ,
e) die Knickkraft F_K.

905 Ein Behälter fasst 3000 Liter Öl mit der Dichte $\varrho = 850$ kg/m³. Die Lasten für Rohre, Armaturen und Behälter sowie für Isolierungen werden insgesamt mit 20 % des Füllgewichts angenommen.

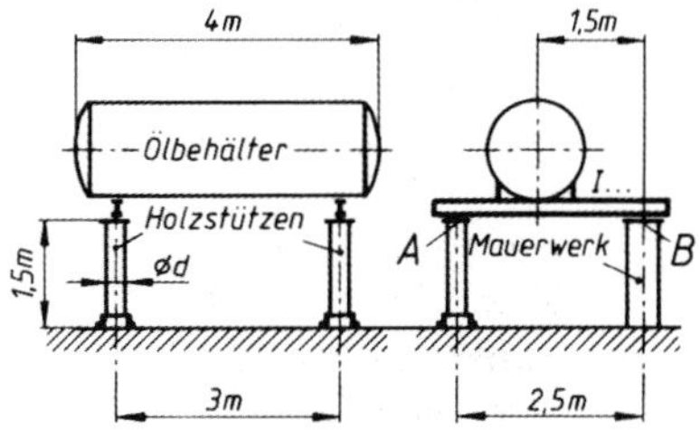

Gesucht:

a) das erforderliche IPE-Profil für eine zulässige Spannung von 120 N/mm²,
b) der Durchmesser d der Holzstützen für 10-fache Sicherheit.

906 Eine Kolbenstange aus E295 mit Kreisquerschnitt wird durch eine Höchstkraft $F = 60$ kN auf Knickung beansprucht. Die freie Knicklänge ist $s = l = 1350$ mm, die geforderte Knicksicherheit $\nu = 3{,}5$.

Gesucht ist der erforderliche Durchmesser d der Kolbenstange.

907 Die Schubstange des Hydraulik-Hubgeräts zum Schwenken des Arbeitstischs, der die Belastung $F = 12$ kN trägt, hat eine freie Knicklänge $s = 400$ mm.

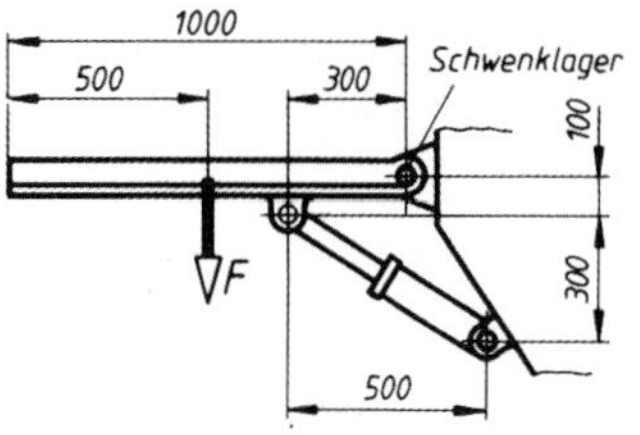

Gesucht ist der erforderliche Kreisquerschnitt der Schubstange aus E295 für 6-fache Sicherheit gegen Knicken.

908 Die Pleuelstange eines Verbrennungsmotors besteht aus E295 und hat die Maße l = 370 mm, H = 40 mm, h = 30 mm, b = 20 mm, s = 15 mm. Sie wird durch eine Kraft F = 16 kN auf Knickung beansprucht.

Gesucht ist die vorhandene Knicksicherheit υ.

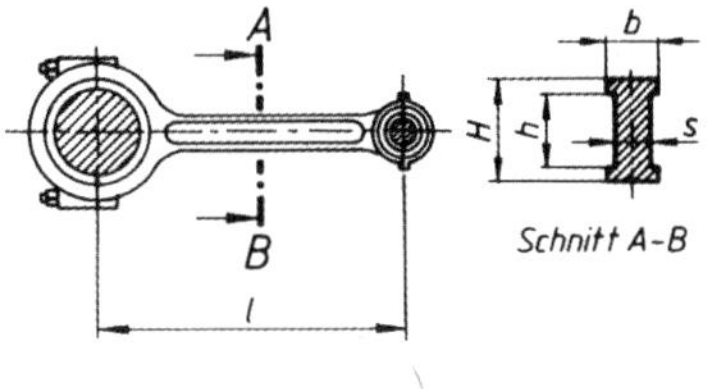

909 Für die gezeichnete Stellung eines Bremsgestänges ist der Durchmesser d der 550 mm langen Stange aus S235JR zu berechnen.
Hebelkraft F_1 = 4 kN.
Gefordert wird eine 10-fache Sicherheit gegen Knicken.

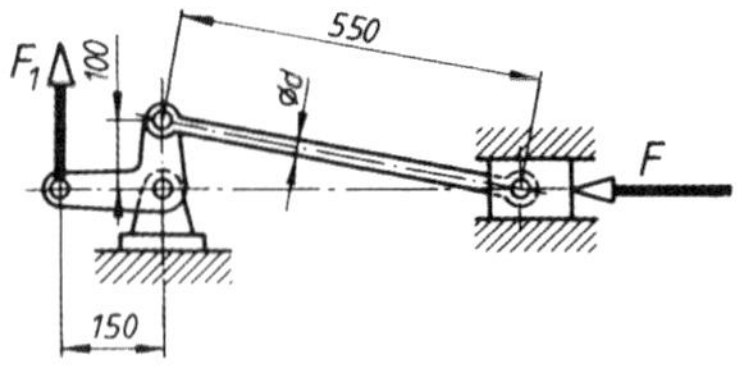

910 Eine wechselnd auf Zug/Druck beanspruchte Stange mit 300 mm freier Knicklänge aus E295 wird mit 20 kN belastet. Die Spannung soll wegen der Dauerbruchgefahr 60 N/mm² nicht überschreiten. Aus dieser Bedingung sollen zunächst die Querschnittsabmessungen festgelegt und anschließend die Sicherheit gegen Knicken nachgeprüft werden für

a) Rechteckquerschnitt mit h/b = 3,5 und
b) Quadratquerschnitt.

911 Die skizzierte Ventilsteuerung eines Verbrennungsmotors mit hängenden Ventilen besteht aus der Nockenwelle 1, der Stößelstange 2, dem Kipphebel 3, dem Ventil 4 und der Ventilfeder 5. Am rechten Ende wird der Kipphebel mit F = 4 kN belastet.

Die Abstände betragen l_1 = 40 mm, l_2 = 28 mm und l_3 = 305 mm.

Gesucht:

a) die Belastung der Stößelstange,
b) die Knickkraft bei 3-facher Knicksicherheit,
c) das erforderliche Flächenmoment I_{erf},
d) der Außendurchmesser D und der Innendurchmesser d der Stößelstange mit Rohrquerschnitt, wenn D/d = 10/8 sein soll. Werkstoff: Vergütungsstahl mit einem Grenzschlankheitsgrad λ_0 = 70,
e) der Trägheitsradius des gefundenen Stößelstangenquerschnitts,
f) der Schlankheitsgrad der Stößelstange.

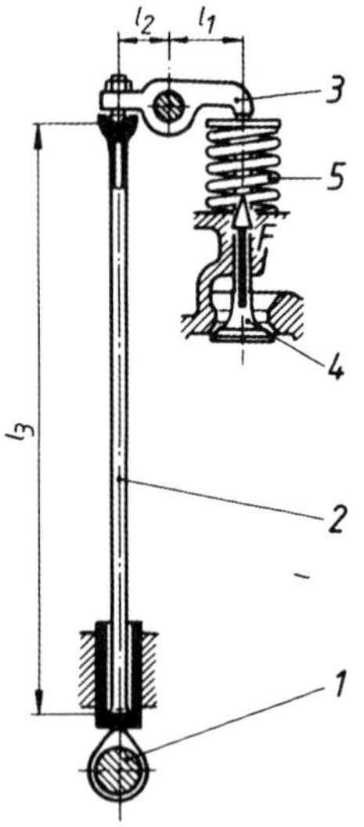

912 Der skizzierte Spindelbock soll eine größte Last von $F = 15$ kN heben. Die Skizze zeigt die am weitesten ausgefahrene Stellung. Die Füße aus 60 × 5 mm Rohr bilden in der Stützebene ein gleichseitiges Dreieck.

Gesucht:

a) die Druckspannung in der Trapezgewindespindel,
b) die Flächenpressung im Gewinde bei 120 mm Mutterhöhe,
c) der Schlankheitsgrad der Spindel (freie Knicklänge $s = l$ gesetzt),
d) die Knicksicherheit der Spindel aus E295,
e) die Belastung einer Rohrstütze,
f) deren Druckspannung,
g) deren Schlankheitsgrad,
h) die Knicksicherheit der Rohrstützen, Werkstoff S235JR.

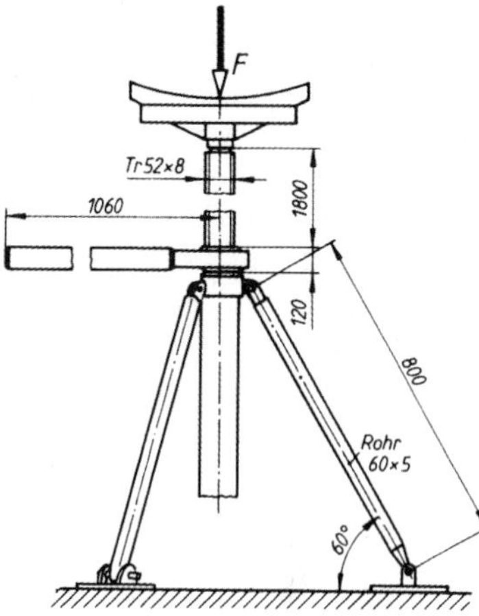

913 Eine Hebebühne trägt eine Last $F = 30$ kN und wird durch den Hydraulikzylinder 1 gehoben, wobei dessen Kolbenstange maximal 1,8 m frei steht. Die Hubbewegung wird von der Kolbenstange über das Konsolblech 2 auf die seitlich geführten Stützen aus zwei U-Profilen übertragen.

Gesucht:

a) der Durchmesser d der Kolbenstange aus E295 für eine 6-fache Knicksicherheit.
b) die Querschnittsmaße h und s des Konsolblechs im Schnitt $A - B$ für eine zulässige Biegespannung von 120 N/mm^2 und ein Bauverhältnis $h/s \approx 10/1$.

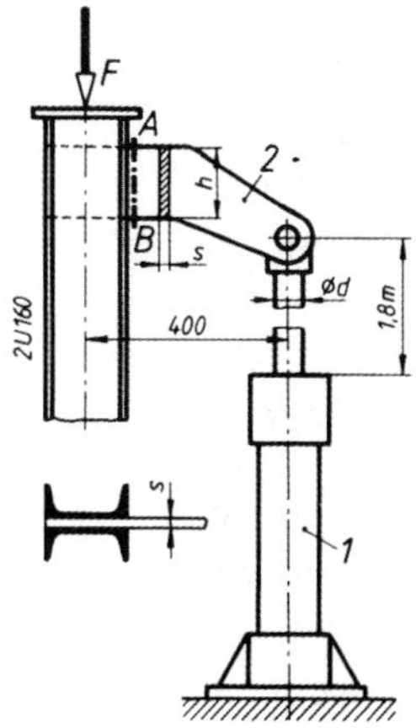

914 Die skizzierte Spindelpresse soll eine Druckkraft $F = 40$ kN aufbringen. Die Spindel besteht aus E295 und hat eine Länge $l = s = 0{,}8$ m.

Gesucht:

a) der erforderliche Kernquerschnitt der Spindel für eine zulässige Spannung von 60 N/mm^2,
b) das erforderliche Trapezgewinde,
c) der Schlankheitsgrad der Spindel,
d) die Knicksicherheit der Spindel,
e) die Mutterhöhe m für eine zulässige Flächenpressung von 10 N/mm^2,
f) der Handrad-Durchmesser D für eine Handkraft $F_1 = 300$ N zur Erzeugung der Druckkraft F. Dabei soll nur die Gewindereibung mit $\mu' = 0{,}1$ berücksichtigt werden.

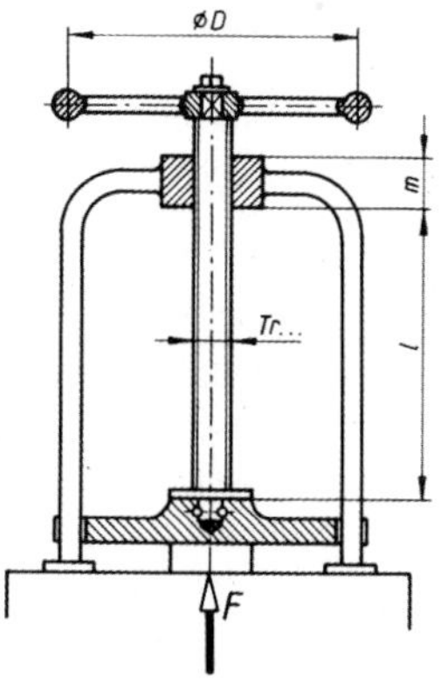

915 Eine Schraubenwinde ist für eine Tragkraft von 50 kN und eine größte Hubhöhe $l = s = 1{,}4$ m ausgelegt.

Werkstoffe: Spindel aus E295, Mutter aus GJL.

Gesucht:

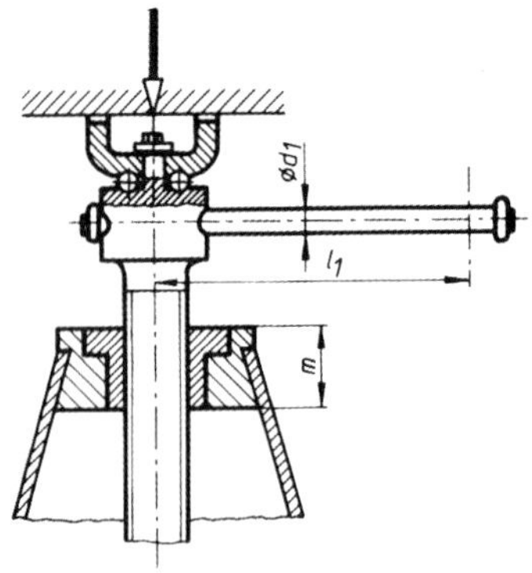

a) der erforderliche Kernquerschnitt der Spindel bei einer zulässigen Spannung von 60 N/mm^2,
b) das erforderliche Trapezgewinde,
c) der Schlankheitsgrad der Spindel,
d) die Knicksicherheit der Spindel,
e) die Mutterhöhe m für eine zulässige Flächenpressung von 8 N/mm^2,
f) die Hebellänge l_1 für eine Handkraft von 300 N ohne Berücksichtigung der Rollreibung an der Kopfauflage ($\mu' = 0{,}16$ gesetzt),
g) der Hebeldurchmesser d_1 für eine zulässige Spannung von 60 N/mm^2.

916 Ein Dreibein aus Nadelholzstämmen mit 150 mm Durchmesser und 4,5 m Länge bildet in seiner Stützebene ein gleichseitiges Dreieck mit 3 m Seitenlänge.

Welche Last kann höchstens an den Flaschenzug des Dreibeins gehängt werden, wenn 10-fache Sicherheit gegen Knicken gefordert wird?

Knickung im Stahlbau

920 Ein geschweißter Druckstab aus 2 L90 × 9 DIN EN 10056-1, Werkstoff S235JR mit der Streckgrenze $R_e = 240$ N/mm^2, hat eine freie Knicklänge von 2 m und wird mittig mit $F = 215$ kN belastet.

Der Stabilitätsnachweisnachweis soll durchgeführt werden.

921 Eine Rohrprofilstütze aus S235JR mit der Streckgrenze $R_e = 240$ N/mm^2 soll bei 4 m Knicklänge eine Last von 300 kN aufnehmen.

Welche Wanddicke δ ist erforderlich, wenn der Rohr-Außendurchmesser $D = 120$ mm gewählt wird? Der Stabilitätsnachweis nach DIN EN 1993-1-1 soll durchgeführt werden.

922 In einem Lagerhaus wird eine Säule in Achsrichtung mit $F = 75$ kN belastet. Die freie Knicklänge beträgt $s = 3$ m.

Welches IPE-Profil DIN 10025 aus S235JR mit der Streckgrenze $R_e = 240$ N/mm^2 ist erforderlich? Der Stabilitätsnachweis nach DIN EN 1993-1-1 soll durchgeführt werden.

923 Eine Baustütze soll aus einem nahtlosen Stahlrohr nach DIN EN 10220 durch Aufschweißen einer Fuß- und einer Kopfplatte hergestellt werden. Zur Verfügung steht ein Rohr mit 114,3 mm Außendurchmesser und 6,3 mm Wanddicke aus S235JR mit der Streckgrenze $R_e = 240$ N/mm^2.

Kann die Baustütze bei einer Knicklänge von 4,5 m mit 110 kN belastet werden? Der Stabilitätsnachweis nach DIN EN 1993-1-1 soll durchgeführt werden.

924 Die Hubhöhe eines Wandkrans reicht nicht mehr aus. Sie soll durch eine umgekehrte Aufhängung vergrößert werden. Stab 2 besteht aus Flachstahl 120 × 10 mm DIN EN 10058 und ist an Stab 1 mit 2 U 240 DIN 1026 und an Stab 3 mit 2 U 160 DIN 1026 mit je 4 Schrauben M16 in 17 mm Bohrungen angeschlossen. In der alten Aufhängung musste Stab 2 eine Zugkraft von 100 kN aufnehmen können.

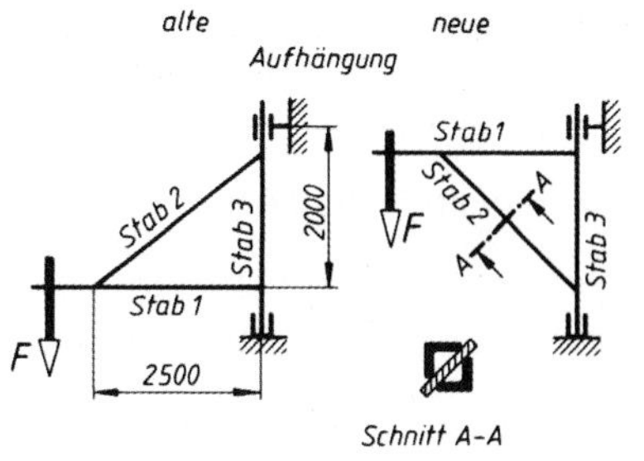

a) Wie ändert sich die Beanspruchung in den Stäben 1, 2 und 3?
b) Welche Systemlänge muss Stab 2 erhalten? Sie soll gleich der Knicklänge gesetzt werden.
c) Der vorhandene Stab 2 ist durch das Aufschweißen von 2 Winkelstählen nach DIN EN 10056-1 so zu verstärken, dass er dem Stabilitätsnachweis nach DIN EN 1993-1-1 genügt. Anordnung der Verstärkung nach Skizze.

Bemerkung: Die Winkelprofile sollen so gewählt werden, dass die Randzonen des vorhandenen Flachstahls durch die Schweißnähte nicht beschädigt werden, da beim Ausknicken über die *x*-Achse hier die größten Spannungen auftreten. Nach dieser Überlegung sind nur die Profile 60 × ? oder 65 × ? verwendbar.
Um Korrosionsschäden zu vermeiden, sind die Hohlräume luftdicht abzuschließen.

925 Ein Laufsteg wird alle drei Meter unterstützt. Die größte Belastung der Lauffläche beträgt 2,5 kN/m^2.

Zu berechnen ist die Stütze für die Unterstützungsrahmen. Zum Einsatz kommt ein U-Profil DIN 1026 aus S235JR mit der Streckgrenze R_e = 240 N/mm^2.

Der Stabilitätsnachweis nach DIN EN 1993-1-1 soll durchgeführt werden.

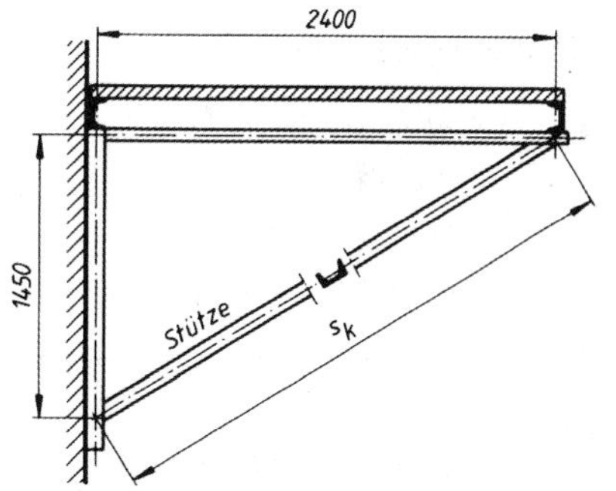

926 Eine Baustütze aus IPE 200 DIN 10025, Werkstoff S235JR mit der Streckgrenze R_e = 240 N/mm^2, trägt bei einer freien Knicklänge von 4 m eine mittige Last von 380 kN.

a) Es soll die Stabilität der Baustütze überprüft werden. Bedingung: Ein Ausknicken ist nur über die *x*-Achse möglich. Der Stabilitätsnachweis nach DIN EN 1993-1-1 soll durchgeführt werden.
b) Wie breit müssen Flachstähle mit 8 mm Dicke sein, die hochkant auf der *x*-Achse des Profils angeordnet werden?

Zusammengesetzte Beanspruchung

Biegung und Zug/Druck

927 Für den mit $F = 6$ kN belasteten eingeschweißten Bolzen soll ermittelt werden:

a) die im Querschnitt $A - B$ auftretende Abscherspannung,
b) die Zugspannung im selben Querschnitt,
c) die im gefährdeten Querschnitt auftretende Biegespannung,
d) die im Querschnitt $A - B$ auftretende höchste Normalspannung.

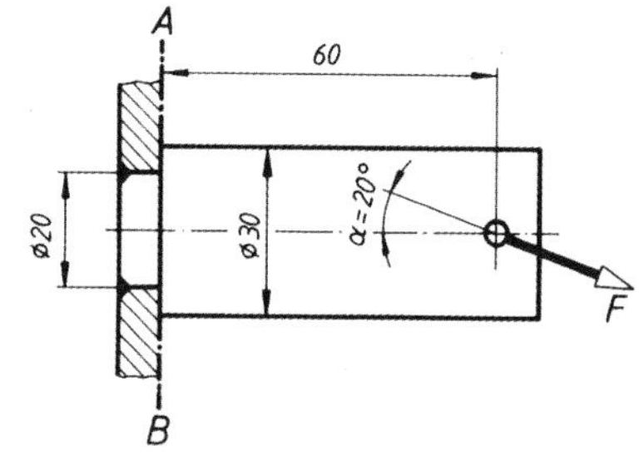

928 Der skizzierte eingemauerte Freiträger besteht aus 2 U 80 Profilen DIN 1026 und wird nach Skizze außermittig durch eine Zugkraft $F = 10$ kN belastet.

Gesucht:

a) das innere Kräftesystem im gefährdeten Querschnitt,
b) die auftretende Abscherspannung,
c) die auftretende reine Zugspannung,
d) die auftretende reine Biegespannung,
e) die größte resultierende Normalspannung.
f) Wie groß muss l_2 werden, wenn im Einspannquerschnitt keine Biegung auftreten soll?

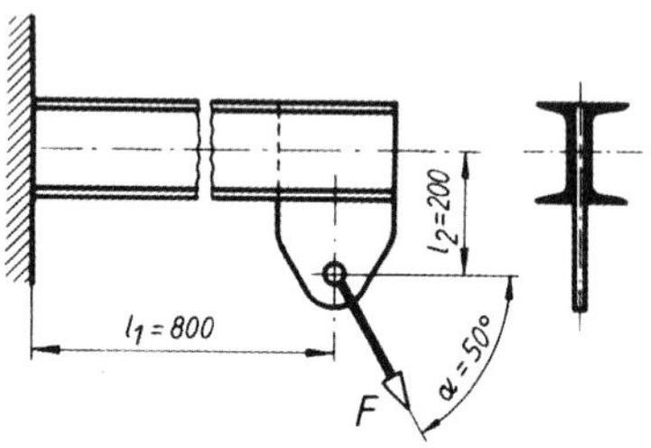

929 Ein Konsolträger aus GJL hat den skizzierten gefährdeten Querschnitt. Die Flanschbreite b soll so berechnet werden, dass die auftretenden Randfaserspannungen oben und unten (Zug- und Druckspannungen) den jeweils zulässigen Wert erreichen, und zwar 50 N/mm² Zugspannung und 150 N/mm² Druckspannung.

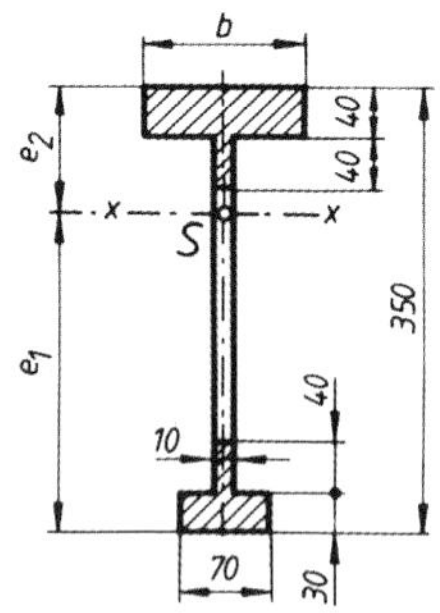

930 Der skizzierte Ausleger ist für eine Nutzlast $F_z = 20$ kN im Hubseil auszulegen. Es sind die Querschnitte von Seil und Rohr zu bestimmen.

Gesucht:

a) der Neigungswinkel β des Auslegers und die Kraft F_s im waagerechten Seil,
b) die Stützkraft in Lagerpunkt B mit ihren x- und y-Komponenten und dem Richtungswinkel α_B zur positiven x-Achse,
c) die Anzahl der Drähte mit 1,5 mm Durchmesser im Seil, wenn die zulässige Spannung 300 N/mm^2 beträgt,
d) der erforderliche Rohrquerschnitt, wenn $D/d = 10/9$ und $\sigma_{b\,zul} = 100$ N/mm^2 sein soll und nur auf Biegung gerechnet wird,
e) die größte resultierende Normalspannung.

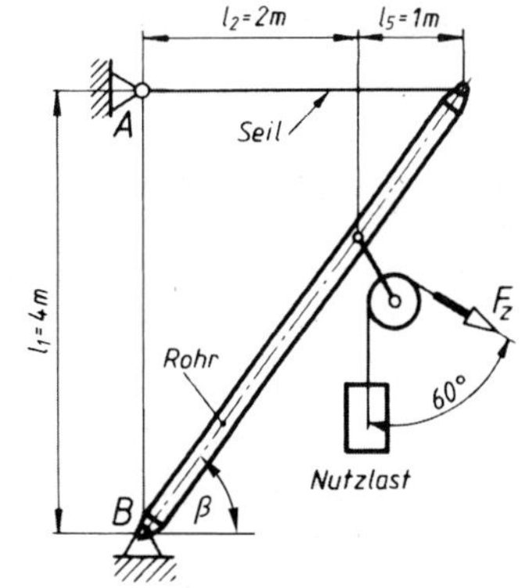

931 Das gebogene Profil U 120 DIN 1026 ist in zwei Ausführungen angeschweißt. Der Abstand l beträgt in beiden Fällen 450 mm. Die höchste zulässige Normalspannung im Querschnitt $A - B$ soll 60 N/mm^2 betragen.

Wie groß ist F_{max} für die beiden Ausführungen.

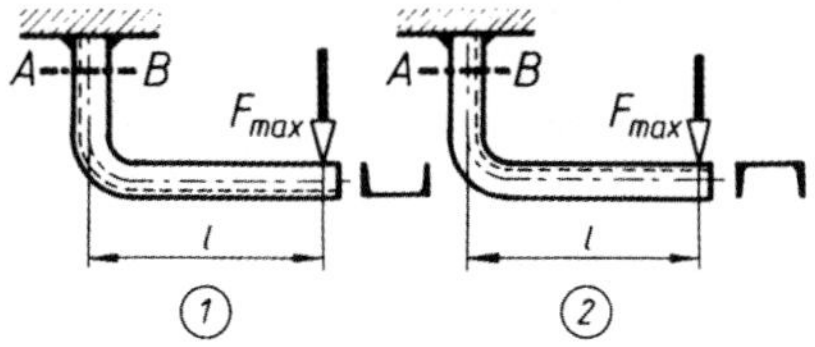

932 Ein U-Profil DIN 1026 hat $F = 180$ kN Zuglast zu übertragen und ist einseitig an ein Knotenblech mit $s = 16$ mm Dicke angeschlossen. Die zulässige Zugspannung soll 140 N/mm^2 betragen. Die Nietbohrungen bleiben unberücksichtigt.

a) Zu berechnen ist das erforderliche U-Profil unter der Annahme reiner Zugbeanspruchung.
b) Zu berechnen ist für das gewählte Profil:
   α) die reine Zugspannung,
   β) die Biegespannung in den Randfasern,
   γ) die größte resultierende Normalspannung.
c) Nach der Auswahl des nächst größeren Profils soll ebenfalls bestimmt werden:
   α) die reine Zugspannung,
   β) die Biegespannung,
   γ) die größte resultierende Normalspannung.
d) Welche Schlussfolgerung ergibt der Vergleich mit der zulässigen Spannung?

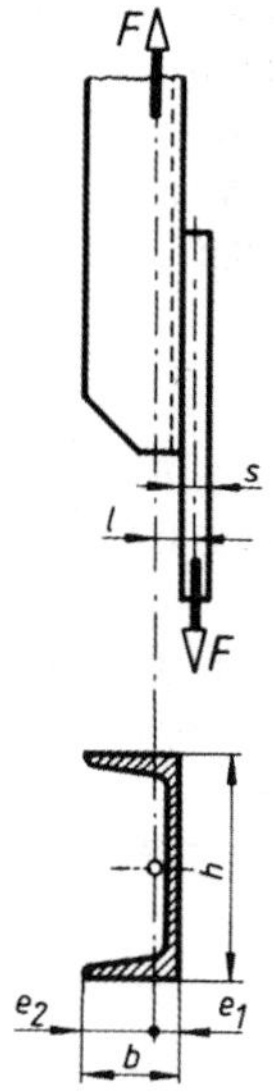

933 Zwischen zwei Knotenblechen mit 16 mm Dicke hängt ein Zugstab aus einem Winkelprofil L 100 × 10 DIN EN 10056-1. Der Stab ist mit den Knotenblechen durch Schrauben verbunden. Die Bohrungen bleiben unberücksichtigt.

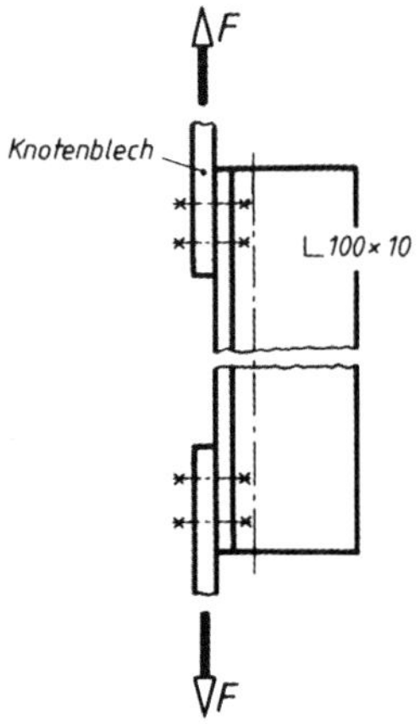

Gesucht:

a) die höchste zulässige Zugkraft F_{max} bei 140 N/mm² zulässiger Spannung,
b) die höchste zulässige Zugkraft F_{max}, wenn der Zugstab durch einen zweiten Winkel gleicher Größe verstärkt wird, sodass die Biegebeanspruchung ausgeschlossen wird,
c) die prozentuale Mehrbelastbarkeit nach Verstärkung des Zugstabs.

934 Der skizzierte Winkelhebel soll für die Kraft $F_1 = 3$ kN dimensioniert werden.

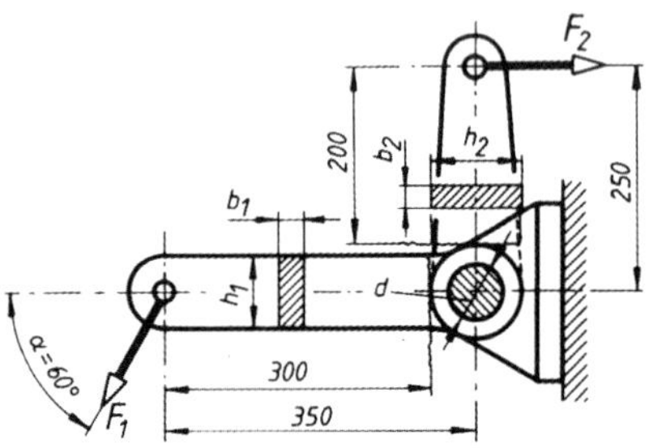

Gesucht:

a) die Hebelkraft F_2,
b) die Querschnittsmaße h_1 und b_1 unter der Annahme reiner Biegebeanspruchung; die zulässige Biegespannung beträgt 120 N/mm², das Bauverhältnis $h/b \approx 4$,
c) die Querschnittsmaße h_2 und b_2 bei gleicher zulässiger Spannung und gleichem Bauverhältnis,
d) die resultierende Normalspannung im gefährdeten Querschnitt des waagerecht liegenden Hebelarms.

935 Nach Skizze ist an den Träger IPE 120 ein Blech mit 14 mm Dicke angeschlossen, sodass sich ein einseitiger Kraftangriff ergibt.

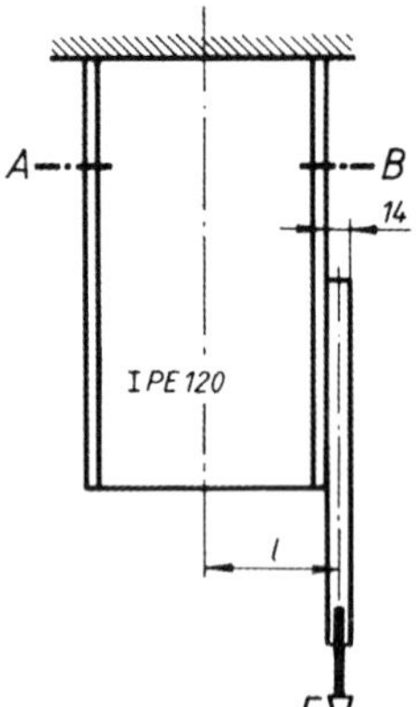

a) Es soll das im Schnitt $A - B$ auftretende innere Kräftesystem bestimmt werden.
b) Welche größte Kraft F_{max} darf in dem Blech wirken, wenn im Querschnitt $A - B$ eine Normalspannung von 140 N/mm² nicht überschritten werden soll?
c) Wie groß ist die dabei auftretende Zugspannung?
d) Wie groß ist die Biegespannung?
e) Wie groß sind die resultierenden Randfaserspannungen?
f) Um wie viele Millimeter verschiebt sich die Nulllinie des Querschnitts?

936 Der Freiträger aus 2 L 100 × 50 × 10 wird durch eine schräg wirkende Kraft unter dem Winkel $\alpha = 50°$ belastet. Der Abstand l beträgt 0,8 m und die zulässige Normalspannung 140 N/mm².

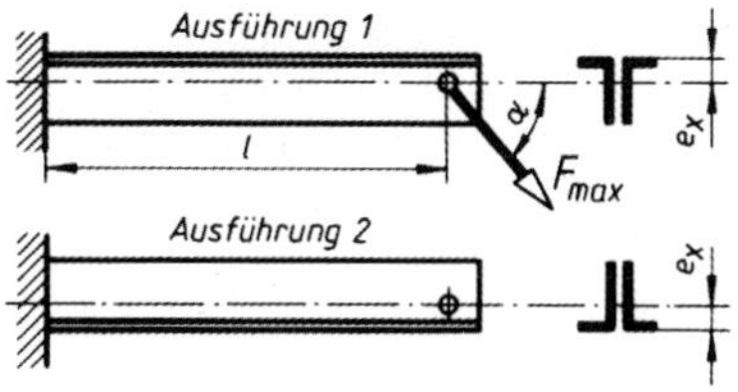

Gegebene Größen für das ungleichschenklige Winkelprofil: Querschnitt $A_L = 1410\ \text{mm}^2$, Schwerachsenabstand $e_x = 36{,}7$ mm, Flächenmoment $I_x = 141 \cdot 10^4\ \text{mm}^4$.

Gesucht ist die höchste zulässige Kraft F_{max}

a) für die Ausführung 1, Flansch oben liegend,
b) für die Ausführung 2, Flansch unten liegend.

937 Das skizzierte Blech, z-förmig gebogen, ist an einer Blechwand angeschweißt und wird durch die Zugkraft $F = 900$ N belastet.

Es sollen für die Schnitte A bis H die auftretenden Spannungen berechnet werden.

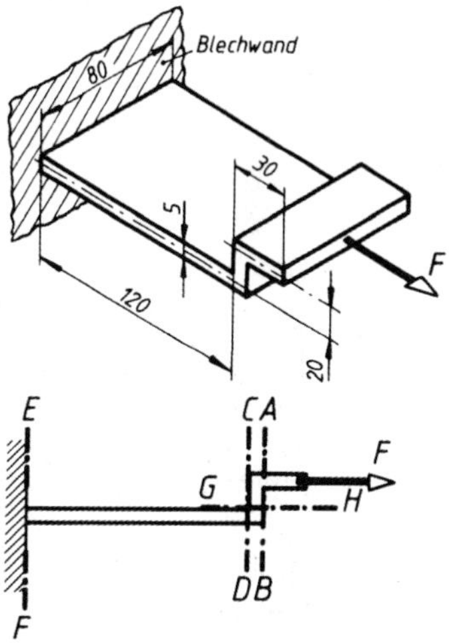

938 Für die skizzierte Schraubzwinge sind zu berechnen:

a) die höchste zulässige Klemmkraft F_{max} der Zwinge, wenn im eingezeichneten Querschnitt eine Zugspannung von 60 N/mm² und eine Druckspannung von 85 N/mm² nicht überschritten werden soll,
b) das zum Festklemmen mit F_{max} erforderliche Drehmoment M, wobei die Reibung zwischen Klemmteller und Gewindespindel nicht berücksichtigt werden soll ($\mu' = 0{,}15$),
c) die erforderliche Handkraft F_h zum Festklemmen, wenn diese am Knebel im Abstand $r = 60$ mm von der Spindelachse angreift,
d) die Mutterhöhe m für eine zulässige Flächenpressung von 3 N/mm²,
e) die Knicksicherheit der Spindel, wenn die freie Knicklänge $s = 100$ mm gesetzt wird. Spindelwerkstoff: E295.

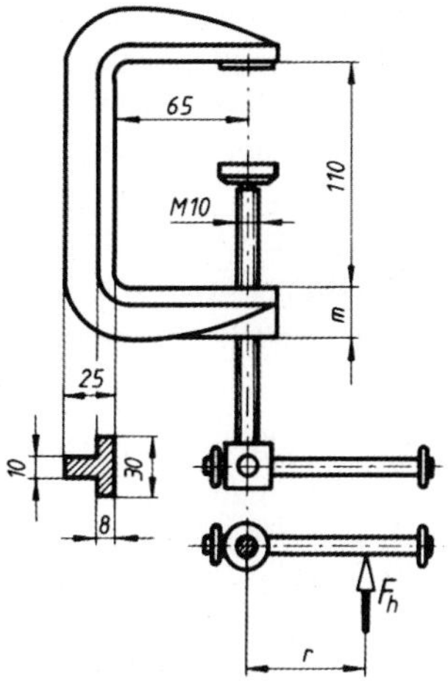

Biegung und Torsion

Aufgaben, bei denen wechselnde Biege- und schwellende Torsionsbeanspruchung vorliegt, wurden mit dem Anstrengungsverhältnis $\alpha = 0{,}7$ gerechnet.

939 Der skizzierte Schalthebel mit Schaltwelle wird durch die Kraft $F = 1$ kN belastet. Die zulässigen Spannungen betragen für Biegung 60 N/mm² und für Torsion 20 N/mm².

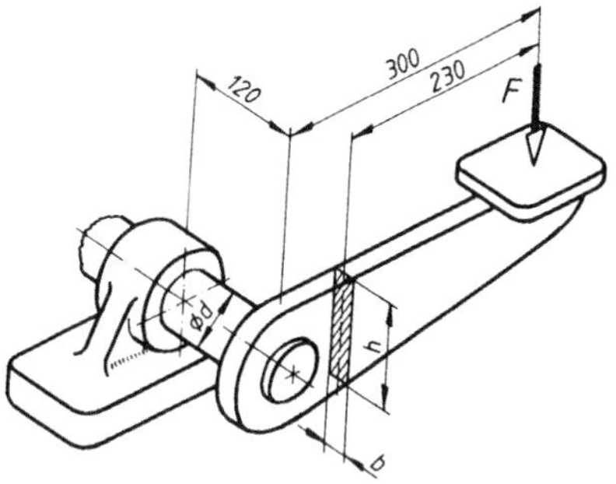

Gesucht:

a) die Profilmaße h und b für ein Bauverhältnis $h/b = 5$,
b) die in diesem Querschnitt auftretende Abscherspannung unter der Annahme gleichmäßiger Spannungsverteilung,
c) das von der Schaltwelle zu übertragende Torsionsmoment,
d) der erforderliche Wellendurchmesser d, auf Torsion berechnet,
e) die im gefährdeten Wellenquerschnitt auftretende Biegespannung,
f) die Vergleichsspannung für diesen Querschnitt, wenn σ_b wechselnd und τ_t schwellend wirken.

940 Die Handkurbel einer Bauwinde wird mit einer Handkraft $F_h = 300$ N angetrieben. Die Zahnräder sind geradverzahnt; die Radialkraft F_r bleibt unberücksichtigt.

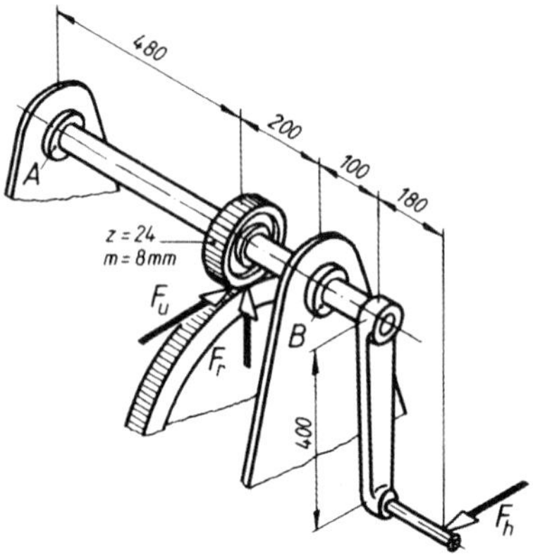

Gesucht:

a) das Torsionsmoment,
b) das maximale Biegemoment,
c) das Vergleichsmoment,
d) der erforderliche Wellendurchmesser für eine zulässige Biegespannung von 60 N/mm².

941 Eine Fräsmaschinenspindel wird durch die Umfangskraft $F_u = 6$ kN am Fräser mit 180 mm Durchmesser auf Biegung und Torsion beansprucht. Die Frässpindel hat 120 mm Außendurchmesser und eine Bohrung von 80 mm.

Gesucht:

a) das die Spindel belastende maximale Biegemoment,
b) das Torsionsmoment,
c) die vorhandene Biegespannung,
d) die vorhandene Torsionsspannung,
e) die Vergleichsspannung.

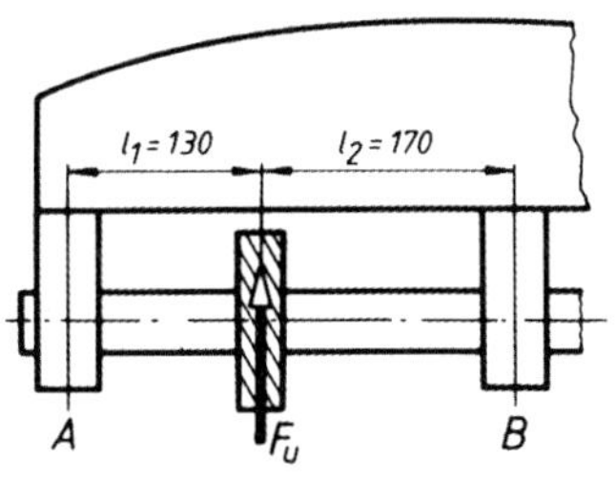

942 Eine Welle trägt nach Skizze das Haspelrad eines Stirnrad-Flaschenzuges. Der Durchmesser des Teilkreises am Haspelrad beträgt 240 mm. An der Haspelradkette wird mit $F = 500$ N gezogen.

Gesucht:

a) das Torsionsmoment infolge der Handkraftwirkung,
b) das maximale Biegemoment,
c) das Vergleichsmoment,
d) der Wellendurchmesser für eine zulässige Spannung von 80 N/mm^2.

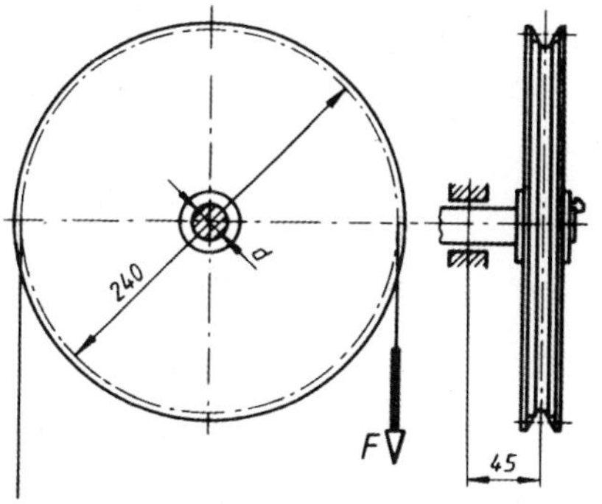

943 Ein Kurbelzapfen wird nach Skizze durch $F = 8$ kN belastet.

Gesucht:

a) das maximale Biegemoment,
b) das Torsionsmoment,
c) das Vergleichsmoment,
d) der Wellendurchmesser für eine zulässige Biegespannung von 80 N/mm^2.

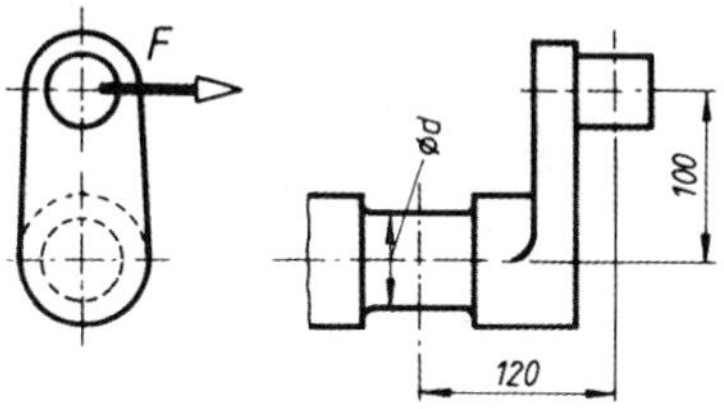

944 Die Nabe eines Zahnrads ist mit einem als Rundkeil wirkenden Zylinderstift mit der Welle verbunden, wobei ein Torsionsmoment von 15 Nm schwellend übertragen werden soll. Die Welle wird außerdem wechselnd durch ein Biegemoment von 9,6 Nm beansprucht. Welle aus E295, Nabe aus GJL-200.

Gesucht:

a) das Vergleichsmoment für die Welle,
b) der erforderliche Wellendurchmesser d_1 für $\sigma_{b\,zul} = 72{,}2$ N/mm^2,
c) die erforderliche Länge l des Zylinderstifts für eine zulässige Flächenpressung von 30 N/mm^2 und einen Stiftdurchmesser $d_2 = 5$ mm,
d) die Abscherspannung im Zylinderstift.

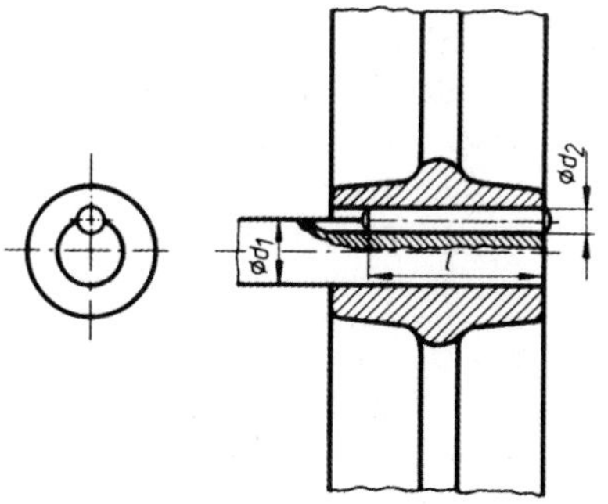

945 Der skizzierten Getriebewelle wird ein Drehmoment von 1000 Nm zugeleitet. Die Kräfte $F_1 = 8$ kN und $F_2 = 12$ kN beanspruchen die Welle auf Biegung.

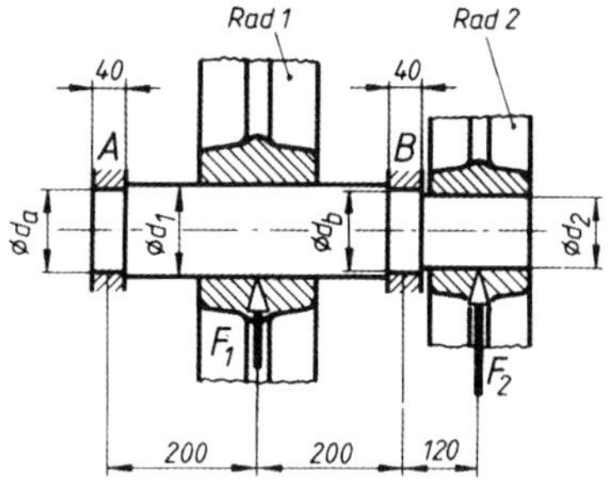

Gesucht:

a) die Stützkräfte (Lagerkräfte) F_A und F_B,
b) die Durchmesser d_2, d_a, d_b, wenn die zulässige Biegespannung 80 N/mm² (wechselnd) und die zulässige Torsionsspannung 60 N/mm² (schwellend) ist ($\alpha_0 = 0{,}77$ wurde hier aus den zulässigen Spannungen berechnet),
c) die in den Lagern auftretende Flächenpressung.

946 Die Kurbelwelle eines Fahrrads besteht aus der Pedalachse 1, dem Kurbelarm 2, der Welle 3 und dem Wellenlager 4. Die Pedalachse soll mit $F = 800$ N belastet sein.

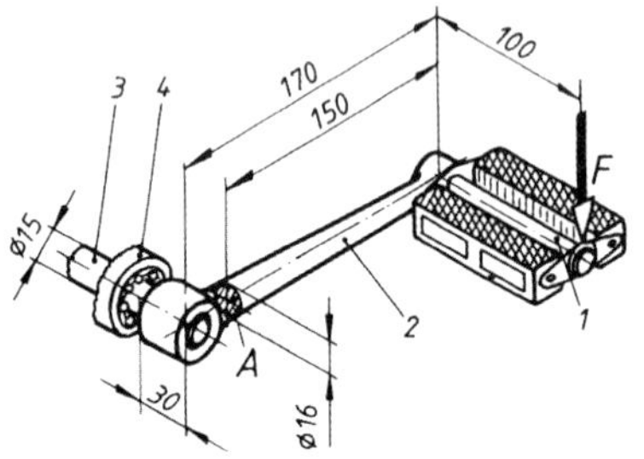

Gesucht:

a) die Biegespannung im Kurbelarm 2 an der Querschnittsstelle A,
b) die Sicherheit gegen Dauerbruch, wenn σ_{bW} (die Biegewechselfestigkeit) für den Werkstoff 600 N/mm² beträgt und ohne Kerbwirkung gerechnet werden soll,
c) die Torsionsspannung im Querschnitt A,
d) die Vergleichsspannung im Querschnitt A, wenn σ_b und τ_t schwellend wirken,
e) die tatsächliche Dauerbruchsicherheit gegenüber der Biegewechselfestigkeit σ_{bW},
f) die Biegespannung in der Welle 3 an der Lagerstelle 4,
g) die dort vorhandene Torsionsspannung,
h) die Vergleichsspannung, wenn σ_b wechselnd und τ_t schwellend wirken.

947 Eine Getriebewelle wird nach Skizze durch die Biegekräfte $F_1 = 4$ kN und $F_2 = 6$ kN belastet. Sie hat ein Drehmoment von 200 Nm zu übertragen. Die Abstände betragen $l_1 = 80$ mm, $l_2 = 400$ mm, $l_3 = 100$ mm.

Gesucht:

a) die Stützkräfte F_A und F_B in den Lagern,
b) das maximale Biegemoment,
c) das Vergleichsmoment, wenn die Welle auf Biegung wechselnd und auf Torsion schwellend belastet wird,
d) der Wellendurchmesser d für eine zulässige Biegespannung von 60 N/mm².

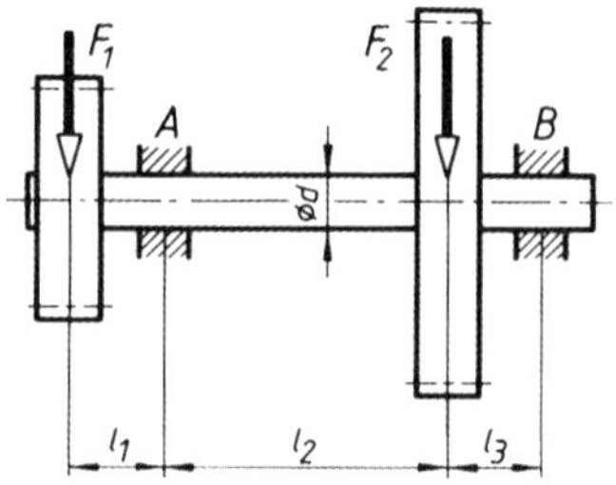

948 Die skizzierte Welle 1 mit Kreisquerschnitt wird durch die Kraft F = 800 N über einen Hebel 2 mit Rechteckquerschnitt auf Biegung und Verdrehung beansprucht. Die Abstände betragen l_1 = 280 mm, l_2 = 200 mm, l_3 = 170 mm. Durchmesser d = 30 mm.

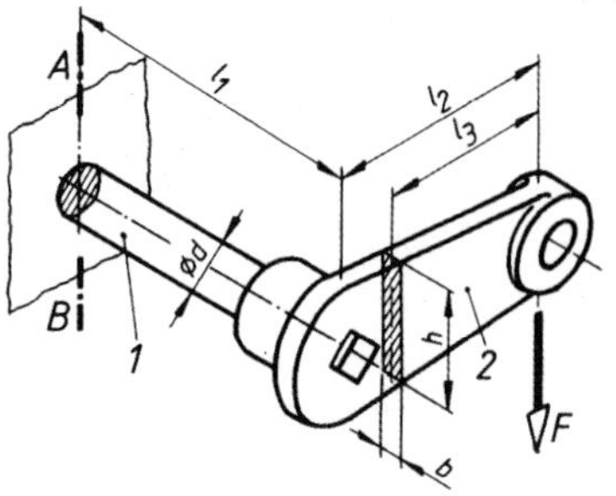

Gesucht:

a) die Querschnittsabmessungen h und b für ein Verhältnis h/b = 4 und eine zulässige Spannung von 100 N/mm^2,
b) die größte Biegespannung in der Schnittebene $A – B$ der Welle 1,
c) die Torsionsspannung,
d) die Vergleichsspannung im Schnitt $A – B$ (Anstrengungsverhältnis α_0 = 1).

949 Das skizzierte Drei-Wellen-Stirnradgetriebe mit geradverzahnten Rädern wird durch einen Flanschmotor mit 4 kW Antriebsleistung bei 960 min^{-1} angetrieben. Festgelegt sind die Zähnezahlen mit z_1 = 19, z_3 = 25 und die Übersetzungen mit i_1 = 3,2 und i_2 = 2,8 sowie die Moduln mit $m_{1/2}$ = 6 mm und $m_{3/4}$ = 8 mm.

Die Stirnräder sind mit dem Herstell-Eingriffswinkel α = 20° geradverzahnt. Die Wirkungsgrade bleiben unberücksichtigt.

Gesucht:

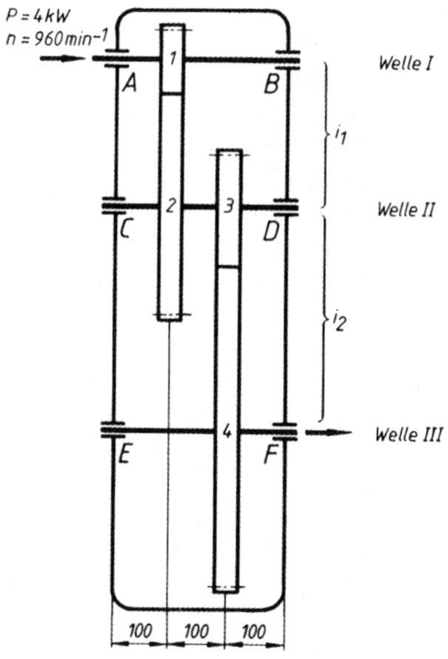

a) das Drehmoment M_I an der Welle I,
b) der Teilkreisdurchmesser d_1,
c) die Zähnezahl z_2,
d) die Tangentialkraft F_{T1} (Umfangskraft am Zahnrad 1),
e) die Radialkraft F_{r1} am Zahnrad 1,
f) die Stützkräfte F_A und F_B,
g) das maximale Biegemoment der Welle I,
h) das Vergleichsmoment M_{vI},
i) der erforderliche Wellendurchmesser d_I der Welle I mit $\sigma_{b\,zul}$ = 50 N/mm^2,
k) das Drehmoment M_{II} an der Welle II,
l) die Teilkreisdurchmesser d_2 und d_3,
m) die Zähnezahl z_4 und der Teilkreisdurchmesser d_4,
n) die Tangentialkraft F_{T3} und die Radialkraft F_{r3},
o) die Stützkräfte F_C und F_D,
p) das maximale Biegemoment der Welle II,
q) das Vergleichsmoment M_{vII} für Welle II,
r) der Wellendurchmesser d_{II} der Welle II für eine zulässige Spannung von 50 N/mm^2.

Verschiedene Aufgaben aus der Festigkeitslehre

950 Eine Zugkraft wird nach Skizze durch einen Sicherheitsscherstift von der quadratischen Zugstange auf die Hülse übertragen.

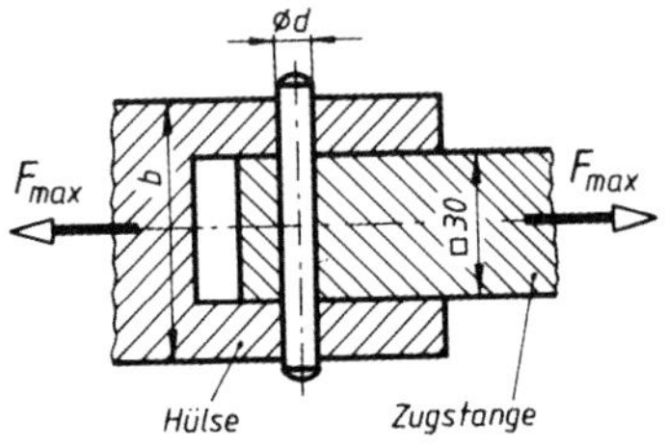

Gesucht:

a) der erforderliche Durchmesser d des Scherstifts, wenn dieser bei F_{max} = 60 kN zu Bruch gehen soll (Werkstoff E335).
b) die bei Bruchlast im gefährdeten Stangenquerschnitt auftretende Zugspannung,
c) die erforderliche Hülsenbreite b, wenn die Flächenpressung zwischen Scherstift und Hülse 350 N/mm^2 nicht überschreiten soll.

951 Zu berechnen ist für den skizzierten Zugbolzen, der mit F = 40 kN belastet ist

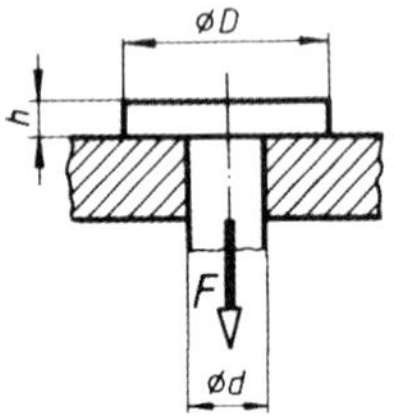

a) der Schaftdurchmesser d, wenn die Zugspannung 100 N/mm^2 nicht überschreiten soll,
b) der Kopfdurchmesser D aus der Bedingung, dass die Flächenpressung an der Kopfauflage 15 N/mm^2 nicht überschreiten soll,
c) die Kopfhöhe h bei einer zulässigen Abscherspannung von 60 N/mm^2.

952 Trommel und Stirnrad einer Bauwinde sind durch 4 Schrauben verbunden. Die Höchstlast beträgt F = 40 kN.

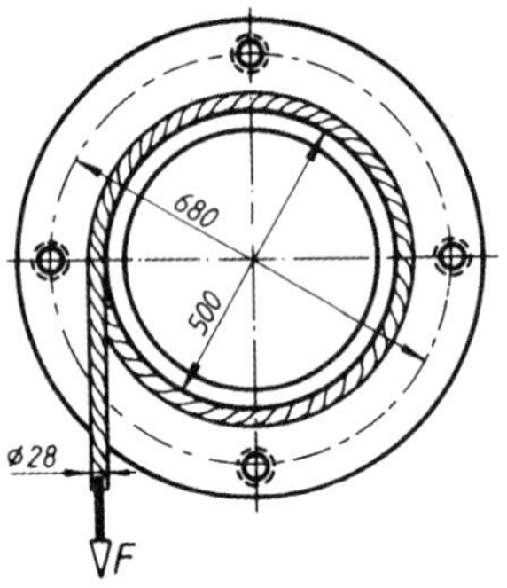

Gesucht ist das erforderliche ISO-Gewinde unter der Annahme, dass das Drehmoment zwischen Stirnrad und Trommel allein durch Reibungsschluss übertragen wird (μ = 0,1 angenommen). Die zulässige Zugspannung in den Schrauben soll 400 N/mm^2 betragen.

953 Eine Welle hat eine Leistung von 3 kW bei 450 min^{-1} zu übertragen. Das Wellenende ist durch einen Zylinderstift mit einer Abtriebshülse verbunden.

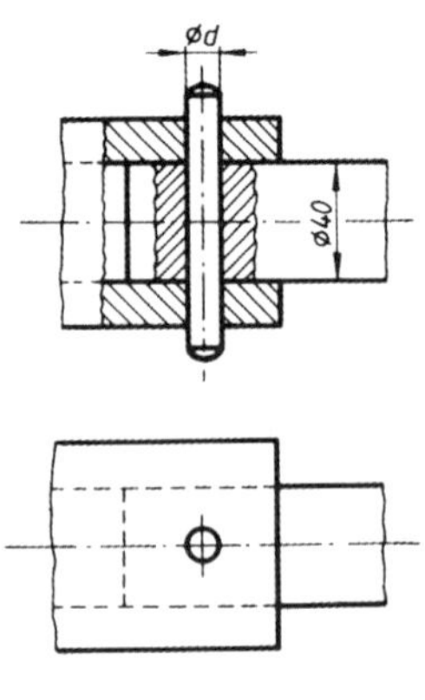

Gesucht:

a) die Umfangskraft an der Welle,
b) der Durchmesser d des Zylinderstifts, wenn die zulässige Abscherspannung 30 N/mm^2 betragen soll.

954 An der Hohlwelle C greift ein Drehmoment $M = 220$ Nm an. Dadurch drückt der mit C verbundene Hebel H auf den statisch bestimmt gelagerten Flachstab AB.

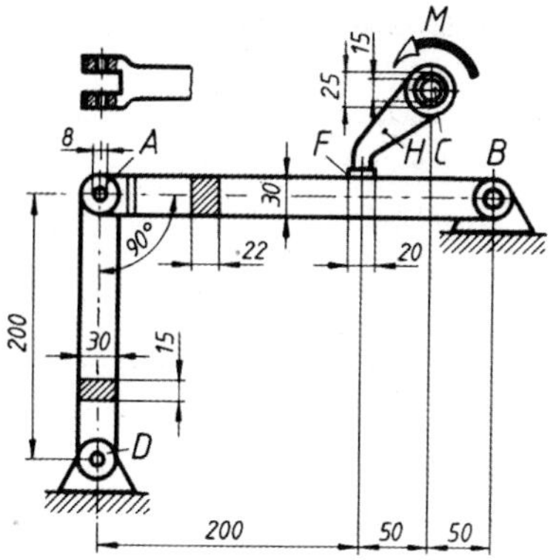

Gesucht:

a) die Torsionsspannung an der Außenwand der Hohlwelle C bei 15 mm Innen- und 25 mm Außendurchmesser,
b) die Torsionsspannung an der Wellen-Innenwand,
c) die Flächenpressung an der Hebelauflage in F,
d) die Stützkräfte in A und B,
e) das maximale Biegemoment im Flachstab,
f) die im Flachstab auftretende größte Biegespannung,
g) die Abscherspannung im Bolzen A, der 8 mm Durchmesser hat,
h) die Knicksicherheit des Flachstabs AD mit dem Querschnitt 30 mm × 15 mm,
i) der Bolzendurchmesser im Lager B bei gleicher Ausführung wie im Lager A und einer zulässigen Abscherspannung von 35 N/mm².

955 Für den skizzierten Bolzen sind zu ermitteln:

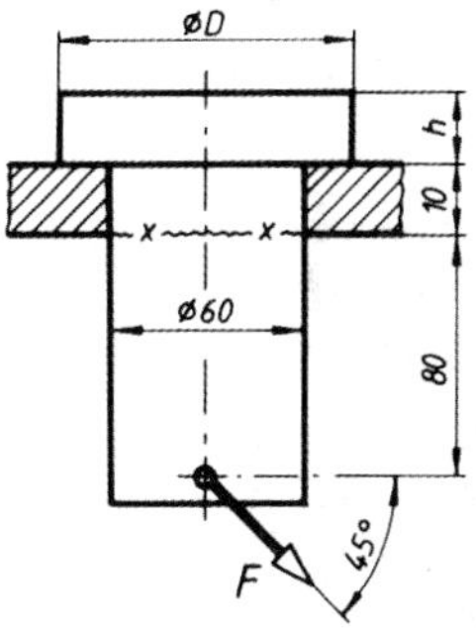

a) die Zugkomponente der Kraft $F = 30$ kN,
b) die Biegekomponente,
c) die Zugspannung im Bolzen,
d) die Biegespannung im Schnitt $x-x$,
e) die Abscherspannung,
f) der erforderliche Durchmesser D, wenn die zulässige Flächenpressung an der Kopfauflage 120 N/mm² beträgt,
g) die Kopfhöhe h, wenn im Kopf eine Abscherspannung von 60 N/mm² eingehalten werden soll.

956 Ein Rohr aus S235JR mit 60 mm Außendurchmesser und 50 mm Innendurchmesser hat 1 m Länge. Es soll auf seine größte Belastbarkeit untersucht werden, und zwar

a) für Zugbeanspruchung,
b) für Abscherbeanspruchung,
c) für Biegung,
d) für Torsion,
e) für Knickung bei 6-facher Sicherheit.

Die zulässigen Spannungen sind:

140 N/mm² für Zug und Biegung, 120 N/mm² für Abscheren, 100 N/mm² für Torsion.

957 In der skizzierten Stellung wird der Kolben eines Steuerungssystems durch die Hubkraft F_1 gegen die Kolbenkraft $F = 5$ kN gehoben.

Die Reibung in den Gelenken und Führungen wird vernachlässigt.

Maße: $l_1 = 100$ mm, $l_2 = 250$ mm, $l_3 = 300$ mm.

Gesucht:

a) die Druckkraft F_s in der Stange,
b) die Hubkraft F_1,
c) die Lagerkraft F_D,
d) der erforderliche Durchmesser d der Stange aus E295 bei 10-facher Knicksicherheit,
e) das vom Hebel aufzunehmende maximale Biegemoment,
f) die Querschnittsmaße h und b bei einem Rechteck-Vollprofil für eine zulässige Biegespannung von 100 N/mm^2 und ein Bauverhältnis $h/b \approx 3$.

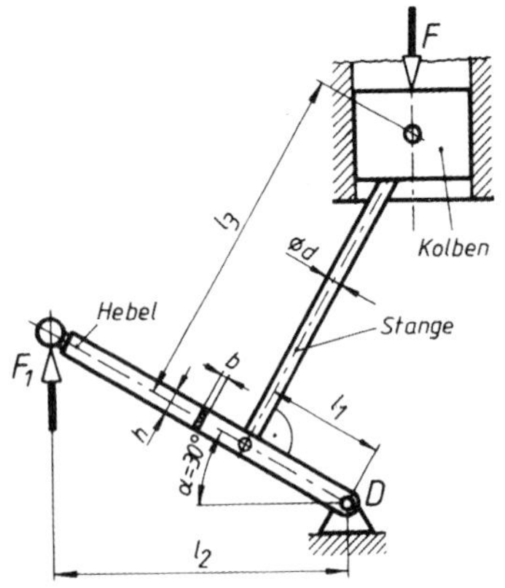

958 Zwei Flachstahlenden 120 × 8 aus S235JR sollen stumpf aneinander geschweißt werden. Für eine zulässige Schweißnahtspannung von 140 N/mm^2 ist die zulässige statische (ruhende) Belastung F zu berechnen.

Bemerkung: Aus Versuchen ist bekannt, dass die statische Festigkeit der Schweißnaht gleich der des Mutterwerkstoffes ist: Der Bruch liegt neben der Naht. Das ist jedoch nicht der Fall bei dynamischer Belastung.

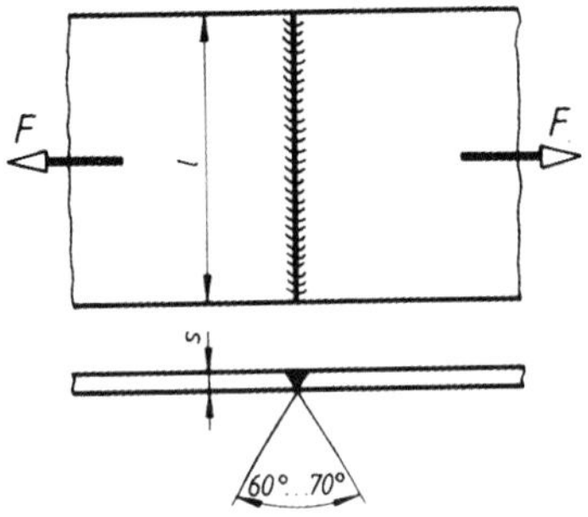

959 Welcher Spannweg s ist erforderlich, um in einem PU-Flachriemen mit Lederbelag eine Vorspannkraft von 200 N zu erzeugen?

Riemenquerschnitt 50 mm × 5 mm, Elastizitätsmodul $E = 50$ N/mm^2.

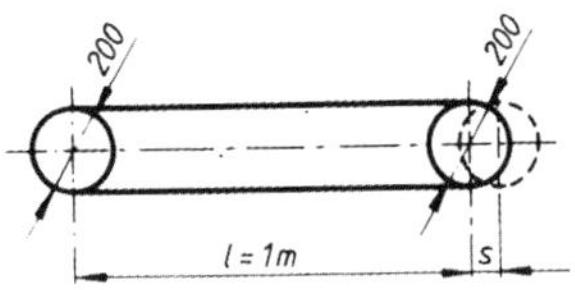

960 Der Zahn eines Geradzahn-Stirnrads wird nach Skizze belastet.

a) Zu bestimmen ist für den gefährdeten Querschnitt $A - B$ das innere Kräftesystem mit den auftretenden Spannungsarten.

b) Gesucht wird die Beanspruchungsgleichung für den gefährdeten Querschnitt unter Verwendung der eingetragenen Bezeichnungen: l, e, b, F, Winkel α, Winkel β.

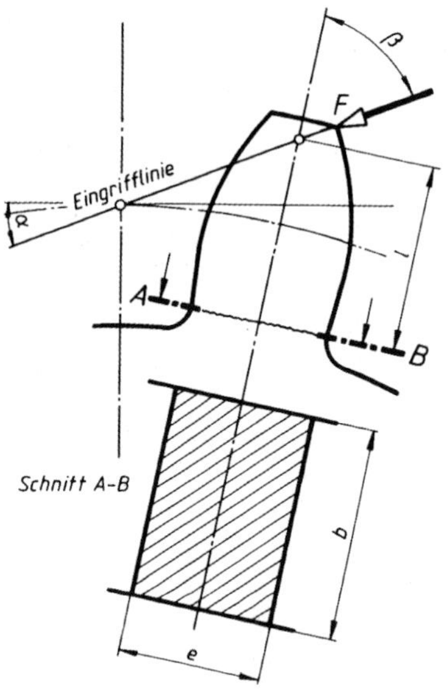

961 Ein Techniker hat eine Vorrichtung zum Spannen von Rohrstücken 60 × 5 entworfen. Die Rohre sollen mit $80 \cdot 10^5$ Pa Wasserdruck (Überdruck) abgedrückt werden.

Zur Überprüfung sollen berechnet werden:

a) das die Spindel mit ISO-Gewinde M 20 × 1 belastende Drehmoment M, wenn am Schließhebel mit einer Handkraft $F_h = 500$ N am Hebelarm mit etwa 100 mm das Rohr abgedichtet werden soll (Gewindegrößen: Flankendurchmesser $d_2 = 19{,}35$ mm, Spannungsquerschnitt $A_S = 285$ mm^2),

b) die Schraubenlängskraft F_l = Schließkraft in der Spindel, wenn im Gewinde eine Reibungszahl $\mu' = 0{,}25$ angenommen wird und die Berührung der Spindel mit der Abschlussplatte reibungsfrei gedacht sein soll (Spitzenlagerung),

c) die Druckkraft F auf die Abschlussplatte, die durch den Wasserdruck $80 \cdot 10^5$ Pa hervorgerufen wird,

d) die höchste Druckspannung in der Spindel beim Anziehen mit dem in a) berechneten Drehmoment,

e) die Flächenpressung im Gewinde bei 40 mm Mutterhöhe und einer Gewindetragtiefe $H_1 = 0{,}542$,

f) die Biegespannung im Querschnitt $A - B$,

g) die Stützkräfte in den Schellenlagern des Rohrs,

h) die erforderlichen Befestigungsschrauben für die Halteschelle, wenn im Spannungsquerschnitt höchstens 100 N/mm^2 Zugspannung auftreten sollen,

i) die Biegespannung im Querschnitt $C - D$,

k) die Biegespannung und die Abscherspannung in der Rohrschweißnaht.

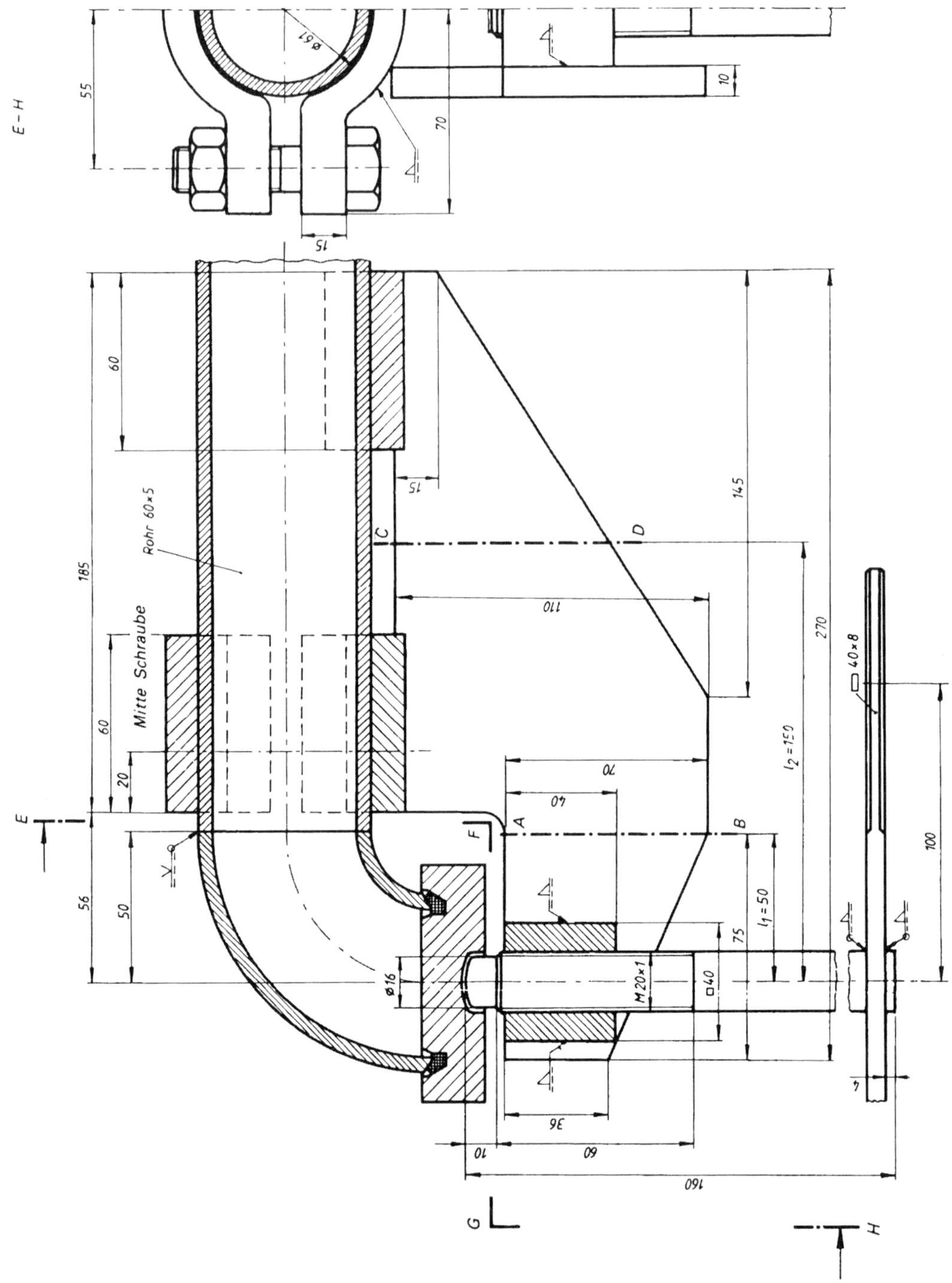

E – H
Mitte Schraube
Rohr 60×5
M20×1
□40
□40×8
$l_1 = 50$
$l_2 = 150$
A
B
C
D
E
F
G
H

6 Fluidmechanik (Hydraulik)

Hydrostatischer Druck, Ausbreitung des Drucks

1001 Eine Hydraulikanlage arbeitet mit einem Druck von $160 \cdot 10^5$ Pa. Der Arbeitszylinder soll eine Schubstangenkraft von 80 kN aufbringen.

Gesucht wird unter Vernachlässigung der Reibung der Durchmesser des Zylinders.

1002 Eine Schlauchleitung mit der Nennweite NW 15 soll an der Öffnung durch Daumendruck abgesperrt werden.

Gesucht wird die Schließkraft bei einem Wasserdruck von $4{,}5 \cdot 10^5$ Pa.

1003 Der skizzierte Windkessel an der Druckseite einer Kolbenpumpe wird durch Druckstöße von $15 \cdot 10^5$ Pa belastet.

Gesucht wird die Kraft, die den Windkessel vom Flansch abzuheben versucht.

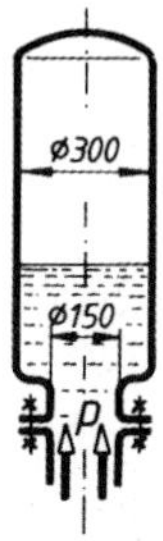

1004 Die zwischen den beiden Kolben eingeschlossene Flüssigkeit steht unter einem Überdruck von $6 \cdot 10^5$ Pa.

Gesucht werden unter Vernachlässigung der Reibung die beiden Schubstangenkräfte F_1 und F_2.

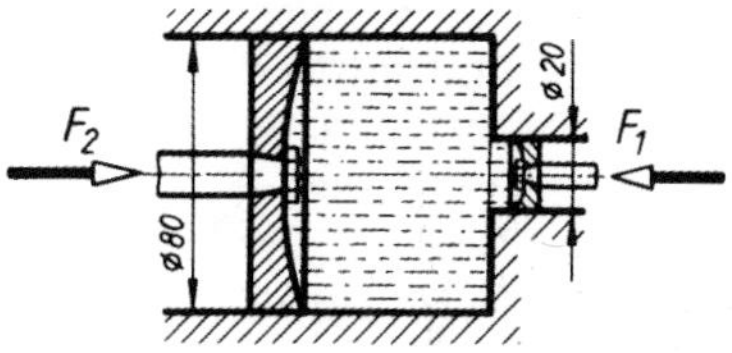

1005 Ein Druckluftkessel soll auf Dichtigkeit geprüft werden. Dazu wird er mit Wasser mit $40 \cdot 10^5$ Pa Überdruck abgedrückt.

Innendurchmesser	d	= 450 mm,
Wanddicke	s	= 6 mm,
Länge	l	= 1100 mm.

Gesucht wird (unter der Annahme gleichmäßiger Spannungsverteilung):

a) die im Querschnitt $A - B$ des Kessels auftretende Spannung σ_1,
b) die im Längsschnitt $C - D$ des Kessels auftretende Spannung σ_2.
c) Wo liegt der gefährdete Querschnitt?
d) Bei welchem Innendruck reißt der Kessel, wenn die Zugfestigkeit des Werkstoffs 600 N/mm² beträgt?

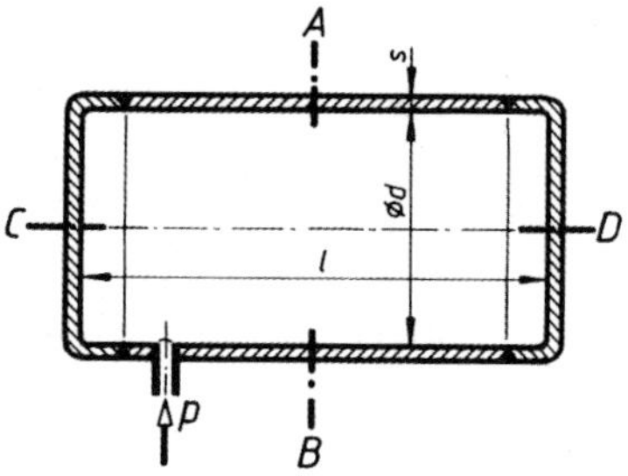

1006 Ein Stahlrohr mit der Nennweite NW 1000 soll einen Wasserdruck von $8 \cdot 10^5$ Pa aufnehmen. Die dabei auftretende Spannung im Werkstoff soll 65 N/mm² nicht überschreiten.

Gesucht wird die erforderliche Wanddicke ohne Berücksichtigung der Schwächung durch die Schweißnaht.

1007 Der Hubzylinder eines Muldenkippers hat einen Zylinderdurchmesser von 210 mm und eine Hublänge von 930 mm. Zu Beginn des Kippens muss er eine Kraft von 520 kN aufbringen. Ein Hub dauert 20 Sekunden.

Gesucht:

a) der Öldruck im Zylinder zu Beginn des Hubs,
b) der Volumenstrom der Pumpe in *l*/min.

1008 Ein Hydraulik-Hebebock arbeitet mit einem Flüssigkeitsdruck von $80 \cdot 10^5$ Pa. Er soll am Lastkolben eine größte Last von 200 kN heben können.

Gesucht werden ohne Berücksichtigung der Reibung die Durchmesser der beiden Kolben, wenn am Antriebskolben eine Kraft von 3 kN wirksam ist.

1009 Der skizzierte Druckübersetzer soll mittels Druckluft von $p_1 = 6 \cdot 10^5$ Pa Überdruck im linken, großen Zylinder einen Flüssigkeitsdruck im rechten, kleinen Zylinder erzeugen.

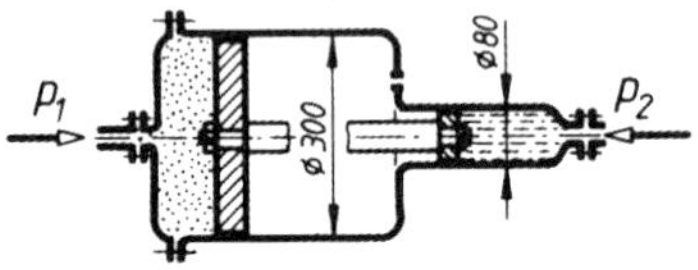

Gesucht wird für die gegebenen Abmessungen den im rechten, kleinen Zylinder entstehenden Flüssigkeitsdruck p_2.

1010 Zwei mit Druckwasser gefüllte Speicher sind durch ein Ventil verbunden, das durch den unterschiedlichen Wasserdruck geöffnet bzw. geschlossen wird. Die Flüssigkeit im Raum I steht unter $30 \cdot 10^5$ Pa Überdruck, sie drückt auf den 200 mm großen Ventilteller.

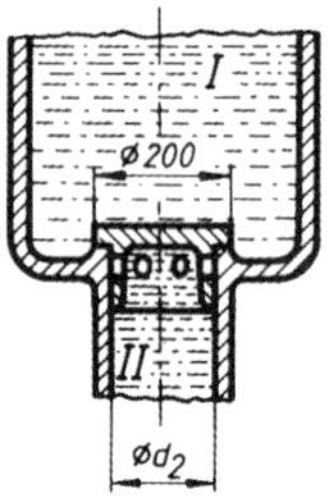

Wie groß muss der Durchmesser d_2 sein, damit sich das Ventil bei $60 \cdot 10^5$ Pa Überdruck im Raum II öffnet?

(Gewichtskraft des Ventils vernachlässigen)

1011 Ein Tauchkolben mit 60 mm Durchmesser wird durch eine Lippendichtung mit 8 mm Dichtungshöhe durch den Wasserdruck abgedichtet. Der Kolben wird mit der Kraft $F = 6{,}5$ kN belastet. Welcher Wasserdruck wird durch die Kolbenkraft erzeugt

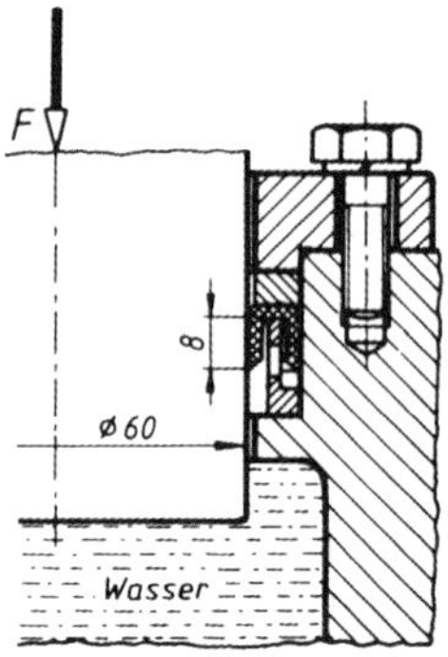

a) ohne Berücksichtigung der Reibung zwischen Kolben und Dichtung,
b) mit Berücksichtigung der Reibung bei $\mu = 0{,}12$?

1012 An einer hydraulischen Presse werden folgende Werte gemessen:

Durchmesser des Pumpenkolbens	$d_1 =$	20 mm
Durchmesser des Presskolbens	$d_2 =$	280 mm
Dichtungshöhe am Pumpenkolben	$h_1 =$	8 mm
Dichtungshöhe am Presskolben	$h_2 =$	20 mm

Die Reibungszahl für die Lippendichtungen ist 0,12. Der Pumpenkolben wird über den Pumpenhebel mit einer Kraft $F_1' = 2$ kN belastet. Sein Hub beträgt $s_1 = 30$ mm.

Gesucht:

a) der Druck p in der Flüssigkeit,
b) der Wirkungsgrad der Presse,
c) die auftretende Presskraft F_2',
d) der Weg s_2 des Presskolbens je Hub des Pumpenkolbens,
e) die aufgewendete Arbeit W_1 je Hub,
f) die Nutzarbeit W_2 je Hub,
g) die erforderliche Anzahl der Pumpenhübe für einen Weg des Presskolbens von 28 mm.

Druckverteilung unter Berücksichtigung der Schwerkraft

1013 In einem Rohr steht eine 300 mm hohe Wassersäule.

Wie groß ist der hydrostatische Druck an ihrem Fuß in Pascal?

1014 Zu berechnen ist der hydrostatische Druck in einer Meerestiefe von 6000 m. ($\varrho = 1030$ kg/m^3 für Salzwasser)

1015 Ein Behälter, der mit Natronlauge gefüllt ist, hat einen Flüssigkeitsspiegel von 3,25 m über dem Boden.

Zu berechnen ist der Bodendruck in Pascal für eine Dichte der Natronlauge von 1700 kg/m^3.

1016 Die Dichte des Quecksilbers beträgt 13 590 kg/m^3. Wie hoch muss eine Quecksilbersäule sein, die einen Druck von $0{,}001 \cdot 10^5$ Pa erzeugt?

1017 Eine Beobachtungskugel für Tiefseeforschung besteht aus zwei stählernen Halbkugeln mit 1,1 m Radius, die durch den Wasserdruck aneinander gepresst werden. Die Dichte für Salzwasser beträgt 1030 kg/m^3.

Mit welcher Kraft werden die beiden Schalen zusammengedrückt, wenn die Tauchtiefe 11000 m beträgt?

1018 Zu berechnen ist die Kraft, mit der das flüssige Metall beim Gießen den Oberkasten infolge des hydrostatischen Drucks abzuheben versucht.

Die Dichte für Gusseisen beträgt 7200 kg/m^3.

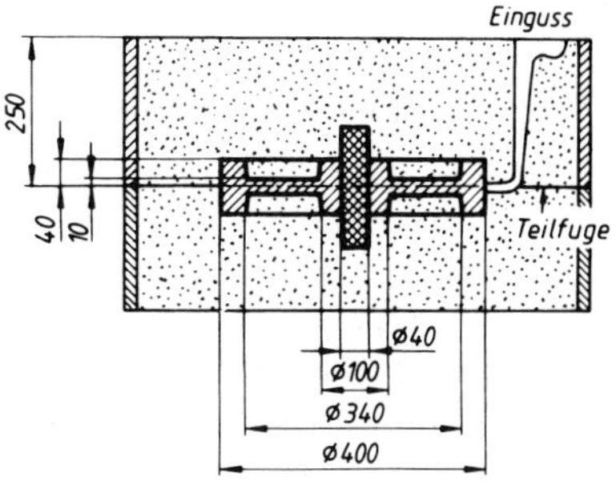

1019 In einem Bassin mit 2,4 m Wassertiefe ist die Abflussöffnung im Boden durch eine runde Platte mit 160 mm Durchmesser abgedeckt.

Wie groß ist die Kraft, welche die Platte auf die Öffnung presst?

1020 In der Wand eines Wasserbehälters liegt 4,5 m unter dem Flüssigkeitsspiegel eine Öffnung mit 80 mm Durchmesser.

Mit welcher Kraft muss ein Verschlussdeckel von außen angepresst werden?

1021 Eine Baugrube ist durch eine Spundwand trockengelegt. Der Wasserspiegel liegt 3,5 m über dem Boden der Grube.

Gesucht:

a) die Seitenkraft auf eine 40 cm breite Bohle,
b) die Höhe des Angriffspunkts dieser Kraft über dem Boden,
c) das Biegemoment in der Spundbohle am Boden der Grube.

1022 Ein offenes U-Rohr ist mit Wasser und Öl so gefüllt, wie die Skizze zeigt. Öl- und Wassersäule sind im Gleichgewicht.

Gesucht:

a) die Dichte des Öls,
b) die Höhe der Wassersäule über der Trennfläche, wenn anstelle des Öls das gleiche Volumen Teeröl mit einer Dichte von 1100 kg/m^3 verwendet würde.

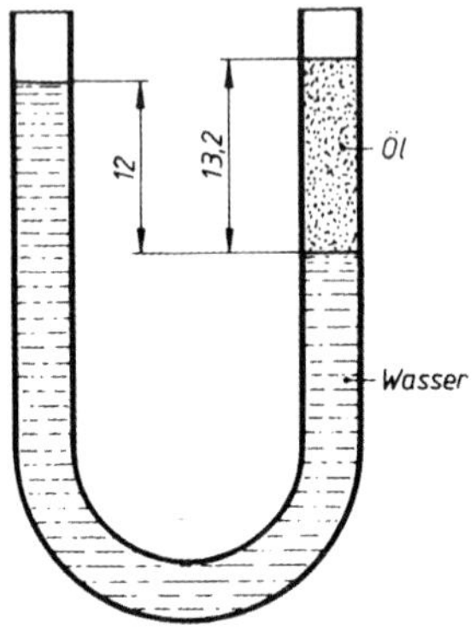

Auftriebskraft

1023 Welche Kraft ist nötig, um eine Hohlkugel mit 40 cm Durchmesser und 500 g Masse unter Wasser zu halten?

1024 Ein mit Benzin gefüllter Behälter mit 300 kg Masse (leer) und einem Volumen von 10 m^3 schwimmt im Wasser.

Welche Nutzlast kann er tragen, wenn er voll untergetaucht im Gleichgewicht ist? (Dichte für Benzin 700 kg/m^3, für Salzwasser 1030 kg/m^3)

Bernoulli'sche Gleichung

1025 Ein waagerechtes Rohr mit der Nennweite NW 30 (Nennweite = lichter Durchmesser) hat an einer Stelle eine Verengung auf 20 mm Durchmesser. Die Geschwindigkeit des Wassers im Rohr beträgt 4 m/s und der zugehörige statische Druck beträgt $0{,}1 \cdot 10^5$ Pa Überdruck.

Gesucht:

a) die Strömungsgeschwindigkeit in der Verengung,
b) der statische Druck in der Verengung.

1026 Durch eine waagerechte Rohrleitung mit der Nennweite NW 80 fließt Wasser mit einer Geschwindigkeit von 4 m/s und einem statischen Überdruck von $0{,}05 \cdot 10^5$ Pa.

Auf welchen Durchmesser muss das Rohr an irgendeiner Stelle verengt werden, damit in dem verengten Querschnitt ein statischer Unterdruck von $0{,}4 \cdot 10^5$ Pa, d. h. eine negative statische Druckhöhe entsteht?

1027 Es soll Wasser auf eine Höhe von 15 m gepumpt werden und dort mit einer Geschwindigkeit von 12 m/s das Rohr verlassen.

Gesucht wird unter Vernachlässigung der Leitungsverluste

a) die kinetische Druckhöhe,
b) die gesamte Druckhöhe,
c) der statischen Druck in Pascal am Fuß der Leitung.

Ausfluss aus Gefäßen

1028 Im Boden einer hölzernen Wasserrinne befindet sich ein Astloch mit 20 mm Durchmesser. Die Höhe des Wassers in der Rinne beträgt 0,9 m.

Gesucht:

a) die theoretische Ausflussgeschwindigkeit des Wassers aus dem Astloch,
b) die Wassermenge, die an einem Tag bei einer Ausflusszahl von 0,64 verloren geht.

1029 Ein Becken mit 200 m^3 Fassungsvermögen wird durch ein Rohr mit der Nennweite NW 50 gefüllt. Das Rohr ist an einen Wassergraben angeschlossen, dessen Wasserspiegel sich 7,5 m über der Rohrmündung befindet. Die Ausflusszahl beträgt 0,815.

Gesucht wird die Zeit für die Füllung unter Vernachlässigung des Druckverlustes im Rohr.

1030 Eine Düse mit einer Ausflusszahl von 0,96 soll 60 Liter Wasser je Minute aus einem offenen Behälter fließen lassen. Der gleich bleibende Wasserspiegel steht 3,6 m über der Düse.

Wie groß ist der Durchmesser der Düsenöffnung zu wählen?

1031 Aus einer Öffnung fließen in 106,5 Sekunden 1,8 m^3 Wasser. Die Öffnung liegt 4 m unter dem gleich bleibenden Wasserspiegel und hat einen Durchmesser von 50 mm.

Gesucht wird die Ausflusszahl.

1032 Der Schwerpunktsabstand der Öffnungsfläche eines Lecks im Rumpf eines Schiffs liegt 6 m unter dem Wasserspiegel. Die scharfkantige Öffnung hat annähernd Kreisquerschnitt mit 80 mm Durchmesser. Die Ausflusszahl wird mit 0,63 angenommen.

Gesucht:

a) die Geschwindigkeit (Strahlgeschwindigkeit), mit der das Wasser einzuströmen beginnt,
b) der wirkliche Volumenstrom $\dot{V}_e$ am Beginn,
c) der wirkliche Volumenstrom, wenn der Wasserspiegel im Schiff bis auf 4 m unter den Wasserspiegel der Oberfläche gestiegen ist.

1033 Mit welcher theoretischen Geschwindigkeit tritt Wasser mit einem Überdruck von $6 \cdot 10^5$ Pa bei einem Rohrbruch aus einer horizontalen Leitung aus?

1034 Eine Baugrube, die durch eine Spundwand vom Fluss abgetrennt wurde, läuft durch eine Öffnung von 100 mm Durchmesser, deren Mittelpunkt sich 2,3 m unter dem Wasserspiegel des Flusses befindet, langsam voll. Die Grube hat eine Grundfläche von 2 m × 8 m, der Boden liegt 4 m unter dem Wasserspiegel. Die Ausflusszahl beträgt 0,64.

Gesucht:

a) die wirkliche Ausflussgeschwindigkeit des Wassers bei leerer Baugrube,
b) der wirkliche Volumenstrom bei leerer Baugrube,
c) die Zeit, bis der Wasserspiegel in der Grube den Mittelpunkt der Öffnung erreicht hat,
d) die Zeit zur vollständigen Füllung der Grube.

1035 Durch die Düse einer Pelton-Turbine strömt Wasser aus einem Stausee, dessen Wasserspiegel 280 m über der Düsenöffnung steht. Der Querschnitt der Düse ist kreisförmig mit 150 mm Durchmesser. Die Ausflusszahl beträgt 0,98.

Gesucht:

a) die wirkliche Ausflussgeschwindigkeit,
b) der wirkliche Volumenstrom,
c) die Leistung des Wassers.

1036 Durch einen Feuerwehrschlauch der Größe C mit 42 mm Innendurchmesser wird unter einem Druck von 50 kPa pro Minute 200 Liter Löschwasser geleitet.

Gesucht:

a) die Impulskraft,
b) die hydrostatische Druckkraft,
c) die Haltekraft des Feuerwehrschlauchs im Einsatz.

1037 In einer Warmwasserleitung befindet sich ein Rohrkrümmer mit einem Krümmungswinkel von 95°. Er hat einen Innendurchmesser von d = 100 mm. Der Volumenstrom des Kühlwassers beträgt 0,2 m³/s. Gesucht wird die Impulsgesamtkraft auf den Krümmer, die von seiner Befestigung aufgenommen werden muss.

1038 Durch die Düse einer Berieselungsanlage strömt Wasser mit einer Geschwindigkeit von 3 m/s. Der Massenstrom beträgt 1,2 kg/s und die Dichte des Wassers 1000 kg/m³. Wie groß muss der Innendurchmesser der Düse ausgelegt werden?

Strömung in Rohrleitungen

1039 Eine waagerechte Wasserleitung aus Stahlrohr mit der Nennweite NW 80 und 230 m Länge soll 11 m³ Wasser je Stunde fördern.

Gesucht:

a) die erforderliche Strömungsgeschwindigkeit im Rohr,
b) der Druckabfall in der Leitung bei einer Widerstandszahl $\lambda = 0{,}028$.

1040 Eine waagerechte Leitung aus Stahlrohr hat die Nennweite NW 125 und 350 m Länge. Sie soll je Stunde 280 m³ Wasser fördern.

Gesucht:

a) die erforderliche Strömungsgeschwindigkeit im Rohr,
b) der notwendige statische Druckunterschied zwischen Rohranfang und Rohrende bei einer Widerstandszahl $\lambda = 0{,}015$.

1041 Es sollen 120 Liter Wasser je Minute durch eine 300 m lange Rohrleitung bergauf gepumpt werden. Die Strömungsgeschwindigkeit soll 2 m/s nicht überschreiten. Der Höhenunterschied der beiden Rohrenden beträgt 20 m.

Gesucht:

a) der Rohrdurchmesser in mm (ganzzahlig aufgerundet),
b) die bei diesem Durchmesser erforderliche Strömungsgeschwindigkeit,
c) der Druckabfall in der Leitung bei $\lambda = 0{,}025$,
d) der kinetische Druck des Wassers,
e) der Druck der Pumpe am unteren Rohrende,
f) die Förderleistung in kW.

Ergebnisse

1 Statik in der Ebene

1 a) 72 Nm
b) 1200 N

2 700 Nm

3 221,4 N

4 3,3 m

5 3440 N

6 a) 200 N
b) 18 Nm

7 a) 60 mm, 120 mm, 90 mm, 150 mm
b) 4000 N
c) 240 Nm
d) 5333 N
e) 400 Nm

8 a) 46,2 Nm
b) 507,7 N
c) 16,5 Nm
d) 47,83 N

29 a) 150 N
b) 36,87°

30 a) 74,37 N
b) 93,28°

31 a) 32,02 N
b) 49,4°

32 a) 93,97 kN
b) 290°

33 a) 626,2 N
b) 151,85°

34 a) 1317 N
b) 350,63°

35 a) 1,818 kN
b) 186,31°

36 a) 562,2 N
b) 26,4°

37 a) 29,2 N
b) 126,76°

38 a) 223,5 N
b) 135,74°

39 a) 84,46 N
b) 286,9°

40 $F_1 = 20{,}48$ N
$F_2 = 14{,}34$ N

41 $F_1 = 3600$ N
$F_2 = 5091$ N

42 a) 41,86 kN
b) 53,58 kN

43 $F_{Ax} = 15{,}28$ kN
$F_{Ay} = 21{,}03$ kN

44 $F_1 = 5{,}862$ kN
$F_2 = 3{,}901$ kN

45 $F_1 = 113{,}2$ N
$F_2 = 130{,}3$ N

46 44,56 kN

47 $F_1 = 512{,}9$ N
$F_2 = 780{,}2$ N

48 $F_1 = 26{,}38$ kN
$F_2 = 19{,}58$ kN

49 $F_1 = 8{,}5$ kN
$F_2 = 14{,}72$ kN

50 $F_{G2} = F_{G1} \dfrac{\sin(\alpha_3 - \alpha_1)}{\sin(\alpha_2 - \alpha_3)}$

$F_{G3} = F_{G1} \dfrac{\sin(\alpha_2 - \alpha_1)}{\sin(\alpha_3 - \alpha_2)}$

$F_{G2} = 5{,}393$ N
$F_{G3} = 28{,}148$ N

51 a) $F_A = 184{,}48$ N
$F_B = 286{,}05$ N
F_A wirkt nach links unten, F_B wirkt nach unten

52 $F_p = \dfrac{F_1}{2 \tan \varphi}$

5,715 F_1 und 28,64 F_1

53 2,676 N
17,24 N

54 $F_1 = \dfrac{F_s}{2 \sin \frac{\beta}{2}}$

$F_1 = F_2 = 84{,}85$ kN

55 a) $F_Z = 28{,}48$ kN
$F_D = 40{,}14$ kN
b) $F_{Zx} = 26{,}67$ kN
$F_{Zy} = 10$ kN
c) $F_{Dx} = 26{,}67$ kN
$F_{Dy} = 30$ kN

56 783,2 N

57 $F_1 = 50{,}35$ kN
$F_2 = 43{,}70$ kN

58 $F_w = 80{,}07$ N
$F = 234{,}1$ N

59 7,832 kN

60 $F_A = 614{,}4$ N
$F_B = 430{,}2$ N

61 $F_s = 2{,}894$ kN
$F_r = 2{,}946$ kN

62 a) 31,42 kN
b) $F_s = 32{,}04$ kN
$F_N = 6{,}283$ kN
c) 6408 Nm

63 a) 23,38 kN
b) 112,5 kN

64 a) 0,5 kN
b) 1,031 kN

65 a) 145,8 N
b) 61,87 N

66 a) $F_1 = 18{,}06$ kN
$F_2 = 24{,}22$ kN
b) $F_{k1} = 7{,}290$ kN
$F_{d1} = 16{,}53$ kN
c) $F_{k2} = 17{,}71$ kN
$F_{d2} = 16{,}53$ kN

67 a)

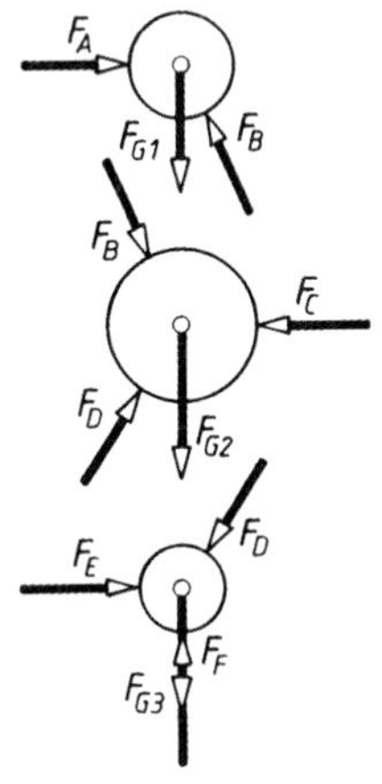

b) $F_A = 1{,}375$ N
$F_B = 3{,}300$ N
$F_C = 6{,}581$ N
$F_D = 9{,}545$ N
$F_E = 5{,}206$ N
$F_F = 10$ N

68 a) $F_{G3} = -F_{G1} \cos(\alpha_1 - \alpha_3) + \sqrt{F_{G1}^2[\cos^2(\alpha_1 - \alpha_3) - \sin^2 \alpha_3] + F_{G2}^2}$

Aufgelöster Sinussatz:

$\sin(\gamma + \beta) = \frac{F_{G1}}{F_{G2}} \cos\gamma$

b) $\beta = 13{,}85°$
$F_{G3} = 28{,}03$ N

69 $F_{S1} = 75$ kN
$F_{S2} = 100{,}606$ kN

70 $F_{S1} = -74{,}22$ kN
$F_{S2} = +72$ kN
$F_{S3} = -30{,}92$ kN
$F_{S4} = -43{,}29$ kN

71 $F_{S1} = -11{,}25$ kN
$F_{S2} = +12{,}31$ kN
$F_{S3} = -10$ kN
$F_{S6} = +12{,}31$ kN

72 $F_{S1} = -36{,}00$ kN
$F_{S2} = +37{,}36$ kN
$F_{S3} = 0$
$F_{S4} = -54$ kN
$F_{S5} = +20{,}59$ kN
$F_{S6} = +37{,}36$ kN

73 a) 16,5 N
b) 5,455 cm

74 a) 60 N
b) 3,12 m
c) nach unten

75 99 kN
2,574 m

76 3,1 kN
2,887 m

77 a) 1800 N
b) nach unten
c) 0,5417 m

78 a) 35 kN
b) 968,6 mm
c) 25 kN
d) 0,444 m

79 a) 1546 N
b) – 2,25°
c) 0,132 m
d) 204 Nm
e) beide sind gleich

80 a) 30,98 kN
b) – 23,79°
c) 2,981 m

81 a) 3,166 kN
b) – 83,59°
c) 0,2208 m

82 a) 846,4 N
b) 67,68°
c) 2,233 m

83 a) 227,5 N
b) 45,1 mm

84 a) 577,4 N
b) 763,8 N
c) 40,89°

85 a) 353,6 N
b) 790,6 N
c) 26,57°

86 a) WL F_A liegt waagerecht
b) 480 N
c) 933 N
d) $F_{Bx} = 480$ N
$F_{By} = 800$ N

87 a) 5,47 kN
b) 5,557 kN
c) 73,71°

88 a) 13,42 kN
b) 12,17 kN
c) $F_{Ax} = 12$ kN
$F_{Ay} = 2$ kN

89 a) 18,46 kN
b) 19,93 kN
c) $F_{Bx} = 18{,}46$ kN
$F_{By} = 7{,}5$ kN

90 a) 1,329 kN
b) 6,439 kN
c) 78,09°

91 a) 14,74 kN
b) 23,83 kN
c) $F_{Ax} = 12{,}07$ kN
$F_{Ay} = 20{,}55$ kN
d) 68,22°
e) 13,28 kN

92 a) 24,99 kN
b) 21,45 kN
c) 2,29°

93 a) 250,6 N
b) 580 N
c) 65,56°

94 a) 242,6 N
b) 390,9 N
c) 90°
d) 51,84°

95 a) 733,9 N
b) 628,3 N

96 a) 0,2019 kN
b) $F_A = 1{,}266$ kN
$F_{Ax} = 0{,}2019$ kN
$F_{Ay} = 1{,}25$ kN
c) 0,5893 kN
d) 0,1071 kN
e) $F_x = 0{,}101$ kN
$F_y = 0{,}0357$ kN

97 a) 600,7 N
b) 549,6 N

98 a) 2,418 kN
b) 3,332 kN
c) 45,63°

99 a) 746,4 N
b) 772,8 N
c) 1352 N
d) 2108 N
e) $F_{Cx} = 200$ N
$F_{Cy} = 2099$ N

100 a) 0,3266 kN
b) 0,6897 kN
c) 7,04°

101 a) $F_B = 34{,}64$ N
$F_D = 40$ N
b) $F = 72$ N
$F_A = 45{,}43$ N

102 a) $F_A = 1000$ N
$F_F = 1000$ N
b) 0,4444 kN
c) $F_B = 1{,}094$ kN
$F_{Bx} = 0{,}4444$ kN
$F_{By} = 1$ kN
d) 0,7817 kN
e) $F_E = 0{,}5209$ kN
$F_{Ex} = 0{,}1544$ kN
$F_{Ey} = 0{,}4975$ kN
f) 0,0842 kN
g) $F_K = 0{,}7192$ kN
$F_{Kx} = 0{,}5146$ kN
$F_{Ky} = 0{,}5025$ kN
$\alpha_K = 44{,}32°$

103 a) $F_A = 140{,}4$ N
$F_{Ax} = 131{,}5$ N
$F_{Ay} = 49{,}32$ N

b) $F_B = 762{,}1$ N
$F_{Bx} = 131{,}5$ N
$F_{By} = 750{,}7$ N

104 a) $F_A = 63{,}25$ N
$F_{Ax} = 20$ N
$F_{Ay} = 60$ N
b) $F_B = 44{,}72$ N
$F_{Bx} = 20$ N
$F_{By} = 40$ N

105 a) $F_A = 1{,}863$ kN
$F_B = 1{,}179$ kN
$\alpha_A = 63{,}43°$
$\alpha_B = 45°$
b) $F_A = 2{,}5$ kN
$F_B = 3{,}536$ kN
$\alpha_A = 0°$
$\alpha_B = 45°$

106 a) $F_A = 808{,}3$ N
$F_{Ax} = 404{,}1$ N
$F_{Ay} = 700$ N
b) $F_B = 534{,}6$ N
$F_{Bx} = 404{,}1$ N
$F_{By} = 350$ N

107 a) 3,505 kN
b) 4,445 kN
c) 46,94°

108 a) 40,33 kN
b) $F_B = 49{,}1$ kN
$F_{Bx} = 40{,}33$ kN
$F_{By} = 28$ kN
c) 34,77°

109 a) 57,04 N
b) 90,3 N
c) 50,83°

110 a) 12,74 kN
b) 12,74 kN
c) 39,47°

111 a) 25,59 kN
b) 15,11 kN
c) $F_{Bx} = 12{,}73$ kN
$F_{By} = 8{,}14$ kN

112 a) 83,76 kN
b) 85,27 kN
c) 13,82°

113 a) 20,67 N
b) 101,6 N
c) $F_{Ax} = 84{,}85$ N
$F_{Ay} = 55{,}82$ N

114 a) 14,7 kN
b) 18,54 kN
c) 52,45°

115 a) 2,687 kN
b) 1,765 kN
c) $F_{Ax} = 0{,}394$ kN
$F_{Ay} = 1{,}721$ kN

116 a) 359,8 N
b) 373,7 N
c) 22,03°

117 a) 63,64 N
b) 330,9 N
c) $F_{Ax} = 263{,}64$ N
$F_{Ay} = 200$ N

118 a) $F_A = 24$ kN
$F_{R1} = 16$ kN
$F_{R2} = 16$ kN
b) $F_A = 24$ kN
$F_{R1} = 16$ kN
$F_{R2} = 16$ kN

119 $F_A = 66$ kN
$F_B = 59{,}07$ kN
$F_C = 59{,}07$ kN

120 a) 11,31°
b) 19,61 kN
c) $F_A = 51{,}48$ kN
$F_B = 46{,}58$ kN

121 $F_{A1} = 19{,}61$ kN
$F_{A2} = 14$ kN
$F_d = 7{,}619$ kN

122 a) 4,2 kN
b) $F_B = 6{,}72$ kN
$F_C = 6{,}72$ kN

123 a) 9,317 kN
b) $F_o = 9$ kN
$F_u = 9$ kN

124 $F_A = 119{,}2$ N
$F_B = 36{,}69$ N
$F_C = 733{,}6$ N

125 $F_A = 400$ N
$F_B = 1200$ N
$F_2 = 565{,}7$ N

126 $F_A = 225$ N
$F_B = 159{,}1$ N
$F_C = 159{,}1$ N

127 $F_F = 0{,}3125$ kN
$F_{V1} = 0{,}8397$ kN
$F_{V2} = 0{,}8397$ kN

128 $F_A = 5{,}942$ kN
$F_B = 6{,}122$ kN
$F_C = 11{,}51$ kN

129 $F_A = 2{,}8$ kN
$F_B = 1{,}394$ kN
$F_C = 0{,}7508$ kN

130 $F_{D1} = 1{,}320$ kN
$F_{D2} = 3{,}694$ kN
$F_F = 2{,}268$ kN

131 a) $F_N = 404{,}1$ N
$F_A = 423{,}4$ N
$F_B = 221{,}3$ N
b) $F_N = 404{,}1$ N
$F_A = 182{,}8$ N
$F_B = 19{,}28$ N
c) $F_N = 350$ N
$F_A = 120{,}3$ N
$F_B = 120{,}3$ N

132 a) $F_A = 544$ N
$F_B = 306$ N
b) 126 N
c) $F_C = 330{,}9$ N
$F_{Cx} = 126$ N
$F_{Cy} = 306$ N

133 $F_A = 714$ N
$F_B = 136$ N
$F_k = 56$ N
$F_C = 147{,}1$ N
$F_{Cx} = 56$ N
$F_{Cy} = 136$ N

134 $F_A = 2020{,}8$ N
$F_B = 3464{,}2$ N
$F_C = 2886{,}8$ N
$F_D = 6276{,}7$ N
$F_E = 3608{,}5$ N
$F_F = 5231{,}8$ N
$F_Z = 1785{,}7$ N

135 $F_A = 2{,}248$ kN
$F_B = 2{,}248$ kN
$F_s = 4$ kN

136 a) $F_A = 156{,}2$ N
b) $F = 100$ N
c) $F_C = 218{,}2$ N
$F_D = 98{,}18$ N

137 a) $F = 130$ N
$F_A = 146{,}8$ N
$F_B = 66{,}8$ N
b) $F = 130$ N
$F_A = 115$ N
$F_B = 35$ N

138 $F_A = 884{,}8$ N
$F_B = 365{,}2$ N

139 a) $F_A = 2070$ N
$F_B = 1380$ N
b) F_A wirkt gegensinnig zu F, F_B wirkt gleichsinnig

140 $F_A = 2{,}833$ kN
$F_B = 2{,}167$ kN

141 $F_A = 1{,}438$ kN
$F_B = 0{,}7615$ kN

142 a) 0,1527 kN
b) 1,647 kN

143 a) 17,5 kN
b) 3,5 kN

144 $F_A = 5{,}792$ kN
$F_B = 2{,}708$ kN

145 $F_A = 14$ kN
$F_B = 36$ kN

146 a) $F_A = 32{,}91$ kN
$F_B = 163{,}1$ kN
b) $F_C = 74{,}21$ kN
$F_D = 218{,}8$ kN
c) $F_A = 18{,}55$ kN
$F_B = 117{,}5$ kN
$F_C = 65{,}5$ kN
$F_D = 167{,}5$ kN

147 $F_A = -7{,}656$ kN
$F_B = 24{,}656$ kN

148 $F_A = -1$ kN
$F_B = -0{,}5$ kN

149 $F_A = 18$ kN
$F_B = 12$ kN

150 $F_A = 2{,}912$ kN
$F_B = 15{,}19$ kN

151 $F_A = 590{,}6$ N
$F_B = 309{,}4$ N

152 a) $F_v = 7{,}397$ kN
$F_h = 6{,}503$ kN
b) $F_v = 7{,}075$ kN
$F_h = 6{,}825$ kN

153 a) 1,8 kN
b) 1,559 kN
c) 0,128 kN
d) 1,687 kN
e) $F_{Cx} = 0{,}8434$ kN
$F_{Cy} = 1{,}461$ kN

154 a) $F_A = 3{,}4$ kN
$F_B = 1{,}6$ kN
b) $F_C = 1$ kN
$F_D = 1{,}887$ kN
c) $F_{Dx} = 1$ kN
$F_{Dy} = 1{,}6$ kN

155 $F_A = 2{,}333$ kN
$F_B = 2{,}667$ kN
$F_C = 1{,}667$ kN
$F_D = 3{,}145$ kN
$F_{Dx} = 1{,}667$ kN
$F_{Dy} = 2{,}667$ kN

156 a) 485,1 mm
b) 705,2 N
c) 705,2 N

157 $F_A = 6{,}883$ kN
$F_B = 5{,}389$ kN
$F_{Ax} = 2{,}694$ kN
$F_{Ay} = 6{,}333$ kN
$F_{Bx} = 2{,}694$ kN
$F_{By} = 4{,}667$ kN

158 a) 2199 N
b) 1206 N
c) 68,1°

159 a) 10,87 kN
b) 9,049 kN
c) 71,88°

160 a) 64,98°
b) 4,5 kN
c) 4,966 kN
d) 0,6219 kN
e) 2,536 kN
f) $F_{Cx} = 2{,}1$ kN
$F_{Cy} = 1{,}422$ kN

In den Tabellen für die Aufgaben 160 bis 175 sind die Kräfte in der Einheit Kilonewton (kN) angegeben.

161 a) $F_A = F_B = 8$ kN

Stab	Zug	Druck
1	–	10,61
2	8,976	–
3	4,00	–
4	8,976	–
5	–	10,61

b) $F_{S2} = +8{,}976$ kN
$F_{S3} = +4{,}00$ kN
$F_{S5} = -10{,}61$ kN

162 a) $F_A = F_B = 12$ kN

Stab	Zug	Druck	Stab
1	–	23,19	11
2	18,921	–	10
3	–	4,685	9
4	–	19,442	8
5	10,511	–	7
6	9,999	–	–

b) $F_{S6} = 10$ kN
$F_{S7} = 10{,}51$ kN
$F_{S8} = 19{,}44$ kN

163 a) $F_A = F_B = 60$ kN

Stab	Zug	Druck	Stab
1	–	22,5	17
2	24,623	–	16
3	–	20	15
4	22,499	–	14
5	–	60,207	13
6	24,623	–	12
7	–	–	11
8	–	24,621	10
9	–	–	9

b) $F_{S10} = 24{,}62$ kN
$F_{S11} = 0$
$F_{S14} = 22{,}5$ kN

164 a) $F_A = F_B = 84$ kN

Stab	Zug	Druck	Stab
1	–	93,915	27
2	42	–	26
3	93,915	–	25
4	–	84	24
5	–	62,61	23
6	112	–	22
7	62,61	–	21
8	–	140	20
9	–	31,305	19
10	154	–	18

165 a) $F_A = F_B = 84$ kN

Stab	Zug	Druck	Stab
1	93,915	–	27
2	–	42	26
3	–	93,915	25
4	84	–	24
5	62,61	–	23
6	–	112	22

166 a) $F_A = F_B = 14$ kN

Stab	Zug	Druck
1	–	14
2	–	21,29
3	23,479	–
4	–	–
5	–	4
6	–	21,29
7	–	10,153
8	28,8	–
9	–	–
10	–	30,414
11	1,562	–
12	28,8	–

b) $F_{S10} = 30{,}41$ kN
$F_{S11} = 1{,}562$ kN
$F_{S12} = 28{,}8$ kN

167 a) $F_A = F_B = 20$ kN

Stab	Zug	Druck
1	–	82,464
2	80,002	–
3	–	41,232
4	–	41,232
5	–	20
6	–	41,232
7	50,006	–

b) $F_{S2} = 80$ kN
$F_{S3} = 41{,}23$ kN
$F_{S4} = 41{,}23$ kN
$F_{S5} = 20$ kN
$F_{S7} = 50$ kN

168 a) $F_A = 28{,}333$ kN
$F_B = 11{,}667$ kN

Stab	Zug	Druck
1	38,883	–
2	–	40,595
3	–	–
4	38,883	–
5	–	17,397
6	–	23,2
7	6,008	–
8	18,887	–
9	–	34,052

b) $F_{S4} = 38{,}89$ kN
$F_{S5} = 17{,}40$ kN
$F_{S6} = 23{,}20$ kN

169 a) $F_A = 70$ kN
$F_B = 110$ kN

Stab	Zug	Druck
1	–	99,995
2	104,405	–
3	10	–
4	–	99,995
5	–	17,404
6	121,802	–
7	–	126,193
8	–	46,666
9	84,129	–

170 a) $F_A = 58{,}902$ kN
$F_B = 33{,}351$ kN
$F_{Bx} = 22{,}858$ kN
$F_{By} = 24{,}286$ kN

Stab	Zug	Druck
1	61,848	–
2	–	61,848
3	–	30
4	–	38,287
5	61,848	–

b) $F_{S1} = 61{,}85$ kN
$F_{S3} = 30{,}0$ kN
$F_{S4} = 38{,}29$ kN

171 a) 28,978 kN
b) $F_A = 33{,}70$ kN
$F_B = 37{,}972$ kN

Stab	Zug	Druck
1	30,209	–
2	–	54,159
3	21,843	–
4	–	54,159
5	18,385	–

c) $F_{S2} = 54{,}16$ kN
$F_{S3} = 21{,}84$ kN
$F_{S5} = 18{,}39$ kN

172 a) $F_A = 24$ kN
$F_B = 31{,}24$ kN

Stab	Zug	Druck
1	15,339	–
2	–	16,132
3	–	12,027
4	22,019	–
5	2,288	–
6	–	27,713
7	–	6,144

b) $F_{S2} = 16{,}13$ kN
$F_{S3} = 12{,}03$ kN
$F_{S4} = 22{,}02$ kN

173 a) $F_A = 57{,}28$ kN
$F_B = 41$ kN
$\alpha_A = 44{,}29°$

Stab	Zug	Druck
1	–	34
2	38,013	–
3	5	–
4	–	34
5	–	17,513
6	54,305	–
7	–	31,22

b) $F_{S4} = 34{,}0$ kN
$F_{S5} = 17{,}51$ kN
$F_{S6} = 54{,}3$ kN

174 a) 38,453 kN
b) 33,186 kN
c) $\alpha_B = 27{,}421°$

Stab	Zug	Druck
1	–	58,217
2	56,251	–
3	–	–
4	–	58,217
5	33,4	–
6	–	2,676
7	–	7,859
8	–	27,716
9	–	3,427
10	–	–
11	–	6

d) $F_{S4} = 58{,}22$ kN
$F_{S5} = 33{,}40$ kN
$F_{S6} = 2{,}677$ kN

175 a)

Stab	Zug	Druck
1	–	20,16
2	20,923	–
3	–	–
4	–	30,24
5	11,531	–
6	20,923	–
7	–	2,8
8	–	40,32
9	13,121	–
10	31,385	–

b) $F_{S4} = 30{,}24$ kN
$F_{S7} = 2{,}8$ kN
$F_{S10} = 31{,}38$ kN

176 a) $F_A = 56{,}67$ kN
$F_B = 88{,}52$ kN

Stab	Zug	Druck
1	22,253	–
2	–	21,429
3	–	12
4	22,253	–
5	24,56	–
6	–	42,858
7	–	18
8	44,506	–
9	59,081	–
10	–	88,097

b) $F_{S6} = 42{,}86$ kN
$F_{S7} = 18{,}00$ kN
$F_{S8} = 44{,}51$ kN

2 Schwerpunktslehre

201 Die Lösung wird übersichtlicher, einfacher und sicherer, wenn bei der Schwerpunktsermittlung nach folgendem Rechenschema gearbeitet wird:

n	A_n in mm^2	y_n in mm	$A_n y_n$ in mm^3
1	900	9	8100
2	705	41,5	29257,5
	1605		37357,5

$$y_0 = \frac{37\,357{,}5\ \text{mm}^3}{1605\ \text{mm}^2} = 23{,}28\ \text{mm}$$

202 $y_0 = 318{,}1$ mm
203 $x_0 = 8{,}65$ mm
$y_0 = 15{,}22$ mm
204 $y_0 = 206{,}3$ mm
205 $x_0 = 2{,}095$ mm
206 $y_0 = 116{,}8$ mm
207 $y_0 = 166{,}9$ mm
208 $y_0 = 88{,}9$ mm
209 $y_0 = 365{,}1$ mm
210 $y_0 = 230{,}7$ mm
211 $y_0 = 178{,}4$ mm
212 $y_0 = 153{,}2$ mm
213 $y_0 = 122{,}1$ mm
214 $y_0 = 220{,}4$ mm
215 $y_0 = 140{,}1$ mm
216 $y_0 = 194{,}1$ mm
217 a) 1,47 mm
b) im U-Profil
218 a) 2,13 mm
b) oberhalb
219 58 mm
220 $x_0 = 11{,}91$ mm
221 $y_0 = 21{,}98$ mm
222 $y_0 = 25{,}2$ mm
223 $x_0 = 5{,}43$ mm
224 $x_0 = 33{,}5$ mm
225 $x_0 = y_0 = 11{,}14$ mm
226 $x_0 = 22{,}91$ mm
227 $x_0 = 7{,}84$ mm
$y_0 = 10{,}29$ mm
228 $x_0 = 7{,}18$ mm
229 $x_0 = 10{,}08$ mm
230 $x_0 = 4{,}21$ mm
231 $x_0 = 12{,}51$ mm
232 $x_0 = 5{,}47$ mm
$y_0 = 9{,}47$ mm
233 $y_0 = 15{,}54$ mm
234 $x_0 = 6{,}44$ mm
$y_0 = 5{,}03$ mm
235 $x_0 = 1{,}275$ m
$y_0 = 0{,}342$ m

236 $x_0 = 1{,}06$ m
237 $x_0 = 1{,}695$ m
238 $x_0 = 0{,}835$ m
239 1,2799 m^2
240 0,0491 m^2
241 1,571 m^2
242 a) 12,43 m^2
b) 292,7 kg
243 a) 0,1572 m^2
b) 0,4086 kg
244 0,09684 m^2
245 13,5 m^2
246 0,06922 m^3
247 0,04771 m^3
248 2530 cm^3
249 a) 776,6 cm^3
b) 6,096 kg
250 a) 82,8 cm^3
b) 99,36 g
251 a) 18,394 cm^3
b) 21,15 g
252 12,62 cm^3
253 a) 459,5 cm^3
b) 0,6203 kg
254 78,43 cm^3
255 a) 70,5 cm^3
b) 0,5922 kg
256 a) 1239 cm^3
b) 9,047 kg
257 41,12 cm^3
258 a) 105,5 cm^3
b) 0,2637 kg
259 a) 218 *l*
b) 105,6 *l*
260 a) 1056 cm^3
b) 8,289 kg
261 a) 3559 cm^3
b) 25,62 kg
c) 9437 cm^3
262 4,719 m^3
263 3,848 m^3

264 2812 *l*
265 1,275
266 1,389
267 6,733 kN
268 a) 2,309 kN
b) 492,4 J
269 16 kN
270 a) 454,5 N, 727,3 N
b) 625 N, 1375 N
c) 1600 N, 2200 N
271 a) 0,02741 m^3
b) 197,35 kg
c) 1,296 m
d) 515,5 N
e) 561,3 J
f) die Kippkraft wird kleiner, weil die Stange steiler steht und dadurch der Abstand *l* größer wird.
272 a) 186,6 kN
b) 1,103 m
273 2,519 kN
274 1,764 m
275 a) 2,324 m
b) 1,628
c) 177,93 kN bzw. 23,84 kN
d) 52,07 kN bzw. 156,16 kN
276 171,8 N/m
277 a) 46,95°
b) 28,16°
c) keinen Einfluss
278 a) 2,709
b) 41,36°
279 a) 34,25°
b) ja; je größer die Gewichtskraft, desto größer darf der Böschungswinkel sein, ehe Kippen eintritt.

3 Reibung

301 $\mu_0 = 0{,}189$ $\mu = 0{,}178$

302 $\mu_0 = 0{,}5$ $\mu = 0{,}3$

303 $\mu_0 = 0{,}344$ $\mu = 0{,}231$

304 a) 0,466
b) μ

305 21,8°

306 27°

307 a) 0,625
b) 0,543
c) 0,306
d) 0,176
e) 0,073
f) 0,052
g) 0,026

308 a) 2,86°
b) 4,86°
c) 6,84°
d) 9,65°
e) 12,41°
f) 19,29°
g) 32,21°

309 a) $F = F_G \dfrac{\mu}{\cos\alpha + \mu\sin\alpha}$
b) 159,4 N

310 a) 300 N
b) 260 N
c) 1,667 m
d) 1,923 m
e) 1092 J

311 181,5 N

312 a) 40 kN
b) 32,8 kN
c) 24 kN
d) 19,68 kN

313 a) 72 kN
b) 57,6 kN
c) $M_a = 18\,000$ Nm
$M_B = 14\,400$ Nm

314 a) $F_{NA} = 852{,}4$ N
$F_{NB} = 4010$ N
b) $F_{NA} = 2999$ N
$F_{NB} = 2796$ N
c) $F_{RA} = 102{,}3$ N
$F_{RB} = 481{,}2$ N
d) $F_{RA} = 359{,}9$ N
$F_{RB} = 335{,}5$ N
e) $F_{vI} = 583{,}5$ N
$F_{vII} = 695{,}4$ N

315 48 N

316 a) 125,664 kN
b) 26,155 kN
c) 2,615 kN
d) 125,8 kN

317 a) 40,52 N b) 26,9 N

318 a) 3,7 kN
b) 21,7 kN
c) 17,05 %
d) 22,6 kW
e) 3,939 kW

319 68,48°

320 a) 2,518 m
b) keinen Einfluss
c) 74,36°

321 a) $F_{N1} = 149{,}7$ N
$F_{R1} = 29{,}94$ N
b) $F_{N2} = 163{,}2$ N
$F_{R2} = 97{,}92$ N
c) 2,153 kW

322 a) $F_N = 400{,}5$ N
$F_R = 44{,}06$ N
b) $F_{NA} = 427{,}2$ N
$F_{RA} = 46{,}99$ N
c) 771,1 N
d) 1182 N

323 a) 8,75 N
b) 39,77 N
c) 18,92 N (Zug)
d) 59,34 N

324 a) 0,25
b) 23,18 kN
c) 80,27 kN
d) 20,07 kN
e) 3,345
f) 102,7 kN
g) keinen Einfluss
h) 0,0747

325 a) $F_N = 528{,}5$ N
$F_{NA} = 516{,}7$ N
$F_{NB} = 252{,}45$ N
$F_{RA} = 72{,}34$ N
$F_{RB} = 35{,}34$ N
b) $F_N = 373{,}9$ N
$F_{NA} = 160{,}1$ N
$F_{NB} = 26{,}85$ N
$F_{RB} = 22{,}42$ N
$F_{RB} = 3{,}759$ N
c) $F_N = 311{,}5$ N
$F_{NA} = F_{NB} = 120{,}3$ N

$F_{R0\,max\,A} =$
$= F_{R0\,max\,B} = 19{,}25$ N

326 a) $F_{NA} = 301{,}7$ N
$F_{RA} = 66{,}37$ N
b) $F_{NB} = 151{,}7$ N
$F_{RB} = 33{,}37$ N
c) 339,7 N

327 a) $F_A = 156{,}2$ N
$F_B = 120$ N
b) $F_{NC} = 218{,}2$ N
$F_{RC} = 41{,}46$ N
c) $F_{ND} = 98{,}2$ N
$F_{RD} = 18{,}66$ N
d) 160,1 N

328 a) 90,91 N
b) 606,1 N

329 a) 288 N
b) 16,7 Nm

330 a) 500 N
b) 1190,5 N

331 a) 1170 Nm
b) 18 281 N

332 a) 798,7 Nm
b) 11410 N
c) 8644 N

333 46,69 kN

334 a) 22,74 Nm
b) 765,7 N
c) 627,2 N

335 a) 4,48 kN
b) 3,739 kN
c) 2,255 kN

336 a) 4,409 MN
b) 728,6 kN
c) 0,0971 m/s²

337 72,15 N

338 a) 288,5 N
b) –36,5 N
c) 0

339 a) 394,1 N
b) 3,979 kN
c) 3,542 kN
d) 953,3 N

340 a) $\cos(197{,}5° - \beta) =$
$= \dfrac{F_G}{F}\sin 17{,}95°$

$\cos(\gamma + 7{,}95°) =$

$= \frac{F_G}{F} \sin 7{,}95°$

b) je größer die Gewichtskraft F_G wird, desto größer wird β und desto kleiner wird γ

c) je größer die Kraft F wird, desto kleiner wird β und desto größer wird γ

345 a) 0,1556
b) 230,7 N

346 a) 96 mm
b) ja
c) je länger die Buchse ist, desto leichter gleitet sie, weil die Normalkräfte und damit auch die Reibungskräfte kleiner werden.

347 a) $l_1 = \frac{l_3 - \mu_0 b}{2\,\mu_0} = 151{,}7$ mm

b) $F_2 = F_1 \frac{2 l_3}{2\mu_0 l_2 + l_3 + \mu_0 b}$
$= 826{,}4$ N

349 a) 10,64 kN
b) 2,181 kNm

350 a) 1,944 Nm
b) 0,6514 kW
c) 9771 J

351 a) $P_{ab} = 148{,}35$ kW
$P_R = 1{,}65$ kW
b) 44,39 Nm
c) $F_A = 29{,}834$ kN
$F_B = 5{,}366$ kN
d) 0,04313
e) $M_A = 38{,}60$ Nm
$M_B = 5{,}786$ Nm
f) $Q_A = 86098$ J
$Q_B = 12906$ J

352 a) $M_R = 10{,}02$ Nm
$F_R = 143{,}1$ N
b) $F_N = 817{,}8$ N
c) $F_f = 190{,}4$ N
d) $F_A = 1004{,}5$ N
$F_{Ax} = 624$ N
$F_{Ay} = 787{,}2$ N
e) $n_2 = 889{,}8$ min^{-1}
f) 0,9962 Nm
g) $P_R = 92{,}82$ W
h) 3,094 %

353 a) 19,9 kW
b) 1,508 %

354 a) 64 Nm
b) 1,005 kW
c) 60,3 kJ

355 a) 7,875 Nm
b) 0,2927 kW
c) 1,054 MJ

356 a) 38,57 kN
b) 38,57 kN
c) 20 kN
d) $F_{RA} = 4{,}628$ kN
$F_{RBx} = 4{,}628$ kN
$F_{RBy} = 2{,}4$ kN
e) $M_A = 185{,}1$ Nm
$M_{Bx} = 185{,}1$ Nm
$M_{By} = 48$ Nm
f) 418,2 Nm
g) 154,9 N

357 a) 4,574°
b) 37334 N

358 a) $\mu' = 0{,}1242$; $\varrho' = 7{,}082°$
b) 12566 N
c) 267,9 N
d) –87,38 N

359 a) $\mu' = 0{,}1242$; $\varrho' = 7{,}082°$
b) 37,48 Nm
c) 39,6 Nm
d) 77,08 Nm
e) 202,8 N

360 a) $\mu' = 0{,}0828$; $\varrho' = 4{,}735°$
b) 2431 Nm
c) 5720 N
d) 20429 N
e) 0,5657
f) nein, $\varrho' < \alpha$

361 a) $\mu' = 0{,}1242$; $\varrho' = 7{,}082°$
b) 190,4 Nm
c) 5441 N
d) 0,4179
e) 452,9 Nm
f) 0,1757
g) 0,1142
h) 1,667 kW
i) 14,597 kW

362 a) 13,33 kN
b) 38,89 Nm

363 24,636 kN

364 a) 5,629
b) zwischen 106,6 N und 3377 N
c) 493,4 N und 2777 N

365 a) 2,311
b) 385,1 N
c) 504,9 N
d) 9492 W

366 a) 278,3 N
b) 222°

367 a) 9,743 kN
b) 1,479 kN
c) 0,2246 kN

368 a) 12,57 rad
b) 166,7 N

369 a) 31,18 kN
b) 12,388 kN
c) 30,97
d) 15,6 rad = 893,8°
e) 2,483 Windungen

370 a) $F_N = 329{,}8$ N
$F_R = 131{,}9$ N
$F_D = 223$ N
b) 19,79 Nm
c) $F_N = 426{,}6$ N
$F_R = 170{,}6$ N
$F_D = 325$ N
d) 25,6 Nm
e) $l_2 = 0$
f) 625 mm

371 a) 23,88 Nm
b) 125,7 N
c) 251,4 N
d) $F = 46{,}23$ N
$F_A = 240{,}6$ N

372 a) $F_N = 502{,}6$ N
$F_R = 251{,}3$ N
b) 521 N
c) 47,75 Nm
d) 2 kW

373 a) 1333 N
b) 13,33 kN
c) 13,4 kN
d) 6 mm
e) 13,4 kN
f) keinen

374 a) $F_{NA} = 1923$ N
$F_{RA} = 923$ N
$F_C = 1696$ N
b) $F_{NB} = 1471$ N
$F_{RB} = 706{,}1$ N
$F_D = 1201$ N
c) $M_A = 147{,}7$ Nm
$M_B = 113$ Nm

d) 260,7 Nm
e) 501,3 N

375 a) 93,04 Nm
b) 279,1 Nm
c) 872,2 N
d) 1744,4 N
e) 654,2 N
f) 1396 N

376 a) 3,927 rad
b) 3,248
c) 625 N
d) 2030 N
e) 1405 N
f) 210,8 Nm

377 a) 466,7 N
b) 3,248
c) 674,3 N
d) 207,6 N
e) 196 N
f) 883,5 N
g) keinen Einfluss

378 a) 1,965
b) $F_1 = 2215$ N
$F_2 = 1127$ N
c) 1088 N
d) 108,8 Nm
e) 3112 N
f) 64,4 N

379 a) 0,096 cm
b) 2,199°

380 6 N

381 a) 266 N
b) die Verschiebekraft wird größer

382 a) 35 N
b) 11,9 Nm

383 a) 90 Nm
b) 75 Nm

384 a) 2255 N
b) 686 mm

385 a) 12,73 kN
b) 990 N

4 Dynamik

400

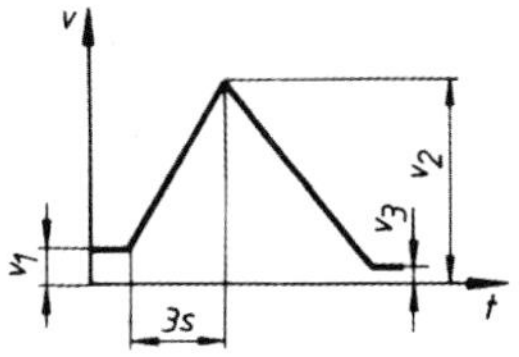

402

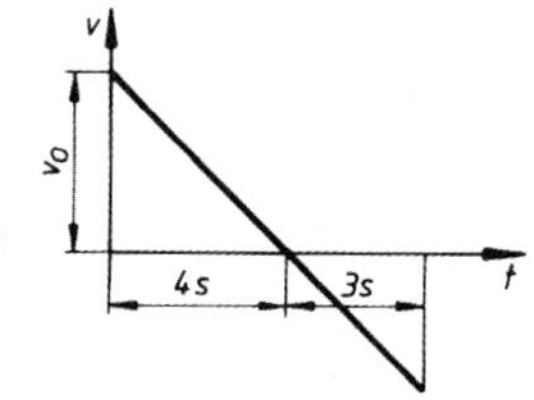

401

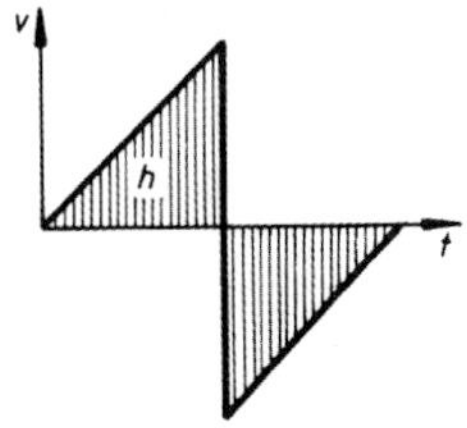

403

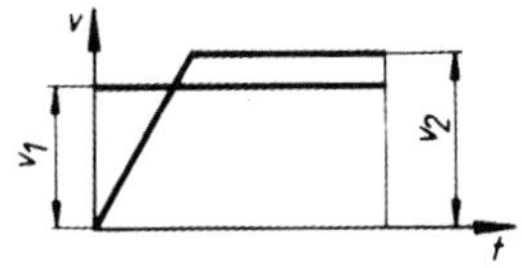

404

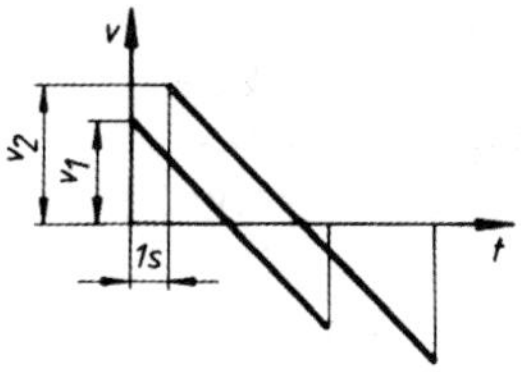

405 14,84 km/h = 4,122 m/s

406 1,026 m/s

407 40 m/min = 0,6667 m/s

408 5,003 s

409 a) 0,0833 m/min
b) 45 min

410 1,061 m/s

411 30 km

412 a) 16,965 m
b) 13,05 min
c) 0,046 m/min

413 $v_2 = 3{,}125$ m/s
$v_3 = 4{,}883$ m/s

414 a) 631,7 m
b) 1,579 m/min

415 a) 40 min
b) 66,67 min
c) 13,33 min

416 72 s

417 36 m

418 20 s

419 1,2 m/s^2

420 a) 104,5 km/h
b) 127,8 m

421 24,26 m/s

422 108 s

423 1 m/s^2

424 a) 3 km/h
b) 0,9336 m/s^2

425 a) 4,077 s
b) 81,55 m

426 a) 73395 m
b) 122,3 s
c) 8,64 s/236 s

427 a) 110,93 km/h
b) 20,43 s

428 a) 1,375 s
b) 1,169 m

429 a) 0,54 m/s^2
b) 2,222 s

430 a) 3,029 s
b) 29,71 m/s
c) 33,75 m
d) 33,75 m
e) 2,142 s

431 a) 26,02 m/s
b) 11,31 m/s

432 a) 39,24 m/s
b) 78,48 m

433 62,55 km/h

434 72,72 km/h

435 a) 210 s
b) 148,3 s

436 a) 73,1 s
b) 3655 m

437 62,53 km/h

438 a) 6,25 s
b) 2 m/s^2

439 a) 5,426 m/s
b) 4,9 m
c) 33,855 s

440 28,59 m

441 3,545 m

442 a) 19,43 m/s
b) 39,43 m/s
c) 79,24 m

443 a) 0,4077 s; 0,8155 m
b) 0,905 m/s abwärts
c) 0,1549 m

444 a) $h = \frac{g}{2}\left(\frac{s_x}{v_x}\right)^2 = 0{,}1962\ \text{m}$
b) h ändert sich auf $h/4$

445 a) $s_x = v_x\sqrt{\frac{2h}{g}} = 1{,}806\ \text{m}$
b) 2,194 m

446 a) 221,7 m
b) 274,25 km/h, 24,28°

447 a) 1,329 m/s
b) 9 cm

448 $\sin 2\alpha = \frac{g\,s}{v_0^2}$
$\alpha = 83{,}7°$

449 29,94 m/s

450 103 m

451 a) 750 m
b) $h = v_0 \sin\alpha\,\Delta t_{ges} - \frac{g}{2}(\Delta t_{ges})^2$
$h = 195{,}4$ m

453 5,131 m/s

454 463,3 m/s

455 259,2 m/s

456 a) 6,944 m/s
b) 186,5 min^{-1}

457 47,11 mm

458 272,8 mm

459 a) 310 mm
b) 1432/1848 min^{-1}

460 $1{,}454 \cdot 10^{-4}$ rad/s
$1{,}745 \cdot 10^{-3}$ rad/s
$1{,}047 \cdot 10^{-1}$ rad/s

461 1,122/1,683/2,244 m/s

462 a) 1027 min^{-1}
b) 107,5 rad/s

463 a) 15 m/s = 54 km/h
b) 0,6548 m
c) 45,81 rad/s

464 a) 3,75 min^{-1}
b) 0,3927 rad/s
c) 2,121 m/s

465 a) 2,513 rad/s
b) 0,377 m/s
c) 0,5027/0,8378 rad/s
d) 27,144 m/min

466 a) 5,231 m/s
b) 94,25 rad/s
c) 444 mm

467 a) 1774 min^{-1}
b) 184,8 mm
c) 9,288 m/s

468 a) 405,7 min^{-1}
b) 91,43 mm
c) 6,798 m/s

469 5,396

470 4,443/6/10,40 mm

471 50 Zähne

472 a) 16
b) 60 min^{-1}
c) 56,55 m/min

473 a) 149,6 min^{-1}
b) 4,112 m/s
15,66/54,83 rad/s
c) 523,56 min^{-1}
d) 3,5

474 194,5

475 105 min^{-1}

476 71 mm/min

477 a) 229,2 min^{-1}
b) 80,22 mm/min

478 a) 197,9 m/min
b) 504 mm/min
c) 19,05 s

479 a) 335,1 min^{-1}
b) 0,1194 mm/U

480 5,438 min = 326,3 s

481 a) 8,639 m/s
b) 5,5 m/s

482 a) 16,41 m/s
b) 10,45 m/s

483 52,5 mm

484 a) 208,96°/151°/14,48°
b) 450 mm
c) 18,60 m/min
d) 25,74 m/min

485 a) 100 mm
b) 36,89 min^{-1}

486 a) 25,14 rad/s^2
b) 2,514 m/s^2
c) 50

487 a) 329,5 min^{-1}
b) 17 rad/s

488 a) 314,2 rad/s
b) 28,05 s

489 a) 2,004 s
b) 180,5 rad
c) 150,4 rad
d) 30,1 rad

490 a) 0,0816 rad/s
b) 0,0204/0,0272 rad/s^2

491 a) 6 rad/s
b) 62,83 rad
0,2865 rad/s^2
20,94 s
c) 43,98 rad
0,4093 rad/s^2
14,66 s
d) 163,2 rad
e) 408 m

492 a) 2,5 rad/s^2
b) 25 rad/s
c) 10 m/s

493 a) 64,81 rad/s
b) 408,4 rad
c) 5,142 rad/s^2
d) 12,6 s

495 a) 0,3571 m/s^2
b) 2,702 m/s

496 a) 69,44 m/s^2
b) 5208 N

497 2,943 m/s^2

498 $a = g \tan\alpha = 3{,}187\ m/s^2$

499 a) 0,0125 m/s^2
b) 15,625 kN

500 a) 0,2632 m/s^2
b) 0,7255 m/s

501 3,924 m/s^2

502 0,1485 m/s^2

503 152460 N

504 a) $a = g\dfrac{m_1 - m_2}{m_1 + m_2}$
$= 5{,}886\ m/s^2$

505 a) $F_u = g\,(m_1 - m_2) +$
$+ a\,(m_1 + m_2)$
$F_u = 15612$ N
b) 2,453 m/s^2

506 a) 4362/6429 N
b) 3525/7266 N

507 a) 2,943 m/s^2
b) 1,952 m/s^2

508 6424 N

509 $a = g\dfrac{1-\mu}{2} = 4{,}169\ m/s^2$

510 a) 1260 N
b) 6469 N

511 $a = g(\dfrac{l}{h}\cos\alpha - \sin\alpha)$
$a = 5{,}623\ m/s^2$

512 $a = g\dfrac{\mu_0 l}{2(l+\mu_0 h)} = 2{,}628\ m/s^2$

513 a) 327 N ↓
b) 2000 N → – 73 N ↑
c) 5000 N ← 1327 N ↓

514 a) 2,356 m/s^2
b) 2,943 m/s^2
c) 6,256 m/s
d) 6,479 m

515 12 s

516 a) 0,01625 s
b) 738,461 kN

517 a) 9,259 kN
b) 33,33 m

518 a) 519 m/s
b) 5,19 m/s^2
c) 25,95 km

519 a) 59,72 s
b) 356,7 m

520 12,72 km/h = 3,533 m/s

521 a) 70 kN
b) 0,3333 m/s^2
c) 600 m

522 a) 10 m/s
b) 2971,5 N

523 a) 0,5711 s
b) 0,4847 s
c) 0,3058 s
d) 30 min^{-1}

526 a) 9,583 kN
b) 364,2 kJ

527 a) 560 N
b) 19,6 J

528 a) 21,192 MJ
b) 17,66 kW

529 a) 7,2 MJ
b) 240 kW

530 2,124 m/s

531 6,278 kW

532 1084 kW

533 a) 2490 N
b) 64,398 kW

534 a) 1,619 kW
b) 5 kW
c) 6,895 kW

535 70,76 m/min

536 163,61 kW

537 19,16 kW

538 248,661 m^3

539 a) 779 kg
b) 504,792 t/h

540 a) 3,683 kW
b) 0,9208

541 a) 20,625 kN
b) 23,91 m/min

542 a) 0,5971
b) 0,7025

543 a) 36,05 kJ
b) 1,442 kN

544 a) 203,9 kg
b) 79,58

545 a) 18,58 N
b) 8,7 : 1000 = 0,87 %

546 a) 785,4 rad
b) 78,54 kJ

547 1,414 kW

548 2,356 kW

549 11672 N

550 377 kN

551 18,85/29,32 kW

552 I. 1029 min^{-1}
603,4 Nm
II. 1636 min^{-1}
379,3 Nm
III. 3600 min^{-1}
172,4 Nm

553 a) 500,4 min^{-1}
b) 15,72 kW
c) 5,004 W

554 a) 1,539 kW
b) 0,7695

555 0,833

556 a) 209,25
b) 0,6588
c) I. 1420 min^{-1}
5,717 Nm
II. 94,67 min^{-1}
62,6 Nm
III. 30,54 min^{-1}
184,36 Nm
IV. 6,786 min^{-1}
788,1 Nm

557 a) 1,25 kW
b) 119,4 N

558 a) 17,49/600 Nm
b) 35,7

559 a) 525,5 min^{-1}
b) 27,987 kN

560 a) 22,06
b) 98,23 N
c) 2,068 Nm
d) 0,7796 kW

561 a) 1,698 MJ
b) 11,32 kN

562 a) 4,757 m
b) 9,661 m/s

563 a) $0 = \dfrac{m\,v^2}{2} - F_w s$
b) $s = \dfrac{v^2}{2\,F_w'} = 87{,}05$ m

564 $s = \dfrac{m\,v^2}{2(m\,g\sin\alpha + F_w)}$
$s = 55{,}57$ m

565 a) 104,858 kJ
b) $v = \sqrt{\dfrac{2\,h}{m}(m\,g + F)}$
$v = 20{,}48$ m/s

566 $v = s\sqrt{\frac{2R}{m}}$

$v = 0{,}3919$ m/s = 1,411 km/h

567 a) 4,905 cm
b) 9,81 cm

568 $s_1 = \frac{\mu(s_2 + \Delta s) + \frac{R(\Delta s)^2}{2mg}}{\sin\alpha - \mu\cos\alpha}$

569 $\frac{m v_2^2}{2} = \frac{m v_1^2}{2} + m g h - m g \mu \cos\alpha \frac{h}{\sin\alpha} - m g \mu l$

$l = 6{,}48$ m

570 a) 1,228/0,221 m
b) 98,78 J
c) 81 J

571 $v = \sqrt{2g(l-h)}$

572 $m = \frac{E}{g h \eta}$

$V = 175753\ \text{m}^3$

573 69,615 kW

574 0,3462

575 22,041 kg

576 0,3827

577 a) – 1,265 m/s
b) – 1 m/s
c) – 2,5 m/s

578 $v_1 = \frac{m_1 + m_2}{m_1} \cdot \sqrt{2 g l_s (1 - \cos\alpha)}$

$v_1 = 864{,}1$ m/s

579 a) 3,132 m/s
b) – 1,879/1,253 m/s
c) 0,18 m; 34,92°
d) 0,5333 m

580 a) 7,672 m/s
b) 6,393 m/s
c) 14,715 kJ
d) 280,536 kN
e) 0,8333 = 83,33 %

581 a) 60,03 kg
b) 94,34 %

582 a) 0,4028 rad/s²
b) 1,208 Nm

583 318,31 kgm²

584 a) 15,71 rad/s²
b) 235,65 Nm

585 a) 7,54 rad/s²
b) 26,89 Nm
c) 1,014 kW

586 a) 0,1203 Nm
b) 0,1226

587 a) $8 \cdot 10^{-4}$ rad/s²
b) $2{,}4 \cdot 10^{-2}$ rad/s
c) 576 N

588 a) 46,8 rad/s²
b) 9,36 m/s²
c) 7,494 m/s

589 a) $a = 2 g \mu \cos\beta$
$a = 3{,}398$ m/s²
b) $F = m\,[a + g(\sin\beta + \mu_0 \cos\beta)]$
$F = 100$ N

590 a) 5 kg
b) 7 kg
c) 19,62 N
d) $a = g \frac{m_1 r_2^2}{m_1 r_2^2 + J_2}$

$a = 2{,}803$ m/s²

591 a) 0,012485 kgm²/106, 1 mm
b) 0,012481 kgm²/107 mm

592 $2{,}621 \cdot 10^{-2}$ kgm²

593 a) 1116,4 kgm²
b) 1854,31 kg
c) 0,776 m

594 a) 4,6223 kgm²
b) 146,34 kg
c) 177,7 mm

595 0,019582 kgm²

596 $10{,}85 \cdot 10^{-4}$ kgm²

597 2516 min⁻¹

598 a) 7,3 kgm²
b) 43,167 kg

599 a) 312,5 m
b) 320,3 m

600 0,162 m

601 a) $m_1 \frac{v^2}{2} + J_2 \frac{\omega^2}{2} = m_1 g h$
b) $v = \sqrt{\frac{2 m_1 g h}{m_1 + \frac{J_2}{r_2^2}}}$

$v = 2{,}368$ m/s

602 a) $\omega = \sqrt{\frac{g}{l}}$
b) $v_u = 2\sqrt{g l}$

603 a) $\frac{J\omega_2^2}{2} = 0 + M_k \Delta\varphi$
b) $z = \frac{J\omega_2^2}{4\pi F r} = 43{,}63$
c) 52,36 s

604 a) 386,2 J
b) 79,58 Nm
c) 0,4213 s

605 a) 1,675 s
b) 13,96 Umdrehungen
c) 4386 J
d) 175,44 kJ/h

610 a) 3,519 m/s
b) 3243 N

611 6,415 MN

612 75,4 kN

613 21,99 kN

614 $n = \frac{30}{\pi}\sqrt{\frac{g}{r \mu_0}}$

$n = 38{,}61\ \text{min}^{-1}$

615 a) 5556 N
b) 10,432 kN/32,18°
c) 0,5357

616 a) $v = \sqrt{\frac{g l r_s}{2h}}$

$v = 32{,}29$ m/s = 116,251 km/h
b) 140,4 mm

617 a) 27,72°
b) 5,153 m/s²
c) 27,80 m/s = 100,1 km/h

618 a) $v_0 = \sqrt{g r_s} = 5{,}334 \frac{\text{m}}{\text{s}} = 19{,}2 \frac{\text{km}}{\text{h}}$
b) $v_u = \sqrt{5 g r_s} = 11{,}93 \frac{\text{m}}{\text{s}} = 42{,}94 \frac{\text{km}}{\text{h}}$
c) $h = 2{,}5\ r_s = 7{,}25$ m

619 a) $F_A = 7{,}554$ kN
$F_B = 3{,}237$ kN
b) $F_z = 898{,}9$ N
c) $F_A = 8{,}183$ kN
$F_B = 3{,}507$ kN
d) $F_A = 6{,}924$ kN ↑
$F_B = 2{,}968$ kN ↑

620 a) $h = \dfrac{g}{\omega^2} = 14{,}31$ mm

b) 94,58 min^{-1}

c) $\omega_0 = \sqrt{\dfrac{g}{\sqrt{l^2 - r_0^2}}}$

$n_0 = 67{,}97\ \text{min}^{-1}$

621 a) $T = 38{,}46$ s

b) $f = 0{,}026\ \text{s}^{-1}$

622 a) $T = 0{,}4$ s

b) $f = 2{,}5$ Hz

c) $\omega = 15{,}71\ \text{s}^{-1}$

623 a) $y = 0$ (Nulllage)

b) $v_y = 9{,}368$ m/s

c) $a_y = 0$

624 $y_1 = 19{,}2$ cm

$y_2 = 38{,}4\ \text{cm} = 2\,y_1$

625 a) $T = 0{,}179$ s

b) $f = 5{,}587$ Hz

c) $v_0 = 8{,}771$ m/s

626 a) $R_0 = 10{,}03 \cdot 10^4$ N/m

b) $f_0 = 3{,}361$ Hz

627 a) $T = 0{,}36$ s

b) $z = 166{,}7$ Perioden

628 $m_1 : m_2 = 2 : 9$

629 $J_{KS} = 7{,}21032\ \text{kg m}^2$

630 $J_{RS} = 2{,}038 \cdot 10^{-3}\ \text{kg m}^2$

631 $T_2 = 1{,}55$ s

632 a) $T = 5{,}674$ s

b) $f = 0{,}176$ Hz

c) $v_0 = 1{,}67$ m/s

d) $a_{max} = 1{,}838\ \text{m/s}^2$

e) $y_1 = 0{,}547$ m

633 $f_1 = 3{,}157$ Hz

$f_2 = 2{,}823$ Hz

634 $T = 0{,}634$ s

635 $\Delta T = 0{,}32 \cdot 10^{-2}$ K

636 $n_{kr} = 445{,}6\ \text{min}^{-1}$

637 a) $T_0 = 0{,}0303$ s

b) $z = 1980$

c) $f_0 = 33$ Hz

d) $n_{kr} = 1980\ \text{min}^{-1}$

5 Festigkeitslehre

651 Schnitt $A - B$ hat zu übertragen:

eine im Schnitt liegende Querkraft $F_q = F_s = 12\,000$ N; sie erzeugt Schubspannungen τ (Abscherspannung τ_a),

ein rechtwinklig auf der Schnittebene stehendes Biegemoment $M_b = F_s\ l = 12\,000\ \text{N} \cdot 40\ \text{mm} = 48 \cdot 10^4$ Nmm; es erzeugt Normalspannungen σ (Biegespannung σ_b).

652 Schnitt $A - B$ hat zu übertragen:

eine rechtwinklig zum Schnitt stehende Normalkraft $F_N = 5640$ N; sie erzeugt Normalspannungen σ (Zugspannungen σ_z),

eine im Schnitt liegende Querkraft $F_q = 2050$ N; sie erzeugt Schubspannungen τ (Abscherspannungen τ_a),

ein rechtwinklig zum Schnitt stehendes Biegemoment $M_b = F_y\, l = 2050\ \text{N} \cdot 60\ \text{mm} = 12{,}3 \cdot 10^4$ Nmm; es erzeugt Normalspannungen σ (Biegespannungen σ_b).

653 Schnitt $x - x$ hat zu übertragen:

eine rechtwinklig zum Schnitt stehende Normalkraft $F_N = 5000$ N; sie erzeugt Normalspannungen σ (Zugspannungen σ_z).

Schnitt $y - y$ hat zu übertragen:

eine rechtwinklig zum Schnitt stehende Normalkraft $F_N = 5000$ N; sie erzeugt Normalspannungen σ (Zugspannungen σ_z) und

ein rechtwinklig zum Schnitt stehendes Biegemoment $M_b = F\,l = 5000\ \text{N} \cdot 50\ \text{mm} = 25 \cdot 10^4$ Nmm; es erzeugt Normalspannungen σ (Biegespannungen σ_b).

654 a) eine rechtwinklig zum Schnitt stehende Normalkraft $F_N = F_{Lx} \cdot 1000$ N; sie erzeugt Normalspannungen σ (Druckspannungen σ_d),

eine im Schnitt liegende Querkraft $F_q = F_{Ly} = 2463$ N; sie erzeugt Schubspannungen τ (Abscherspannungen τ_a),

ein rechtwinklig zum Schnitt stehendes Biegemoment $M_b = F_q\, l_3/2 = 2463\ \text{N} \cdot 1{,}05\ \text{m} = 2586$ Nm; es erzeugt Normalspannungen σ (Biegespannungen σ_b).

b) eine rechtwinklig zum Schnitt stehende Normalkraft $F_N = F_{2x} = 1000$ N; sie erzeugt Normalspannungen σ (Druckspannungen σ_d),

eine im Schnitt liegende Querkraft $F_q = F_{2y} = 1732$ N; sie erzeugt Schubspannungen τ (Abscherspannungen τ_a),

ein rechtwinklig zum Schnitt stehendes Biegemoment $M_b = F_q\, l_1/2 = 1732\ \text{N} \cdot 1{,}3\ \text{m} = 2252$ Nm; es erzeugt Normalspannungen σ (Biegespannungen σ_b).

655 Schnitt $x - x$ hat zu übertragen:
eine in der Schnittfläche liegende Querkraft F_q = 5 kN; sie erzeugt Schubspannungen τ (Abscherspannungen τ_a),
eine rechtwinklig auf der Schnittfläche stehende Normalkraft F_N = 10 kN; sie erzeugt Normalspannungen σ (Druckspannungen σ_d),
ein rechtwinklig auf der Schnittfläche stehendes Biegemoment $M_b = 10^4$ Nm; es erzeugt Normalspannungen σ (Biegespannungen σ_b).

656 Es überträgt
Schnitt $A - B$: eine rechtwinklig zum Schnitt stehende Normalkraft F_N = 900 N; sie erzeugt Normalspannungen σ (Zugspannungen σ_z).
Schnitt $C - D$: eine rechtwinklig zum Schnitt stehende Normalkraft F_N = 900 N; sie erzeugt Normalspannungen σ (Zugspannungen σ_z),
ein rechtwinklig zum Schnitt stehendes Biegemoment M_b = 18 Nm; es erzeugt Normalspannungen σ (Biegespannungen σ_b).
Schnitt $E - F$: Es wirken die gleichen Spannungsarten wie im Schnitt $C - D$.
Schnitt $G - H$: eine im Schnitt liegende Querkraft F_q = 900 N; sie erzeugt Schubspannungen τ (Abscherspannung τ_a),
ein rechtwinklig zum Schnitt stehendes Biegemoment M_b = 15,75 Nm; es erzeugt Normalspannungen σ (Biegespannungen σ_b).

Hinweis: In den Klammern stehen die gerundeten Werte.

661 33,3 N/mm²
662 15,1 mm (16 mm)
663 14 130 N
664 M 12 mit A_s = 84,3 mm²
665 224 Drähte
666 1,22 mm (1,4 mm)
667 26861 N
668 16 mm
669 M 33 mit A_s = 694 mm²
670 345700 N
671 1,276 N/mm²
672 644 kN
673 49,74 N/mm²
674 M 24 mit A_s = 353 mm²
(A_{erf} = 354 mm² ist nur geringfügig größer)
675 11,9 mm (12 mm)
676 a) 422,8 kN
b) 327,6 kN
677 a) F_z = 170,3 N
b) 96,4 N/mm²
678 160 mm
679 □ 60 × 6; 85,7 N/mm²
680 a) 29,5 N/mm²
b) 42,5 N/mm²
c) 14,8 N/mm²

681 a) s = 10 mm
b) h = 40 mm
c) D = 70 mm
682 95,94 N/mm²
683 z. B. 2 L 45 × 6 mit
A = 509 mm²
σ_z = 139 N/mm²
684 13,6 mm (13 mm)
685 a) 78,6 N/mm²
b) 5,3
686 487 N/mm²
687 υ = 4
688 4415 m
689 35421 N
690 a) M 12 mit
A_s = 84,3 mm²
b) 103 N/mm²
691 a) 16,67 kN
b) M 22 mit
A_s = 303 mm²
c) □ 40 × 6
692 σ_1 = 78,9 N/mm²
σ_2 = 43,5 N/mm²
693 a) 24,6 N/mm²
b) 32,7 N/mm²
694 a) 67,9 N/mm²
b) 2327 N

695 d_{1n} = 3,804 mm
d_{2n} = 4,41 mm
696 a) 119,4 N/mm²
b) 0,057 %
c) 0,068 mm
697 2,857 mm
698 a) 22,6 mm (30 mm)
b) 57,1 N/mm²
c) 0,0272 %
d) 1,632 mm
e) 32,64 J
699 a) 0,0272
b) 1,632 N/mm²
c) 816 N
700 a) 0,833 N/mm²
b) 27,7 mm (28 mm)
c) 1,25 J
701 a) 137 N/mm²
b) 882280 N
702 a) 131 N/mm²
b) $0{,}625 \cdot 10^{-3}$
703 a) $2 \cdot 10^{-3}$
b) 420 N/mm²
c) 84 N
704 a) 125 N/mm²
b) 0,476 mm
705 88,4 N/mm²
3,368 mm

706 a) 274,9 kN b) 0,067 %
c) 5,36 mm d) 736,7 J

707 a) 66,7 %
b) 2,5 N/mm^2
c) 3,75 N/mm^2

708 a) 1,6 N/mm^2
b) 28,2 mm
c) 500 J

709 a) 25 937 N
b) 27,9 mm

710 a) 109,4 N/mm^2
115,6 N/mm^2
b) 42,86 mm

711 a) 56287 N
b) L 35 × 5 mit
$A = 328\ mm^2$
c) 103 N/mm^2
d) 1,226 mm

712 $\sigma_1 = \sigma_3 = 41{,}6\ N/mm^2$
$\sigma_2 = 55{,}4\ N/mm^2$

713 a) $n_{erf} = 26$
b) $\Delta l_1 \approx 5{,}9$ mm

714 $a = 200$ mm

715 $l = 515$ mm
$b = 322$ mm (320 × 520)

716 $l = 44{,}7$ mm (45 mm)
$d = 28$ mm

717 a) $l = 60$ mm
b) 50 N/mm^2

718 $D = 57{,}4$ mm (58 mm)

719 a) $d = 21{,}9$ mm (22 mm)
b) $D = 33{,}5$ mm (34 mm)

720 $d = 47{,}1$ mm (48 mm)
$D = 62{,}4$ mm (63 mm)
$l = 57{,}6$ mm (58 mm)

721 a) $F_a = 65\,345$ N
b) M 36
mit $A_S = 817\ mm^2$

722 a) 47760 N
b) $m = 39{,}75$ mm (40 mm)

723 a) Tr 28 × 5 mit
$A_3 = 398\ mm^2$
b) $m = 74{,}9$ mm (75 mm)

724 a) 36,6 N/mm^2
b) $m = 97{,}9$ mm (98 mm)

725 a) Tr 52 × 8 mit
$A_3 = 1452\ mm^2$
b) 331,6 mm (332 mm)

726 a) 11 025 N
b) 22,1 N/mm^2

727 1424 N
0,146 N/mm^2

728 a) M 12 mit $A_s = 84{,}3\ mm^2$
b) 0,074 mm
c) 38 mm
d) 54,15 mm (55 mm)

729 a) $d_i = 186{,}85$ mm (186 mm)
b) $d_f = 445{,}5$ mm (446 mm)

730 a) $s = 20$
b) $a = 612$ mm

731 2,5 N/mm^2

732 94,6 mm (95 mm)

733 a) 50,54 mm (50 mm)
b) 5 N/mm^2

734 a) $D = 108$ mm
$d = 38{,}6$ mm (38 mm)
b) 2,5 N/mm^2

735 13,3 N/mm^2

736 $z = 3$

738 58,4 kN

739 9,6 mm

740 204 kN

741 a) 424,1 kN
b) 14,705 mm

742 a) $\tau_a = 28{,}6\ N/mm^2$
b) $D = 44{,}8$ mm (45 mm)

743 4,489 mm (4,5 mm)

744 a) 389 N/mm^2
b) 278,5 N/mm^2
c) 583 N/mm^2

745 a) 3556 N
b) 444 N/mm^2
c) 635 N/mm^2
d) 184,8 N/mm^2

746 311 kN

747 a) $l_v = 100$ mm
b) 4,17 N/mm^2

748 a) $s = 8{,}82$ mm (10 mm)
$h = 30$ mm
b) $d = 25{,}46$ mm (25 mm)

749 $s = 2{,}5$ mm

750 a) 6,3 kN
b) $b = 5{,}86$ (6 mm)

751 a) $d_1 = 13$ mm
b) 144 N/mm^2
c) $b = 39{,}8$ mm (40 mm)

752 a) $d_1 = 17$ mm
b) 58,8 N/mm^2
c) $a = 12{,}5$ mm

753 54480 N

754 a) $d = 14$ mm,
$d_1 = 15$ mm, mit
$A_1 = 177\ mm^2$
b) ▭ 45 × 8
c) 95,8 N/mm^2
d) 65 N/mm^2
e) 95,8 N/mm^2

755 a) 105 N/mm^2
b) 303 N/mm^2
c) 136 N/mm^2

756 $F_{z\,max} = 48{,}7$ kN
(aus der zulässigen Zugspannung)

757 a) 44 N/mm^2
b) 147 N/mm^2
c) 117,3 mm (120 mm)

758 a) 1143 mm^2
b) 142,9 mm (145 mm)
c) $n_a = 3$ Niete
d) $n_l = 4$ Niete
e) 195 N/mm^2
f) 66 N/mm^2
g) 221 N/mm^2

759 a) $F_1 = 91\,924$ N
$F_3 = 125\,570$ N
b) S_1 : L40 × 6 mit
$A = 448\ mm^2$
S_2 : L35 × 5 mit
$A = 328\ mm^2$
S_3 : L50 × 6 mit
$A = 569\ mm^2$
c) S_1 : 3 Niete ϕ12 mm
S_2 : 3 Niete ϕ10 mm
S_3 : 4 Niete ϕ12 mm
d) $\sigma_{l1} = 295\ N/mm^2$
$\sigma_{l2} = 246\ N/mm^2$
$\sigma_{l3} = 302\ N/mm^2$

760 a) 2 L 35 × 5
b) 2 L 65 × 8
c) $n_1 = 4$ Niete ϕ10 mm
d) $n_2 = 4$ Niete ϕ16 mm
e) 227 und 294 N/mm^2
f) 183 und
141 N/mm^2
g) $n = 4$ Niete ϕ24 mm

761 a) L 50 × 8
b) 149 N/mm^2
c) 2,84 mm
d) 3 Niete ϕ16 mm

762 a) 82,7 N/mm^2
b) 378 N/mm^2

763 a) $F_1 = 133{,}8$ kN
$F_2 = 102{,}5$ kN
b) ☐ 70 × 7
c) $l_{erf} = 84{,}3$ mm (85 mm)
d) $n_{l\,erf} = 4$

764 a) $\sigma_{z\,vorh} = 41{,}7$ N/mm^2
b) $\tau_{schw} = 17{,}5$ N/mm^2

765 $d_{2\,erf} = 3{,}7$ mm (4 mm)

766 a) $A = 2827$ mm^2
$W_p = 42{,}4 \cdot 10^3$ mm^3
b) $D = 100$ mm
$d = 80$ mm
c) $W_p = 115{,}9 \cdot 10^3$ mm^3

767 a) $42{,}7 \cdot 10^3$ mm^3
b) $85{,}3 \cdot 10^3$ mm^3
c) $170{,}7 \cdot 10^3$ mm^3
d) $341{,}3 \cdot 10^3$ mm^3
e) $152{,}2 \cdot 10^3$ mm^3
f) $621{,}4 \cdot 10^3$ mm^3

768 a) $I_x = 92{,}4 \cdot 10^6$ mm^4
b) $W_x = 770 \cdot 10^3$ mm^3

769 a) $I_x = 31{,}7 \cdot 10^4$ mm^4
$I_y = 171{,}7 \cdot 10^3$ mm^4
b) $W_x = 12{,}7 \cdot 10^3$ mm^3
$W_y = 42{,}9 \cdot 10^3$ mm^3

770 a) $I_x = I_y = 77{,}3 \cdot 10^4$ mm^4
b) $W_x = W_y$
$= 25{,}8 \cdot 10^3$ mm^3

771 a) $I_x = 2{,}693 \cdot 10^4$ mm^4
$I_y = 1{,}162 \cdot 10^4$ mm^4
b) $W_x = 1{,}346 \cdot 10^3$ mm^3
$W_y = 0{,}774 \cdot 10^3$ mm^3

772 a) $I_x = 4{,}1 \cdot 10^8$ mm^4
b) $W_x = 1{,}37 \cdot 10^6$ mm^3

773 a) $I_x = 233 \cdot 10^4$ mm^4
b) $W_x = 41{,}2 \cdot 10^3$ mm^3

774 a) $e_1 = 34{,}8$ mm
$e_2 = 45{,}2$ mm
b) $I_x = 174{,}6 \cdot 10^4$ mm^4
$I_y = 70{,}2 \cdot 10^4$ mm^4
c) $W_{x1} = 50{,}2 \cdot 10^3$ mm^3
$W_{x2} = 38{,}6 \cdot 10^3$ mm^3
$W_y = 28{,}1 \cdot 10^3$ mm^3

775 a) $e_1 = 27{,}15$ mm (27 mm)
$e_2 = 73$ mm
b) $I_x = 92{,}6 \cdot 10^4$ mm^4
$I_y = 12{,}6 \cdot 10^4$ mm^4
c) $W_{x1} = 34{,}3 \cdot 10^3$ mm^3
$W_{x2} = 12{,}7 \cdot 10^3$ mm^3
$W_y = 5{,}04 \cdot 10^3$ mm^3

776 a) $I_x = 325{,}5 \cdot 10^4$ mm^4
$I_y = 859{,}5 \cdot 10^4$ mm^4
b) $W_x = 93 \cdot 10^3$ mm^3
$W_y = 143 \cdot 10^3$ mm^3

777 a) $e_1 = 99{,}8$ mm
$e_2 = 300{,}2$ mm
b) $I_1 = 2{,}44 \cdot 10^8$ mm^4
c) $W_{x1} = 2{,}44 \cdot 10^6$ mm^3
$W_{x2} = 812{,}7 \cdot 10^3$ mm^3

778 a) $e_1 = 118$ mm
$e_2 = 422$ mm
b) $I_x = 11{,}794 \cdot 10^8$ mm^4
c) $W_{x1} = 9{,}995 \cdot 10^6$ mm^3
$W_{x2} = 2{,}795 \cdot 10^6$ mm^3

779 a) $e_1 = 27{,}14$ mm
b) $I_x = 1877 \cdot 10^4$ mm^4
$I_y = 302 \cdot 10^4$ mm^4
c) $W_x = 233 \cdot 10^3$ mm^3
$W_{y1} = 111{,}31 \cdot 10^3$ mm^3
$W_{y2} = 57{,}15 \cdot 10^3$ mm^3

780 a) $e_1 = 28{,}33$ mm
$e_2 = 51{,}67$ mm
$e'_1 = 13{,}33$ mm
$e'_2 = 36{,}67$ mm
b) $I_x = 75{,}7 \cdot 10^4$ mm^4
$I_y = 22{,}6 \cdot 10^4$ mm^4
c) $W_{x1} = 26{,}7 \cdot 10^3$ mm^3
$W_{x2} = 14{,}7 \cdot 10^3$ mm^3
$W_{y1} = 17{,}05 \cdot 10^3$ mm^3
$W_{y2} = 6{,}2 \cdot 10^3$ mm^3

781 a) $e_1 = 244$ mm
$e_2 = 331$ mm
b) $I_x = 39{,}9 \cdot 10^8$ mm^4
$I_y = 16{,}34 \cdot 10^8$ mm^4
c) $W_{x1} = 16{,}352 \cdot 10^6$ mm^3
$W_{x2} = 12{,}054 \cdot 10^6$ mm^3
$W_y = 9{,}337 \cdot 10^6$ mm^3

782 a) $e_1 = 189$ mm
$e_2 = 261$ mm
$e'_1 = 283$ mm
$e'_2 = 167$ mm
b) $I_x = 11{,}252 \cdot 10^8$ mm^4
$I_y = 10{,}788 \cdot 10^8$ mm^4
c) $W_{x1} = 5{,}9534 \cdot 10^6$ mm^3
$W_{x2} = 4{,}3111 \cdot 10^6$ mm^3
$W_{y1} = 3{,}812 \cdot 10^6$ mm^3
$W_{y2} = 6{,}4599 \cdot 10^6$ mm^3

783 a) $e_1 = 60{,}73$ mm
$e_2 = 39{,}27$ mm
b) $I_x = 297{,}3 \cdot 10^4$ mm^4
c) $W_{x1} = 48{,}9 \cdot 10^3$ mm^3
$W_{x2} = 75{,}7 \cdot 10^3$ mm^3

784 a) $e_1 = 383{,}6$ mm
$e_2 = 216{,}4$ mm
$e'_1 = 156{,}97$ mm
$e'_2 = 443{,}03$ mm
b) $I_x = 22{,}84 \cdot 10^8$ mm^4
$I_y = 4{,}17 \cdot 10^8$ mm^4
c) $W_{x1} = 5{,}95 \cdot 10^6$ mm^3
$W_{x2} = 10{,}6 \cdot 10^6$ mm^3
$W_{y1} = 2{,}66 \cdot 10^6$ mm^3
$W_{y2} = 1{,}72 \cdot 10^6$ mm^3

785 a) $e_1 = 404{,}7$ mm
$e_2 = 225{,}3$ mm
b) $I_x = 19{,}945 \cdot 10^8$ mm^4
c) $W_{x1} = 4{,}99 \cdot 10^6$ mm^3
$W_{x2} = 8{,}85 \cdot 10^6$ mm^3

786 a) $e_1 = 154{,}4$ mm
$e_2 = 365{,}6$ mm
b) $I_x = 5{,}09 \cdot 10^8$ mm^4
$I_y = 1{,}07 \cdot 10^8$ mm^4
c) $W_{x1} = 3{,}2966 \cdot 10^6$ mm^3
$W_{x2} = 1{,}3922 \cdot 10^6$ mm^3
$W_y = 535 \cdot 10^3$ mm^3

787 a) $e_1 = 393{,}34$ mm
$e_2 = 126{,}67$ mm
b) $I_x = 5{,}97 \cdot 10^8$ mm^4
c) $W_{x1} = 1{,}52 \cdot 10^6$ mm^3
$W_{x2} = 4{,}71 \cdot 10^6$ mm^3

788 a) $e_1 = 129{,}58$ mm
$e_2 = 120{,}42$ mm
b) $I_{N1} = 1{,}79 \cdot 10^8$ mm^4
$I_{N2} = 6{,}3 \cdot 10^8$ mm^4
c) $W_{N1} = 1{,}34 \cdot 10^6$ mm^3
$W'_{N1} = 1{,}54 \cdot 10^6$ mm^3
$W'_{N2} = 2{,}52 \cdot 10^6$ mm^3

789 a) $e_1 = 129{,}1$ mm
$e_2 = 120{,}9$ mm
b) $I_x = 2{,}116 \cdot 10^8$ mm^4
c) $W_{x1} = 1{,}64 \cdot 10^6$ mm^3
$W_{x2} = 1{,}75 \cdot 10^6$ mm^3

790 a) $e_1 = 179{,}4$ mm
$e_2 = 95{,}6$ mm
b) $I_x = 32{,}14 \cdot 10^6$ mm^4
c) $W_{x1} = 179 \cdot 10^3$ mm^3
$W_{x2} = 336 \cdot 10^3$ mm^3

791 a) $I_x = 10{,}3 \cdot 10^6$ mm^4
b) $W_x = 120{,}2 \cdot 10^3$ mm^3

792 a) $e_1 = 82{,}4$ mm
$e'_1 = 14{,}3$ mm
b) $I_x = 24{,}9 \cdot 10^6$ mm^4
$I_y = 296{,}6 \cdot 10^3$ mm^3
c) $W_{x1} = 302{,}2 \cdot 10^3$ mm^3
$W_{x2} = 211{,}7 \cdot 10^3$ mm^3
$W_{y1} = 54{,}6 \cdot 10^3$ mm^3
$W_{y2} = 53{,}3 \cdot 10^3$ mm^3

793 a) $1{,}33 \cdot 10^4\ \text{mm}^4$
b) $I_x = 35{,}3 \cdot 10^6\ \text{mm}^4$
$I_y = 9{,}7 \cdot 10^6\ \text{mm}^4$
c) $W_x = 160 \cdot 10^3\ \text{mm}^3$
$W_y = 80{,}8 \cdot 10^3\ \text{mm}^3$

794 a) $I_x = 16{,}4 \cdot 10^8\ \text{mm}^4$
$I_y = 3{,}97 \cdot 10^8\ \text{mm}^4$
b) $W_x = 5{,}46 \cdot 10^6\ \text{mm}^3$
$W_y = 1{,}99 \cdot 10^6\ \text{mm}^3$

795 a) $I_x = 1{,}338 \cdot 10^8\ \text{mm}^4$
$I_y = 1{,}58 \cdot 10^8\ \text{mm}^4$
b) $W_x = 1030 \cdot 10^3\ \text{mm}^3$
$W_y = 878 \cdot 10^3\ \text{mm}^3$

796 a) $I_x = 9845 \cdot 10^4\ \text{mm}^4$
$I_y = 20646 \cdot 10^4\ \text{mm}^4$
b) $W_x = 757 \cdot 10^3\ \text{mm}^3$
$W_y = 1032 \cdot 10^3\ \text{mm}^3$

797 a) $I_x = 227690 \cdot 10^4\ \text{mm}^4$
b) $W_x = 73449 \cdot 10^3\ \text{mm}^3$
c) $M_b = 1{,}0283 \cdot 10^5\ \text{Nm}$

798 a) $I_x = 16{,}628 \cdot 10^8\ \text{mm}^4$
$I_y = 1{,}3456 \cdot 10^8\ \text{mm}^4$
b) $W_x = 5{,}5427 \cdot 10^6\ \text{mm}^3$
$W_y = 7{,}6891 \cdot 10^5\ \text{mm}^3$

799 a) $I_{x1} = 2{,}0075 \cdot 10^8\ \text{mm}^4$
b) $I_{x2} = 2{,}7268 \cdot 10^8\ \text{mm}^4$
c) $I_{x3} = 0{,}4359 \cdot 10^8\ \text{mm}^4$
d) $I_x = 5{,}1708 \cdot 10^8\ \text{mm}^4$
e) $W_x = 2585{,}1 \cdot 10^3\ \text{mm}^3$

800 a) $I_x = 2{,}4318 \cdot 10^8\ \text{mm}^4$
b) $W_x = 1{,}5894 \cdot 10^6\ \text{mm}^3$
c) 17,04 % des vollen Querschnitts

801 a) $I_x = 1322 \cdot 10^4\ \text{mm}^4$
b) $W_x = 220{,}33 \cdot 10^3\ \text{mm}^3$
c) $M_b = 3{,}0847 \cdot 10^4\ \text{Nm}$

802 a) $I_x = 8233 \cdot 10^4\ \text{mm}^4$
b) $W_x = 748{,}48 \cdot 10^3\ \text{mm}^3$
c) $66{,}8\ \text{N/mm}^2$
d) $60{,}7\ \text{N/mm}^2$

803 $l = 107{,}8$ mm

804 a) $e = 76{,}036$ mm
b) $240{,}82 \cdot 10^4\ \text{mm}^4$
$110{,}12 \cdot 10^4\ \text{mm}^4$
c) $I_x = 351 \cdot 10^4\ \text{mm}^4$
$I_y = 42{,}3 \cdot 10^4\ \text{mm}^4$
d) $W_{x1} = 46{,}8 \cdot 10^3\ \text{mm}^3$
$W_{x2} = 56{,}6 \cdot 10^3\ \text{mm}^3$
$W_y = 15{,}4 \cdot 10^3\ \text{mm}^3$

805 a) $I_x = 23376 \cdot 10^4\ \text{mm}^4$
b) $W_x = 1169 \cdot 10^3\ \text{mm}^3$

806 $l = 160$ mm

807 a) $I_x = 6922 \cdot 10^4\ \text{mm}^4$
b) $W_x = 461 \cdot 10^3\ \text{mm}^3$

808 $b = 354$ mm

809 $d_1 = 330$ mm
$d_2 = 260$ mm
$d_3 = 165$ mm
$d_4 = 130$ mm
$d_5 = 115$ mm

810 $d_1 = 40$ mm
$d_2 = 60$ mm
$d_3 = 80$ mm

811 der Durchmesser der folgenden Welle (d_2) ist immer größer als derjenige der vorhergehenden (d_1). Es ist:
$d_2/d_1 = \sqrt[3]{i}$
$d_2 = d_1 \cdot \sqrt[3]{i}$

812 a) 286,5 mm
b) 56477 kW

813 a) $M = M_T = 249{,}1$ Nm
b) $W_p = 8{,}303 \cdot 10^3\ \text{mm}^3$
c) $d = 34{,}8$ mm (35 mm)
d) $d = 38{,}5$ mm (38 mm)
e) $23{,}9\ \text{N/mm}^2$

814 $d_1 = 22{,}2$ mm (23 mm)
$d_2 = 35$ mm

815 a) $d = 16$ mm
b) $l = 820$ mm
c) $\varphi = 24{,}6°$

816 a) 25 mm
b) 1,43°

817 a) $127{,}3\ \text{N/mm}^2$ und $95{,}5\ \text{N/mm}^2$
b) 39,9°

818 a) $d = 250$ mm
b) $\varphi = 0{,}16°/\text{m}$

819 a) $d_i = 288$ mm
b) $48{,}1\ \text{N/mm}^2$

820 a) $d = 23{,}6$ mm
b) $l_1 = 810$ mm

821 a) $d = 90$ mm
b) 3,6°

822 a) $d = 9$ mm gewählt
b) $l = 180$ mm

823 $\varphi = 3{,}28°$

824 24 mm

825 $D = 170{,}4$ mm (170 mm)
$d = 113{,}6$ mm (110 mm)

826 $D = 88$ mm (90 mm)

827 1,327°

828 80 mm

829 581 W

830 a) 73,5 mm
b) $d = 30$ mm
$D = 75$ mm

831 a) $b = 4{,}55$ mm
b) 7,92 Nm
c) $b = 13{,}4$ mm

832 a) $\tau_{\text{schw I}} = 2{,}23\ \text{N/mm}^2$
b) $\tau_{\text{schw II}} = 0{,}07\ \text{N/mm}^2$

833 $16{,}8\ \text{N/mm}^2$

835 $M_{\text{b max,hoch}} = 5333$ Nm
$M_{\text{b max,flach}} = 2667$ Nm

836 $F_{\text{max}} = 1{,}46$ N

837 $l = 17{,}3$ mm

838 a) 1470 Nm
b) $12{,}25 \cdot 10^3\ \text{mm}^3$
c) 42 mm
d) 47 mm
e) Ausführung c)

839 a) 50 Nm
b) $178{,}57\ \text{mm}^3$
c) $d = 12{,}21$ mm (13 mm)
d) $3{,}77\ \text{N/mm}^2$

840 a) 10^3 Nm
b) $10{,}526 \cdot 10^3\ \text{mm}^3$
c) $d = 48$ mm
d) $81{,}5\ \text{N/mm}^2$

841 a) 59,5 kNm
b) $496 \cdot 10^3\ \text{mm}^3$
c) IPE 300 mit $W_x = 557 \cdot 10^3\ \text{mm}^3$
d) $107\ \text{N/mm}^2$

842 a) $d = 92{,}7$ mm (95 mm)
b) $3{,}36\ \text{N/mm}^2$

843 $h = 75{,}9$ mm
$b = 25{,}3$ mm; ausgeführt etwa ▭ 80 × 25

844 a) $98{,}4\ \text{N/mm}^2$
b) $81\ \text{N/mm}^2$ und $41{,}2\ \text{N/mm}^2$

845 $h_2 = 840$ mm
$\delta = 26$ mm

846 $b = 177$ mm

847 15278 N

848 $125{,}7\ \text{N/mm}^2$

849 a) 38,125 kNm
b) $272{,}32 \cdot 10^3\ \text{mm}^3$

c) U 180 mit
$2 \cdot W_x = 300 \cdot 10^3\ mm^3$

850 $F_{max} \approx 14{,}752$ kN

851 IPE 240 mit
$W_x = 324 \cdot 10^3\ mm^3$

852 a) 810 Nm
b) $h = 69$ mm (70 mm)
$s = 18$ mm

853 a) $d = 15{,}4$ mm (16 mm)
b) 10,9 N/mm²

854 a) M 20 DIN 13 mit
$A_s = 245\ mm^2$
b) ▭ 55 × 5

855 a) $d = 19{,}6$ mm (20 mm)
b) $l = 24$ mm
c) $D = 26{,}8$ mm (28 mm)
d) $\sigma_b = 17{,}6\ N/mm^2$

856 a) $e_1 = 188$ mm
$e_2 = 112$ mm
b) $I_1 = 1{,}07 \cdot 10^8\ mm^4$
c) $W_{x1} = 572 \cdot 10^3\ mm^3$
$W_{x2} = 958 \cdot 10^3\ mm^3$
d) 119,8 kN
e) $\sigma_d = 83{,}2\ N/mm^2$
$\sigma_z = 50\ N/mm^2$

857 a) siehe Lehrbuch, 5.1.7.3, 4. Übung
b) $d = 16$ mm
c) $h = 30$ mm
$b = 5$ mm

858 a) $d = 20$ mm
$l = 26$ mm
b) $d_3 = 25$ mm
c) 20,9 N/mm²

859 a) 8400 Nm
b) $700 \cdot 10^3\ mm^3$
c) $b = 135$ mm
$h = 178$ mm (180 mm)

860 gewählt:
IPE 100 mit
$W_x = 34{,}2 \cdot 10^3\ mm^3$ und
$\sigma_b = 119{,}3\ N/mm^2$

861 a) IPE 160 mit
$W_x = 109 \cdot 10^3\ mm^3$
b) IPE 120 mit
$W_x = 53 \cdot 10^3\ mm^3$
c) 115 N/mm² und 119,44 N/mm²
die Gewichtskraft erhöht die Spannung nur geringfügig

862 a) $d = 167$ mm (170 mm)
b) 5,4 kNm
c) 11,2 N/mm²

863 a) $\sigma_{b\,schw} = 39{,}1\ N/mm^2$
b) $\tau_{s\,schw} = 5{,}8\ N/mm^2$

864 a) $F_A = 11{,}7$ kN
$F_B = 28{,}3$ kN
b) 28,3 kNm

865 a) $F_A = -1760$ N
$F_B = 4760$ N
b) $M_{b\,I} = 176$ Nm
$M_{b\,II} = 171{,}2$ Nm
$M_{b\,B} = 160$ Nm
$M_{b\,III} = 0$

866 2 IPE 200 mit
$W_x = 2 \cdot 194 \cdot 10^3\ mm^3$
$= 388 \cdot 10^3\ mm^3$

867 a) $F_A = 21{,}5$ kN
$F_B = 28{,}5$ kN
b) 20 kNm

868 a) $F_A = 5620$ N
$F_B = -620$ N
b) 7,2 kNm
c) IPE 140 mit
$W_x = 77{,}3 \cdot 10^3\ mm^3$

869 $h = 227$ mm (230 mm)
$b = 90{,}8$ mm (90 mm)

870 a) $D_2 = 134{,}2$ mm
$d_2 = 89{,}5$ mm
b) $W_1 = 98{,}174 \cdot 10^3\ mm^3$
$W_2 = 190{,}338 \cdot 10^3\ mm^3$
c) $F_1 = 39\,270$ N
$F_2 = 76\,136$ N

871 a) $F_A = 24{,}25$ kN
$F_B = 28{,}75$ kN
b) 50,25 kNm
c) IPE 270 mit
$W_x = 429 \cdot 10^3\ mm^3$

872 2 U 140 mit
$W_x = 2 \cdot 86{,}4 \cdot 10^3\ mm^3$
$= 172{,}8 \cdot 10^3\ mm^3$

873 a) $l_1 = 342{,}9$ mm
b) $M_{bmax} = 857{,}25$ Nm
c) Es genügt das kleinste Profil: IPE 80 mit
$W_x = 20 \cdot 10^3\ mm^3$

874 $h = 57{,}2$ mm (58 mm)
$b = 580$ mm

875 a) $F_A = 11{,}43$ kN
$F_B = 8{,}57$ kN
b) 1078 Nm
c) $d_3 = 60$ mm
d) $d_1 = 36$ mm
$d_2 = 33$ mm (34 mm)
e) $p_A = 7{,}9\ N/mm^2$
$p_B = 6{,}3\ N/mm^2$

876 a) 163 N/mm²
b) 21,2 N/mm²
c) 28,6 N/mm²

877 a) 53 Nm
b) 65,4 N/mm²
c) 98,7 N/mm²
d) 52,1 N/mm²

878 a) $F_r = 13\,850$ N
b) 1745 Nm
c) $19{,}4 \cdot 10^3\ mm^3$
d) $d = 58$ mm
e) 82,3 N/mm²

879 a) IPE 330 mit
$W_x = 713 \cdot 10^3\ mm^3$
und $\sigma_b = 78{,}9\ N/mm^2$
b) IPE 330 wie unter a)
und $\sigma_b = 74{,}2\ N/mm^2$

880 a) $e_1 = 80{,}5$ mm
$e_2 = 79{,}5$ mm
b) $I = 2572 \cdot 10^4\ mm^4$
c) $W_1 = 319{,}5 \cdot 10^3\ mm^3$
$W_2 = 323{,}5 \cdot 10^3\ mm^3$
d) 11,3 N/mm²

881 a) $F_A = F_B = 6$ kN
b) 9 kNm

882 $h = 162$ mm
$b = 54$ mm

883 a) $F_A = 6825$ N
$F_B = 12\,675$ N
b) 11 534 Nm
c) IPE 160 mit
$W_x = 109 \cdot 10^3\ mm^3$

884 12,3 N/mm²

885 a) $F_A = 500$ N
$F_B = 300$ N
b) 325 mm
c) 131,25 Nm
d) $d = 25{,}5$ mm (26 mm)

886 a) $F_A = 7$ kN
$F_B = 5$ kN
b) 11250 Nm

887 a) $F_A = 7{,}4$ kN
$F_B = 6{,}1$ kN
b) 3000 Nm
c) IPE 100 mit
$W_x = 34{,}2 \cdot 10^3\ mm^3$

888 a) $42 \cdot 10^3$ Nm
b) 129 mm
c) $2{,}228 \cdot 10^8$ mm^4
d) $W_{x1} = 1726{,}5 \cdot 10^3$ mm^3
$W_{x2} = 1842{,}1 \cdot 10^3$ mm^3
e) 24,3 N/mm^2
f) an der Trägerunterkante als Druckspannung

889 a) $F_A = 525$ N
$F_B = 1075$ N
b) 1310 Nm

890 a) $F_A = 31{,}36$ kN
$F_B = 34{,}64$ kN
b) 10,8 kNm
c) 5,2 N/mm^2

891 a) $F_A = 42{,}08$ kN
$F_B = 61{,}92$ kN
b) 44,25 kNm
c) IPE 240 mit
$W_x = 324 \cdot 10^3$ mm^3

892 a) $F_A = F_B = 150$ kN
b) 7,5 kNm
c) $d = 82$ mm
d) 28,4 N/mm^2
e) 101,6 N/mm^2
f) 22,3 N/mm^2

893 a) $d = 28$ mm
b) 975 N/mm^2
c) $d = 53{,}5$ mm
d) 31 N/mm^2
e) 43,6 N/mm^2

894 a) $l_2 = l_1/\sqrt{2} = 2{,}828$ m
b) 1714 Nm

895 29,2 N

896 a) $l_a = 1{,}6$ mm
b) $l_b = 2{,}89$ mm
c) $f_c = 0{,}057$ mm
$f_{res} = 4{,}547$ mm

897 a) 151 N/mm^2
b) 0,64 mm
c) 0,275°
d) 1,92 mm
e) 39,48 mm

898 667 N

899 a) $d_{erf} = 21{,}6$ mm (22 mm)
b) $v = 143$

900 a) 8000 mm^2
b) Tr 120 × 14
c) $m = 150{,}2$ mm (150 mm)
d) $\lambda = 61{,}5 < \lambda_0 = 89$
e) $\sigma_K = 297$ N/mm^2
f) $\sigma_d = 94{,}2$ N/mm^2
g) $\nu = 3{,}15$

901 $d = 20{,}3$ mm (21 mm)

902 a) $F = 14\,513$ N
b) 59,2 N/mm^2
c) $m = 38{,}7$ (40 mm)
d) $\nu = 4{,}3$

903 a) $d_1 = 12{,}4$ mm (13 mm)
$d_2 = 14{,}3$ mm (15 mm)
b) $\sigma_{z1} = 22$ N/mm^2
$\sigma_{z2} = 53{,}5$ N/mm^2
c) $\sigma_d = 15{,}3$ N/mm^2
d) $\nu = 9$

904 a) $I_N = 0{,}07371$ mm^4
b) $I_y = 0{,}1$ mm^4
c) $I_N = 0{,}27$ mm
d) $\lambda = 207 > \lambda_0 = 89$
e) $F_k = 48{,}7$ N

905 a) IPE 140 mit
$W_x = 77{,}3 \cdot 10^3$ mm^3
b) $d = 80{,}4$ mm (90 mm)

906 $d = 44$ mm

907 $d = 22{,}04$ mm (25 mm)

908 $\nu = 11{,}7$

909 $d = 20{,}7$ mm (21 mm)

910 a) $\square$ 35 × 10 mm mit
$\nu = 3{,}36$
b) $\square$ 19 × 19 mm mit
$\nu = 5{,}43$

911 a) 5714 N
b) 17142 N
c) $I_{erf} = 769$ mm^4
d) $D = 12{,}8$ mm (13 mm)
$d = 10$ mm
e) $i = 4{,}1$ mm
f) $\lambda = 74{,}4 > \lambda_0 = 70$

912 a) 10,3 N/mm^2
b) 1,66 N/mm^2
c) $\lambda = 167 > \lambda_0 = 89$
d) $\nu = 7{,}2$
e) 5774 N
f) 6,7 N/mm^2
g) $41 < \lambda_0 = 105$
h) 39,3

913 a) $d = 48{,}9$ mm (50 mm)
b) $h = 170$ mm
$s = 17$ mm

914 a) 667 mm^2
b) Tr 40 × 7 mit
$A_3 = 804$ mm^2
c) $\lambda = 100 > \lambda_0 = 89$
d) 4,2
e) $m = 70$ mm
f) $D = 394$ mm

915 a) 8,33 cm^2
b) Tr 44 × 7
mit $A_3 = 1018$ mm^2
c) $\lambda = 156 > \lambda_0 = 89$
d) 1,74
e) $m = 98{,}2$ mm
f) $l_1 = 735$ mm
g) $d_1 = 33{,}4$ mm

916 39,5 kN

920 $\dfrac{F}{\kappa F_{pl}} = 0{,}432 < 1$

921 $\delta = 15$ mm

922 IPE 180

923 Ja. $\dfrac{F}{\kappa F_{pl}} = 0{,}4381$

924 a) Stab 1: Aus Druck und Biegung wird Zug und Biegung;
Stab 2: Aus Zug wird Druck;
Stab 3: Druck und Biegung bleibt.
b) $s = 3201$ mm
c) 2 L 65 × 8;
$\dfrac{F}{\kappa F_{pl}} = 0{,}874 < 1$

925 U 80 DIN 1026;
$\dfrac{F}{\kappa F_{pl}} = 0{,}42 < 1$

926 a) $\dfrac{F}{\kappa F_{pl}} = 0{,}606 < 1$
b) 2 × $\square$ 150 × 8

927 a) 6,53 N/mm^2
b) 17,9 N/mm^2
c) 156,8 N/mm^2
d) 174,7 N/mm^2

928 a) $F_N = 6\,428$ N
$F_q = 7660$ N
$M_b = 4842$ Nm
b) 3,48 N/mm^2
c) 2,92 N/mm^2
d) 91,4 N/mm^2

e) 94,3 N/mm^2
f) 953,4 mm

929 $b = 220$ mm

930 a) $F_s = 26,5$ kN
b) $F_B = 31,4$ kN
c) 50
d) 216 × 12
e) 99,1 N/mm^2

931 ① : $F_{max} = 1456$ N
② : $F_{max} = 1499$ N

932 a) U 100
b) α) $\sigma_{z\,vorh} = 133$ N/mm^2
β) $\sigma_{b1\,vorh} = 224$ N/mm^2
$\sigma_{b2vorh} = 498$ N/mm^2
γ) $\sigma_{res\,Druck} = 365$ N/mm^2
c) α) $\sigma_{z\,vorh} = 106$ N/mm^2
β) $\sigma_{bz} = 160$ N/mm^2
$\sigma_{bd} = 390$ N/mm^2
γ) $\sigma_{res\,Druck} = 284$ N/mm^2
d) in beiden Fällen überschritten.

933 a) 128 kN
b) 537,6 kN
c) 320 %

934 a) $F_2 = 3637$ N
b) ▭ 54 × 13,5 mm
c) wie unter b)
d) 121 N/mm^2

935 a) Normalkraft $F_N = F$
Biegemoment $M_b = F\,l$
b) 69250 N
c) 52,5 N/mm^2
d) 87,5 N/mm^2
e) σ_{res} Druck = 35 N/mm^2
σ_{res} Zug = 140 N/mm^2
f) 35,96 mm

936 a) $F_{max} = 10,35$ kN
b) $F_{max} = 10,012$ kN

937 ohne Berücksichtigung der Formänderung wird im Schnitt $A - B$:
$\sigma_z = 2,25$ N/mm^2
$C - D$:
$\sigma_z = 2,25$ N/mm^2
$\sigma_b = 54$ N/mm^2
$\sigma_{max} = 56,25$ N/mm^2
$E - F$: wie $C - D$
$G - H$:
$\tau_a = 2,25$ N/mm^2
$\sigma_b = 47,25$ N/mm^2

938 a) $F_{max} = 1592$ N
b) $M = 1,469$ Nm
c) $F_h = 24,5$ N
d) $m_{erf} = 34,6$ mm (35 mm)
e) 11

939 a) 10 × 50 mm
b) 2 N/mm^2
c) 300 Nm
d) $d_{erf} = 42,2$ mm (44 mm)
e) 14,3 N/mm^2
f) 26 N/mm^2

940 a) 120 Nm
b) 236 Nm
c) 247 Nm
d) 34,6 mm (35 mm)

941 a) 442 Nm
b) 540 Nm
c) 3,2 N/mm^2
d) 1,98 N/mm^2
e) 4 N/mm^2

942 a) 60 Nm
b) 22,5 Nm
c) 43 Nm
d) 17,5 mm (18 mm)

943 a) 960 Nm
b) 800 Nm
c) 1076 Nm
d) 51 mm (52 mm)

944 a) 13,2 Nm
b) 12,2 mm (13 mm)
c) $l_{erf} = 30,8$ mm (32 mm)
d) 14,4 N/mm^2

945 a) $F_A = 400$ N
$F_B = 19\,600$ N
b) $d_2 = 55,6$ mm (56 mm)
$d_a = 10$ mm
$d_b = 56,6$ mm (58 mm)
c) $p_A = 1$ N/mm^2
$p_B = 8,4$ N/mm^2

946 a) 298 N/mm^2
b) 2
c) 99,5 N/mm^2
d) 344 N/mm^2
e) 1,7
f) 314 N/mm^2
g) 205 N/mm^2
h) 400 N/mm^2

947 a) $F_A = 5\,840$ N
$F_B = 4160$ N
b) 416 Nm
c) 433 Nm
d) 42 mm

948 a) $h_{erf} = 32$ mm, $b_{erf} = 8$ mm
b) 84,5 N/mm^2
c) 30,2 N/mm^2
d) 92,1 N/mm^2

949 a) $M_I = 39,8$ Nm
b) $d_1 = 114$ mm
c) $z_2 = 61$
d) $F_{T1} = 698$ N
e) $F_{r1} = 254$ N
f) $F_A = 495$ N
$F_B = 248$ N
g) $M_{b\,max\,I} = 49,5$ Nm
h) $M_{vI} = 55$ Nm
i) $d_I = 22,4$ mm (23 mm)
k) $M_{II} = 128$ Nm
l) $d_2 = 366$ mm
$d_3 = 200$ mm
m) $z_4 = 70$
$d_4 = 560$ mm
n) $F_{T3} = 1280$ N
$F_{r3} = 466$ N
o) $F_C = 892,1$ N
$F_D = 1109$ N
p) $M_{b\,max\,II} = 111$ Nm
q) $M_{vII} = 135$ Nm
r) $d_{II} = 30,2$ mm (30 mm)

950 a) $d = 8,654$ mm (8 mm)
b) 90,9 N/mm^2
c) $b = 51,4$ mm (52 mm)

951 a) $d = 22,6$ mm (23 mm)
b) $D = 62,6$ mm (63 mm)
c) $h \approx 9,2$ mm (10 mm)

952 M 20 mit $A_s = 245$ mm^2
$> A_{serf} = 194,1$ N/mm^2

953 a) 3185 N
b) $d = 8,22$ mm

954 a) 82,4 N/mm^2
b) 49,4 N/mm^2
c) 10 N/mm^2
d) 1467 N und 2933 N
e) 293,3 Nm
f) 88,9 N/mm^2
g) 14,6 N/mm^2
h) $\nu = 78,8$
i) 7,3 mm

955 a) 21,213 kN
b) 21,213 kN
c) 7,5 N/mm^2
d) 80 N/mm^2
e) 7,5 N/mm^2
f) 61,8 mm
g) 1,9 mm

956 a) 121 kN
b) 104 kN
c) 1537 Nm
d) 2196 Nm
e) 36,2 kN

957 a) 5773,5 N
b) 2309,4 N
c) 3946 N
d) 16 mm bei $v = 11,5$
e) 377 Nm
f) 42 × 14 mm

958 $F = 134,4$ kN

959 $s = 21$ mm

960 a) Der Querschnitt $A-B$ wird belastet durch eine rechtwinklig zum Schnitt wirkende Normalkraft $F_N = F \cdot \cos\beta$, sie erzeugt Druckspannung σ_d. Eine im Schnitt wirkende Querkraft $F_q = F \cdot \sin\beta$, sie erzeugt Abscherspannungen τ_a. Ein rechtwinklig zur Schnittfläche stehendes Biegemoment $M_b = F \cdot \sin\beta \cdot l$, es erzeugt Biegespannungen σ_b.
b) $\sigma_{res} = \sigma_d + \sigma_b = \frac{F}{b}\left(\frac{\cos\beta}{e} + \frac{\sin\beta \cdot 6 \cdot l}{e^2}\right)$

961 a) 50 Nm = 50 · 10^3 Nmm
b) 19,3 kN
c) 15,7 kN
d) 67,8 N/mm²
e) 14,7 N/mm²
f) 118 N/mm²
g) $F_A = 32\,607$ N und $F_B = 13\,290$ N
h) 2 Schrauben M16 mit $A_S = 157$ mm² oder 2 Schrauben M18 mit $A_S = 192$ mm²
i) 86,5 N/mm²
k) 22,4 N/mm² und 88 N/mm²

6 Fluidmechanik (Hydraulik)

1001 79,79 mm

1002 79,52 N

1003 26,51 kN

1004 $F_1 = 188,5$ N
$F_2 = 3016$ N

1005 a) $\sigma_1 = 74,01 \frac{N}{mm^2}$
b) $\sigma_2 = 150 \frac{N}{mm^2}$
c) im Längsschnitt $C-D$
d) 160 · 10^5 Pa

1006 6,154 mm

1007 a) 150,1 · 10^5 Pa
b) 96,63 l/min

1008 21,85 mm und 178,4 mm

1009 84,38 · 10^5 Pa

1010 141,4 mm

1011 a) 22,99
b) 21,61

1012 a) 53,41
b) 0,8102
c) 317,6 kN
d) 0,1531 mm
e) 60 J
f) 48,61 J
g) 183

1013 2943 Pa

1014 606,3 · 10^5 Pa

1015 54200 Pa

1016 750,1 mm

1017 422,5 MN

1018 2021 N

1019 473,4 N

1020 221,9 N

1021 a) 24,03 kN
b) 1,167 m
c) 28,040 Nm

1022 a) 909,1 kg/m³
b) 14,52 mm

1023 323,8 N

1024 29,43 kN

1025 a) 9 m/s
b) – 0,225 · 10^5 Pa (Unterdruck)

1026 49,86 mm

1027 a) 7,339 m
b) 22,34 m
c) 147150 Pa

1028 a) 4,202 m/s
b) 73 m³

1029 2 h 51 min 46 s

1030 12,56 mm

1031 0,9717

1032 a) 10,63 m/s
b) 123,7 m³/h
c) 101 m³/h

1033 34,64 m/s

1034 a) 6,583 m/s
b) 33,77 l/s
c) 13 min 25,5 s
d) 49 min 45 s

1035 a) 72,64 m/s
b) 1,284 m³/s
c) 3386 kW

1036 a) 8 N
b) 69,3 N
c) 77,3 N

1037 $F_r = 7510$ N

1038 $d = 2,26$ cm

1039 a) 0,6079 m/s
b) 14870 Pa

1040 a) 6,338 m/s
b) 8,435 · 10^5 Pa

1041 a) 36 mm
b) 1,965 m/s
c) 402160 Pa
d) 1930,4 Pa
e) 6,003 · 10^5 Pa
f) 1,201 kW

Umrechnungsbeziehungen für die gesetzlichen Einheiten

Größe	Gesetzliche Einheit Name und Einheitenzeichen	Gesetzliche Einheit ausgedrückt als Potenzprodukt der Basiseinheiten	Früher gebräuchliche Einheit (nicht mehr zulässig) und Umrechnungsbeziehung
Kraft F	Newton N	$1\ \text{N} = 1\ \text{m kg s}^{-2}$	Kilopond kp $1\ \text{kp} = 9{,}80665\text{N} \approx 10\ \text{N}$ $1\ \text{kp} \approx 1\ \text{daN}$
Druck p	$\frac{\text{Newton}}{\text{Quadratmeter}}\ \frac{\text{N}}{\text{m}^2}$ $1\frac{\text{N}}{\text{m}^2} = 1\ \text{Pascal Pa}$ $1\ \text{bar} = 10^5\ \text{Pa}$	$1\frac{\text{N}}{\text{m}^2} = 1\ \text{m}^{-1}\ \text{kgs}^{-2}$	Meter Wassersäule mWS $1\ \text{mWS} = 9{,}806\ 65 \cdot 10^3\ \text{Pa}$ $1\ \text{mWS} \approx 0{,}1\ \text{bar}$ Millimeter Wassersäule mm WS $1\ \text{mm WS} \approx 9{,}80665\ \frac{\text{N}}{\text{m}^2} \approx 10\ \text{Pa}$ Millimeter Quecksilbersäule mm Hg $1\ \text{mmHg} = 133{,}3224\ \text{Pa}$ Torr $1\ \text{Torr} = 133{,}3224\ \text{Pa}$ Technische Atmosphäre at $1\ \text{at} = 1\ \frac{\text{kp}}{\text{cm}^2} = 9{,}80665 \cdot 10^4\text{Pa}$ $1\ \text{at} \approx 1\ \text{bar}$ Physikalische Atmosphäre atm $1\ \text{atm} = 1{,}01325 \cdot 10^5\ \text{Pa} \approx 1{,}01\ \text{bar}$
Die gebräuchlichsten Vorsätze und deren Kurzzeichen	für das Millionenfache (10^6 fache) der Einheit: Mega M für das Tausendfache (10^3 fache) der Einheit: Kilo k für das Zehnfache (10 fache) der Einheit: Deka da für das Hundertstel (10^{-2} fache) der Einheit: Zenti c für das Tausendstel (10^{-3} fache) der Einheit: Milli m für das Millionstel (10^{-6} fache) der Einheit: Mikro μ		
Mechanische Spannung σ, τ, ebenso Festigkeit, Flächenpressung, Lochleibungsdruck	$\frac{\text{Newton}}{\text{Quadratmillimeter}}\ \frac{\text{N}}{\text{mm}^2}$ $1\frac{\text{N}}{\text{mm}^2} = 10^6\ \frac{\text{N}}{\text{m}^2} = 10^6\ \text{Pa}$ $= 1\ \text{MPa} = 10\ \text{bar}$	$1\frac{\text{N}}{\text{mm}^2} = 10^6\ \text{m}^{-1}\text{kg s}^{-2}$	$\frac{\text{kp}}{\text{mm}^2}$ und $\frac{\text{kp}}{\text{cm}^2}$ $1\frac{\text{kp}}{\text{mm}^2} = 9{,}80665\frac{\text{N}}{\text{mm}^2} \approx 10\frac{\text{N}}{\text{mm}^2}$ $1\frac{\text{kp}}{\text{cm}^2} = 0{,}0980665\frac{\text{N}}{\text{mm}^2} \approx 0{,}1\frac{\text{N}}{\text{mm}^2}$
Drehmoment M Torsionsmoment M_T	Newtonmeter Nm	$1\ \text{Nm} = 1\ \text{m}^2\ \text{kg s}^{-2}$	Kilopondmeter kpm $1\ \text{kpm} = 9{,}80665\ \text{Nm} \approx 10\ \text{Nm}$ Kilopondzentimeter kpcm $1\ \text{kpcm} = 0{,}0980665\ \text{Nm} \approx 0{,}1\ \text{Nm}$
Arbeit W, Energie E	Joule J $1\ \text{J} = 1\ \text{Nm} = 1\ \text{Ws}$	$1\ \text{J} = 1\ \text{Nm} = 1\ \text{m}^2\ \text{kg s}^{-2}$	Kilopondmeter kpm $1\ \text{kpm} = 9{,}80665\ \text{J} \approx 10\ \text{J}$
Leistung P	Watt W $1\ \text{W} = 1\frac{\text{J}}{\text{s}} = 1\frac{\text{Nm}}{\text{s}}$	$1\ \text{W} = 1\ \text{m}^2\ \text{kg s}^{-3}$	$\frac{\text{Kilopondmeter}}{\text{Sekunde}}\ \frac{\text{kpm}}{\text{s}}$ $1\ \frac{\text{kpm}}{\text{s}} = 9{,}80665\ \text{W} \approx 10\ \text{W}$ Pferdestärke PS $1\ \text{PS} = 75\ \frac{\text{kpm}}{\text{s}} = 735{,}49875\ \text{W}$

Größe	Gesetzliche Einheit: Name und Einheitenzeichen	Gesetzliche Einheit: ausgedrückt als Potenzprodukt der Basiseinheiten	Früher gebräuchliche Einheit (nicht mehr zulässig) und Umrechnungsbeziehung
Impuls $F\Delta t$	Newtonsekunde Ns $1\ \text{Ns} = 1\ \frac{\text{kgm}}{\text{s}}$	$1\ \text{Ns} = 1\ \text{m kg s}^{-1}$	Kilopondsekunde kps $1\ \text{kps} = 9{,}80665\ \text{Ns} \approx 10\ \text{Ns}$
Drehimpuls $M\,\Delta t$	Newtonmetersekunde Nms $1\ \text{Nms} = 1\ \frac{\text{kgm}^2}{\text{s}}$	$1\ \text{Nms} = 1\ \text{m}^2\ \text{kg s}^{-1}$	Kilopondmetersekunde kpms $1\ \text{kpms} = 9{,}80665\ \text{Nms} \approx 10\ \text{Nms}$
Trägheitsmoment J	Kilogrammmeterquadrat kgm^2	$1\ \text{m}^2\ \text{kg}$	Kilopondmetersekundequadrat kpms^2 $1\ \text{kpms}^2 = 9{,}80665\ \text{kgm}^2 \approx 10\ \text{kgm}^2$
Wärme, Wärmemenge Q	Joule J 1 J = 1 Nm = 1 Ws	$1\ \text{J} = 1\ \text{Nm} = 1\ \text{m}^2\ \text{kg s}^{-2}$	Kalorie cal 1 cal = 4,1868 J Kilokalorie kcal 1 kcal = 4186,8 J
Temperatur T	Kelvin K	Basiseinheit Kelvin K	Grad Kelvin °K 1 °K = 1 K
Temperaturintervall ΔT	Kelvin K und Grad Celsius °C	Basiseinheit Kelvin K	Grad grd 1 grd = 1 K = 1 °C
Längenausdehnungskoeffizient α_l	Eins durch Kelvin $\frac{1}{\text{K}}$	$\frac{1}{\text{K}} = \text{K}^{-1}$	$\frac{1}{\text{grd}}, \frac{1}{{}^\circ\text{C}}$ $\frac{1}{\text{grd}} = \frac{1}{{}^\circ\text{C}} = \frac{1}{\text{K}}$
Celsius-Temperatur t, ϑ	Grad Celsius °C	Basiseinheit °C	

Die Basiseinheiten und Basisgrößen des internationalen Einheitensystems

Meter m	**für Basisgröße Länge**	**Kelvin K**	**für Basisgröße Temperatur**
Kilogramm kg	**für Basisgröße Masse**	**Candela cd**	**für Basisgröße Lichtstärke**
Sekunde s	**für Basisgröße Zeit**	**Mol mol**	**für Basisgröße Stoffmenge**
Ampere A	**für Basisgröße Stromstärke**		

Sachwortverzeichnis

Die Zahlenangaben beziehen sich auf die Aufgabennummern.

D

T